国家级精品课程配套教材
普通高等教育“十三五”规划教材
2018 年中国石油和化学工业优秀出版物奖·教材奖一等奖

常用化工单元设备的设计

（第二版）

陈英南　刘玉兰　主编

華東理工大學出版社
EAST CHINA UNIVERSITY OF SCIENCE AND TECHNOLOGY PRESS
·上海·

图书在版编目(CIP)数据

常用化工单元设备的设计/陈英南,刘玉兰主编. —2版. —上海:华东理工大学出版社,2017.6(2024.1重印)
ISBN 978-7-5628-5091-5

Ⅰ.①常… Ⅱ.①陈… ②刘… Ⅲ.①化工单元操作-化工设备-设计-高等学校-教材 Ⅳ.①TQ05

中国版本图书馆CIP数据核字(2017)第120916号

项目统筹 / 周 颖
责任编辑 / 周 颖
出版发行 / 华东理工大学出版社有限公司
地址:上海市梅陇路130号,200237
电话:021-64250306
网址:www.ecustpress.cn
邮箱:zongbianban@ecustpress.cn
印 刷 / 广东虎彩云印刷有限公司
开 本 / 787mm×1092mm 1/16
印 张 / 19
字 数 / 408千字
版 次 / 2005年4月第1版
2017年6月第2版
印 次 / 2024年1月第5次
定 价 / 39.00元

前　言

本书是按照化工原理课程教学的基本要求，并根据华东理工大学“化工原理课程设计”多年来的教学成果编写而成的。

对于化工单元操作的设计，一方面要求综合应用物理、化学、化工原理和机械制图等课程的理论知识以决定工艺流程，确定设备结构并计算设备尺寸；另一方面又要根据设计对象的具体特征，凭借设计者的经验（或借鉴前人的经验），了解设计的诀窍，对过程和设备参数做合理的选择和优化。后者往往成为设计能否成功的关键所在，也是设计区别于习题（或大型作业）的重要方面。因此，一本好的、有典型实例的设计教材，无疑将有助于学生掌握设计的基本方法和锻炼学生的设计能力。

化工单元操作种类很多，设备型式更是千姿百态。本书不求包罗万象，但力求反映较宽领域内典型设备的设计方法，并辅以计算实例，以期使读者能具体地了解其中的细节。本次修订中，将换热器的设计示例和板式精馏塔的设计示例换为更接近于实际课程设计的案例，以期更贴近工艺设计的实际应用；增加了填料吸收塔的设计案例并对第3章内容做了相应修改。此外，还增加了第9章，针对化工原理课程设计中常遇到的迭代计算费时费力，介绍了Excel的单变量求解功能；随着化工模拟软件Aspen Plus的普及，越来越多的设计者采用该软件进行模拟及辅助设计，本书介绍了Aspen Plus在换热器和板式精馏塔的辅助设计应用。因此，本书对在职工程技术人员也是一本有益的参考书。

本书由华东理工大学化工原理教研组陈英南、刘玉兰主编，参加编写的人员还有齐鸣斋、叶金大、李倩英、吴乃登、陈晓祥、刘辉、秦蓁、陈宁平。在编写过程中得到化工原理教研室全体教师和兄弟单位有关人员的帮助，在此我们深表感谢！

限于编者水平和经验，书中不当之处仍在所难免，恳请读者批评指正。

编　者

2017年3月

目　录

第1章 课程设计基础

1.1 概述

1.1.1 化工设计的重要性及其内容

设计是工程建设的灵魂，对工程建设起着主导和决定性的作用，决定着工业现代化的水平。设计是科研成果转化为现实生产的桥梁和纽带，工业科研成果只有通过工程设计，才能转化为现实的工业化生产力。化工（包括无机、有机和石油化工等领域）设计同样也在一定程度上决定着中国未来化工建设的水平。

一个化工厂，除了工艺设计外，还应有房屋、设备基础、上水管道、排水管道、采暖、通风、电动机、灯光照明、电话、仪器仪表等的设计；另外，设计一个化工厂，还要考虑到它应有一个合理的总平面布置，考虑到原料和产品的运输，考虑到设计的技术经济性等。因此，化工厂是化工工艺技术和非工艺的各种专业技术的综合，化工厂的设计工作是由工艺和非工艺的各种项目所组成的统一体，它需要由工艺设计人员与非工艺设计人员共同来完成。

化工厂的整套设计应包括以下内容：

(1) 化工工艺设计；

(2) 总图运输设计；

(3) 土建设计；

(4) 公用工程（供电、供热、供排水、采暖通风）设计；

(5) 自动控制设计；

(6) 机修、电修等辅助车间设计；

(7) 外管设计；

(8) 工程概算与预算。

其中，化工工艺设计是化工工程设计的主体。这个主体包含两层意义：一是任何化工工程的设计都是从工艺设计开始，并以工艺设计结束的；二是在整个工程设计过程中非工艺设计要服从工艺设计，同时工艺设计又要考虑和尊重其他各专业的特点和合理要求，在整个设计过程中进行协调。因此，工艺设计是关系到整个工程设计优劣成败的关键。

1.1.2 化工工艺设计

进行化工工艺设计首先要编制设计方案。为此，要对建设项目进行认真的调查研究，全面了解建设项目的各个方面。最好对几个设计方案进行对比分析、权衡利弊，最后选用技术上先进、经济上合理、三废治理好的最佳方案。

化工工艺设计包括以下内容：

(1) 原料路线和技术路线的选择；

(2) 工艺流程设计；

(3) 物料衡算；

(4) 能量衡算；

(5) 工艺设备的设计和选型；

(6) 车间布置设计；

(7) 化工管路设计；

(8) 非工艺设计项目的考虑，即由工艺设计人员提出非工艺设计项目的设计条件；

(9) 编制设计文件，包括编制设计说明书、附图和附表。

通常，化学加工过程是将一种或几种化工原料，经过一系列物理的和化学的单元操作，最终获得产品。这一系列的单元操作必须在相应的单元设备里进行。用管道将这些单元连接起来，以便于物料从一个单元设备传送到另一个单元设备。为了便于对物料的控制，往往在设备和管道的相应位置安装一些测量、显示和控制元件。这些设备、连接的管路和相应的控制元件一起组成了化工工艺流程。

因而，在化工设计中，化工单元设备的设计是整个化工过程和装置设计的核心和基础，并贯穿于设计过程的始终。从这个意义上说，作为化工类及其相关专业的本科生乃至研究生，熟练地掌握常用化工单元设备的设计方法无疑是十分重要的。

1.1.3 化工原理课程设计的基本要求及内容

本书作为化工原理课程设计的教材，旨在适应面向 21 世纪教育与教学改革的需要，加强对化工类及其相关专业学生综合应用本门课程和有关先修课程所学知识等实践能力的培养，注重提高学生分析与解决工程实际问题的能力。同时，培养学生树立正确的设计思想和实事求是、严谨、负责的工作作风。

通过化工原理课程设计，学生应在下列几个方面得到较好的培养和训练。

(1) 查阅资料、选用公式和搜集数据的能力。通常设计任务书给出后，有许多数据需要设计者去搜集，有些物性参数要查取或估算，计算公式也要由设计者自行选用。这就要求设计者运用各方面的知识，详细且全面地考虑后方能确定。

(2) 正确选择设计参数。要树立从技术上可行和经济上合理两方面考虑的工程意识，同时还须考虑到操作维修的方便和环境保护的要求，亦即对于课程设计不仅要求计算正确，还应从工程的角度综合考虑各种因素，从总体上得到最佳结果。

(3) 正确、迅速地进行工程计算。设计计算是一个反复试算的过程，计算的工作量很大，因此应同样强调“正确”与“迅速”。

(4) 掌握化工设计的基本程序和方法。学会用简洁的文字和适当的图表表示自己的设计思想。

化工原理课程设计应包括以下一些基本内容。

(1) 设计方案的选定。对给定或选定的工艺流程、主要设备的型式进行简要的论述。

(2) 工艺设计。选定工艺参数，进行物料衡算、能量衡算、单元操作的工艺计算，绘制相应的工艺流程图，标出物流量、能流量及主要测量点。

(3) 设备设计。设计计算设备的结构尺寸和工艺尺寸，绘制设备的工艺条件图，图面应包括设备的主要工艺尺寸、技术特性表和接管表。

(4) 辅助设备选型。计算典型辅助设备的主要工艺尺寸，选定设备的规格型号。

(5) 设计说明书的编写。设计说明书的内容应包括：设计任务书，目录，设计方案简介，工艺计算及主要设备设计，工艺流程图和主要设备的工艺条件图，辅助设备的计算和选型，设计结果汇总，设计评述，参考资料。

整个设计由论述、计算和图表三部分组成。论述应该条理清晰、观点明确；计算要求方法正确，误差小于设计要求，计算公式和所用数据必须注明出处；图表应能简要表达计算的结果。

1.2　工艺流程图

工艺流程设计各个阶段的设计成果都是用各种工艺流程图和表格表达出来的，按照设计阶段的不同，先后有方框流程图 (Block Flowsheet)、工艺流程草（简）图 (Simplified Flowsheet)、工艺物料流程图 (Process Flowsheet)、带控制点工艺流程图 (Process and Control Flowsheet) 和管道仪表流程图 (Piping and Instrument Diagram)等种类。方框流程图是在工艺路线选定后对工艺流程进行概念性设计时完成的一种流程图，不列入设计文件；工艺流程草（简）图是一种半图解式的工艺流程图，它实际上是方框流程图的一种变体或深入，只带有示意的性质，供化工计算时使用，也不列入设计文件；工艺物料流程图和带控制点工艺流程图列入初步设计阶段的设计文件中；管道仪表流程图列入施工图设计阶段的设计文件中。

本节先介绍流程图的图形符号、标注方法等的规定，然后介绍作为设计文件的工艺物料流程图、带控制点工艺流程图和管道仪表流程图。

1.2.1　工艺流程图中设备、阀门、管件的表示方法

工艺流程图中常见的阀门、管件的图形符号见表 1-1。

表 1-1　常用的管件和阀件符号

名　称	图　例	名　称	图　例
Y 型过滤器	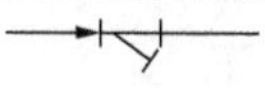	三通旋塞阀	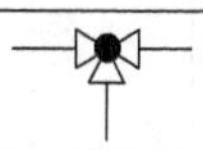
T 型过滤器	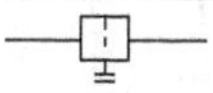	四通旋塞阀	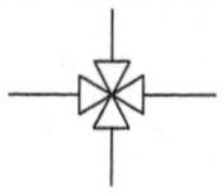
锥型过滤器	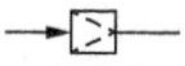	弹簧式安全阀	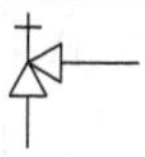
阻火器		杠杆式安全阀	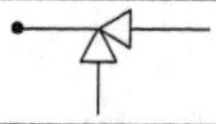
文氏管		止回阀	
消声器		直流截式阀	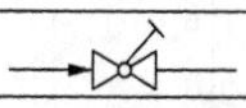
喷射器	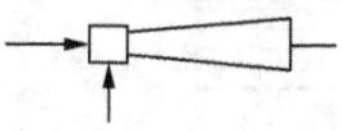	底　阀	
截止阀			

续表

名　　称	图　　例	名　　称	图　　例
节流阀		疏水阀	
角式截止阀		放空帽（管）	帽　管
闸　阀		敞口（封闭）漏斗	敞口　封闭
球　阀		同心异径管	
隔膜阀		视　镜	
碟　阀		爆破膜	
减压阀		喷淋管	
旋塞阀			

对工艺流程图中的设备，常用细实线画出设备的简略外形和内部特征。目前，很多设备的图形已有统一的规定，其图例可参见表 1-2。

表 1-2　工艺流程图中装备、机器图例

类别	代号	图　　例
塔	T	板式塔　填料塔　喷洒塔
反应器	R	固定床反应器　列管式反应器　流化床反应器
换热器	E	换热器（简图）　固定管板式列管换热器　U 型管式换热器　浮头式列管换热器　套管式换热器　釜式换热器

续表

类别	代号	图　　例
工业炉	F	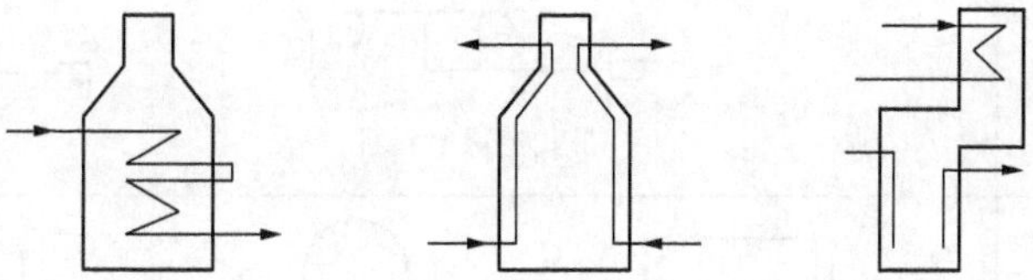 圆筒炉　圆筒炉　箱式炉
泵	P	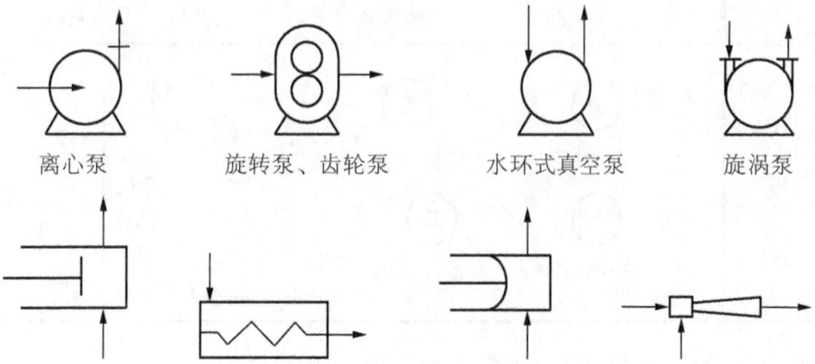 离心泵　旋转泵、齿轮泵　水环式真空泵　旋涡泵 往复泵　螺杆泵　隔膜泵　喷射泵
容器	V	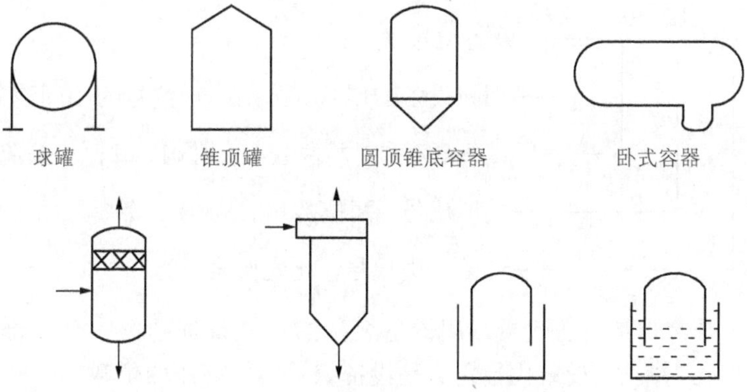 球罐　锥顶罐　圆顶锥底容器　卧式容器 丝网除沫分离器　旋风分离器　干式气柜　湿式气柜
压缩机	C	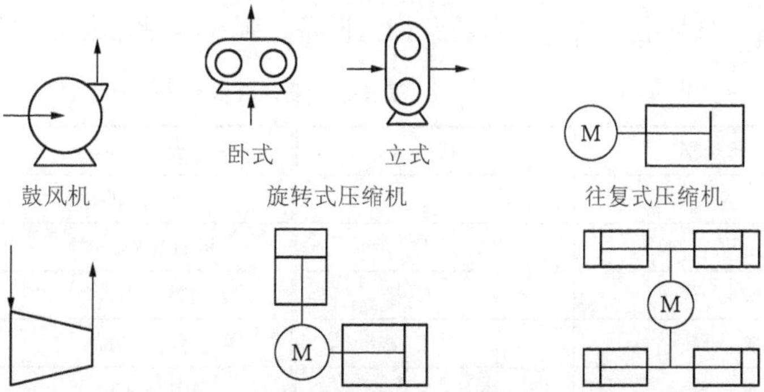 鼓风机　卧式　立式　旋转式压缩机　M　往复式压缩机 离心式压缩机　M　二段往复式压缩机（L 型）　M　四段往复式压缩机

续表

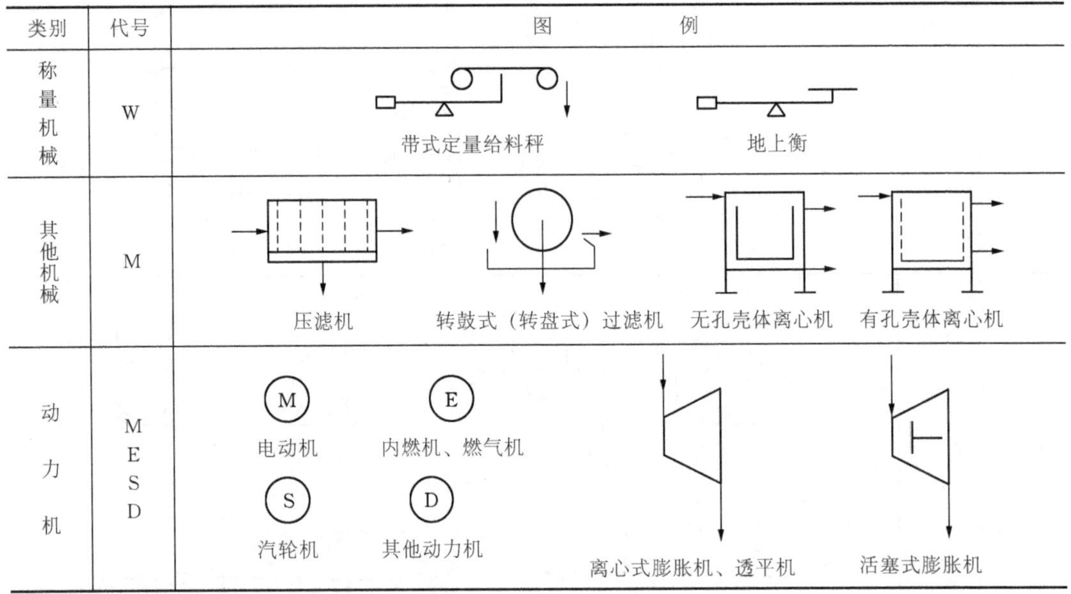

类别	代号	图例
称量机械	W	带式定量给料秤　地上衡
其他机械	M	压滤机　转鼓式（转盘式）过滤机　无孔壳体离心机　有孔壳体离心机
动力机	M E S D	M 电动机　E 内燃机、燃气机　S 汽轮机　D 其他动力机　离心式膨胀机、透平机　活塞式膨胀机

工艺流程图上设备位号的表示有标准的规定。

(1) 标注的内容　设备位号的编法如下：

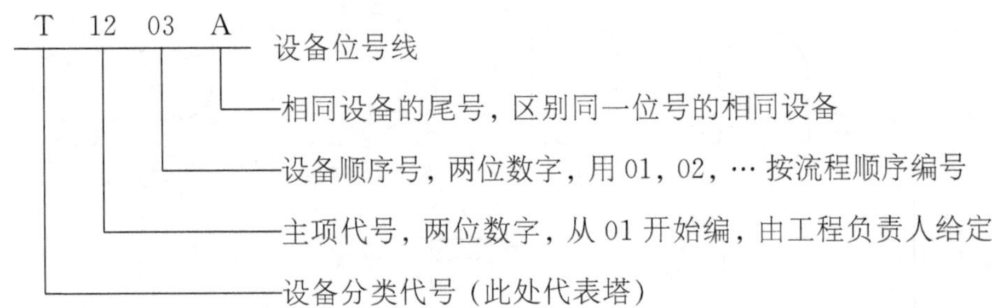

第一个字母是设备代号，用设备名称的英文单词的第一个字母表示，各类设备的分类代号见表1-3。在设备代号之后是设备编号，一般用四位数字组成，第1、2位数字是设备所在的工段（或车间）代号，第3、4位数字是设备的顺序编号。例如设备位号T1218表示第12车间（或工段）的第18号塔。设备位号在整个系统内不得重复，且在所有工艺图上设备位号均需一致，如有数台相同设备，则在其后加大写英文字母，例如T1218A。

表1-3　设备分类代号

设备类别	代　号	设备类别	代　号
塔	T	火炬、烟囱	S
泵	P	容器（槽、罐）	V
压缩机、风机	C	起重运输设备	L
换热器	E	计量设备	W
反应器	R	其他机械	M
工业炉	F	其他设备	X

(2) 标注的方法　设备位号应在两个地方进行标注：一是在图上方或下方，标注的位号排列要整齐，尽可能排在相应设备的正上方或正下方，并在设备位号线下方标注设备的名称；二是在设备内或其近旁，此处仅注位号，不注名称。但对于流程简单、设备较少的流程图，也可直接从设备上用细实线引出，标注设备号。

1.2.2　仪表参量代号及仪表图形符号

仪表参量代号见表 1-4，仪表功能代号见表 1-5，仪表图形符号见表 1-6。

表 1-4　仪表参量代号

参　量	代号	参　量	代号	参　量	代号
温度	T	质量（重量）	m（W）	厚度	δ
温差	ΔT	转速	N	频率	f
压力（或真空）	P	浓度	C	位移	S
压差	ΔP	密度（相对密度）	γ	长度	L
质量（或体积）流量	G	分析	A	热量	Q
液位（或料位）	H	湿度	ϕ	氢离子浓度①	pH

① 氢离子浓度通常以它的负对数（即 pH）来表示。

表 1-5　仪表功能代号

功　能	代　号	功　能	代　号	功　能	代　号
指示	Z	积算	S	联锁	L
记录	J	信号	X	变送	B
调节	T	手动遥控	K		

表 1-6　仪表图形符号

符号	○	⊖						S	M	⊗		
意义	就地安装	集中安装	通用执行机构	无弹簧气动阀	有弹簧气动阀	带定位器气动阀	活塞执行机构	电磁执行机构	电动执行机构	变送器	转子流量计	孔板流量计

常用流量检测仪表和检出元件的图形符号见表 1-7。

表 1-7　流量检测仪表和检出元件的图形符号

序号	名称	图形符号	备注	序号	名称	图形符号	备注
1	孔板			4	转子流量计		圆圈内应标注仪表位号
2	文丘里管及喷嘴			5	其他嵌在管道中的检测仪表		圆圈内应标注仪表位号
3	无孔板取压接头			6	热电偶		

仪表安装位置的图形符号见表 1-8，图中圆圈直径为 10 mm，用细实线绘制。

表 1-8　仪表安装位置的图形符号

序号	安装位置	图形符号	备注	序号	安装位置	图形符号	备注
1	就地安装仪表	○		3	就地仪表盘面安装仪表	⊜	
		├─○─┤	嵌在管道中	4	集中仪表盘后安装仪表	⊝(虚线)	
2	集中仪表盘面安装仪表	⊖		5	就地安装仪表盘后安装仪表	⊜(虚线)	

1.2.3　物料代号

表 1-9 是流程图中常见物料的代号。

表 1-9　物料代号

物料代号	物料名称	物料代号	物料名称
A	空气	L$\bar{O}$	润滑油
AM	氨	LS	低压蒸汽
BD	排污	MS	中压蒸汽
BF	锅炉给水	NG	天然气
BR	盐水	N	氮
CS	化学污水	$\bar{O}$	氧
CW	循环冷却水上水	PA	工艺空气
DM	脱盐水	PG	工艺气体
DR	排液、排水	PL	工艺液体
DW	饮用水	PW	工艺水
F	火炬排放气	R	冷冻剂
FG	燃料气	R$\bar{O}$	原料油
F$\bar{O}$	燃料油	RW	原水
FS	熔盐	SC	蒸汽冷凝水
G$\bar{O}$	填料油	SL	泥浆
H	氢	S$\bar{O}$	密封油
HM	载热体	SW	软水
HS	高压蒸汽	TS	伴热蒸汽
HW	循环冷却水回水	VE	真空排放气
IA	仪表空气	VT	放空气

注：物料代号中如遇到英文字母“O”应写成“$\bar{O}$”，在工程设计中遇到本规定以外的物料时，可予以补充代号，但不得与上列代号相同。

1.2.4　物料流程图

物料流程图在物料衡算和热量衡算后绘制，它主要反映物料衡算和热量衡算的结果，使设计流程定量化。物料流程图简称物流图，它是初步设计阶段的主要设计成品，提交设计主管部门和投资决策者审查，如无变化，在施工图设计阶段不必重新绘制。

由于物料流程图标注了物料衡算和热量衡算的结果数据，因此它除了为设计审查提供资料外，还可用作日后生产操作和技术改造的参考资料，因而是非常有用的设计档案资料。

因为在绘制物料流程图时尚未进行设备设计，所以物料流程图中设备的外形不必精确，常采用标准规定的设备表示方法简化绘制，有的设备甚至简化为符号形式，例如换热器用符号表示即可。设备的大小不要求严格按比例绘制，但外形轮廓应尽量做到按相对比例绘出。

物料流程图中最关键的部分是物料表，它是人们读图时最为关心的内容。物料表包括物料名称、质量流量、质量分数、摩尔流量和摩尔分数。有些物料表中还列出物料的某些参数如温度、压力、密度等。物料表的格式见表 1-10。

表 1-10　物料流程图中物料表的格式

名　称	kg/h	%（质量分数）	kmol/h	%（摩尔分数）
合计				

通常，热量衡算结果也表示在相应的设备附近，在换热器旁注明其热负荷，如图 1-1 所示。

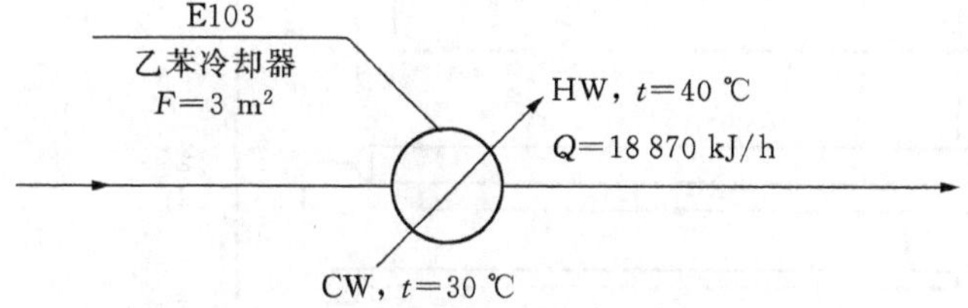

图 1-1　物料流程图中的设备表示法

图 1-2 是物料流程图的一个实例。

1.2.5　带控制点的工艺流程图

在初步设计阶段，除了完成工艺计算、确定工艺流程以外，还应确定主要工艺参数的控制方案，所以初步设计阶段在提交物料流程图的同时，还要提交带控制点的工艺流程图。在画工艺流程图时，工艺物料管道用粗实线，辅助物料管道用中粗线，其他用细实线。图纸和表格中的所有文字写成长仿宋体。

在带控制点的工艺流程图中，一般应画出所有工艺设备、工艺物料管线、辅助管线、阀门、管件以及工艺参数（温度、压力、流量、液位、物料组成、浓度等）的测量点，并表示出自动控制的方案。它是由工艺专业人员和自控专业人员合作完成的。

通过带控制点的工艺流程图，可以比较清楚地了解设计的全貌。

图 1-3 是一个带控制点的工艺流程图的实例。

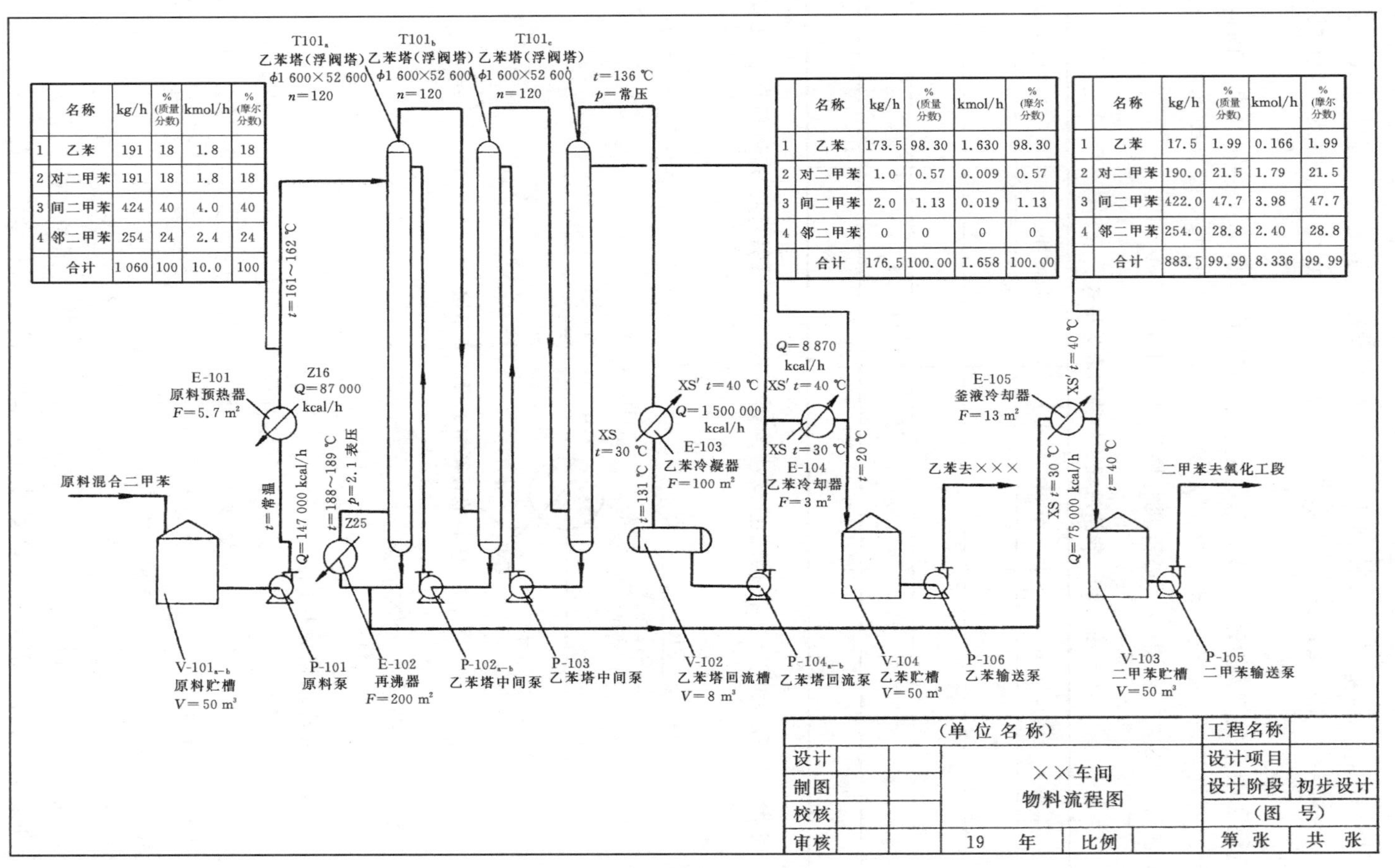

	名称	kg/h	%(质量分数)	kmol/h	%(摩尔分数)
1	乙苯	191	18	1.8	18
2	对二甲苯	191	18	1.8	18
3	间二甲苯	424	40	4.0	40
4	邻二甲苯	254	24	2.4	24
	合计	1 060	100	10.0	100

	名称	kg/h	%(质量分数)	kmol/h	%(摩尔分数)
1	乙苯	173.5	98.30	1.630	98.30
2	对二甲苯	1.0	0.57	0.009	0.57
3	间二甲苯	2.0	1.13	0.019	1.13
4	邻二甲苯	0	0	0	0
	合计	176.5	100.00	1.658	100.00

	名称	kg/h	%(质量分数)	kmol/h	%(摩尔分数)
1	乙苯	17.5	1.99	0.166	1.99
2	对二甲苯	190.0	21.5	1.79	21.5
3	间二甲苯	422.0	47.7	3.98	47.7
4	邻二甲苯	254.0	28.8	2.40	28.8
	合计	883.5	99.99	8.336	99.99

T101a 乙苯塔(浮阀塔) ϕ1 600×52 600 n=120
T101b 乙苯塔(浮阀塔) ϕ1 600×52 600 n=120
T101c 乙苯塔(浮阀塔) ϕ1 600×52 600 n=120
t=136 ℃ p=常压
t=161～162 ℃
E-101 原料预热器 F=5.7 m²
Z16 Q=87 000 kcal/h
原料混合二甲苯
t=常温
Q=147 000 kcal/h
t=188～189 ℃ p=2.1 表压
Z25
XS t=30 ℃
t=131 ℃
XS′ t=40 ℃
Q=1 500 000 kcal/h
E-103 乙苯冷凝器 F=100 m²
Q=8 870 kcal/h
XS′ t=40 ℃
XS t=30 ℃
E-104 乙苯冷却器 F=3 m²
t=20 ℃
乙苯去×××
E-105 釜液冷却器 F=13 m²
XS′ t=40 ℃
XS t=30 ℃
Q=75 000 kcal/h
t=40 ℃
二甲苯去氧化工段
V-101a-b 原料贮槽 V=50 m³
P-101 原料泵
E-102 再沸器 F=200 m²
P-102a-b 乙苯塔中间泵
P-103 乙苯塔中间泵
V-102 乙苯塔回流槽 V=8 m³
P-104a-b 乙苯塔回流泵
V-104 乙苯贮槽 V=50 m³
P-106 乙苯输送泵
V-103 二甲苯贮槽 V=50 m³
P-105 二甲苯输送泵
(单位名称)
设计
制图
校核
审核
××车间
物料流程图
19 年
比例
工程名称
设计项目
设计阶段 初步设计
(图 号)
第 张 共 张

图 1-2 物料流程图示例

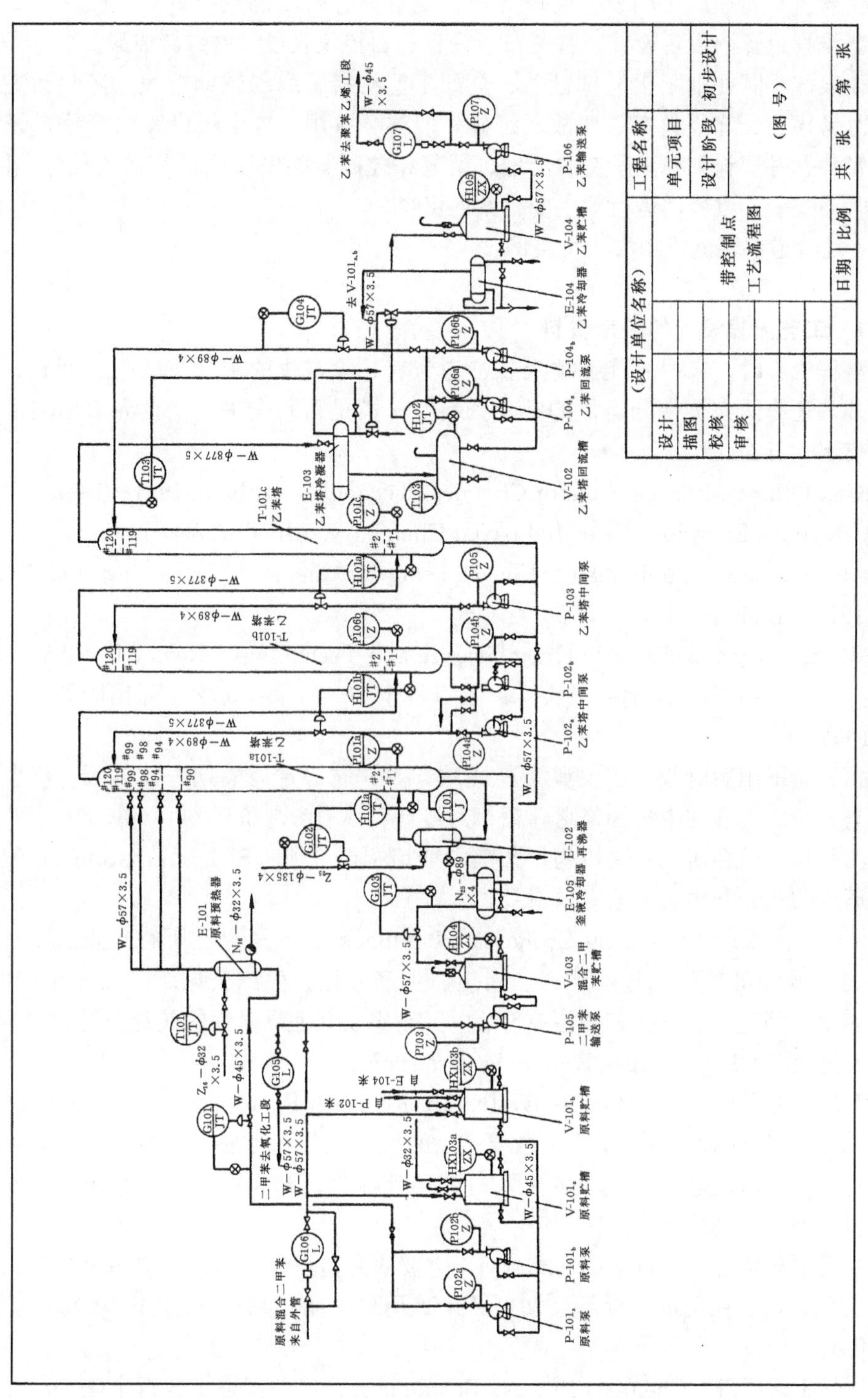

图 1-3　碳八分离工段带控制点工艺流程图

1.2.6 管道仪表流程图

管道仪表流程图又称 PID 图，它是 Piping and Instrument Diagram 的缩写。

管道仪表流程图在施工图设计阶段完成，是该设计阶段的主要设计作品之一，它反映的是工艺流程设计、设备设计、管道布置设计、自控仪表设计的综合成果。

管道仪表流程图要求画出全部设备、全部工艺物料管线和辅助管线，还包括在工艺流程设计时考虑为开车、停车、事故、维修、取样、备用、再生所设置的管线以及全部的阀门、管件，并要详细标注所有的测量、调节和控制器的安装位置和功能代号。因此，它是指导管路安装、维修、运行的主要档案性资料。

图 1-4 是管道仪表流程图的一个实例。

1.2.7 工艺流程设计的参考资料

工艺流程设计时，应尽可能多地查找参考资料，除常用的中外文杂志、期刊、专利及文摘以外，还有两大类十分有用的参考资料。一类是百科全书，全世界著名的多卷本百科全书有下列五部。

(1) Kirk Othmer. Encyclopedia of Chemical Technology. 4th ed. 1991—1998.

(2) Ullmanns. Encyclopedia of Industrial Chemistry. 5th ed. 1985—1995.

(3) Mcketta and Cunningham. Encyclopedia of Chemical Processing and Design. 1977—1999.

(4) Mark. Encyclopedia of Polymer Science and Technology. Rev. ed. 1985—1989.

(5)《化工百科全书》编辑委员会. 化工百科全书. 北京：化学工业出版社，1990—1998.

这些百科全书出版时收集的文献资料比较详尽，有一定间隔期进行再版，每个产品或题目约有 5～20 页非常中肯的信息介绍，对设计者很有参考价值。

另一类是世界著名研究咨询机构，如美国斯坦福研究所（SRI International）编写的技术经济研究报告，其中著名的有以下几种。

(1) 化学经济手册（Chemical Economic Handbook)，报道化工所有专业的原材料及各种产品的技术经济情报，包括现状、展望、生产方法、生产公司、厂址和生产能力、产量和销售量、消耗量、价格和销售单价、国际动态及其他针对性的统计资料和数据。

(2) 工艺经济大纲（Process Economics Program)。

(3) 工艺评价研究计划（Process Evaluation Research Planning)。

(2) 和 (3) 这两种资料评价化工主要产品的生产工艺和当前有关各类产品的新专利内容，进行技术经济比较，论述工业上可行的工艺流程，初步设计数据和操作条件，设备规格、投资及生产费用等。

(4) 专用化学品（Specialty Chemicals)，主要研究塑料添加剂，油田用化学品，电子用化学品，黏合剂、催化剂、食品添加剂、采矿用化学品、润滑油添加剂等精细化学品的成功战略等。

(5) 化学工艺经济（Chemical Process Economics)，追踪报道了数百个化工产品的工艺经济情报，内容不断更新和补充，包括技术特点、工艺过程、生产流程图及生产费用等，实用价值很高。

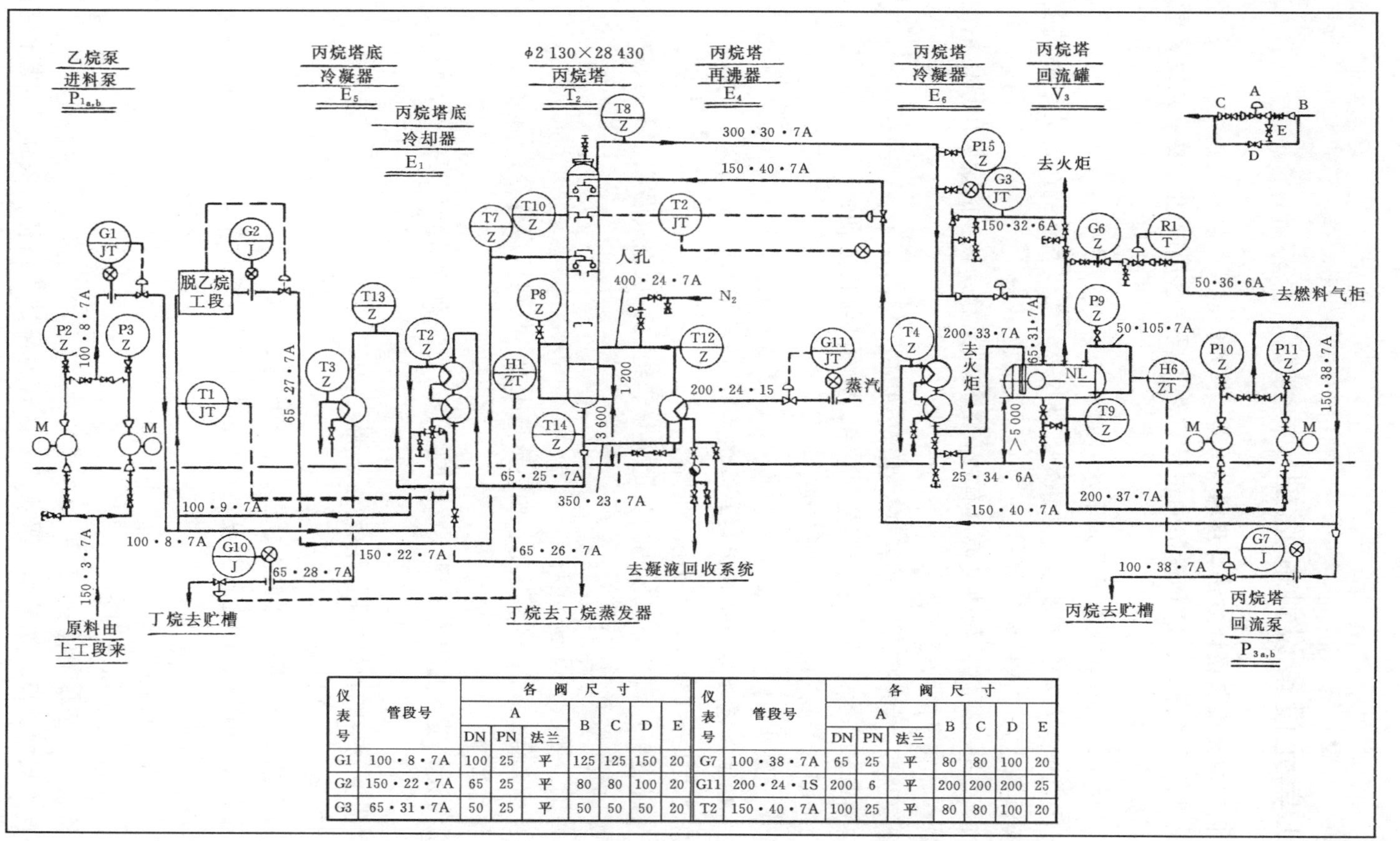

仪表号	管段号	各阀尺寸 A DN	PN	法兰	B	C	D	E	仪表号	管段号	各阀尺寸 A DN	PN	法兰	B	C	D	E
G1	100 • 8 • 7A	100	25	平	125	125	150	20	G7	100 • 38 • 7A	65	25	平	80	80	100	20
G2	150 • 22 • 7A	65	25	平	80	80	100	20	G11	200 • 24 • 1S	200	6	平	200	200	200	25
G3	65 • 31 • 7A	50	25	平	50	50	50	20	T2	150 • 40 • 7A	100	25	平	80	80	100	20

图 1-4　丙烷、丁烷回收装置的管道仪表流程图

斯坦福研究所的这类出版物，采用活页装订，对每个产品或题目经常更新，极具参考价值，可惜的是订阅费用较贵，中国有少数化工信息、咨询、工程设计单位订有此出版物。

1.3 化工单元设备设计和选型

1.3.1 化工单元设备设计方法与步骤

化工单元设备种类很多，每种设备的设计方法不同，这里阐述主要单元设备的共同设计方法与步骤。

1.3.1.1 化工单元设备设计的基本要求

(1) 满足工艺过程对设备的要求，如精馏、吸收等分离设备达到规定的产品纯度和回收率，热交换设备达到要求的温度等；

(2) 技术上先进、可靠，如热交换器有较高的传热系数，较少的金属用量，精馏塔有较高的传质效率，较高的液泛气速等；

(3) 经济效益好，如投资省、消耗低、生产费用低；

(4) 结构简单，节约材料，易于制造，安装、操作和维修方便；

(5) 操作范围宽，易于调节，控制方便；

(6) 安全，三废少。

1.3.1.2 化工单元设备的设计方法与步骤

(1) 明确设计任务与条件，包括以下内容。

① 原料（或进料）和产品（或出料）的流量、组成、状态（温度、压力、相态等)、物理化学性质、流量波动范围；

② 设计目的、要求，设备功能；

③ 公用工程条件，如冷却水温度、加热蒸汽压力、气温、湿度等；

④ 其他特殊要求。

(2) 调查待设计设备的国内外现状及发展趋势，有关新技术及专利状况，设计计算方法等。

(3) 收集有关物料的物性数据、腐蚀性质等。

(4) 确定方案，包括以下内容。

① 确定设备的操作条件，如温度、压力、流比等；

② 确定设备结构型式，评比各类设备结构的优缺点，结合本设计的具体情况，选择高效、可靠的设备型式；

③ 确定单元设备的流程。

(5) 工艺计算，包括以下内容。

① 全设备物料与热量衡算；

② 设备特性尺寸计算，如精馏、吸收设备的理论级数，塔径，塔高，换热设备的传热面积等，可根据有关设备的规范与不同结构设备的流体力学、传质传热动力学计算公式来计算；

③ 流体力学计算，如流体阻力与操作范围计算。

(6) 结构设计：在设备型式及主要尺寸已定的基础上，根据各种设备的常用结构，参考有关资料的规范，详细设计设备各零部件的结构尺寸。如填料塔要设计液体分布器、再分布器、填料支承、填料压板、各种接口等；板式塔要确定塔板布置、溢流管、各种进出口结构、塔板支承、液体收集箱与侧线出入口、破沫网等。

(7) 各种构件的材料选择，壁厚计算，塔板、塔盘等的机械设计。

(8) 各种辅助结构如支座、吊架、保温支件等的设计。

(9) 内件与管口方位设计。

(10) 全设备总装配图及零件图绘制。

(11) 编制全设备材料表。

(12) 编写制造技术要求与规范。

要做好设备设计，除了要有坚实的理论基础和专业知识外，还应了解有关本设备的新技术、新材料，了解设计规范与有关规定，熟悉有关结构性能，具备足够的工程、机械知识。在确定方案时还应了解必要的技术经济知识和优化方法。在工艺计算时，应会运用计算机软件或自编程序进行计算。

设计人员要有高度的责任心和严谨的科学作风，否则将给建设工作带来重大的损失。

实际设计时并不是简单地按以上设计步骤顺序进行的，有时根据工艺计算的结果往往要求重新进行方案确定，有时则要选择几个方案进行技术经济评比，择优而取。

1.3.2　化工单元设备设计常用标准和规范

1.3.2.1　国内常用标准和规范

标准是根据国民经济各部门之间互相协作和配合的要求，以统一、简化生产设计和提高工作质量与效率为目的，由主管机关发布，在规定范围内具有约束力的一种特定形式的技术文件。标准是各生产、设计单位为保证生产技术上必要的协调统一而必须遵守的共同依据。

有关化工设备中的容器和各种零部件的标准很多，若不遵循这些标准进行随意设计，将会给设备的运行可靠性、制造、检验、安装、操作和维修的方便性以及经济性带来许多问题。因此，作为一名从事化工设备设计的工程技术人员，必须对各类有关标准非常熟悉，并能熟练运用。

1. 标准的分类和代号

标准的种类，一般可按标准化的对象（即标准的内容）和标准的适用范围（即标准发布机关的权限）来进行划分。按标准化的对象，可把标准分为基础标准、产品标准和方法标准三大类。按照适用范围、制定、修改和发布权限，可把标准分为国家标准、部标准、专业标准、行业标准和厂标准等几个等级。

(1) 国家标准：国家标准由国家技术监督局颁发，它的适用范围最广，是其他各种同类标准必须遵守的共同准则和最低要求。

(2) 部标准：部标准是由国务院各有关部、委颁发的标准，它只在本部委所辖范围内适用，对超出此范围的技术问题，一般只有参照作用而无约束作用。

(3) 专业标准：专业标准是由各部、委专业局颁发的标准，它只在本专业局所属范围内适用。

(4) 行业标准：有的行业是跨部门的，其标准是由几个主管部门共同制定、颁发的。如有关化工设备的某些标准，就是由几个跨行业部门共同制定颁发的。

(5) 厂标准：厂标准又称企业标准，它只在本厂（企业）中适用。

以上的标准等级的排列顺序只说明了它们各自管辖范围的大小，而不代表它们各自技术要求的高低。不应有这样的误解：认为国家标准是技术要求最高、最严的标准，然后依次递降，到了厂标准则是技术要求最低的标准。其实情况恰恰相反，国家标准由于是在全国范围内的某一领域中必须遵守的最低技术要求，因此其他等级的同类标准都不能违反它，即其他等级的标准在技术要求上只能高于同类的国家标准。实际上，厂标的适用范围虽然最小，但是在技术要求上，它是要求最高、最严的标准。

标准的表示方法在中国一般由四部分组成。例如 GB 150—98《钢制压力容器》，其中 GB 为标准代号，表示该标准为国家标准；150 为标准编号；98 为标准批准颁发的年份；最后部分是该标准的名称。

化工设备设计常用的有关标准代号见表 1-11。

表 1-11　我国常见标准代号及名称

标准代号	标准名称	标准代号	标准名称
GB	国家标准	SY	石油工业部标准
GBn	国家内部标准	TB	铁道部标准
GBJ	国家工程建设标准	YB	冶金部标准
GJB	国家军用标准	KY	中国科学院标准
TJ	国家工程标准	LD	劳动部标准
ZB	国家专业标准	LY	农林部标准
HG	化学工业部标准	MT	煤炭工业部标准
JB	机械工业部标准	QB	轻工业部标准
JC	建材工业部标准	SD	水利电力部标准
JG	建筑工业部标准	HB	航天工业部标准
FJ	纺织工业部标准	EJ	核工业部标准
WJ	兵器工业部标准	JB/TQ	机械部石化通用标准

注：表中的部名称多系沿用旧名称。

2. 中国化工设备标准体系的构成和特点

中国化工设备标准体系由基础标准、相关标准、附属标准和产品标准四大部分组成。

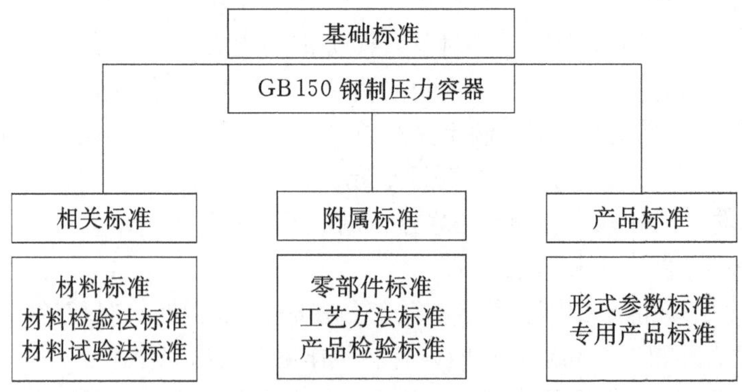

其中，基础标准是体系的核心，它以一般的化工设备中的压力容器为对象，着重解

决共性问题。体系的其他部分都是为基础标准服务或由它派生出来的。中国的国家标准《钢制压力容器》成为所有化工设备的设计、制造、检验应共同遵守的标准。

相关标准包括材料标准、材料检验法标准和材料试验法标准，这些标准大多是冶金部门制定的冶标（YB）或国标（GB），且随着发展和中国体制的改革，逐渐以国家标准的形式公布。就其相关标准的内容而言，它并不是专门针对化工设备制定的，但由于化工设备用材的广泛性、特殊性、复杂性，而被纳入了化工设备标准体系中。

附属标准分为零部件标准、工艺方法标准和产品检验标准等三大组成部分。它们都是属于基础标准之下，直接为化工设备产品服务的。在进行化工设备的设计中，大量应用的是附属标准。

产品标准由型式参数标准和专用产品标准两部分构成。其中型式参数标准是根据产品规格尺寸及结构型式的系列化、标准化需要而制定的，以便在实际应用中选用，可以大大减少设计工作量，减少制造费用；专用产品标准则是在基础标准的基础上，针对不同的材质、不同的外形和不同的结构型式的压力容器产品的特点而提出的专用技术要求。

1.3.2.2　国外主要规范简介

目前在世界上影响较广泛的权威规范主要有：美国的 ASA 标准、德国的 DIN 标准、英国的 BS 标准及日本的 JIS 标准。中国的国家标准大量地参阅和吸收了上述标准中的先进部分。随着中国加入世界贸易组织，从事技术工作的工程技术人员熟悉国外有关标准是完全必要的。国外部分标准代号及名称见表 1-12。

表 1-12　国外部分标准代号及名称

标准代号	国别及标准名称	标准代号	国别及标准名称
ГОСТ	原苏联国定全苏标准	En	英国 BS 标准 En 系钢
AS	澳大利亚标准	S	英国航空标准 S 系钢
ASA	美国标准	T	英国航空标准 T 系钢
ACI	美国铸造学会标准	CSA	加拿大标准
AISI	美国钢铁学会标准	DIN	德国标准
API	美国石油学会标准	W-Nr	德国材料号
ASM	美国金属学会标准	IRS, I. S	爱尔兰标准
ASME	美国机械工程师学会标准	IS	印度标准
ASTM	美国材料试验协会标准	IRS, I. S	爱尔兰标准
AWS	美国焊接学会标准	IS	印度标准
FS	美国“政府标准”	ISA	国际标准化协会
JIC	美国工业联合会标准	ISO/A	国际标准化组织
BS	英国标准	JIS	日本工业标准
DTD	英国 DTD 航空标准	JUS	南斯拉夫标准
NEN	荷兰标准	NB	巴西标准
NF	法国标准	NBN	比利时标准
CSPAS	法国特殊钢产业联合会标准	UNE	西班牙标准
NZSS	新西兰标准	IHA	西班牙国家标准
ONORM	奥地利标准	INTA	西班牙航空标准
PN	波兰标准	TNA	西班牙冶金学会标准
SIS	瑞典工业标准	UNI	意大利标准
		VSM	瑞士标准
		SNV	瑞士标准协会标准

1.4 物性数据的查取和估算

设计计算中的物性数据应尽可能使用实验测定值，此类数据可从有关手册和文献中查取。有时手册上也以图表的形式提供某些物性数据的推算结果。常用的物性数据可从参考文献［1，2，3］中查取。有些物性，特别是混合物的性质，查取困难，此时可用经验的方法估算和推算，在文献［1，2，3，4，7，8，9］中都有介绍。这里仅介绍物性数据的查阅方法及混合物物性数据的求法。

1.4.1 平均摩尔质量

混合气体平均摩尔质量可根据各组分的摩尔质量及摩尔分数由下式求得：

$$M_{\mathrm{m}} = \sum y_i M_i \tag{1-1}$$

式中，y_i 为 i 组分的摩尔分数；M_i 为 i 组分的摩尔质量；M_{m} 为混合气体的平均摩尔质量。

1.4.2 密度

1.4.2.1 混合液体的密度

混合液体的密度可用加和法处理，此法即使对于非理想溶液，误差也不是很大。

$$\rho_{\mathrm{m}} = \frac{1}{\sum \frac{x_i}{\rho_i}} \tag{1-2}$$

式中，x_i 为 i 组分的质量分数；ρ_i 为 i 组分的密度，$\mathrm{kg/m^3}$；ρ_{m} 为混合液体的密度，$\mathrm{kg/m^3}$。

1.4.2.2 气体和蒸气的密度

在通常情况下，就工程计算目的而言，可用 $pV = nRT$ 来计算气体和蒸气的密度：

$$\rho = \frac{M}{22.4} \times \frac{273}{T} \times \frac{p}{1.013 \times 10^5} \tag{1-3}$$

式中，ρ 为气体或蒸气的密度，$\mathrm{kg/m^3}$；M 为气体或蒸气的摩尔质量；p 为气体或蒸气的绝对压，$\mathrm{N/m^2}$；T 为气体或蒸气的温度，K。

如压力较高或要求更高的精度，可用压缩因子法或其他方法进行处理[1, 3, 4]。

气体混合物的密度可用混合物的平均摩尔质量代入上式进行计算，也可用下式的加和法进行计算。

$$\rho_{\mathrm{m}} = \sum y_i \rho_i \tag{1-4}$$

式中，y_i 为 i 组分的体积分数（摩尔分数）；ρ_i 为 i 组分的气体密度，$\mathrm{kg/m^3}$；ρ_{m} 为混合气体的密度，$\mathrm{kg/m^3}$。

1.4.3 黏度

1.4.3.1 混合气体的黏度

常压下气体混合物的黏度可以通过各组分的纯物质黏度、摩尔质量及摩尔分数由下式求得：

$$\mu_m^0 = \frac{\sum y_i \mu_i^0 (M_i)^{\frac{1}{2}}}{\sum y_i (M_i)^{\frac{1}{2}}} \tag{1-5}$$

式中，y_i 为 i 组分的摩尔分数；μ_i^0 为常压下 i 组分的黏度；M_i 为 i 组分的摩尔质量；μ_m^0 为常压下混合气体的黏度。

若压力较高或要求更高的精度，可用其他方法进行处理[8]。

1.4.3.2 混合液体黏度的估算

液体混合物的黏度与组成之间一般不存在线性关系，有时会出现极大值、极小值或者既有极大值又有极小值或S形曲线关系，目前还难以用理论预测。除实验测定外，工程上大多采用一些经验或半经验的黏度模型进行关联和计算[8]。

非缔合混合液体的黏度可用下式计算：

$$\lg \mu_m = x_1 \lg \mu_1 + x_2 \lg \mu_2 \tag{1-6}$$

式中，x_1，x_2 为混合液体中各组分的摩尔分数；μ_1，μ_2 为各组分在同一温度下的黏度；μ_m 为混合液体的黏度。

1.4.4 比热容

混合液体或混合气体的比热容可用叠加法计算。

$$c_{pm} = \sum x_i c_{pi} \tag{1-7}$$

式中，x_i 为 i 组分的摩尔分数；c_{pi} 为 i 组分比热容，kJ/（mol·K）；c_{pm} 为混合液体或混合气体的比热容。

1.4.5 导热系数

1.4.5.1 混合气体的导热系数

迄今为止已有人提出了许多关于常压下混合气体导热系数的计算式[8]，其中下式最为常用：

$$\lambda_m^0 = \frac{\sum y_i \lambda_i^0 (M_i)^{\frac{1}{3}}}{\sum y_i (M_i)^{\frac{1}{3}}} \tag{1-8}$$

式中，y_i 为 i 组分的摩尔分数；λ_i^0 为常压下 i 组分的导热系数；M_i 为 i 组分的相对摩尔质量；λ_m^0 为混合气体在低压下的导热系数（热导率）。

对高压混合气体导热系数进行推算时，常常须将高压纯组分关系式与相应的混合规则结合起来，详细方法参见文献［8］。

1.4.5.2 混合液体导热系数的估算

至今已有许多液体混合物导热系数的关联式发表，经广泛检验，表明这些关联式对绝大多数混合物是可靠的，详见文献 [8]。

电解质水溶液导热系数的计算式为

$$\lambda = \lambda_{水} \frac{c_p}{c_{p水}} \left(\frac{\rho}{\rho_{水}}\right)^{\frac{4}{3}} \left(\frac{M_{水}}{M}\right)^{\frac{1}{3}} \tag{1-9}$$

式中，c_p、ρ、M 为电解质水溶液的比热容、密度、相对摩尔质量；$\lambda_{水}$、$c_{p水}$、$\rho_{水}$、$M_{水}$ 为水的导热系数（热导率)、比热容、密度、相对摩尔质量;λ 为电解质水溶液的导热系数(热导率)。

1.4.6 汽化潜热

混合液体的汽化潜热也可按组分叠加方法求取。

$$\gamma_m = \sum x_i \gamma_i \tag{1-10}$$

式中，x_i 为 i 组分的摩尔分数；γ_i 为 i 组分的汽化潜热，kJ/kmol；γ_m 为混合液体的汽化潜热，kJ/kmol。

1.4.7 表面张力

1.4.7.1 非水溶液混合物的表面张力

1. Macleod-Sugden 法

$$\sigma_m^{\frac{1}{4}} = \sum [P_i](c_{Lm} x_i - c_{Vm} y_i) \tag{1-11}$$

式中，σ_m 为混合物的表面张力，mN/m；［P_i］为 i 组分的等张比容，$\frac{mN \cdot cm^3}{mol \cdot m}$；$x_i$，$y_i$ 为液相、气相的摩尔分数；c_{Lm}，c_{Vm} 为混合物液相、气相的摩尔密度，mol/cm^3。

本法的误差对非极性混合物一般为 5%～10%，对极性混合物为 5%～15%。

2. 快速估算法

$$\sigma_m^{\gamma} = \sum x_i \sigma_i^{\gamma} \tag{1-12}$$

对于大多数混合物，$\gamma = 1$，若为了更好地符合实际，γ 可在 -3～1 之间选择。

1.4.7.2 含水溶液的表面张力

有机物分子中烃基是疏水性的，有机物在表面的浓度高于主体部分的浓度，因而当少量的有机物溶于水时，足以影响水的表面张力。在有机物溶质浓度不超过 1%时，可应用下式求取溶液的表面张力 σ:

$$\sigma / \sigma_w = 1 - 0.411 \lg(1 + x/\alpha) \tag{1-13}$$

式中，σ_w 为纯水的表面张力，mN/m；x 为有机物溶质的摩尔分数；α 为特性常数，见表 1-13。

表 1-13　特性常数 α 值

有机物	$\alpha\times10^4$	有机物	$\alpha\times10^4$	有机物	$\alpha\times10^4$	有机物	$\alpha\times10^4$	有机物	$\alpha\times10^4$
丙酸	26	甲乙酮	19	甲酸丙酯	8.5	醋酸丙酯	3.1	丙酸丙酯	1.0
正丙酸	26	正丁酸	7	醋酸乙酯	8.5	正戊酸	1.7	正己酸	0.75
异丙酸	26	异丁酸	7	丙酸甲酯	8.5	异戊酸	1.7	正庚酸	0.17
醋酸甲酯	26	正丁醇	7	二乙酮	8.5	正戊醇	1.7	正辛酸	0.034
正丙胺	19	异丁醇	7	丙酸乙酯	3.1	异戊醇	1.7	正癸酸	0.025

二元的有机物-水溶液的表面张力在宽浓度范围内可用下式求取：

$$\sigma_m^{\frac{1}{4}} = \varphi_{sw}\sigma_w^{\frac{1}{4}} + \varphi_{so}\sigma_o^{\frac{1}{4}} \tag{1-14}$$

式中，$\varphi_{sw}=x_{sw}V_w/V_s$；$\varphi_{so}=x_{so}V_o/V_{so}$。

并以下列各关联式求出 φ_{sw}、φ_{so}，

$$\varphi_o = x_oV_o/(x_wV_w + x_oV_o) \tag{1-15}$$

$$\varphi_w = x_wV_w/(x_wV_w + x_oV_o) \tag{1-16}$$

$$B = \lg(\varphi_w^q/\varphi_o) \tag{1-17}$$

$$Q = 0.441(q/T)\left(\frac{\sigma_oV_o^{\frac{2}{3}}}{q} - \sigma_wV_w^{\frac{2}{3}}\right) \tag{1-18}$$

$$A = B + Q \tag{1-19}$$

$$\lg(\varphi_{sw}^q/\varphi_{so}) = A \tag{1-20}$$

$$\varphi_{sw} + \varphi_{so} = 1$$

式中下角 w、o、s 分别指水、有机物及表面部分；x_w、x_o 指主体部分的摩尔分数；V_w、V_o 指主体部分的摩尔体积；σ_w、σ_o 为纯水及有机物的表面张力；T 的单位为 K。q 值取决于有机物的型式与分子的大小，见表 1-14。

表 1-14　q 值

物　质	q	举　例
脂肪酸、醇	碳原子数	乙酸 $q=2$
酮　类	碳原子数减 1	丙酮 $q=2$
脂肪酸的卤代衍生物	碳原子数乘以卤代衍生物与原脂肪酸摩尔体积比	氯代乙酸 $q=2\dfrac{V_s(\text{氯代乙酸})}{V_s(\text{乙酸})}$

若用于非水溶液，$q=$ 溶质摩尔体积/溶剂摩尔体积。本法对 14 个水系统、2 个醇-醇系统，当 q 值小于 5 时，误差小于 10%；当 q 值大于 5 时，误差小于 20%。

1.4.8　蒸气压

遵守 Raoult 定律的混合液体，i 组分的分压计算公式为

$$p_i = x_i p_i^{\circ} \tag{1-21}$$

式中，p_i 为 i 组分的分压；p_i° 为 i 组分的饱和蒸气压；x_i 为 i 组分在液相中的摩尔分数。

遵守 Raoult 气体分压定律的混合蒸气的总压力计算公式为

$$p = \sum p_i \tag{1-22}$$

式中，p 为系统蒸气总压力；p_i 为 i 组分的分压。

此外，参考文献 [8] 中还介绍了两种估算蒸气压的方法：一是对应状态法；二是参考物质法。

1.4.9 物性数据的查取及 Internet 上的化工资源

1.4.9.1 物性数据文献

(1) 化学工程手册编委会.《化学工程手册》第一篇，物性数据. 北京：化学工业出版社，1989 年.

(2) 上海医药设计院.《化学工艺设计手册》. 北京：化学工业出版社，1989 年.

(3) 刘光启，等.《化工物性算图手册》. 北京：化学工业出版社，2002 年.

(4) 童景山，等.《流体的热物理性质》. 北京：中国石化出版社，1996 年.

(5) 卢焕章，等.《石油化工基础数据手册》. 北京：化学工业出版社，1982 年.

(6) 马沛生，等.《石油化工基础数据手册》，续编. 北京：化学工业出版社，1993 年.

(7) 王松汉，等.《石油化工设计手册》，第 1 卷，石油化工基础数据. 北京：化学工业出版社，2002 年.

化工物性数据总量浩繁，非有限的卷帙所能包容，为此我国已于 20 世纪 70 年代中期开始建立化工物性数据库。例如，1978 年完成的“化工物性数据库”是化学工业部组织有关设计、科研、高校等单位开发合成氨和乙烯分离两个流程模拟软件时由化工部化工设计公司完成的。20 世纪 90 年代后，化工物性数据库有了很大发展，设计单位对基础物性数据的需要和重视程度也与日俱增。现在可以利用的化工物性数据库不少，由于篇幅所限，这里只介绍两个有代表性的数据库。

(1) ECSS (Engineering Chemistry Simulation System) 工程化学模拟系统数据库及物性推算包

ECSS 工程化学模拟系统是青岛化工学院计算机与化工研究所于 1987 年5 月推出的规模较大、功能较全的在 PC 机上运行的组合型化工软件包，到 1995 年 5 月已升级为 V 3.10版。目前已有石油化工设计、科研、生产企业、高校等共 50 多个单位在使用。

(2) 天津市化工物性数据库和烃类实验物性数据库

天津市化工物性数据库是天津市化工设计院、南开大学于 1988 年完成的检索化工物性数据库，它由数据检索、物性估算、气-液相平衡计算、数据回归 4 个系统组成。该数据库具有数据可靠、操作简便、运行效率高以及兼备中英文操作语言等特点，并附带文献源库。

1.4.9.2 利用 Internet 检索化学化工资源

目前，Internet 是全球最大的计算机网络，150 多个国家的用户都可以使用它。Internet 不仅是全球范围的快速传递信息的通信手段，也是全球最大的资源和信息系统。

Internet 上的化学化工资源极其丰富，在浩瀚的信息海洋中查找自己需要的数据信息，也不是一件很容易的事情。

下面首先引入一些指南性的资源，然后再介绍 Internet 上的化学化工资源，其中着重介绍数据库和 Aspen Tech 公司。

(1) Internet 上的图书目录——Titlenet

该目录是一个 gopher 服务器，URL 地址为:gopher://infx. infor. com。

用户可利用 gopher 对图书目录进行浏览，也可以通过作者名、书名、关键词三种方式进行图书目录的检索。

(2) UNCOVER 的文章拷贝服务

通过 Internet 可获得 UNCOVER(http://www. carl. org)的文章拷贝服务，用户可在线订阅杂志中的文章，并在 24 小时内获得所订文章的传真拷贝。

(3) 免费获取最新美国专利目录

免费获取最新美国专利目录（Free New PATENT Titles Mailing List Via Email)，即凡是在 Internet 上收发电子邮件（E-mail）的用户，均可以通过订阅相应的通信讨论组来获得美国专利局（USPTO Patent Gazette）最新专利信息的免费服务。

(4) 通信讨论组（Mailing List）

参加 Internet 上的化学化工有关的通信讨论组可进行广泛的信息交流，用户可以发布学术会议消息、征集论文、寻找某种参考书等。

(5) STN 联机检索系统

STN 是著名的国际科技信息网络系统，它由三个著名的科技信息中心组成，它们是：

① 德国卡尔斯鲁厄专业情报中心 FIZ（Fachinformationszentrum，Karlsruhe)，网址为 http://www. fiz-karlsruhe. de;

② 美国的化学文摘 CAS（Chemical Abstracts Services)，网址为 http://www. cas. org;

③ 日本科技社 JICST（Japan Science and Technology Corporation)，网址为 http://www. jst. go. jp。

目前 STN 中与化工有关的部分数据库是：

APILIT2　美国石油研究所 API 文献 1964—，供非 API 支持者；

CBNB　化工行业数据库（重点是欧洲）1985—；

CEABA　化工行业和生物技术文摘 1975—；

CIN　全球化工行业大事件信息库 1974—；

CSCHEM　美国及全球（约 80 个国家）化工产品目录；

CSCORP　美国及全球（约 80 个国家）化工产品厂商目录（约 2 300 家)；

CSNB　有害化学品的安全使用与健康数据库 1981—；

DRUGLAUNCH　新药物产品数据库；

VTB　化工及远程工程文献库，数据库主要使用语言为德语。

有关各数据库的内容介绍，用户可以在网址 http://www. cas. org 中查找。

(6) Aspen Tech 公司

AspenTech 公司是目前世界上最大的提供过程模拟技术的公司，它的稳态模拟、动态模拟以及系统合成技术为过程的研究与开发、过程设计、过程的生产提供了一整套工程工具。

Internet 最重要的特征之一是它的动态性，资源是一个动态系统。用户定期访问某特定资源的 WWW 服务器或 gopher 服务器就会了解到最新动态。

另外，由于用户可以自由地使用 Internet 提供给自己的资源，而没有特定的组织对资源进行严格的管理和审查，因此用户可能获得错误的数据或信息，对这一点用户必须有清醒的认识。故对于所获得的数据或信息不可拿来就用，而要进行必要的检验和识别。

本章参考文献

[1] 化学工程手册编委会. 化学工程手册. 北京：化学工业出版社，1989.

[2] 上海医药设计院. 化学工艺设计手册. 北京：化学工业出版社，1996.

[3] 刘光启，马连湘，邢志有. 化工物性算图手册. 北京：化学工业出版社，2002.

[4] 童景山，等. 流体的热物理性质. 北京：中国石化出版社，1996.

[5] 华东化工学院（现改名为华东理工大学）. 化工制图. 上海：华东化工学院出版社，1980.

[6] Coulson J M, et al. Chemical Engineering. Vol 6, 14th edition. New York: Pergamon Press, 1991.

[7] 贺匡国. 化工容器及设备简明设计手册. 2 版. 北京：化学工业出版社，2002.

[8] 王松汉. 石油化工设计手册. 北京：化学工业出版社，2002.

[9] 卢焕章，等. 石油化工基础数据手册. 北京：化学工业出版社，1982.

[10] 黄璐，王保国. 化工设计. 北京：化学工业出版社，2000.

[11] 匡国柱，史启才. 化工单元过程及设备课程设计. 北京：化学工业出版社，2002.

[12] 潘国昌，等. 化工设备设计. 北京：清华大学出版社，1996

[13] 厉玉鸣. 化工仪表及自动化. 5 版. 北京：化学工业出版社，2011.

[14] Donald W Green. Perry's Chemical Engineer's Handbook. 8th edition. New York: McGraw-Hill Professional, 2007.

第 2 章　列管式换热器的选型

2.1　概述

热交换器，通常又称作换热器，是化工、炼油和食品等工业部门广泛应用的通用设备，对化工、炼油工业尤为重要。例如在常减压蒸馏装置中换热器的投资约占总投资的 20%，在催化重整及加氢脱硫装置中约占 15%。通常，在化工厂的建设中，换热器约占总投资的 11%；一般地说，换热器约占炼油、化工装置设备总投资的 40%。合理地选用和使用换热器，可节省投资、降低能耗，由此可见，换热器在化工生产中占有很重要的地位。

2.1.1　换热器的分类、主要特点及适用场合

换热器按工艺功能可分为加热器、冷却器、再沸器、冷凝器、蒸发器等。按冷热物料间的接触方式，又可分为直接式换热器、蓄热式换热器、间壁式换热器等。更为详细的分类及其主要特点与适用场合见表 2-1。

目前，工业上应用最广泛的是列管式换热器，以下仅讨论（无相变）列管式换热器和再沸器的结构、工艺设计及选用。冷凝器、空气冷却器及其他各式换热器的结构、工艺设计及选用，在文献［2，3，4］中都有详细介绍。

列管式换热器的型式如图 2-1～图 2-4 所示。

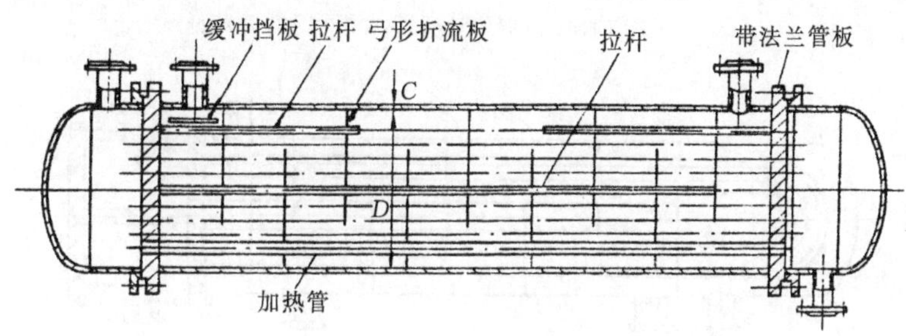

图 2-1　固定管板式换热器

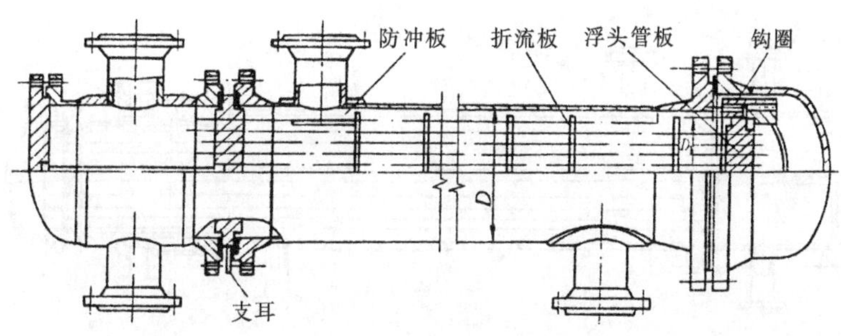

图 2-2　浮头式换热器

表 2-1　换热设备的分类、主要特点及一般适用场合

换热设备按传热方式分类

- 直接式换热器：适用于参与换热的两种流体可相溶混，或允许两者之间有物质扩散、机械夹带的场合。
- 蓄热式换热器：多用于从高温炉气中回收热量以预热空气或将气体加热至高温。换热过程分两阶段进行。
- 间壁式换热器（参与换热两流体不相溶混）
  - 管式换热器（一般承压能力强）
    - 蛇管式
      - 沉浸式：用于管内液体的冷却、冷凝，或是管外流体的加热、冷却等。通常用作反应釜的传热构件。
      - 喷淋式：只用于管内流体的冷却或冷凝。
    - 套管式：可用作冷却器、冷凝器或预热器等。能实现严格的逆流操作。
    - 列管式（处理量大，能承受高压，可应用于各种传热过程）
      - 刚性结构的固定管板式：用于管、壳温差较小的场合，管间只能通清洁流体。
      - 带温差补偿的（适用于管、壳温差较大的场合，能降低或消除温差应力）
        - 带挠性构件的（因管间不能清洗，只能通清洁流体，可降低温差应力）
          - 带膨胀节的固定管板式：壳程只能承受较低压力。
          - 带挠性管的固定管板式（少用）
        - 管束（或换热管）可以自由伸缩的（管间可以清洗，能消除温差应力）
          - 浮头式：管内外均能承受高压，可用于高温高压场合。
          - 填料函式：管间耐压不高，填料处易漏，管间不宜处理易挥发、易燃、易爆、有毒及压力较高介质。
          - 滑动管板式：密封性能较差，适用于管内外压差较小的场合。管束和壳体的相对伸缩量受管板厚度的限制。
          - U形管式：管内外均能承受高压，多用于高温高压场合。管内不能机械清洗，只能通清洁流体。换热管难于换修。
          - 双套管式：结构比较复杂，可用于高温、高压场合，多用于固定床反应器中。
  - 板式换热器（结构紧凑，传热效果好，但承压能力差）
    - 螺旋板式：可进行严格的逆流操作，有自洁作用，可用于回收低温热能。
    - 成型板式：拆洗方便，传热面可根据需要增减。多用于温度、压力较低的液-液换热。尤其对黏性较大的液体之间换热更为合适。
    - 板翅式：结构最紧凑，传热效果最好，流体阻力大，若内部损坏，不能重修，只能用于清洁流体的换热，目前主要用于制氧和低温场合。

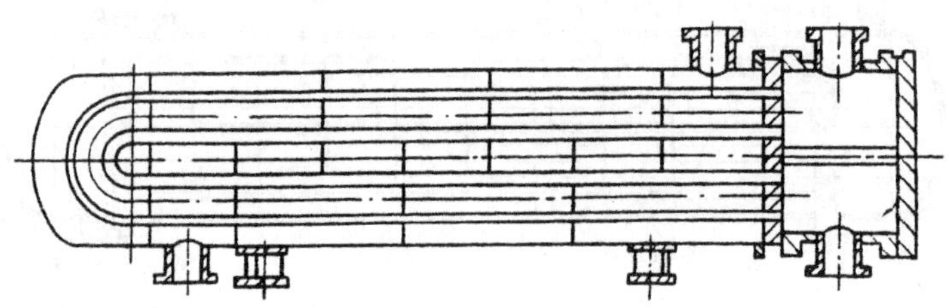

图 2-3　U 形管式换热器

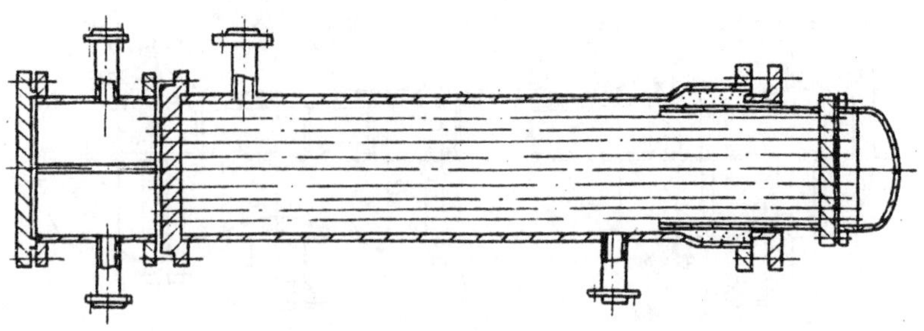

图 2-4　填料函式换热器

2.1.2　列管式换热器标准简介

列管式换热器的设计、制造、检验与验收必须遵循中华人民共和国国家标准“钢制管壳式（即列管式）换热器”（GB 151）执行。

按该标准，换热器的公称直径作如下规定：卷制圆筒，以圆筒内径作为换热器公称直径，mm；钢管制圆筒，以钢管外径作为换热器的公称直径，mm。

换热器的传热面积：计算传热面积，是以传热管外径为基准，扣除伸入管板内的换热管长度后，计算所得到的管束外表面积的总和（m^2）。公称传热面积指经圆整后的计算传热面积。

换热器的公称长度：以传热管长度（m）作为换热器的公称长度。传热管为直管时，取直管长度；传热管为 U 形管时，取 U 形管的直管段长度。

该标准还将列管式换热器的主要组合部件分为前端管箱、壳体和后端结构（包括管束）三部分，详细分类及代号见文献［3，5］。

该标准将换热器分为Ⅰ、Ⅱ两级，Ⅰ级换热器采用较高级冷拔传热管，适用于无相变传热和易产生振动的场合。Ⅱ级换热器采用普通级冷拔传热管，适用于再沸、冷凝和无振动的一般场合。

列管式换热器型号的表示方法如下：

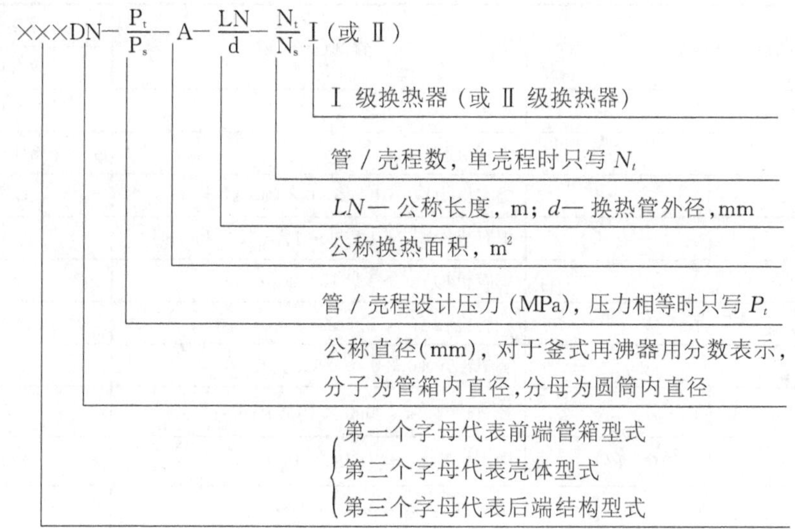

2.1.3　列管式换热器选型的工艺计算步骤

(1) 由传热任务计算换热器的热流量（热负荷）。

以热流体冷却为例：
$$Q = q_{m1} c_{p1} (T_1 - T_2) \tag{2-1}$$

(2) 按选定的流动方式，计算温差修正系数 ψ，平均推动力 Δt_m。ψ 值应大于 0.8，据一般经验 Δt_m 不宜小于 10 ℃。

(3) 初选传热系数 K，由传热基本方程 $Q = KA\Delta t_m$ 计算传热面积 A，并参考换热器系列选择标准换热器。

(4) 根据选用的标准换热器尺寸，进行传热系数 K 的校核和压降计算。应使换热面积留有 15%～25%的裕度，使 $A/A_{计} = 1.15 \sim 1.25$，否则需重新估计一个 K 值。K 值的大致范围见表 2-2。

(5) 换热器内流体压降的计算（见文献 [3，4，5]），若压降大于规定值，则必须调整管程数，重新计算。

2.2 换热设备应满足的基本要求

根据工艺过程或热量回收用途的不同，换热设备可以是加热器、冷却器、蒸发器、再沸器、冷凝器、余热锅炉等，因而设备的种类、型式很多。完善的换热设备在设计或选型时应满足以下各项基本要求。

2.2.1 合理地实现所规定的工艺条件

传热量、流体的热力学参数（温度、压力、流量、相态等）与物理化学性质（密度、黏度、腐蚀性等）是工艺过程所规定的条件。设计者应根据这些条件进行热力学和流体力学的计算，经过反复比较，使所设计的换热设备具有尽可能小的传热面积，在单位时间内传递尽可能多的热量。为此，具体的做法可以有以下几种。

表 2-2 K 值的大致范围

管内(管程)	管间(壳程)	传热系数 K /W/(m^2·K)
水(0.9～1.5 m/s)	净水(0.3～0.6 m/s)	580～700
水	水(流速较高时)	810～1 160
冷水	轻有机物 ($\mu<0.5\times10^{-3}$ Pa·s)	470～810
冷水	中有机物 [$\mu=(0.5\sim1)\times10^{-3}$ Pa·s]	290～700
冷水	重有机物 ($\mu>1\times10^{-3}$ Pa·s)	120～470
盐水	轻有机物 ($\mu<0.5\times10^{-3}$ Pa·s)	230～580
有机溶剂	有机溶剂 (0.3～0.55 m/s)	200～230
轻有机物 ($\mu<0.5\times10^{-3}$ Pa·s)	轻有机物 ($\mu<0.5\times10^{-3}$ Pa·s)	230～470
中有机物 [$\mu=(0.5\sim1)\times10^{-3}$ Pa·s]	中有机物 [$\mu=(0.5\sim1)\times10^{-3}$ Pa·s]	120～350
重有机物 ($\mu>1\times10^{-3}$ Pa·s)	重有机物 ($\mu>1\times10^{-3}$ Pa·s)	60～230
水(1 m/s)	水蒸气(有压力)冷凝	2 330～4 650
水	水蒸气(常压或负压)冷凝	1 750～3 490
水溶液 ($\mu<2.0\times10^{-3}$ Pa·s)	水蒸气冷凝	1 160～4 070
水溶液 ($\mu>2.0\times10^{-3}$ Pa·s)	水蒸气冷凝	580～2 910
有机物 ($\mu<0.5\times10^{-3}$ Pa·s)	水蒸气冷凝	580～1 190
有机物 [$\mu=(0.5\sim1)\times10^{-3}$ Pa·s]	水蒸气冷凝	290～580
有机物 ($\mu>1\times10^{-3}$ Pa·s)	水蒸气冷凝	120～350
水	有机物蒸气及水蒸气冷凝	580～1 160

续表

管内(管程)	管间(壳程)	传热系数 K /W/(m²·K)
水	重有机物蒸气(常压)冷凝	120～350
水	重有机物蒸气(负压)冷凝	60～170
水	饱和有机溶剂蒸气(常压)冷凝	580～1 160
水	含饱和水蒸气和氯气(20 ℃～50 ℃)	170～350
水	SO_2(冷凝)	810～1 160
水	NH_3(冷凝)	700～930
水	氟利昂(冷凝)	760

(1) 增大传热系数。在综合考虑了流体阻力和不发生流体诱发振动的前提下，尽量选择高的流速。提高管内流速，选用较小管径和多管程结构。壳程加折流板，并选用较小挡板间距。

(2) 增大平均温度差。对于无相变的流体，尽量采用接近逆流的传热方式。因为这样不仅可增大平均温度差，还有助于减少结构中的温差应力。

在条件允许时，可提高热流体或降低冷流体的进口温度。

(3) 合理布置传热面。例如在管壳式换热器中，采用合适的管间距或排列方式，不仅可加大单位空间内的传热面积，还可改善流动特性。

2.2.2　安全可靠

换热设备也是压力容器，在进行强度、刚度、温差应力以及疲劳寿命计算时，应该参照我国《钢制石油化工压力容器设计规定》(简称《容器设计规定》) 与《钢制管壳式换热器设计规定》(简称《换热器设计规定》) 等有关规定与标准。

材料的选择是一个重要的环节，不仅要了解材料的机械性能和物理性能、屈服极限、最小强度极限、弹性模量、延伸率、线膨胀系数、导热系数等，还应了解其在特殊环境中的耐电化学腐蚀、应力腐蚀、点腐蚀的性能。

2.2.3　安装、操作及维修方便

设备与部件应便于运输与拆装，在厂房移动时不受楼梯、梁、柱等的妨碍；根据需要添置气、液排放口和检查孔等；对于易结垢的设备（或因操作上的波动引起的快速结垢现象，设计中应提出相应对策）可考虑在流体中加入净化剂，就可不必停工清洗，或将换热器设计成两部分，交替进行工作和清洗等。

2.2.4　经济合理

当设计或选型时，往往有几种换热器都能满足生产工艺要求，此时对换热器的经济核算就显得十分必要。应根据在一定时间内（一般为一年）设备费（包括购买费、运输费、安装费等）与操作费（动力费、清洗费、维修费等）的总和最小的原则来选择换热器，并确定适宜的操作条件。

最后，尽可能采用标准系列，这对设计以及检修、维护等各方面均可带来方便。我国已制定了管壳式换热器（GB 151—1999）等标准系列，在设计中应尽量采用。若由于标准系列的规格限制，不能满足工厂的生产要求时，必须进行换热设备的结构设计。

2.3 列管式换热器结构及基本参数

2.3.1 管束及壳程分程

2.3.1.1 管束分程

为了解决管数增加引起管内流速及传热系数降低的问题，可将管束分程。在换热器的一端或两端的管箱中安置一定数量的隔板，一般每程中管数大致相等。注意温差较大的流体应避免紧邻，以免引起较大的温差应力。

管束分程的方案参见图 2-5。从制造、安装、操作的角度考虑，偶数管程有更多的方便之处，因此用得最多。但程数不宜太多，否则隔板本身占去相当大的布管用的面积，且在壳程中形成旁路，影响传热。

2.3.1.2 壳程分程

壳程分程的型式见图 2-6，E 形最为普通，为单壳程。F 形与 G 形均为双壳程，它们的不同之处在于壳侧流体进出口位置的不同。G 形壳体又称为分流壳体。当它用作水平的热虹吸式再沸器时，壳程中的纵向隔板起着防止轻组分的闪蒸与增强混合的作用。H 形与 G 形相似，只是进出口接管与纵向隔板均多一倍，故称之为双分流壳体。G 形与 H 形均可用于以压力降作为控制因素的换热器中。考虑到制造上的困难，一般的换热器壳程数很少超过两程。

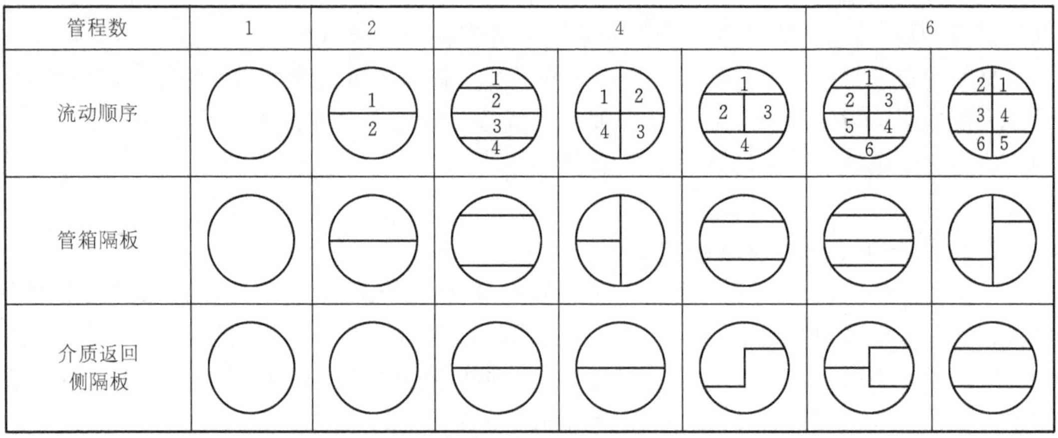

管程数	1	2	4			6	
流动顺序		1 2	1 2 3 4	1 2 4 3	1 2 3 4	1 2 3 5 4 6	2 1 3 4 6 5
管箱隔板							
介质返回侧隔板							

图 2-5　平行的与 T 形的管束分程图

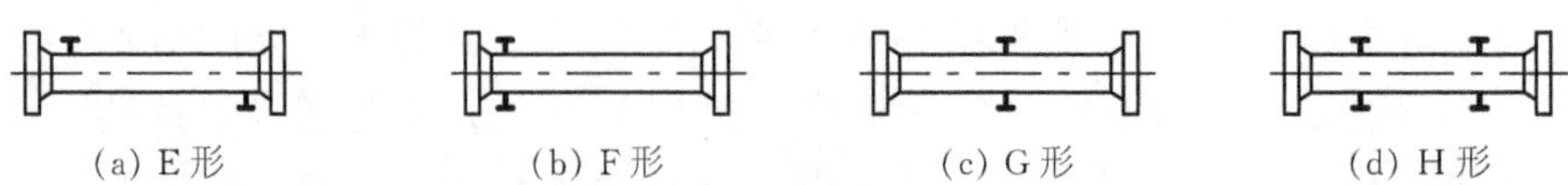

图 2-6　换热器的壳程型式

2.3.2　传热管

由于管长及管程数的确定均和管径及管内流速有关，故应首先确定管径及管内流速。目前国内常用的换热管规格和尺寸偏差见表 2-3。

若选择较小的管径，管内表面传热系数可以提高，而且对于同样的传热面积来说可减小壳体直径。但管径小，管内流动阻力就大，机械清洗也困难，故设计时可根据具体情况选用适宜的管径。

2.3.3　管的排列及管心距

传热管在管板上的排列有三种基本形式，即正三角形、正四边形和同心圆排列，如图 2-7 所示。传热管的排列应使其在整个换热器圆截面上均匀而紧凑地分布，同时还要考虑流体性质、管箱结构及加工制造等方面的问题。目前设计中用得较多的是正三角形和正方形排列法。

表 2-3　常用换热管的规格和尺寸偏差

<table>
<tr><th rowspan="2">材料</th><th rowspan="2">钢管标准</th><th rowspan="2">外径×厚度
/(mm×mm)</th><th colspan="2">Ⅰ级换热器</th><th colspan="2">Ⅱ级换热器</th></tr>
<tr><th>外径偏差
/mm</th><th>壁厚偏差</th><th>外径偏差
/mm</th><th>壁厚偏差</th></tr>
<tr><td rowspan="4">碳素钢</td><td rowspan="4">GB 8163</td><td>10×1.5</td><td>±0.15</td><td rowspan="3">+12%
−10%</td><td>±0.20</td><td rowspan="3">+15%
−10%</td></tr>
<tr><td>14×2
19×2
25×2
25×2.5</td><td>±0.20</td><td>±0.40</td></tr>
<tr><td>32×3
38×3
45×3</td><td>±0.30</td><td>±0.45</td></tr>
<tr><td>57×3.5</td><td>±0.8%</td><td>±10%</td><td>±1%</td><td>+12%
−10%</td></tr>
<tr><td rowspan="4">不锈钢</td><td rowspan="4">GB 2270</td><td>10×1.5</td><td>±0.15</td><td rowspan="4">+12%
−10%</td><td>±0.20</td><td rowspan="4">±15%</td></tr>
<tr><td>14×2
19×2
25×2</td><td>±0.20</td><td>±0.40</td></tr>
<tr><td>32×2
38×2.5
45×2.5</td><td>±0.30</td><td>±0.45</td></tr>
<tr><td>57×3.5</td><td>±0.8%</td><td>±1%</td></tr>
</table>

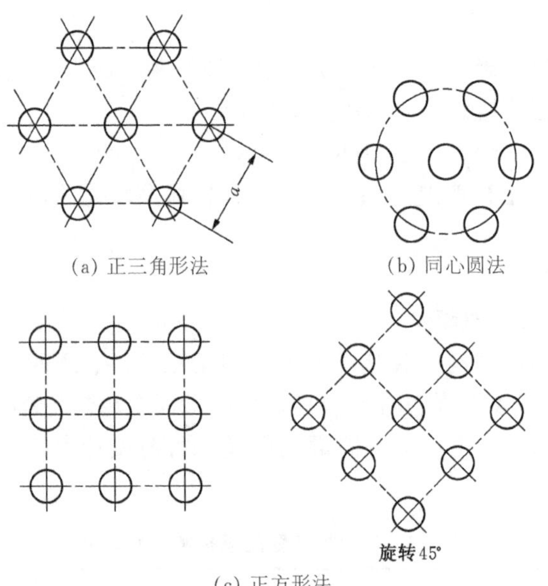

(a) 正三角形法　(b) 同心圆法

(c) 正方形法

图 2-7　管子在管板上的排列

当壳程流体是不污性介质时，采用正三角形排列法。正三角形排列法在一定的管板面积上可以配置较多的管子数，且由于管子间的距离都相等，在管板加工时便于画线与钻孔。

当壳程流体需要用机械清洗时，采用正方形排列法。正方形排列法在一定的管板面积上可排列的管子数量少。此排列法在浮头式和填料函式换热器中用得较多。

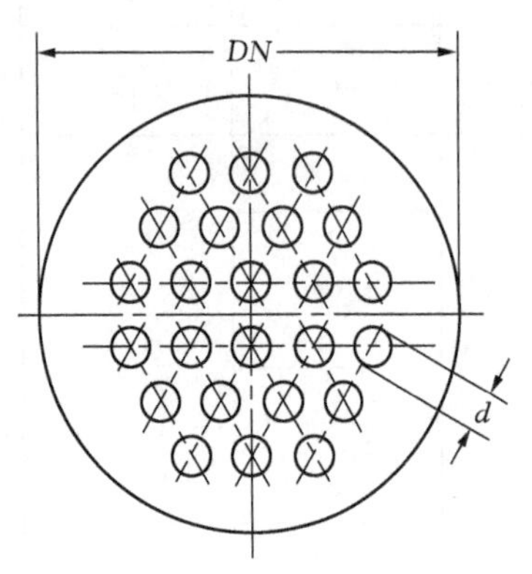

图 2-8　组合排列法

在制氧设备中，有的采用同心圆排列法［如图 2-7(b) 所示］，这种排列法比较紧凑，且靠近壳体的地方布管均匀，在小直径的换热器中，按此法在管板上布置的管数比按正三角形排列的还多。

除了上述三种排列方法外，也可采用组合的排列方法，例如在多程的换热器中，每一程中都采用三角形排列法，而在各程之间，为了便于安排隔板，则采用正方形排列法，如图 2-8 所示。

如果换热设备中的一侧流体有相变，另一侧流体为气相，可在气相一侧的传热面上加翅片以增大传热面积，以利于热量的传递。翅片可在管外，也可在管内。翅片与管子的连接可用紧配合、缠绕、粘接、焊接、电焊、热压等方法来实现。

装于管外的翅片有轴向的、螺旋形的与径向的［如图 2-9(a)(b)(c)所示］。除连续的翅片外，为了增强流体的湍动，也可在翅片上开孔或每隔一段距离令翅片断开或扭曲［如图 2-9(d)(e)所示］。必要时还可采用内、外都有翅片的管子。

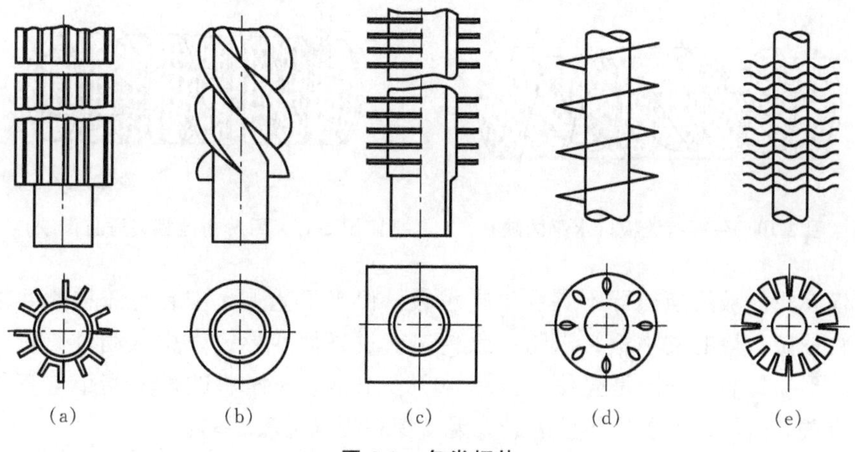

图 2-9　各类翅片

管心距的大小主要与传热管和管板的连接方式有关，此外还要考虑到管板强度和清洗管外表面时所需的空间。表 2-4 列出了常用传热管布置的管心距。

表 2-4　常用管心距

管外径/mm	管心距/mm	各程相邻管的管心距/mm
19	25	38
25	32	44
32	40	52
38	48	60

2.3.4　折流板和支撑板

列管式换热器的壳程流体流通面积比管程流通截面积大，在壳程流体属对流传热时，为增大壳程流体的流速，加强其湍动程度，提高壳程给热系数，需设置折流板。

折流板有横向折流板和纵向折流板两类，单壳程的换热器仅需设置横向折流板，多壳程换热器不但需要设置横向折流板，而且需要设置纵向折流板将换热器分为多壳程结构。对于多壳程换热器，设置纵向折流板的目的不仅在于提高壳程流体的流速，而且是为了实现多壳程结构，减小多管程结构造成的温差损失。

横向折流板同时兼有支承传热管，防止产生振动的作用。其常用的型式有弓形折流板和圆盘-圆环形折流板。弓形折流板结构简单，性能优良，在实际设计中最为常用。

弓形折流板切去的圆缺高度一般是壳体内径的 10%～40%，常用值为 20%～25%。

折流板间距，在阻力允许的条件下尽可能小，允许的折流板最小间距为壳体内径的 20%或 50 mm（取两者中的较大值）。折流板间距一般不能大于壳体内径，否则会使壳程流体不是垂直流过管束，致使壳程给热系数有所下降。

卧式换热器弓形折流板的圆缺面可以水平或垂直装配，如图 2-10 和图 2-11 所示。水平装配，可使流体强烈扰动，传热效果好，一般无相变传热均采用这种排列方法。垂直装配主要用于卧式冷凝器、再沸器或流体中带有固体颗粒的场合，以有利于冷凝器中的不凝气和冷凝液的排放。

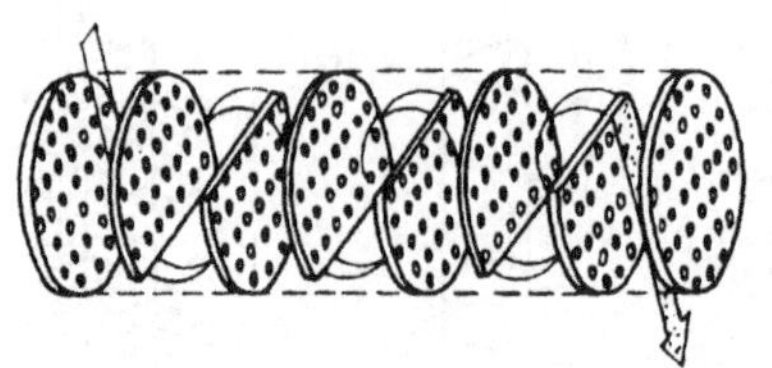

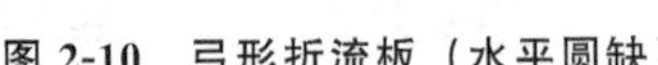
图 2-10　弓形折流板（水平圆缺）

图 2-11　弓形折流板（垂直圆缺）

具有横向折流板的换热器不需另设支承板，但当工艺上无安装折流板的要求时，则应考虑设置一定数量的支承板，以防止因传热管过长而变形或发生振动。一般支承板为弓形，其圆形缺口高度一般是壳体内径的40%～45%。支承板的最大间距与管子直径和管壁温度有关，也不得大于传热管的最大无支撑跨距（见表2-5）。

表 2-5　最大无支撑跨距

换热管外径 d_0/mm	10	14	19	25	32	38	45	57
最大无支撑跨距/mm	800	1 100	1 500	1 900	2 200	2 500	2 800	3 200

2.3.5　旁路挡板和防冲挡板

2.3.5.1　旁路挡板

如图2-12所示，如果壳体和管束之间的环隙过大，则流体会通过该环隙短路，为防止这种情况发生，必要时应设置旁路挡板。另外，在换热器分程部位，往往间隙也比较大，为防止短路发生，可在适当部位安装挡板。

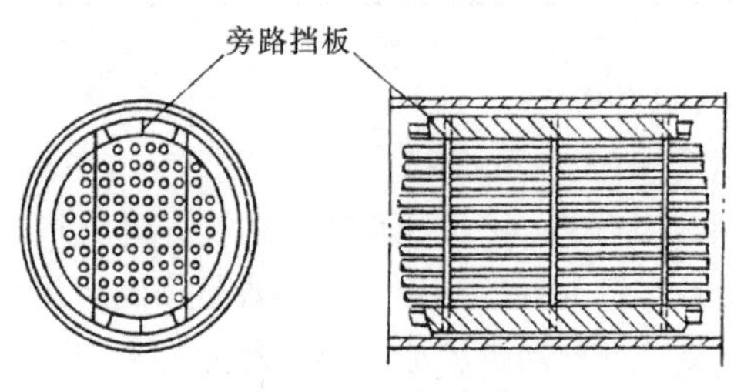

图 2-12　旁路挡板

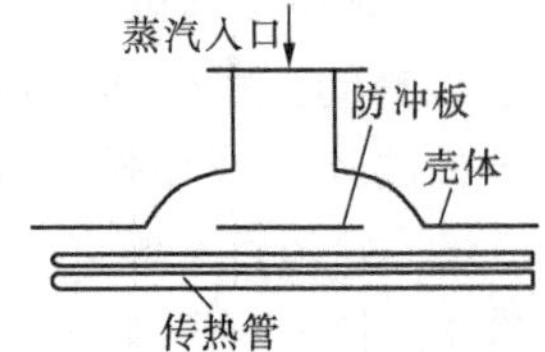

图 2-13　防冲挡板

2.3.5.2　防冲挡板

如图2-13所示，为防止壳程进口处流体直接冲击传热管，产生冲蚀，必要时应在壳程物料进口处设置防冲挡板。一般当壳程介质为气体和蒸汽时，应设置防冲挡板。对于液体物料，则以其密度和入口管内流速平方的乘积 ρu^2 来确定是否设置防冲挡板。非腐蚀性和非磨蚀性物料当 $\rho u^2 > 2\,230$ kg/(m·s^2)时，应设置防冲挡板。一般液体，当 $\rho u^2 > 740$ kg/(m·s^2)时，则需设置防冲挡板。

2.3.6　其他主要附件

其他主要附件包括封头、接管、导流筒、拉杆、定距管、滑道、膨胀节、法兰、垫片以及支座等，文献［1，3，4，5］中对这些附件的设计及选用都有较详细的介绍，文献［7］则给出了更为全面、详细的规定，设计时可以查阅。通常由工艺计算选取标准换热器后，其具体尺寸（包括接管、法兰等尺寸）可由标准图纸查取。值得一提的是，在选取标准换热器时，需注意接管的尺寸应与输送该流体的管道尺寸保持一致。

2.3.7　列管式换热器结构基本参数

2.3.7.1　固定管板式换热器标准系列

JB/T 4715—92 标准中规定了固定管板式列管换热器的型式、基本参数、列管排列形式、折流板的型式和拉杆及定距管的规格及数量等。其基本参数包括以下各项。

(1) 公称直径 DN（单位为 mm）。

钢管制圆筒：159，219，273，325。

卷制圆筒：400，450，500，600，700，800，900，1 000，(1 100)，1 200 (1 300)，1 400，(1 500)，1 600，(1 700)，1 800。

注：括号内的公称直径不推荐选用。

(2) 公称压力 PN（单位为 MPa）

0.25，0.60，1.00，1.60，2.50，4.00，6.40。

(3) 换热管长度 L（单位为 mm）

1 500，2 000，3 000，4 500，6 000，9 000。

(4) 换热管规格及排列形式（见表 2-6）

表 2-6　换热管规格及排列形式

<table>
<tr><th colspan="2">换热管外径×壁厚($d\times\delta_1$)/mm×mm</th><th rowspan="2">排列形式</th><th rowspan="2">管间距/mm</th></tr>
<tr><th>碳素钢、低合金钢</th><th>不锈耐酸钢</th></tr>
<tr><td>25×2.5</td><td>25×2</td><td rowspan="2">正三角形</td><td>32</td></tr>
<tr><td>19×2</td><td>19×2</td><td>25</td></tr>
</table>

(5) 折流板（支承板）间距（见表 2-7）

表 2-7　折流板（支承板）间距

<table>
<tr><th>公称直径 DN/mm</th><th>管长/mm</th><th colspan="6">折　流　板　间　距/mm</th></tr>
<tr><td rowspan="2">≤500</td><td>≤3 000</td><td>100</td><td rowspan="2">200</td><td rowspan="2">300</td><td rowspan="2">450</td><td rowspan="2">600</td><td rowspan="2">—</td></tr>
<tr><td>4 500～6 000</td><td>—</td></tr>
<tr><td>600～800</td><td>1 500～6 000</td><td>150</td><td>200</td><td>300</td><td>450</td><td>600</td><td>—</td></tr>
<tr><td rowspan="2">900～1 300</td><td>≤6 000</td><td rowspan="2">—</td><td>200</td><td rowspan="2">300</td><td rowspan="2">450</td><td rowspan="2">600</td><td>—</td></tr>
<tr><td>7 500，9 000</td><td>—</td><td>750</td></tr>
<tr><td rowspan="2">1 400～1 600</td><td>6 000</td><td rowspan="2">—</td><td rowspan="2">—</td><td>300</td><td rowspan="2">450</td><td rowspan="2">600</td><td rowspan="2">750</td></tr>
<tr><td>7 500，9 000</td><td>—</td></tr>
<tr><td>1 700～1 800</td><td>6 000～9 000</td><td>—</td><td></td><td>—</td><td>450</td><td>600</td><td>750</td></tr>
</table>

2.3.7.2　浮头式列管换热器

浮头式列管换热器标准系列 JB/T 4714—92 中的主要参数如下。

(1) 公称直径 DN（单位为 mm）

① 内导流筒换热器

钢管制圆筒：325，426。

卷制圆筒：400，500，600，700，800，900，1 000，(1 100)，1 200，(1 300)，1 400，(1 500)，1 600，(1 700)，1 800。

② 外导流筒换热器（单位为 mm）

卷制圆筒：500，600，700，800，900，1 000。

冷凝器钢管制圆筒：426。

冷凝器卷制圆筒：400，500，600，700，800，900，1 000，(1 100)，1 200，(1 300)，1 400，(1 500)，1 600，(1 700)，1 800。

注：括号内的公称直径不推荐使用。

(2) 公称压力 PN（单位为 MPa）

换热器：1.0，1.6，2.5，4.0，6.4。

冷凝器：1.0，1.6，2.5，4.0。

(3) 换热管

换热管种类：光管和螺纹管。

换热管长度 L（单位为 m）：3，4.5，6，9。

换热管规格和排列形式见表 2-8。

表 2-8　换热管规格和排列形式

换热管外径×壁厚($d\times\delta_1$)/mm×mm		排列形式	管间距/mm
碳素钢、低合金钢	不锈耐酸钢		
19×2	19×2	正三角形 正方形 正方形旋转 45°	25
25×2.5	25×2		32

(4) 折流板（支承板）间距 S

换热器折流板（支承板）间距 S 见表 2-9。

表 2-9　折流板（支承板）间距

L/m	DN/mm	S/mm							
3	≤700	100	150	200	—	—	—	—	—
4.5	≤700	100	150	200	—	—	—	—	—
	800～1 200	—	150	200	250	300	—	450（或 480）	—
6	400～1 100	—	150	200	250	300	350	450（或 480）	
	1 200～1 800	—	—	200	250	300	350	450（或 480）	
9	1 200～1 800	—	—	—	—	300	350	450	600

由于 JB/T 4715—92 和 JB/T 4714—92 是在 GB 150—1998、GB 151—1999 以及劳动部《压力容器安全技术检测规程》颁布之前编写的，所以在选用该标准系列时应按规程及 GB 150、GB 151 对技术特性等要求进行补充。

2.4 设计计算中参数的选择

2.4.1 冷却剂和加热剂的选择

常用的冷却剂见表 2-10。

表 2-10　常用冷却剂

冷却剂名称	温度范围
水（自来水、河水、井水、冰水）	0～80 ℃
空气	＞30 ℃
盐水	0 ℃～－15 ℃ 用于低温冷却
氨蒸气	低于－15 ℃ 用于冷冻工业

除低温及冷冻外，冷却剂应优先选用水。水的初温由气候条件决定，关于水的出口温度及流速的确定，提出下面几点供参考。

① 水与被冷却流体之间一般应有 5～35 ℃的温度差；

② 水的出口温度一般不超过 40～50 ℃，在此温度以上溶解于水中的无机盐将会析出，在壁面上形成污垢。

常用的加热剂列于表 2-11。

表 2-11　常用的加热剂

加热剂名称	温度范围
饱和水蒸气	＜180 ℃
烟道气	700～1 000 ℃

结合具体工艺情况，还可采用热空气或热水等作加热剂。

2.4.2 冷、热流体通道的选择

冷、热流体通道可根据以下原则选择。

① 不洁净和易结垢的液体宜在管程，因管内清洗方便；

② 腐蚀性流体宜在管程，以免管束和壳体同时受到腐蚀；

③ 压强高的流体宜在管内，以免壳体承受压力；

④ 饱和蒸汽宜走壳程，因饱和蒸汽比较清洁，给热系数与流速无关而且冷凝液容易排出；

⑤ 被冷却的流体宜走壳程，便于散热；

⑥ 若两流体温差较大，对于刚性结构的换热器，宜将给热系数大的液体通入壳程，以减少热应力；

⑦ 流量小而黏度大的液体一般以壳程为宜，因在壳程 $Re>100$ 即可达到湍流；但这不是绝对的，如流动阻力损失允许，将这种液体通入管内并采用多管程结构，反而能得到更高的给热系数。

2.4.3 流速的选择

换热器内液体速度大小必须通过经济核算进行选择。因为流速增加，给热系数 α 增

大，同时亦减少了污垢在管子表面沉积的可能性，降低了垢层的热阻，从而使传热系数 K 值提高，所需传热面积减小，设备投资费也减少。但随着流速的增加，液体阻力也相应增加，动力消耗增大，使操作费增加。因此，选择适宜的流速是十分重要的，一般应尽可能使管程内流体的 $Re>10^4$ (同时也要注意其他方面的合理性)；黏度高的流体常按层流设计。根据经验，在表 2-12、表 2-13 中列出了一些工业上常用流速的范围，以供参考。

表 2-12　列管式换热器内常用的流速范围

液体种类	流速/ $(m \cdot s^{-1})$	
	管程	壳程
一般液体	0.5～3	0.2～1.5
易结垢液体	>1	>0.5
气　体	5～30	3～15

表 2-13　不同黏度液体的流速（以普通钢壁为例）

液体黏度/ (mPa · s)	最大流速/ (m/s)	液体黏度/ (mPa · s)	最大流速/ $(m \cdot s^{-1})$
>1 500	0.6	100～35	1.5
1 500～500	0.75	35～1	1.8
500～100	1.1	<1	2.4

2.4.4　流向的选择

流向的选择就是决定并流、逆流还是复杂流动。对于无相变传热，当冷、热流体的进、出口温度一定时，逆流操作的平均推动力大于并流，因而传递同样的热流量，所需传热面积较小。就增加传热推动力而言，逆流操作总是优于并流。但在实际换热器内，纯粹的逆流和并流是不多见的。当采用多管程和多壳程时，换热器内流体的流动形式较为复杂。此时需要根据纯逆流平均推动力和修正系数 ψ 来计算实际推动力，ψ 的数值应大于 0.8，否则应改变流动方式。

2.5　再沸器的工艺设计

再沸器是精馏装置的重要附属设备，其作用是使塔底釜液部分汽化，从而实现精馏塔内气、液两相间的热量及质量传递。

2.5.1　再沸器的型式

再沸器的型式较多，主要有以下几种。

2.5.1.1　立式热虹吸再沸器

如图 2-14 所示，立式热虹吸再沸器是利用塔底单相釜液与换热器传热管内气液混合物的密度差形成循环推动力，构成工艺物流在精馏塔底与再沸器间的流动循环，这种再沸器具有传热系数高、结构紧凑、安装方便、釜液在加热

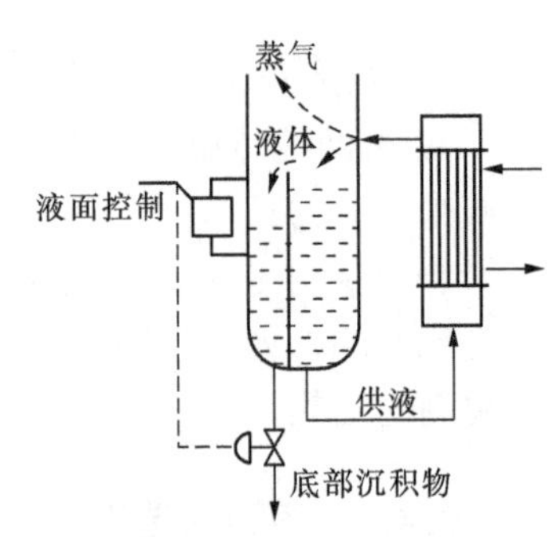

图 2-14　立式热虹吸再沸器

段的停留时间短、不易结垢、调节方便、占地面积小、设备及运行费用低等显著优点。但由于结构上的原因，壳程不能采用机械方法清洗，因此不宜用于高黏度或较脏的加热介质。同时由于是立式安装，因而增加了塔的裙座高度。

2.5.1.2　卧式热虹吸再沸器

如图 2-15 所示，卧式热虹吸再沸器也是利用塔底单相釜液与再沸器中气液混合物的密度差来维持循环的。卧式热虹吸再沸器的传热系数和釜液在加热段的停留时间均为中等，维护和清理方便，适用于传热面积大的情况，对塔釜液面高度和流体在各部位的压降要求不高，可用于真空操作，出塔釜液缓冲容积大，故流动稳定。这种再沸器的缺点是占地面积大。

立式及卧式热虹吸再沸器本身没有气、液分离空间和缓冲区，这些均由塔釜提供。这两类再沸器的特性归纳见表 2-14。

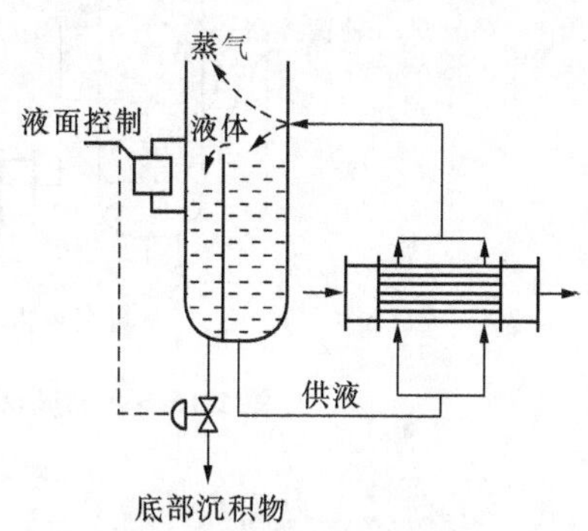

图 2-15　卧式热虹吸再沸器

表 2-14　热虹吸再沸器的特性

选择时考虑的因素	立式再循环	卧式再循环
工艺物流侧	管程	壳程
传热系数	高	中偏高
工艺物流停留时间	适中	中等
投资费	低	中等
占地面积	小	大
管路费	低	高
单台传热面积	小于 800 m^2	大于 800 m^2
台数	最多 3 台	根据需要
裙座高度	高	低
平衡级	小于 1	小于 1
污垢热阻	适中	适中
最小汽化率	3%	15%
正常汽化率上限	25%	25%
最大汽化率	35%	35%

2.5.1.3　强制循环式

如图 2-16 所示，强制循环式再沸器依靠泵输入机械功进行流体的循环，适用于高黏度液体、热敏性物料、固体悬浮液以及长显热段和低蒸发比的高阻力系统。

2.5.1.4　釜式再沸器

如图 2-17 所示，釜式再沸器由一个带有气-液分离空间的壳体和一个可抽出的管束组成，管束末端有溢流堰，以保证管束能有效地浸没在液体中。溢流堰外侧空间作为出料液体的缓冲区。再沸器内液体装填系数，对于不易起泡沫的物系为 80%，对于易起泡沫的物系则不超过 65%。釜式再沸器的优点是对流体力学参数不敏感，可靠性高，可在高真空下操作，维护与清理方便；缺点是传热系数小，壳体容积大，占地面积大，造价高，塔釜液在加热段停留时间长，易结垢。

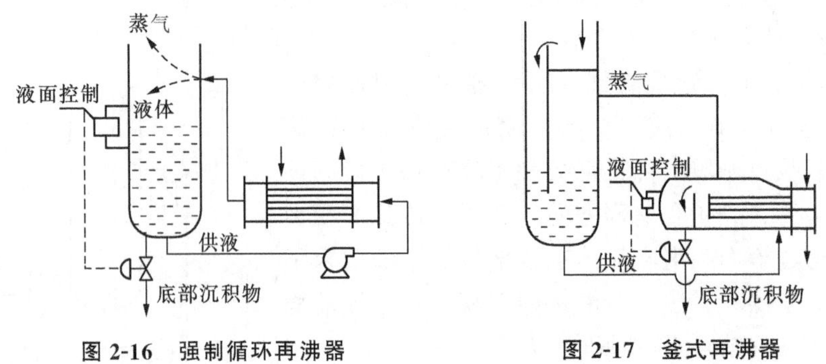

图 2-16　强制循环再沸器　　图 2-17　釜式再沸器

2.5.1.5　内置式再沸器

如图 2-18 所示，内置式再沸器是将再沸器的管束直接置于塔釜内而成的，其结构简单，造价比釜式再沸器低；缺点是由于塔釜空间容积有限，传热面积不能太大，传热效果不够理想。

2.5.2　再沸器型式的选用

工程上对再沸器的基本要求是操作稳定，调节方便，结构简单，加工制造容易，安装检修方便，使用周期长，运转安全可靠，同时也应考虑其占地面积、安装空间和高度要合适。一般说来，同时满足上述各项要求是困难的，故在设计上应全面地进行分析、综合考虑，找出主要的、起决定性作用的要求，然后兼顾一般性要求，选择一种比较合理的再沸器型式。

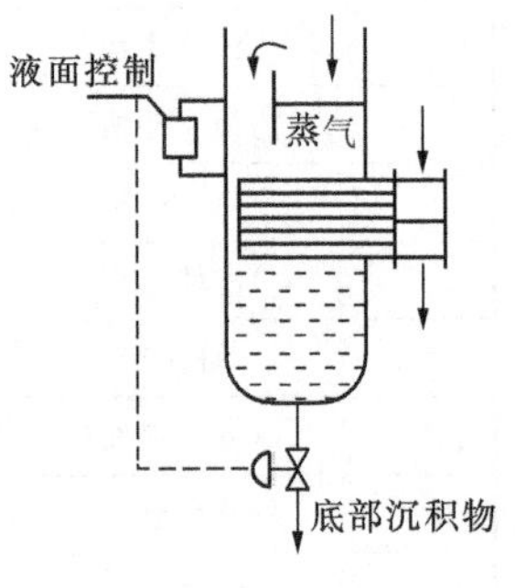

图 2-18　内置式再沸器

一般地，在满足工艺要求的前提下，应首先考虑选用立式热虹吸再沸器，因为它具有如表 2-14 所示的一系列突出优点和优良性能。但属下列三种情况之一时不宜选用。

① 当精馏塔在较低液位下排出釜液，或在控制方案中对塔釜液面不作严格控制时，这时应采用釜式再沸器；

② 在高真空下操作或者结垢严重时，立式热虹吸再沸器不太可靠，这时应采用釜式再沸器；

③ 在没有足够的空间、高度来安装立式热虹吸再沸器时，可采用卧式热虹吸再沸器或釜式再沸器。

强制循环再沸器，由于其需增加循环泵，故一般不宜选用。只有当塔釜液黏度较高或易受热分解时，才采用强制循环再沸器。

由上述可见，各类再沸器都有其特点，应根据具体情况，仔细比较后选用。

2.5.3　再沸器的工艺设计

由于立式热虹吸再沸器具有一系列的突出优点和优良性能，工业上首先考虑选用立式热虹吸再沸器。另外，立式热虹吸再沸器是依靠单相液体与气液混合物间的密度差为推动力来形成釜液流动循环的，其釜液循环流量、压力降及热流量之间相互关联。因此，在对立式热虹吸再沸器进行工艺设计时需将传热计算和流体力学计算相互关联，采用试差的方法进行计算，计算过程较复杂。这里主要介绍其工艺设计，其他型式的再沸器的工艺设计可参考文献［1，4］。

如图 2-19 所示，立式热虹吸再沸器内的流体流动系统是由塔釜内液位高度Ⅰ、塔釜底部至再沸器下部封头管箱的管路Ⅱ、再沸器的管程Ⅲ及其上部封头至入塔口的管路Ⅳ所构成的循环系统。工艺设计时先假设传热系数，估算传热面积，其基本步骤介绍如下。

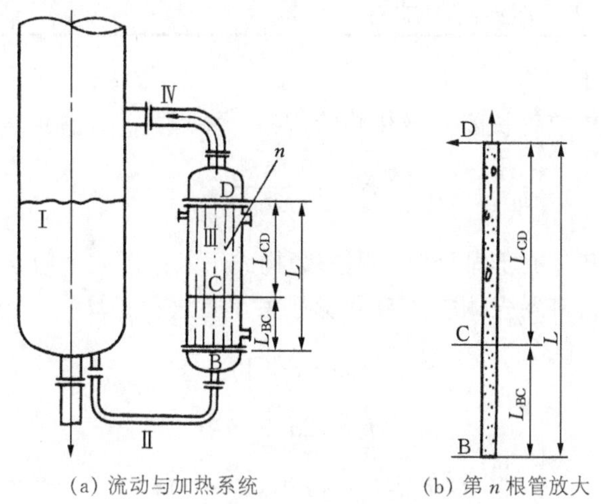

(a) 流动与加热系统　　(b) 第 n 根管放大

图 2-19　再沸器管程的加热方式

2.5.3.1　估算再沸器尺寸

(1) 再沸器的热流量

根据实际情况，再沸器的热流量可以管程液体蒸发所需的热流量或以壳程蒸汽冷凝所释放的热流量为准，按下式计算

$$Q = D_b r_b = D_c r_c \tag{2-2}$$

式中，r 为物流相变热，kJ/kg；D 为相变质量流量，kg/s；b，c 分别表示蒸发与冷凝。

(2) 计算传热温度差 Δt_m

若已知壳程水蒸气冷凝温度为 T，管程中釜液的泡点为 t_b，则 Δt_m 为

$$\Delta t_m = T - t_b \tag{2-3a}$$

若已知壳程或管程中混合蒸气露点为 T_d、泡点为 T_b，管程或壳程中釜液的泡点为 t_b，则 Δt_m 为

$$\Delta t_m = \frac{(T_d - t_b) - (T_b - t_b)}{\ln \dfrac{T_d - t_b}{T_b - t_b}} \tag{2-3b}$$

(3) 假定传热系数 K

依据壳程中介质的种类，查表 2-15。从中选取某一 K 值，作为假定的传热系数 K，

计算实际传热面积 A_p。

表 2-15 传热系数 K 值大致范围

壳程	管程	K / [W/ (m^2 · K)]	备注
水蒸气	液体	1 390	垂直式短管
水蒸气	液体	1 160	水平管式
水蒸气	水	2 260～5 700	垂直管式
水蒸气	有机溶液	570～1 140	
水蒸气	轻油	450～1 020	
水蒸气	重油 (减压下)	140～430	

(4) 工艺结构设计

根据选定的单程传热管长度 L 及传热管规格，按下式计算总传热管数 N_T 为

$$N_T = \frac{A_p}{\pi d_o L} \tag{2-4a}$$

若管板上传热管正三角形排列时，则排管构成正六边形的个数 a、最大正六边形内对角线上管子数目 b 和再沸器壳体内径 D 可分别按下式进行计算。

$$N_T = 3a(a+1)+1 \tag{2-4b}$$

$$b = 2a+1 \tag{2-4c}$$

$$D = t(b-1)+(2\sim 3)d_o \tag{2-4d}$$

式中，N_T 为排列管子总数；a 为正六边形的个数；t 为管心距，mm；d_o 为传热管外径，mm。

再沸器的接管尺寸可参考表 2-16 选取。

表 2-16 再沸器接管直径

壳径/mm		400	600	800	1 000	1 200	1 400	1 600	1 800
最大接管直径/mm	壳程	100	100	125	150	200	250	300	300
	管程	200	250	350	400	450	450	500	500

2.5.3.2 热流量核算

立式热虹吸再沸器传热管内流体被加热的方式如图 2-19 (b) 所示，由于塔釜内存在一定的液位高度，所以当釜液流入管内 B 点时，流体的温度必定低于其压力所对应的泡点，当流体沿管上流，被加热至泡点 (对应于点 C) 之前时，管内液体是单相对流传热，即管内流体在 L_{BC}段中所获得的热量仅作为其升温显热，故 L_{BC}段称为显热段，若该段的传热系数 K_L 大一些，则 L_{BC}会短一些，流体流经 C 点之后直至 D 点，即在 L_{CD}段流体将沸腾而部分蒸发成为气、液混合物，故 L_{CD}段称为蒸发段，在此段中流体呈气、液两相混合流动。可见，每根传热管都是由显热段和蒸发段两部分组成的。

若塔釜内液面高度低于再沸器上部板下缘，则不能提供足够大的釜液循环所需要的推动力 Δp_D。因为 Δp_D 的形成首先要靠密度差 (管程 C 点之后的流体密度显著小于塔釜中液体的密度)，其次要靠塔釜内液面高度。实际上，一般要求塔釜内液面高度与再沸器

上部板处于同一水平高度上，如图 2-19（a）所示。这样确定塔釜内液面高度可使显热段较短而传热系数 K_L 较高。设计计算中还要适当选取管程的进、出口管内径 D_i、D_o，以保证较小的汽化率，最终使再沸器满足工艺的热流量。

如上所述，立式热虹吸式再沸器的热流量核算，应分别计算显热段和蒸发段各自的传热系数，然后取其平均值（按管长平均）作为其总传热系数。

(1) 显热段传热系数 K_L

显热段传热系数的计算方法与无相变换热器的计算方法相同，但为求取传热管内的流体流量，需先假设传热管的出口汽化率，然后在流体循环量核算时核算该值。

① 釜液循环量。假设出口汽化率为 x_e，其值的大致范围为：对于水的汽化一般在 2%～5%，对于有机溶剂一般为 10%～20%。则釜液循环量为

$$W_t = \frac{D_b}{x_e} \tag{2-5}$$

式中，D_b 为釜液蒸发质量流量，kg/s；W_t 为釜液循环质量流量，kg/s。

② 显热段传热管内表面传热系数 α_i。传热管内釜液的质量流速 G 为

$$G = \frac{W_t}{s_o} \tag{2-6}$$

式中，s_o 为管内流通截面积，$s_o = \frac{\pi}{4}d_i^2 N_T$，$m^2$；$d_i$ 为传热管内径，m；N_T 为传热管数。

管内雷诺数 Re 及普朗特数 Pr 分别为

$$Re = \frac{d_i G}{\mu_b}, Pr = \frac{c_{pb}\mu_b}{\lambda_b} \tag{2-7}$$

式中，μ_b 为管内液体黏度，Pa · s；c_{pb} 为管内液体定压比热容，kJ/（kg · K）；λ_b 为管内液体导热系数，W/（m · K）。

若 $Re > 10^4$，$0.6 < Pr < 160$，显热段管长与管内径之比 $L_{BC}/d_i > 50$ 时，按圆形直管强制湍流公式来计算显热段传热管内表面的传热系数 a_i。

③ 壳程蒸汽冷凝表面传热系数 a_o。壳程蒸汽冷凝的质量流量 m 可用下式计算：

$$m = \frac{Q}{r_c} \tag{2-8}$$

式中，m 为蒸汽冷凝液的质量流量，kg/s；Q 为冷凝热流量，W；r_c 为蒸汽冷凝热，kJ/kg。

求得该值后，可由垂直管外冷凝给热系数的计算公式来计算壳程冷凝表面的传热系数 a_o。

显热段传热系数 K_L 由此可方便地求出。

(2) 蒸发段传热系数 K_E

要计算垂直管内气、液两相并流向上流动沸腾表面的传热系数，必须首先了解气、液两相流动沸腾传热的流动流型。如图 2-20 所示，沸腾开始时，首先是鼓泡流，当气泡相连而变大时，就成为块状流。再往上，管中心就成为连续的汽心，称为环状流。从块状流到环状流的过渡区一般都不稳定。据有关资料介绍，当汽化率 x_e 达到 50%以上，就

基本上成为稳定的环状流。当汽化率 x_e 增加到一定程度，就进入雾状区。在该区域内，壁面上的液体全部汽化，只有汽心中有些液滴。这时，不仅表面传热系数下降，而且壁温剧增，易于结垢或使物料变质。

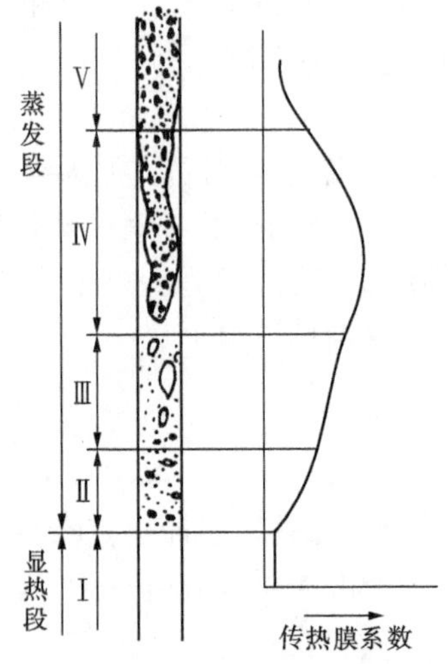

Ⅰ—单相对流传热；
Ⅱ—两相对流和饱和泡核沸腾传热；
Ⅲ—块状流沸腾传热；
Ⅳ—环状流沸腾传热；
Ⅴ—雾状流沸腾传热

图 2-20　管内沸腾传热的流动流型及其表面传热系数

在再沸器的设计中，为了使其在操作时具有稳定性，应将汽化率 x_e 之值控制在 25% 以内。因此，沸腾传热的流动流型是处在饱和泡核沸腾和两相对流传热的流动流型中。目前一般采用双机理模型来解决管内沸腾传热问题。所谓双机理模型就是同时考虑两相对流传流机理和饱和泡核沸腾传热机理，可采用以下经验关联式来计算管内沸腾表面传热系数。

$$\alpha_v = \alpha_{tp} + a\alpha_{nb} \tag{2-9}$$

式中，α_v 为管内沸腾表面传热系数，W/ (m^2 · K)；α_{tp} 为两相对流表面传热系数，W/ (m^2 · K)；α_{nb} 为泡核沸腾表面传热系数，W/ (m^2 · K)；a 为泡核沸腾压抑因数，量纲一。

① 两相对流给热膜系数 α_{tp} 按下式计算

$$\alpha_{tp} = F_{tp}\alpha_i \tag{2-10}$$

式中 F_{tp} 称为对流沸腾因子，是 X_{tt} ［马蒂内利 (Martinelli) 参数］的函数。不少研究者都提出以下函数式

$$F_{tp} = f(1/X_{tt}) \tag{2-11}$$

$$X_{tt} = [(1-x)/x]^{0.9}(\rho_v/\rho_b)^{0.5}(\mu_b/\mu_v)^{0.1} \tag{2-12}$$

若令
$$\varphi = (\rho_v/\rho_b)^{0.5}(\mu_b/\mu_v)^{0.1}$$

则
$$1/X_{tt} = [x/(1-x)]^{0.9}/\varphi \tag{2-13}$$

式中，x 为蒸气的质量分数，即汽化率；ρ_v、ρ_b 分别为沸腾侧气相与液相的密度，kg/m^3；μ_v、μ_b 分别为沸腾侧气相与液相的黏度，Pa · s。

对流沸腾因子的具体公式列于表 2-17 中，可见，不同研究者所得结果有所不同。

表 2-17 对流沸腾因子

研究者	两相流系统	公式
登格勒（Dengler）及亚当斯（Addams）	2.54 cm×6.1 m 垂直蒸气加热管（水）	$F_{tp}=3.5(1/X_{tt})^{0.5}$
格里厄（Guerrieri）及泰尔蒂（Talty）	1.96 cm×1.83 m 垂直管（有机液体）	$F_{tp}=3.4(1/X_{tt})^{0.45}$
贝内特（Bennett）及普乔尔（Pujol）	垂直环隙（水）	$F_{tp}=0.564(1/X_{tt})^{0.74}$
斯坦宁（Stenning）	垂直管	$F_{tp}=4.0(1/X_{tt})^{0.37}$

在再沸器的设计中采用了登格勒（Dengler）及亚当斯（Addams）关联式来计算 F_{tp}。

$$F_{tp}=3.5(1/X_{tt})^{0.5} \tag{2-14}$$

由于蒸发段的汽化率是不断变化的，因此，设计上一般取汽化率为出口汽化率的 40%处的值作为平均值，即令 $x=0.4x_e$，用式（2-13）求得 X_{tt}，再用式(2-14)求得 F_{tp}。

α_i 是以液体单独存在为基础而求得的管程表面传热系数

$$\alpha_i=0.023(\lambda_b/d_i)[Re(1-x)]^{0.8}Pr^{0.4} \tag{2-15}$$

用式（2-10）可求得两相对流表面传热数 α_{tp}。

② 泡核沸腾表面传热系数 α_{nb}。已发表的计算泡核沸腾表面传热系数的公式颇多，在两相流沸腾给热中，许多研究者推荐应用麦克内利（Mcnelly）公式

$$\alpha_{nb}=0.225\times\frac{\lambda_b}{d_i}\times Pr^{0.69}\times\left(\frac{Qd_i}{A_p r_b \mu_b}\right)^{0.69}\left(\frac{\rho_b}{\rho_v}-1\right)^{0.33}\left(\frac{pd_i}{\sigma}\right)^{0.31} \tag{2-16}$$

式中，d_i 为传热管内径，m；r_b 为釜液汽化潜热，kJ/kg；p 为塔底操作压力（绝对压），Pa；σ为釜液表面张力，N/m。

③ 泡核沸腾压抑因数 a。该值也与汽化率有关，一般按下式取平均值

$$a=\frac{a_E+a'}{2} \tag{2-17}$$

式中，a_E 为传热管出口处泡核沸腾修正系数，量纲一；a'为对应于汽化率等于出口汽化率 40%的泡核沸腾修正系数。

这两个修正系数都与管内流体的质量流速 G_h[kg/(m^2·h)] 及 $1/X_{tt}$（相关参数）有关。

$$G_h=3\,600G \tag{2-18}$$

式中，G为传热管内釜液的质量流速，kg/（m^2·s）；G_h 为传热管内釜液的质量流速，kg/（m^2·h）。

若令 x 等于传热管出处的汽化率 x_e，则可先用式（2-13）求得此时的 $1/X_{tt}$，而后再用式（2-18）求得此时的 G_h，由垂直管内流型图（图 2-21）可查得 a_E；若令 $x=0.4x_e$，则可重复上述过程，得到的值是 a'。用式（2-17）可求得泡核沸腾压抑因数 a，于是可用式(2-9)求得管内沸腾表面传热系数 α_v。

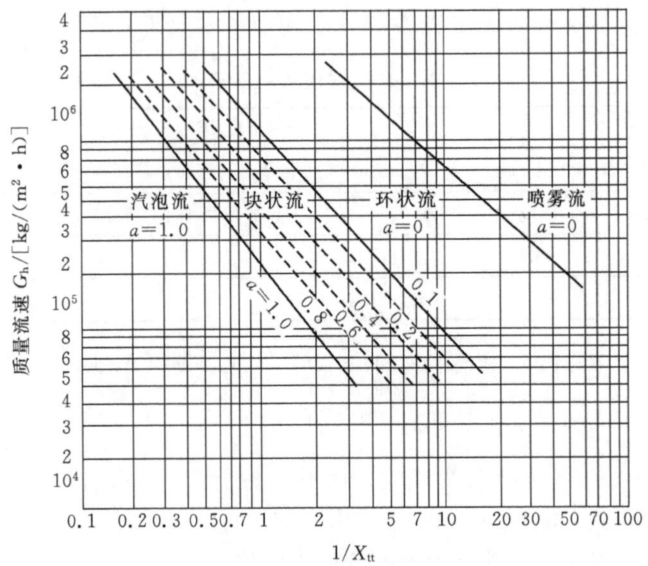

图 2-21 垂直管内流型图

求得以上各量后即可计算蒸发段传热系数 K_E。

(3) 显热段和蒸发段的长度

显热段的长度 L_{BC} 与传热管总长 L 的比值为

$$\frac{L_{BC}}{L}=\frac{(\Delta t/\Delta p)_s}{\left(\dfrac{\Delta t}{\Delta p}\right)_s+\dfrac{\pi d_i N_T K_L \Delta t_m}{c_{pb}\rho_b W_t}} \tag{2-19}$$

式中 $(\Delta t/\Delta p)_s$ 为沸腾物系的蒸气压曲线的斜率，常用物质的蒸气压曲线的斜率可由表 2-18 查取，或根据饱和蒸气压与温度的关系来计算。

表 2-18 常用物质蒸气压曲线的斜率

温度/℃	$(\Delta t/\Delta p)_s$/(K · m²/kgf)①					
	丁烷	戊烷	己烷	庚烷	辛烷	苯
70	5.37×10^{-4}	1.247×10^{-3}	3.085×10^{-3}	6.89×10^{-3}	1.548×10^{-2}	3.99×10^{-3}
80	4.59×10^{-4}	1.022×10^{-3}	2.35×10^{-3}	5.17×10^{-3}	1.136×10^{-2}	3.09×10^{-3}
90	4.01×10^{-4}	8.49×10^{-4}	1.955×10^{-3}	4.02×10^{-3}	8.48×10^{-3}	2.45×10^{-3}
100	3.5×10^{-4}	7.075×10^{-4}	1.578×10^{-3}	3.14×10^{-3}	6.6×10^{-3}	1.936×10^{-3}
110	3.21×10^{-4}	6.9×10^{-4}	1.3×10^{-3}	2.565×10^{-3}	5.05×10^{-3}	1.583×10^{-3}
120	2.785×10^{-4}	5.175×10^{-4}	1.053×10^{-3}	2.085×10^{-3}	4.01×10^{-3}	1.317×10^{-3}
130	2.535×10^{-4}	4.5×10^{-4}	9.14×10^{-4}	1.86×10^{-3}	3.23×10^{-3}	1.103×10^{-3}
140	2.29×10^{-4}	3.97×10^{-4}	7.81×10^{-4}	1.43×10^{-3}	2.64×10^{-3}	9.425×10^{-4}
150	2.105×10^{-4}	3.51×10^{-4}	6.66×10^{-4}	1.22×10^{-3}	2.17×10^{-3}	8.12×10^{-4}
160	1.93×10^{-4}	3.14×10^{-4}	5.78×10^{-4}	1.047×10^{-3}	1.825×10^{-3}	7.45×10^{-4}
170	1.79×10^{-4}	2.81×10^{-4}	5.025×10^{-4}	9.1×10^{-4}	1.545×10^{-3}	6.21×10^{-4}
180	1.667×10^{-4}	2.52×10^{-4}	4.44×10^{-4}	7.87×10^{-4}	1.31×10^{-3}	5.525×10^{-4}
190	1.553×10^{-4}	2.305×10^{-4}	3.83×10^{-4}	6.99×10^{-4}	1.128×10^{-3}	5.01×10^{-4}
200	1.48×10^{-4}	2.09×10^{-4}	3.5×10^{-4}	6.22×10^{-4}	1×10^{-3}	4.43×10^{-4}

① 注:1 kgf = 9.8N

续表

温度/℃	$(\Delta t/\Delta p)_s$/(K·m²/kgf)					
	甲苯	间、对二甲苯	邻二甲苯	乙苯	异丙苯	水
70	9.775×10^{-3}	2.43×10^{-2}	2.91×10^{-2}	2.2×10^{-2}	3.69×10^{-2}	7.29×10^{-3}
80	7.67×10^{-3}	1.915×10^{-2}	2.09×10^{-2}	1.572×10^{-2}	2.63×10^{-2}	5.22×10^{-3}
90	5.68×10^{-3}	1.422×10^{-2}	1.528×10^{-2}	1.156×10^{-2}	1.878×10^{-2}	3.73×10^{-3}
100	4.36×10^{-3}	1.075×10^{-2}	1.145×10^{-2}	8.86×10^{-3}	1.367×10^{-2}	2.75×10^{-3}
110	3.445×10^{-3}	8.21×10^{-3}	8.78×10^{-3}	6.83×10^{-3}	1.035×10^{-2}	2.055×10^{-3}
120	2.752×10^{-3}	6.425×10^{-3}	6.78×10^{-3}	5.26×10^{-3}	7.785×10^{-3}	1.585×10^{-3}
130	2.21×10^{-3}	5×10^{-3}	5.33×10^{-3}	4.2×10^{-3}	6.09×10^{-3}	1.265×10^{-3}
140	1.84×10^{-3}	4×10^{-3}	4.29×10^{-3}	3.39×10^{-3}	4.79×10^{-3}	9.66×10^{-4}
150	1.508×10^{-3}	3.235×10^{-3}	3.53×10^{-3}	2.755×10^{-3}	3.83×10^{-3}	7.77×10^{-4}
160	1.26×10^{-3}	2.65×10^{-3}	2.38×10^{-3}	2.265×10^{-3}	3.07×10^{-3}	5.52×10^{-4}
170	1.072×10^{-3}	2.175×10^{-3}	2.39×10^{-3}	1.906×10^{-3}	2.505×10^{-3}	4.37×10^{-4}
180	9.07×10^{-4}	1.785×10^{-3}	2.05×10^{-3}	1.6×10^{-3}	2.055×10^{-2}	3.61×10^{-4}
190	7.78×10^{-4}	1.492×10^{-3}	1.687×10^{-3}	1.365×10^{-3}	1.738×10^{-3}	3.07×10^{-4}
200	6.79×10^{-4}	1.26×10^{-3}	1.467×10^{-3}	1.164×10^{-3}	1.462×10^{-2}	

根据式 (2-19) 可求得显热段和蒸发段的长度 L_{BC} 与 L_{CD}。

(4) 计算传热系数 K_C

$$K_C = \frac{K_L L_{BC} + K_E L_{CD}}{L} \tag{2-20}$$

(5) 面积裕度核算

求得传热系数后，可计算需要的传热面积和面积裕度。由于再沸器的热流量变化相对较大（因精馏塔常需要调节回流比），故再沸器的裕度应大些为宜，一般可在 30%左右。若所得裕度过小，则要从假定 K 值开始，重复以上各有关计算步骤，直到满足上述条件为止。

2.5.3.3　循环流量的校核

由于在传热计算中，再沸器内的釜液循环量是在假设的出口汽化率下得出的，因而釜液循环量是否正确，需要核算。核算的方法是在给定的出口汽化率下，计算再沸器内的流体流动循环推动力及其流动阻力，应使循环推动力等于或略大于流动阻力，则表明假设的出口汽化率正确，否则应重新假设出口汽化率，重新进行计算。

(1) 循环推动力

如图 2-19 所示，釜液循环推动力 Δp_D 是由于釜液在管内从 C 点开始汽化形成两相混合物，其密度小于塔釜液体的密度，由此而产生密度差，形成了循环推动力。在再沸器内，与釜液具有密度差的流体柱高度为蒸发段 L_{CD}，因此，Δp_D 为

$$\Delta p_D = [L_{CD}(\rho_b - \bar{\rho}_{tp}) - l\rho_{tp}]g \tag{2-21}$$

式中，Δp_D 为循环推动力，Pa；L_{CD} 为蒸发段高度，即相应的塔釜液柱高度，m；ρ_b 为釜液密度，kg/m³；$\bar{\rho}_{tp}$ 为蒸发段的两相流的平均密度，kg/m³；ρ_{tp} 为管程出口管内的两相流密度，kg/m³；l 为再沸器上部管板至接管入塔口间的高度，m。

其中的 l 值可参照表 2-19，结合再沸器公称直径进行选取。

表 2-19　l 的参考值

再沸器公称直径/mm	400	600	800	1 000	1 200	1 400	1 600	1 800
l/m	0.8	0.90	1.02	1.12	1.24	1.26	1.46	1.58

其他各参数按如下方式处理。

$$\bar{\rho}_{tp} = \rho_v(1 - R_L) + \rho_b R_L \tag{2-22}$$

式中，R_L 为两相流的液相分率，其值为

$$R_L = \frac{X_{tt}}{(X_{tt}^2 + 21X_{tt} + 1)^{0.5}} \tag{2-23}$$

蒸发段的两相流平均密度以出口汽化率的$\frac{1}{3}$计算，即取 $x = \frac{x_e}{3}$，由式（2-21）求得的 X_{tt}代入式（2-23)，从而求得 R_L，再应用式（2-22）可求得 $\bar{\rho}_{tp}$；管程出口的两相流密度为常数，取 $x = x_e$，按上述同样的步骤可求得 ρ_{tp}。

(2) 循环阻力

如图 2-19 所示，再沸器中液体循环阻力 Δp_f（Pa）包括管程进口管阻力 Δp_1、传热管显热段阻力 Δp_2、传热管蒸发段阻力 Δp_3、因动量变化引起的阻力 Δp_4 和管程出口管阻力 Δp_5，即

$$\Delta p_f = \Delta p_1 + \Delta p_2 + \Delta p_3 + \Delta p_4 + \Delta p_5 \tag{2-24}$$

① 管程进、出口管阻力 Δp_1。管程进、出口管阻力按下式计算：

$$\Delta p_1 = \lambda_i \frac{L_i}{D_i} \frac{G^2}{2\rho_b} \tag{2-25}$$

$$\lambda_i = 0.012\,27 + \frac{0.754\,3}{Re_i^{0.38}} \tag{2-26}$$

$$L_i = \frac{(D_i/0.025\,4)^2}{0.342\,6(D_i/0.025\,4 - 0.191\,4)} \tag{2-27}$$

$$G = \frac{W_t}{\frac{\pi}{4}D_i^2} \tag{2-28}$$

$$Re_i = \frac{D_i G}{\mu_b} \tag{2-29}$$

式中，λ_i 为摩擦系数；L_i 为进口管长度与局部阻力当量长度之和，m；D_i 为进口管内径，m；G为釜液在进口管内的质量流速，kg/（m^2·s）。

② 传热管显热段阻力式中 Δp_2。传热管显热段阻力式中 Δp_2 可按直管阻力计算：

$$\Delta p_2 = \lambda \frac{L_{BC}}{d_i} \frac{G^2}{2\rho_b} \tag{2-30}$$

$$\lambda = 0.012\,27 + \frac{0.754\,3}{Re^{0.38}} \tag{2-31}$$

$$G = W_t \Big/ \left(\frac{\pi}{4} d_i^2 N_T\right) \tag{2-32}$$

$$Re = \frac{d_i G}{\mu_b} \tag{2-33}$$

式中，λ 为摩擦系数；L_{BC} 为显热段长度，m；d_i 为传热管内径，m；G 为釜液在传热管内的质量流速，kg/（m^2·s）。

③ 传热管蒸发段阻力 Δp_3。该段为两相流，故其流动阻力计算按两相流考虑。计算方法是分别计算该段的气、液两相流动阻力，然后按一定方式相加，以求得阻力。

气相流动阻力 Δp_{v3} 为

$$\Delta p_{v3} = \lambda_v \frac{L_{CD}}{d_i} \times \frac{G_v^2}{2\rho_v} \tag{2-34}$$

$$\lambda_v = 0.01227 + \frac{0.7543}{Re_v^{0.38}} \tag{2-35}$$

$$G_v = xG \tag{2-36}$$

$$Re_v = \frac{d_i G_v}{\mu_v} \tag{2-37}$$

式中，λ_v 为气相摩擦系数；L_{CD} 为蒸发段长度，m；G_v 为气相质量流速，kg/（m^2·s）；Re_v 为气相流动雷诺数；x 为该段的平均汽化率。

式（2-36）中的 x 可以取 $x = 2x_e/3$ 进行计算，G 为釜液在传热管内的质量流速，单位为 kg/（m^2·s），其值可按式（2-32）计算。

液相流动阻力 Δp_{L3} 为

$$\Delta p_{L3} = \lambda_L \frac{L_{CD}}{d_i} \times \frac{G_L^2}{2\rho_b} \tag{2-38}$$

$$\lambda_L = 0.01227 + \frac{0.7543}{Re_L^{0.38}} \tag{2-39}$$

$$G_L = G - G_v \tag{2-40}$$

$$Re_L = \frac{d_i G_L}{\mu_b} \tag{2-41}$$

式中，λ_L 为液相摩擦系数；G_L 为管程出口管液相质量流速，kg/（m^2·s）；Re_L 为液相流动雷诺数。

将以上两相阻力加和，得两相流动阻力 Δp_3 为

$$\Delta p_3 = (\Delta p_{v3}^{1/4} + \Delta p_{L3}^{1/4})^4 \tag{2-42}$$

④ 管程内因动量变化引起的阻力 Δp_4。由于在传热管内沿蒸发段汽化率渐增，两相流动加速，故管程内因动量变化所引起的阻力 Δp_4 为

$$\Delta p_4 = G^2 M / \rho_b \tag{2-43}$$

式中，G 为管程内流体的质量流速，kg/（m^2·s）；M 为动量变化引起的阻力系数，其值可按式（2-44）计算。

$$M=\frac{(1-x_e)^2}{R_L}+\frac{\rho_b}{\rho_v}\left(\frac{x_e^2}{1-R_L}\right)-1 \tag{2-44}$$

⑤ 管程出口管阻力 Δp_5。该段也为两相流，故其流动阻力计算方法与传热管蒸发段阻力 Δp_3 的计算方法相同，但需注意，计算中所用管长取再沸器管程出口管长度与局部阻力当量长度之和，管径取出口管内径，汽化率取传热管出口汽化率。

根据以上计算，若循环推动力 Δp_D 与循环阻力 Δp_f 的比值在 1.001～1.05之间，则表明所设计的再沸器所假设的传热管出口汽化率 x_e 正确，否则，重新假设传热系数 K 及汽化率 x_e，重复上述的全部计算过程，直到满足传热及流体力学要求为止。

因篇幅所限，其他型式的再沸器工艺设计及设计示例可参考文献 [1，4]。

2.6 设计示例

要求将温度为 80 ℃的某有机物冷却至 60 ℃，此有机物的流量为 18 kg/s。现拟用温度为 18 ℃的冷水进行冷却。要求换热器管壳两侧的压降皆不超过 0.05 MPa。已知该有机物在 60～80 ℃范围内的物性数据为：$c_p=3.91$ kJ/（kg・℃），$\mu=0.428\times10^{-3}$ Pa・s，$\lambda=0.623$ W/（m・℃），$\rho=982$ kg/m³。

管路布置如图 2-22 所示，已知泵进口段管长 10 m，泵出口段管长 20 m（均不包括局部阻力损失）。

要求：1）选用一个合适的换热器；

2）合理安排管路；

3）选用一台合适的离心泵。

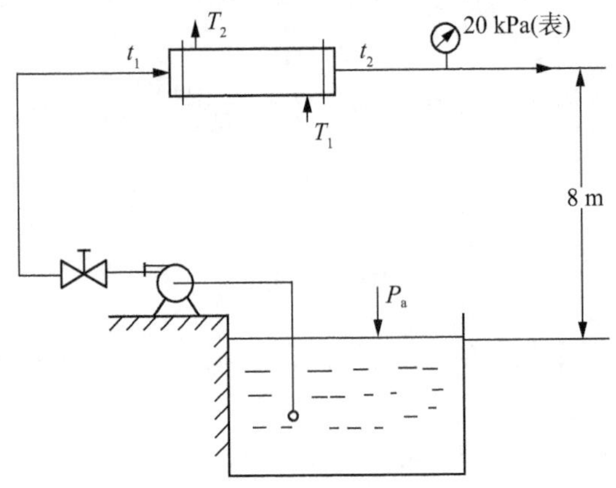

图 2-22 管路布置图

解：(1) 初选换热器

选冷却水出口温度 $t_2=42$ ℃，平均温度 $t_m=\frac{t_1+t_2}{2}=\frac{42+18}{2}=30$ ℃

查得冷却水的物性数据如下：

$c_p=4.174$ kJ/（kg・℃），$\mu=0.801\times10^{-3}$ Pa・s，

$\lambda=0.617$ W/（m・℃），$\rho=996$ kg/m³。

热负荷：

$$Q=q_{m1}c_{p1}(T_1-T_2)=18\times3.91\times(80-60)\times10^3=1.41\times10^6\ (\mathrm{W})$$

$$q_{m2}=\frac{Q}{c_{p2}\ (t_2-t_1)}=\frac{1.41\times10^6}{4.174\times10^3\times(42-18)}=14.1\ (\mathrm{kg/s})$$

逆流平均推动力

$$\Delta t_{m逆}=\frac{(80-42)-(60-18)}{\ln\dfrac{80-42}{60-18}}=40\ (℃)$$

$$R=\frac{T_1-T_2}{t_2-t_1}=\frac{80-60}{42-18}=0.83$$

$$P=\frac{t_2-t_1}{T_1-t_1}=\frac{42-18}{80-18}=0.39$$

初定单壳程、四管程的管壳式换热器，查得温差修正因数 $\psi=0.96$。

$$\Delta t_m=\psi\cdot\Delta t_{m逆}=0.96\times40=38.4\ (℃)$$

初步估计传热系数 $K_估=750$ W/（m²・K）

$$A_估=\frac{Q}{K_估\ \Delta t_m}=\frac{1.41\times10^6}{750\times38.4}=49\ (\mathrm{m^2})$$

本设计壳程与管程的最大温差小于 50 ℃，温差不算太高，因此选用固定管板式换热器。由换热器系列，初选 BEM600－1.0－50.5－$\frac{3}{25}$－4 Ⅰ型换热器。有关参数见表 2-20。

表 2-20　换热器参数

公称直径 D/mm	600	管子尺寸/mm	$\phi25\times2$
公称压力 PN/MPa	1.0	管长/m	3
公称面积/m²	50.5	管数 N	222
管程数 N_t	4	管中心距/mm	32
管子排列方式	正三角形		

为充分冷却有机物，取有机物走管程，水走壳程。

(2) 计算管程压降和给热系数 α_i［可参考参考文献［8］］

管程流动面积 $A=\frac{\pi}{4}d^2\frac{N}{N_t}=0.785\times0.021^2\times\frac{222}{4}=0.0192\ (\mathrm{m^2})$

$$Re=\frac{dG}{\mu}=\frac{0.021\times18}{0.428\times10^{-3}\times0.0192}=4.60\times10^4$$

$$Pr=\frac{c_p\cdot\mu}{\lambda}=\frac{3.91\times10^3\times0.428\times10^{-3}}{0.623}=2.686$$

$$\alpha_i = 0.023\,\frac{\lambda}{d} Re^{0.8} Pr^{0.3}$$

$$= 0.023 \times \frac{0.623}{0.021} \times (4.6 \times 10^4)^{0.8} \times 2.686^{0.3} = 4\,931\ [\text{W}/(\text{m}^2 \cdot ℃)]$$

$$u_i = \frac{q_{m2}}{\rho A} = \frac{18}{982 \times 0.019\,2} = 0.955\ (\text{m/s})$$

取管壁粗糙度 $\varepsilon = 0.15$ mm，则 $\frac{\varepsilon}{d} = \frac{0.15}{21} = 0.007\,1$，可查得摩擦系数 $\lambda = 0.035$；或由 $\frac{1}{\sqrt{\lambda}} = 1.74 - 2\lg\left(\frac{2\varepsilon}{d} + \frac{18.7}{Re\sqrt{\lambda}}\right) = 1.74 - 2\lg\left(\frac{2 \times 0.15}{21} + \frac{18.7}{46\,000\sqrt{\lambda}}\right)$

试差得摩擦系数 $\lambda = 0.035$（详见 9.2.2 节）。

$$\Delta \mathcal{P}_t = \left(\lambda \frac{L}{d} + 3\right) f_t N_t \frac{\rho u_i^2}{2} = \left(0.035 \times \frac{3}{0.021} + 3\right) \times 1.5 \times 4 \times \frac{982 \times 0.955^2}{2} = 10\,747\ (\text{Pa})$$

式中，f_t 为管程结垢校正系数，对三角形排列取 1.5。

$\Delta \mathcal{P}_t$ 小于允许值 0.05 MPa，故可行。

(3) 计算壳程压降和给热系数 α。

管子正三角排列，管心距 $t = 32$ mm，25%圆缺形挡板，取折流挡板间距 $B = 0.45$ m

$$d_e = \frac{4\left(\frac{\sqrt{3}}{2}t^2 - \frac{\pi}{4}d_o^2\right)}{\pi d_o} = \frac{4 \times \left(\frac{\sqrt{3}}{2} \times 0.032^2 - 0.785 \times 0.025^2\right)}{3.14 \times 0.025} = 0.020\,1\ (\text{m})$$

流通面积 $A = BD\left(1 - \frac{d_o}{t}\right) = 0.45 \times 0.6 \times \left(1 - \frac{25}{32}\right) = 0.059\,1\ (\text{m}^2)$

$$u_o = \frac{q_{m2}}{\rho A} = \frac{14.1}{996 \times 0.059\,1} = 0.240\ (\text{m/s})$$

$$Re = \frac{d_e u_o \rho}{\mu} = \frac{0.020\,1 \times 0.240 \times 996}{0.801 \times 10^{-3}} = 5\,998 > 100\ \text{湍流}$$

$$Pr = \frac{c_p \mu}{\lambda} = \frac{4.174 \times 10^3 \times 0.801 \times 10^{-3}}{0.617} = 5.419$$

$$\alpha_o = 0.36\,\frac{\lambda}{d_e} Re^{0.55} Pr^{\frac{1}{3}} \left(\frac{\mu}{\mu_w}\right)^{0.14}$$

$$= 0.36 \times \left(\frac{0.617}{0.020\,1}\right) \times 5\,998^{0.55} \times 5.419^{\frac{1}{3}} \times 1.05$$

$$= 2\,439\ [\text{W}/(\text{m}^2 \cdot ℃)]$$

流体被加热，取 $\left(\frac{\mu}{\mu_w}\right)^{0.14} = 1.05$；流体被冷却，取 $\left(\frac{\mu}{\mu_w}\right)^{0.14} = 0.95$。

管束中心线管数 $N_{TC} = 1.1N^{0.5} = 1.1 \times 222^{0.5} = 17$

$$A'_o = B\,(D - N_{TC} d_o) = 0.45 \times (0.6 - 17 \times 0.025) = 0.078\,8\ (\text{m}^2)$$

$$u'_o = \frac{q_{m2}}{\rho A_0} = \frac{14.1}{996 \times 0.078\,8} = 0.180\ (\text{m/s})$$

$$Re'_o = \frac{d_o u'_o \rho}{\mu} = \frac{0.025 \times 0.180 \times 996}{0.801 \times 10^{-3}} = 5\,596 > 500$$

$$f_o = 5Re_o^{-0.228} = 5 \times 5\,596^{-0.228} = 0.699$$

管子排列成三角形，$F=0.5$，对于液体取 $f_s=1.15$。

挡板数：$N_B=\dfrac{L}{B}-1=\dfrac{3}{0.45}-1=6$

$$\Delta \mathcal{P}_s=\left[Ff_oN_{TC}\ (N_B+1)\ +N_B\left(3.5-\frac{2B}{D}\right)\right]f_s\frac{\rho u_o'^2}{2}$$

$$=\left[0.5\times0.699\times17\times\ (6+1)\ +6\times\left(3.5-\frac{2\times0.45}{0.6}\right)\right]\times1.15\times\frac{996\times0.180^2}{2}$$

$$=994\ (\text{Pa})$$

$\Delta \mathcal{P}_s$ 小于允许值 0.05 MPa，故可行。

(4) 计算实际的传热系数和传热面积

以外表面积为准计算传热系数，取管内垢层热阻 $R_i=0.176\times10^{-3}$ $(\text{m}^2\cdot\text{K})$ /W 和管外垢层热阻 $R_o=0.21\times10^{-3}$ $(\text{m}^2\cdot\text{K})$ /W，管子的导热系数 $\lambda=45$ W/ (m·K)。

$$d_m=\frac{25-21}{\ln\dfrac{25}{21}}=22.9\ (\text{mm})$$

$$K=\frac{1}{\left(\dfrac{1}{\alpha_i}+R_i\right)\dfrac{d_o}{d_i}+\dfrac{\delta}{\lambda}\times\dfrac{d_o}{d_m}+\dfrac{1}{\alpha_o}+R_o}$$

$$=\frac{1}{\left(\dfrac{1}{4\,931}+0.176\times10^{-3}\right)\times\dfrac{25}{21}+\dfrac{0.002}{45}\times\dfrac{25}{22.9}+\dfrac{1}{2\,439}+0.21\times10^{-3}}$$

$$=893.3\ [\text{W}/\ (\text{m}^2\cdot\text{K})]$$

$$A_{计}=\frac{Q}{K\psi\Delta t_m}=\frac{1.41\times10^6}{893.3\times0.96\times38.4}=42.8\ (\text{m}^2)$$

$$\frac{A}{A_{计}}=\frac{50.5}{42.8}=1.18$$

满足 $A/A_{计}=1.15\sim1.25$，所选 BEM600－1.0－50.5－$\dfrac{3}{25}$－4 Ⅰ 型换热器合适。

(5) 管路安排如图 2-23 所示

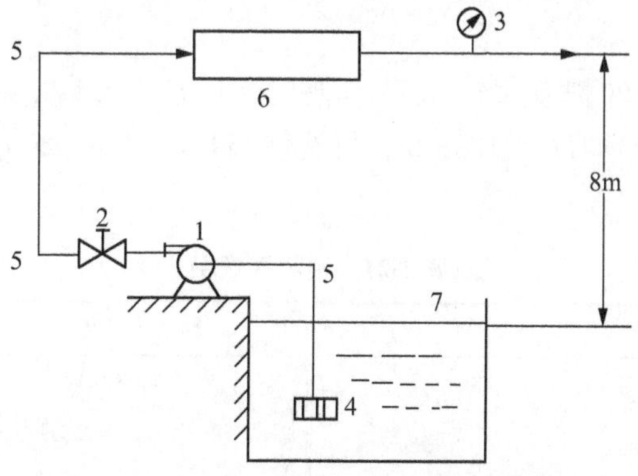

1—离心泵；2—阀门；3—压力表；4—底阀；
5—标准90°弯头；6—换热器；7—水槽

图 2-23　管路布置

(6) 离心泵的选型

查得水在 18 ℃下的物性数据：

$$\mu=1.053\times10^{-3}\ \mathrm{Pa\cdot s},\rho=999\ \mathrm{kg/m^3},\ p_v=2\ 064\ \mathrm{Pa}$$

$$q_v=\frac{q_{m2}}{\rho}=\frac{14.1}{999}=1.41\times10^{-2}\ (\mathrm{m^3/s})\ =50.8\ (\mathrm{m^3/h})$$

水的经济流速为 1～3 m/s，所以取 $u=1.8$ m/s，管径为

$$d=\sqrt{\frac{4q_v}{\pi u}}=\sqrt{\frac{4\times1.41\times10^{-2}}{3.14\times1.8}}=0.100\ (\mathrm{m})$$

查表选取 $\phi108\times4$ 热轧无缝钢管：

$$u=\frac{q_v}{\frac{\pi}{4}d^2}=\frac{1.41\times10^{-2}}{0.785\times0.1^2}=1.80\ (\mathrm{m/s})$$

$$Re=\frac{du\rho}{\mu}=\frac{0.1\times1.80\times999}{1.053\times10^{-3}}=1.71\times10^5$$

取管壁粗糙度为 $\varepsilon=0.15$ mm，则 $\frac{\varepsilon}{d}=\frac{0.15}{100}=0.001\ 5$，查图得摩擦系数 $\lambda=0.023$。

或由 $\frac{1}{\sqrt{\lambda}}=1.74-2\lg\left(\frac{2\varepsilon}{d}+\frac{18.7}{Re\sqrt{\lambda}}\right)=1.74-2\lg\left(\frac{2\times0.15}{100}+\frac{18.7}{1.71\times10^5\sqrt{\lambda}}\right)$

试差得摩擦系数 $\lambda=0.023$。

$$\begin{aligned}H_e&=\Delta z+\frac{\Delta p}{\rho g}+\sum H_f+\frac{\Delta \mathcal{P}_s}{\rho g}\\&=\Delta z+\frac{\Delta p+\Delta \mathcal{P}_s}{\rho g}+\left(\lambda\frac{L}{d}+\sum\zeta\right)\frac{u^2}{2g}\\&=8+\frac{20\times10^3+994}{999\times9.81}+\left(0.023\times\frac{10+20}{0.1}+3\times0.75+0.17+7\right)\times\frac{1.80^2}{2\times9.81}\\&=12.8(\mathrm{m})\end{aligned}$$

管路中，三个标准 90°弯头 $\zeta=0.75$，阀门全开 $\zeta=0.17$，底阀 100 mm 时 $\zeta=7$。

根据 $q_v=50.8\mathrm{m^3/h}$ 和 $H_e=12.8$ m，可选取 IS125－100－200 型离心泵。有关参数见表 2-21。

表 2-21　离心泵参数

转速 n/ (r/min)	1 450	轴功率/kW	3.83
流量 (以 $\mathrm{m^3/h}$ 计)	60	电机功率/kW	7.5
流量 (以 L/s 计)	16.7	必需汽蚀余量 $(NPSH)_r$/m	2.5
扬程 H/m	14.5		
效率 η	62%	质量 (泵/底座) /kg	108/66

离心泵的最大安装高度：

$$[H_g] = \frac{p_0}{\rho g} - \frac{p_v}{\rho g} - \sum H_{f(0-1)} - [(NPSH)_r + 0.5]$$

$$= \frac{p_0 - p_v}{\rho g} + \left(\lambda \frac{L}{d} + \sum \zeta\right)\frac{u^2}{2g} - [(NPSH)_r + 0.5]$$

$$= \frac{101\,325 - 2\,064}{999 \times 9.81} - \left(0.023 \times \frac{10}{0.1} + 0.75 + 7\right) \times \frac{1.80^2}{2 \times 9.81} - (2.5 + 0.5)$$

$$= 5.5\ (\mathrm{m})$$

本章参考文献

[1] 匡国柱，史启才. 化工单元过程及设备课程设计. 北京：化学工业出版社，2002.

[2] 上海医药设计院. 化工工艺设计手册. 北京：化学工业出版社，1996.

[3] 钱颂文. 换热器设计手册. 北京：化学工业出版社，2002.

[4] 王松汉. 石油化工设计手册（第 3 卷）：化工单元过程. 北京：化学工业出版社，2002.

[5] 贺匡国. 化工容器及设备设计简明手册. 北京：化学工业出版社，2002.

[6] 潘国昌，郭庆丰. 化工设备设计. 北京：清华大学出版社，1996.

[7] 中华人民共和国国家标准. 管壳式换热器 GB151—1999. 北京：中国标准出版社，2000.

[8] 陈敏恒，等. 化工原理（上册）. 4 版. 北京：化学工业出版社，2015.

[9] 陈英南，刘玉兰. 常用化工单元设备的设计. 上海：华东理工大学出版社，2005.

第3章 填料吸收塔的设计

3.1 概述

填料塔是化学工业中最常用的气液传质设备之一。它具有结构简单，便于用耐腐蚀材料制造以及压降小等优点，采用新型高效填料可以得到很好的经济效果。总之，根据不同的具体情况（特别是在压降有一定限制，或有腐蚀情况时），填料塔具有很多的适用性，常用于吸收、精馏等分离过程。本章以填料吸收塔为例，介绍填料塔的设计方法。

填料吸收塔装置的设计步骤如下。

在设计吸收装置时，必需事先规定或已知：

(1) 单位时间所应处理的气体总量；

(2) 气体组成；

(3) 被吸收组分的吸收率或排出气体的浓度；

(4) 所使用的吸收液；

(5) 操作温度和操作压力。

以上(3)(4)(5)有时也未被事先指定，而由设计者自由选定。整个设计过程，按顺序可分为如下几个步骤：

(1) 吸收剂选择；

(2) 决定操作温度和压力；

(3) 确定气液平衡关系；

(4) 选择液气比和确定流程；

(5) 选择填料；

(6) 计算塔径和填料层高度；

(7) 压力损失计算；

(8) 塔内辅助装置的选择和计算，包括液体喷淋装置、填料支承装置、液体再分布等。

3.2 气液平衡关系

3.2.1 吸收剂的选择

在设计吸收塔时，如吸收液未经指定，就需选择适当的吸收剂，吸收剂所必须具备的条件是：对被吸收气体的溶解度要大；对混合气体中其他组分的溶解度要小，即具有较高的选择性；蒸气压低；较好的化学稳定性；价廉、易得、无毒、不易燃烧等经济和安全条件。

由于水大多能满足上述条件，所以它是最常用的一种吸收液，但它对某些溶质的溶解度小是其缺点。若选用水以外的有机液体或能与气体发生化学反应的物质的水溶液作吸收剂使用时，通常将吸收后的液体再生后再反复使用。因而选择吸收剂时还需考虑再生的简单性。

3.2.2　温度和压力

通常温度愈低或压力愈高，则气体的溶解度就愈大，所以从这个观点看，吸收塔在低温、高压下操作比较有利。但当吸收塔的前后过程是在高温或低压操作时，若仅为增加吸收能力而故意降低温度或提高压力来操作吸收塔，则在经济上未必有利。所以在确定吸收塔的操作温度、操作压力时，必须将吸收过程前后的气体与液体加热或冷却，以及压缩所需费用等综合考虑，才能作出适当的选择。

3.2.3　气液平衡关系

3.2.3.1　等温吸收的平衡关系

吸收剂的操作温度、操作压力一旦确定后，就可决定气体的溶解度，即气液平衡关系，当压力不太高时，气体溶解度大小仅随物系、温度而变，在手册或书本中查到的溶解度曲线是指气液两相达到平衡时的两相浓度的关系曲线，或称平衡曲线。

当气液平衡关系服从亨利定律时，气液平衡关系常以一定温度下的亨利常数的数值来表示，在一般《化工原理》教科书的附录中都载有某些气体在水中的亨利系数随温度变化的表格，可查阅使用。

溶解度大的气体一般不遵循亨利定律，气液平衡关系常以表格或绘成曲线表示，可查阅参考文献[10,11,12]。

在吸收塔的计算中，气液相组成常用摩尔分数 y 和 x 表示，则平衡关系用 $y_e=mx$ 表示。

3.2.3.2　非等温吸收的平衡线

气体的吸收常为放热反应，若在吸收过程中不将此项热量移出，在吸收过程中必定使液体温度升高。其温度变化可按下式计算。

$$t_n = t_{n-1} + \frac{\varphi}{c_L}\Delta x \tag{3-1}$$

式中，φ 为溶质的溶解热（如果是蒸汽，则应包括冷凝水），kJ/mol；c_L 为溶液的摩尔比热容，kJ/（mol・K）。

由上式可算出液体组成由于 $x=0$ 升高至 $x=x_{出}$ 时的温度变化，并由此求出在温度 t_n 及 $x=x_i$ 时相应的平衡气体组成 y_e，由一系列的 x_i 和 y_e 值即可绘出在非等温吸收时的平衡线。

3.3　液气比和吸收流程

3.3.1　液气比的选择

吸收剂用量或液气比的确定是吸收装置设计计算中的一个重要内容，它的大小影响到吸收操作的推动力、塔径、填料层高度和吸收剂的再生费用。

吸收剂用量或液气比在设计时必须大于最小液气比[1]。它的大小与相平衡关系、吸收剂入塔浓度、溶质吸收率等因素有关。

最小液气比的求取可查阅参考文献［1］。实际所采用的液气比 L/G 常为最小液气比的 1.2～2.0 倍，其最佳值应由经济核算决定。若液气比取较小值，则所排出的液体浓度就较高，溶质回收的操作费用较便宜，但吸收塔变高，因此设备成本费提高。相反液气比取较大值，则吸收塔高度降低，但塔径增大，且解吸费用会提高。在确定吸收剂用量时还必须考虑使填料表面充分润湿，一般要求在单位塔截面上液体的喷淋量即喷淋密度不少于 5～12 $m^3/(h \cdot m^2)$。如果液体吸收剂量不可能增大很多，则可采用使排出液的一部分循环的吸收操作流程。

确定 L/G 后，可由 $L/G=(y_{进}-y_{出})/(x_{出}-x_{进})$，求得 $x_{出}$ 值，应用式（3-1），可求得液体出塔温度。式中，G，L 为气、液两相的摩尔流量，kmol/h。

3.3.2　吸收操作流程

在一般吸收操作中气、液两相采用逆流操作。在逆流操作下，两相传质平均推动力最大，这样可减少设备尺寸，提高吸收率和吸收剂使用效率。但如用填料吸收塔，溶质的溶解度又较大时，亦可采用并流操作，其优点是防止逆流操作时的纵向搅动现象，并可提高气速而不受液泛限制。

吸收操作流程的布置可有下列几种情况。

(1) 吸收剂不再循环的流程，如图 3-1 所示。

(2) 吸收剂部分再循环的流程，如图 3-2 所示。

(3) 串联逆流吸收流程，如图 3-3 所示。

当为完成规定的分离任务所需塔的尺寸过高，或从塔底流出的溶液温度太高时，可将一个高塔分成几个较低的塔，串联组成一套吸收塔组。操作时用泵将液体从一个塔抽送到另一个塔，气体和液体互成逆流流动。在塔间的液体管路上，可根据需要设置冷却器。

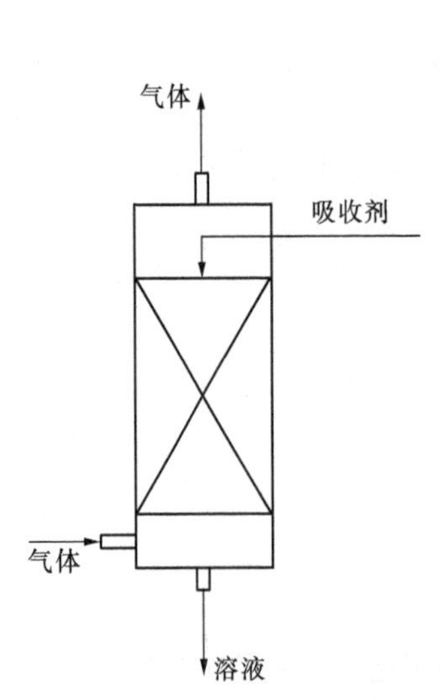

图 3-1　吸收剂不再循环的吸收塔

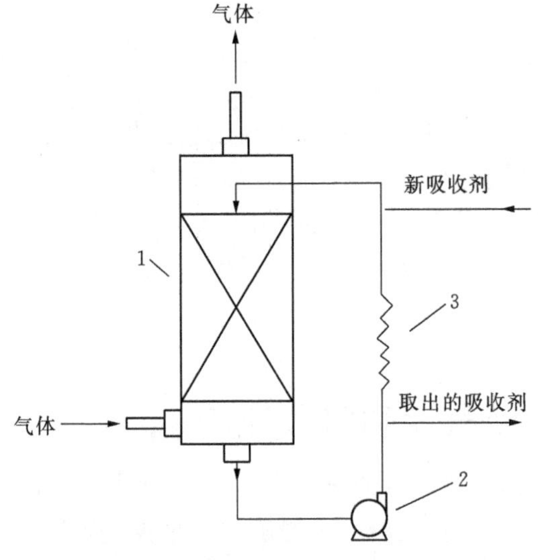

图 3-2　吸收剂部分再循环的吸收塔

1—吸收塔；2—泵；3—冷却器

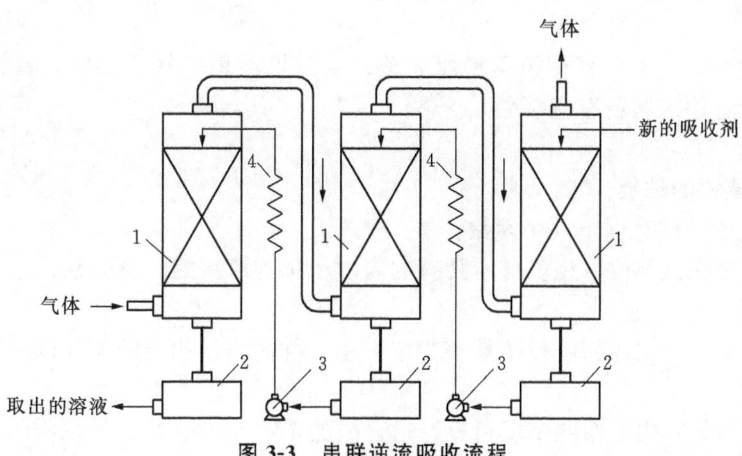

图 3-3　串联逆流吸收流程

1—吸收塔；2—贮槽；3—泵；4—冷却器

另外在上述流程中也可以使吸收塔组的全部或某个塔采取带吸收剂部分循环的操作。

如果气体处理量很大，所需塔径过大，也考虑由几个直径较小的塔并联操作。此时，可将气体通路作串联，液体通路作并联，或者将气体通路作并联，液体通路作串联。

(4) 吸收和解吸联合流程，如图 3-4 所示。

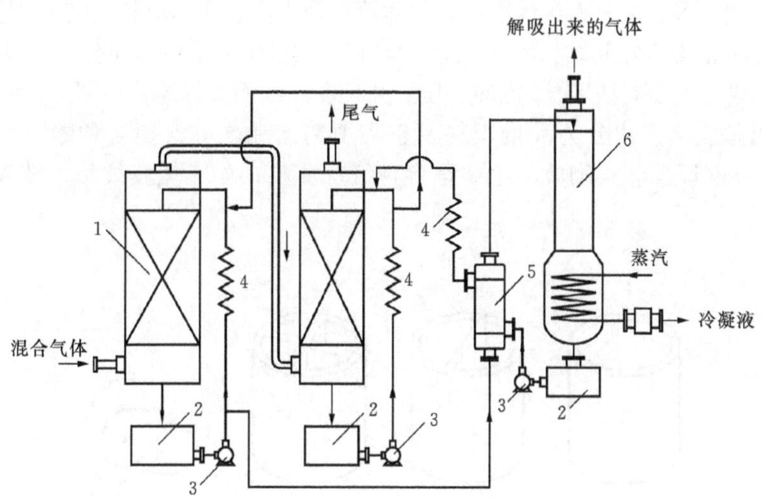

图 3-4　部分吸收剂循环的吸收和解吸联合流程

1—吸收塔；2—贮槽；3—泵；4—冷却器；5—换热器；6—解吸塔

如图 3-4 所示的流程中，每个吸收塔都采用吸收剂部分循环，由吸收塔出来的溶液由泵 3 抽送经冷却器 4 再送回原吸收塔中，由第一吸收塔的循环系统引出的部分吸收剂，再进入次一吸收塔的吸收剂循环系统。吸收剂从最后的吸收塔经换热器 5 而进入塔 6，在这里释放出所溶解的组分气体。经脱吸后的吸收剂，从脱吸塔出来先经换热器和即将脱吸的溶液进行热交换后，再经冷却器而回到第一吸收塔的循环系统中。

3.4 填料

填料吸收塔中大部分容积被填料所充填，它是填料塔的核心部分。填料塔操作性能的好坏，与所选用的填料有直接关系。

3.4.1 填料的性能

表示填料的特性有以下几个参数。

(1) 比表面积：单位体积填料所具有的表面积称为填料的比表面积，常以 a 表示，其单位为 m^2/m^3。

(2) 孔隙率：单位体积填料所具有的空隙率，称为填料的空隙率，以 ε 表示，其单位为 m^3/m^3。

(3) 填料因子：由上面两个填料特性组合成的 a/ε^3 形式，称为干填料因子，其单位为 1/m。但填料经液体喷淋后表面覆盖了液层，其值发生了变化，故把实验获得的有液体喷淋条件下的 a/ε^3 相应的数值称为湿填料因子，简称为填料因子，以 ϕ 值表示。

(4) 单位体积填料个数，以 n 表示。

在选用填料时，一般要求比表面积及空隙率要大，且易被液体润湿，耐腐蚀，具有足够的机械强度以及价廉易得等。填料的大小应小于塔径的 1/10～1/8。

3.4.2 填料类型

填料的种类很多，可分为实体填料和网体填料两大类。实体填料用陶瓷、金属、塑料制成，主要有拉西环及其衍生型、鞍形、波纹填料等，如图 3-5 所示。网体填料用金属丝网或多孔金属片制成，主要有鞍形、θ 网环、压延孔环、波纹网填料等，如图 3-7 所示。

填料也可按装填方法分为乱堆填料及整砌填料，乱堆填料指各种颗料型填料，如拉西环、鞍形、θ 网环等。整砌填料主要是各种组合填料，如实体波纹板、波纹网、大尺寸的十字环等。

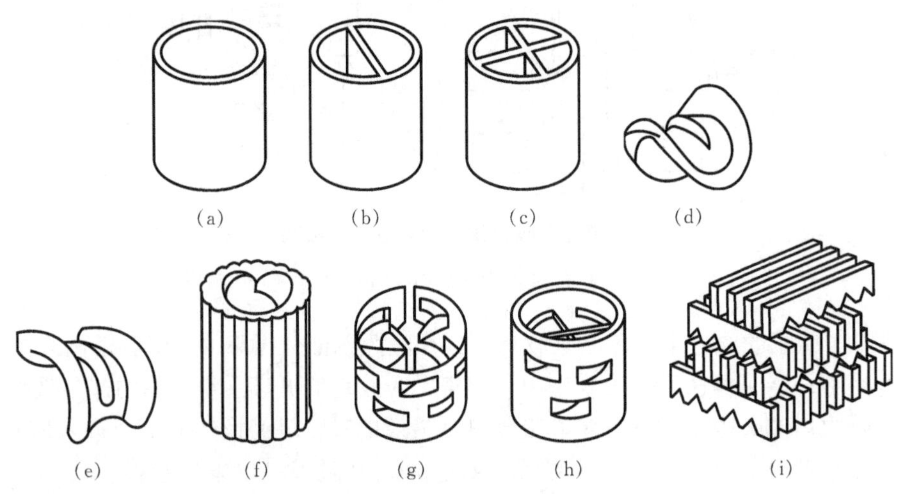

图 3-5 几种实体填料

(a) 拉西环；(b) θ 环；(c) 十字环；(d) 弧鞍；(e) 矩鞍；(f) 内螺旋环；(g) 金属鲍尔环；(h) 陶瓷鲍尔环；(i) 栅条填料

常用的填料介绍如下。

(1) 拉西环 (Rasching Ring)　拉西环是最早使用的一种人工填料，为一外径与高相等的圆环，如图 3-5 (a) 所示，由于其构造简单，制造容易，曾被广泛使用。其流体力学性能及传质规律都已有较详细的研究，但由于其存在较严重的塔壁偏流和沟流现象，目前在工业上的应用日趋减少。

(2) 鲍尔环 (Pall Ring)　鲍尔环是在 50 年代初期从拉西环的基础上发展起来的，其构造是在拉西环的壁上开两排长方形窗孔，被切开的环壁形成叶片，一端与壁相连，另一端向环内弯曲，并在中心处与其他叶片相搭，如图 3-5 (g) 和 (h) 所示。鲍尔环这种构造提高了环内空间和环内表面的有效利用程度，使气体阻力降低，液体分布有所改善，因而在生产中受到重视。

(3) 阶梯环 (Cascade Mini Ring)　阶梯环是对鲍尔环加以改进的产物，其形状如图 3-6 所示。环壁上开有窗口，环内有二层互相交错的十字形翅片。圆筒部分高度仅为直径的一半，圆筒一端为向外翻卷的喇叭口，其高度为全高的 1/5，由于两端形状不对称，在填料中各环相互呈点接触。传质效果比鲍尔环有所提高。

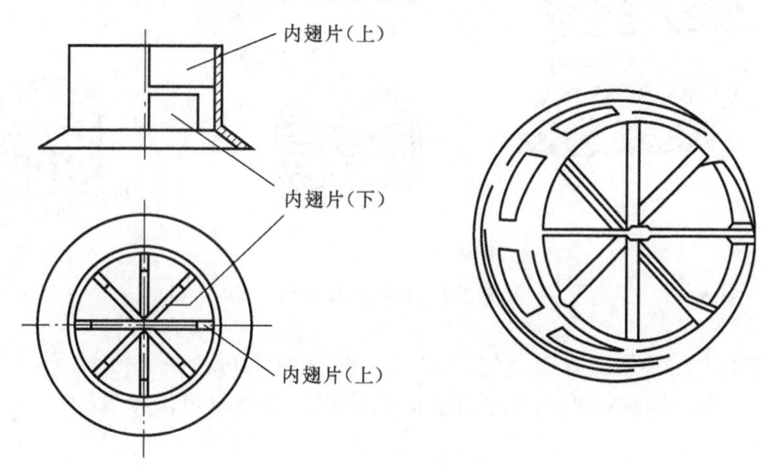

图 3-6　阶梯环

(4) 鞍形填料　鞍形填料是一种敞开式的、没有内表面的填料，包括弧鞍形和矩鞍形两种。

弧鞍又称贝尔鞍 (Berl Saddlle)，形状如马鞍，如图 3-5 (d) 所示，结构简单，用陶瓷制成，由于其两面对称结构在填料中互相重叠，使填料表面不能充分利用，影响了传质效果。

矩鞍又称英特洛克斯鞍 (Intalox Saddle)，形状如图 3-5 (e) 所示。它在填料中不会互相重叠，因此填料表面利用率好，传质效果比相同尺寸的拉西环好。

(5) 颗粒型网体填料　颗粒型网体填料由金属丝网或多孔金属片制成，主要有 θ 网环 (Dixon)、鞍形网 (McMahon saddle)、压延孔环 (Cannon Ring) 等，如图 3-7 所示。因丝网材料很薄，填料可以做得很小，所以其比表面积都较大，而且空隙率大，液体分布均匀，液膜薄，传质效果好，属于高效填料。但因其造价高，在工业上应用受到限制。

(6) 波纹填料　波纹填料是一种整砌结构的新型填料。它由许多波纹形薄板垂直方向叠在一起，组成盘状，其结构如图 3-7（c）所示，可有网体和实体两种结构。由于其结构紧凑，具有很大的比表面积；又因为是整砌结构，压降比乱堆填料要小；因而空塔气速可以提高。同时因液体在填料中成“Z”形流动，每经过一盘重新分布一次，所示改善了填料表面润湿状况。

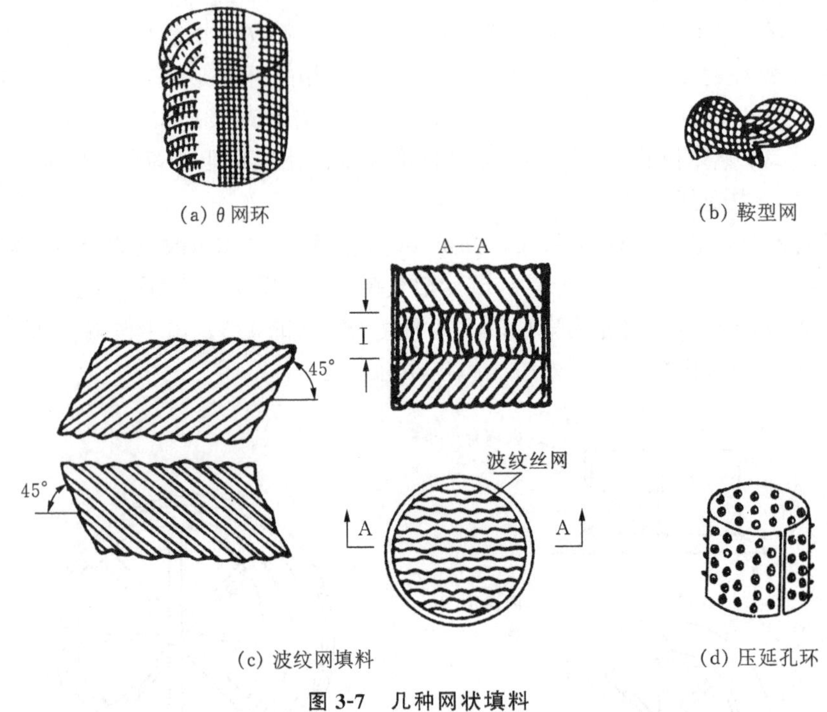

(a) θ网环　(b) 鞍型网　(c) 波纹网填料　(d) 压延孔环

图 3-7　几种网状填料

各种常用填料的特性数据在《化工原理》教材中均可查到，在此不再列出。此外，文献［4，5，7］中对填料有更为详尽且全面的介绍，设计时可以参考。

3.4.2　散装填料规格的选择

散装填料的规格通常是指填料的公称直径。工业塔常用的散装填料主要有 *DN*16，*DN*25，*DN*38，*DN*50，*DN*76 等几种规格。同类填料的尺寸越小，其分离效率越高，但阻力增加，通量减少，填料费用也增加很多。而大尺寸的填料应用于小直径的塔中，又会产生液体分布不良及严重的壁流，使塔的分离效率降低。因此，对塔径与填料尺寸比值有一定的范围，常用填料的塔径与填料公称直径之比 D/d 推荐值见表 3-1。

表 3-1　塔径与填料公称直径的比值 D/d 推荐范围

填料种类	拉西环	鞍环	鲍尔环	阶梯环	环矩鞍
D/d	≥20～30	≥15	≥10～15	>8	>8

3.5　填料塔塔径和压降的计算

填料塔塔径大小应根据气体流量与选定的空塔速度来决定。对于散装填料，空塔速度一般取液泛速度的 50%～85%；对于规整填料，空塔速度一般取液泛速度的 60%～95%。

3.5.1　液泛速度和压降的计算

液泛速度是填料塔操作气相的最大极限速度，正确地求取液泛速度对填料塔的设计和操作都很重要，影响液泛气速的因素很多，包括填料的特性、气体和液体的物性以及液体的喷淋密度等。因此，液泛速度通常由实验关联式或关联图线求取。

目前工程设计中广泛采用的是埃克特（Eckert）提出的通用关联图，它既可用来求算液泛气速，也可根据选定的气速计算压降，或从规定的压降求取相应的气速。此图所关联的参数比较全面，而且对各种乱填料如拉西环、鲍尔环、鞍形填料，只要知道其填料特性常数 ϕ，均可适用。

图 3-8 为埃克特的泛点气速和压降通用关联图，可用于计算泛点气速和压降。图中纵坐标为 $\dfrac{u^2\phi\psi}{g}\left(\dfrac{\rho_V}{\rho_L}\right)\mu_L^{0.2}$，横坐标为 $\dfrac{G_L}{G_V}\left(\dfrac{\rho_V}{\rho_L}\right)^{\frac{1}{2}}$，其中 u 为空塔速度（m/s）。与泛点线对应的纵坐标为 $\dfrac{u^2\phi\psi}{g}\left(\dfrac{\rho_V}{\rho_L}\right)\mu_L^{0.2}$ 中的 u 即泛点气速 u_f，m/s；g 为重力加速度，m/s^2；ϕ 为填料因子，1/m；ψ 为液体密度校正系数，$\psi=\rho_{水}/\rho_L$；ρ_L 和 ρ_V 分别为液体和气体的密度，kg/m^3；μ_L 为液体黏度，mPa·s；G_L 和 G_V 分别为液体和气体的质量流量，kg/s。

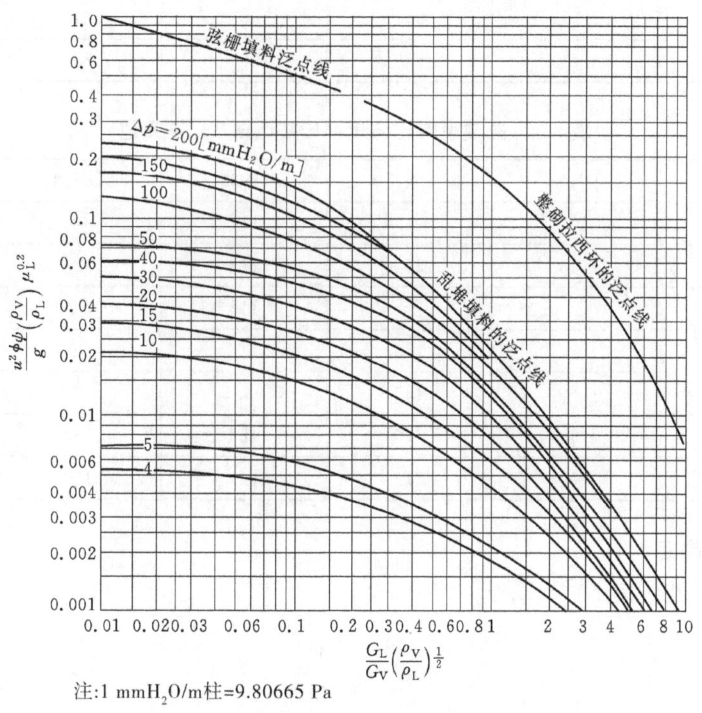

图 3-8　填料塔泛点和压降的通用关联图

图 3-8 中上方三条线分别为弦栅填料、整砌拉西环及乱堆填料的泛点线，与此泛点线相应的纵坐标中空塔速度 u 应为泛点气速度 u_f。若已知气液相的质量流量及密度，即可求出横坐标 $(G_L/G_V)(\rho_V/\rho_L)^{1/2}$ 的值，并由此向上作垂线和泛点线相交，再由交点的纵坐标值求出泛点气速 u_f。

图 3-8 中下方各线为乱堆填料层的等压降线。使用时根据塔径及气体流量算出空塔速

度及其他的条件，分别定出纵、横坐标值，其水平线及垂直线交点所在的等压降线（或其内插值）即为所求的压降。关于整砌料层的压降需由另外的方法计算，详见 3.5.3 节。

应当指出，用图 3-8 所示的关联图计算泛点气速时，所需填料因子为液泛时湿填料因子，称为泛点填料因子，以 ϕ_f 表示；用图 3-8 所示的关联图计算压降时，所需填料因子为操作状态下的湿填料因子，称为压降填料因子，以 ϕ_p 表示。泛点填料因子 ϕ_f 和压降填料因子 ϕ_p 都与液体喷淋密度有关，为了工程计算方便，常采用与液体喷淋密度无关的填料因子平均值，表 3-2 和表 3-3 分别列出了部分散装填料的泛点填料因子 ϕ_f 和压降填料因子 ϕ_p 平均值，以供设计参考。

表 3-2　散装填料泛点填料因子（m^{-1}）平均值

填料类型	DN16	DN25	DN38	DN50	DN76
金属鲍尔环	410	—	117	160	—
塑料鲍尔环	550	280	184	140	92
金属阶梯环	—	—	160	140	—
塑料阶梯环	—	260	170	127	—
金属环矩鞍	—	170	150	135	120
瓷拉西环	1 300	832	600	410	—
瓷矩鞍	1 100	550	200	226	—

表 3-3　散装填料压降填料因子（m^{-1}）平均值

填料类型	DN16	DN25	DN38	DN50	DN76
金属鲍尔环	306	—	114	98	—
塑料鲍尔环	343	232	114	125	62
金属阶梯环	—	—	118	82	—
塑料阶梯环	—	176	116	89	—
金属环矩鞍	—	138	93.4	71	36
瓷拉西环	1 050	576	450	288	—
瓷矩鞍	700	215	140	160	—

3.5.2　塔径的确定

填料塔的塔径可按下式计算：

$$D=\sqrt{\frac{4V_s}{\pi u}} \tag{3-2}$$

式中，V_s 为气体体积流量，m^3/s；u 为适宜的空塔速度，m/s；D 为内径，m。

前已述及，$u=(0.5\sim0.85)u_f$，适宜速度的选择应考虑物系的气泡性及填料类型。易产生气泡的物系应取低值，不易产生气泡的可取较大值。采用矩鞍形填料时的气速可稍大于用弧鞍形及拉西环时的气速。

根据式（3-2）算出的塔径应按压力容器公称标准进行圆整，以便于设备设计加工。根据国内压力容器公称直径标准（GB150－1998），塔径在 1 m 以下时间隔为 100 mm（必

要时 D 在 700 mm 以下时可用 50 mm 为间隔）；塔径在 1 m 以上时间隔为 200 mm（必要时在 2 m 以下时可用 100 mm 为间隔）。

在塔径确定后，还要对液体喷淋密度校核。

填料塔的液体喷淋密度是指单位时间、单位塔截面上液体的喷淋量，计算公式为：

$$W=\frac{L_h}{0.785D^2} \tag{3-3}$$

式中，W 为液体喷淋密度，$m^3/(m^2\cdot h)$；L_h 为液体喷淋密量，m^3/h；D 为填料塔直径，m。

为使填料能获得良好的润湿，塔内液体喷淋量不应低于某一极限值，此极限值为最小喷淋密度，以 W_{min} 表示。

对于散装填料，最小喷淋密度采用下式计算：

$$W_{min}=L_{w\,min}a_t \tag{3-4}$$

式中，W_{min} 为最小液体喷淋密度，$m^3/(m^2\cdot h)$；$(L_w)_{min}$ 为最小润湿率，$m^3/(m\cdot h)$；a_t 为填料的总比表面积，m^2/m^3。

最小润湿率 $(L_w)_{min}$ 是指在塔的横截面上，单位长度的填料周边的最小液体体积流量。其值可由经验公式计算，也可采用经验值。对于直径不超过 75 mm 的散装填料，其值可取0.08 $m^3/(m\cdot h)$；对于直径大于 75 mm 的散装填料，其值可取 0.12 $m^3/(m\cdot h)$。

实际操作时，采用的液体喷淋密度应大于最小液体喷淋密度，若设计的填料塔液体喷淋密度小于最小喷淋密度，则需进行调整，重新计算塔径。

3.5.3　整砌填料层压降的计算[13]

这里介绍整砌瓷环的填料层压降计算方法，压降计算采用流体力学中常用的阻力计算公式：

$$\Delta p=\xi\frac{u^2}{2}\rho_V \tag{3-5}$$

式中，Δp 为每米填料层压降，N/m^2；ξ 为阻力系数；u 为空塔速度，m/s；ρ_V 为气体密度，kg/m^3。

ξ 为填料尺寸和填料润湿率 L_w 的函数，可由图 3-9 查得。润湿率的定义是单位填料周边长度的液体体积流量。单位塔截面填料层的周边长度在数值上等于单位体积填料层的表面积，即干填料的比表面积 a_t，故润湿率的计算式是：

$$L_w=\frac{W}{a_t} \tag{3-6}$$

式中，L_w 为填料润湿率，$m^3/(m\cdot h)$；W 为液体的喷淋密度，$m^3/(m^2\cdot h)$；a_t 为干填料的比表面积，m^2/m^3。

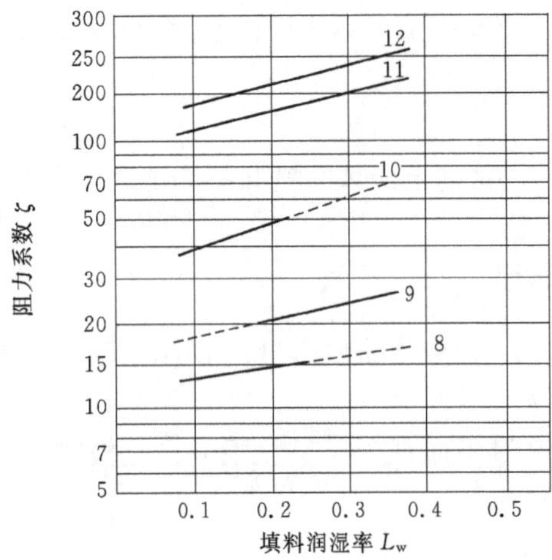

曲线编号	填料尺寸/（mm×mm×mm）
8	100×100×9.5
9	76×76×9.5
10	76×76×6
11	50×50×6
12	50×50×5

图 3-9　整砌填料的阻力系数

3.6　填料层高度计算

3.6.1　填料层高度的计算方法

填料层高度 H 的计算可分解成两部分，即传质单元高度和传质单元数。用数学式表示为

$$H = H_{OG} \cdot N_{OG} = H_{OL} \cdot N_{OL} \tag{3-7}$$

3.6.1.1　低浓度吸收

H_{OG} 为气相总传质单元高度，$H_{OG} = \dfrac{G}{K_y a}$,m 。

N_{OG} 为气相总传质单元数，$N_{OG} = \displaystyle\int_{y_{出}}^{y_{进}} \frac{\mathrm{d}y}{y - y_e}$ ，量纲一。

H_{OL} 为液相总传质单元高度，$H_{OL} = \dfrac{L}{K_x a}$ ，m。

N_{OL} 为液相总传质单元数，$N_{OL} = \displaystyle\int_{x_{进}}^{x_{出}} \frac{\mathrm{d}x}{x_e - x}$ ，量纲一。

$$K_y = \frac{1}{\dfrac{1}{k_y} + \dfrac{m}{k_x}},\ K_x = \frac{1}{\dfrac{1}{mk_y} + \dfrac{1}{k_x}} \tag{3-8}$$

在上列各式中，G,L 分别为气液相流量，kmol/（m^2・s）；$y_{进}$,$y_{出}$ 分别为进塔和出塔气体中溶质的摩尔分数；$x_{进}$,$x_{出}$ 分别为进塔和出塔液体中溶质的摩尔分数；K_y 为气相总传质系数，kmol/（m^2・s）；a 为单位体积填料内的有效表面积，m^2/m^3；$K_y a$ 为气相体积总传质系数，kmol/（m^3・s）；K_x 为液相总传质系数，kmol/（m^2・s）；$K_x a$ 为液相体积总传质系数，kmol/（m^3・s）；k_y 为气相传质系数，kmol/（m^2・s）；k_x 为液相传质系数，kmol/（m^2・s）；m 为气液平衡关系用 $y_e = mx$ 表示时的平衡常数。

3.6.1.2　高浓度吸收的近似计算[1]

$$N_{OG}=\int_{y_{出}}^{y_{进}}\frac{dy}{y-y_e}+\frac{1}{2}\ln\frac{1-y_{出}}{1-y_{进}} \tag{3-9}$$

$$N_{OL}=\int_{x_{进}}^{x_{出}}\frac{dx}{x_e-x}+\frac{1}{2}\ln\frac{1-x_{进}}{1-x_{出}} \tag{3-10}$$

$$H_{OG}=\frac{G}{K'_ya}=\frac{G}{K_ya\ (1-y)_{om}} \tag{3-11}$$

$$H_{OL}=\frac{L}{K'_xa}=\frac{L}{K_xa\ (1-x)_{om}} \tag{3-12}$$

上列各式中的 K_ya 为低浓度吸收时得到的传质总系数，$1/\ (1-y)_{om}$ 为漂流因子。

3.6.2　传质单元数的计算

3.6.2.1　低浓度吸收

1. 平衡线和操作线均可视为直线时

$$N_{OG}=\frac{y_{进}-y_{出}}{(y-y_e)_m},(y-y_e)_m=\frac{(y_{进}-mx_{出})-(y_{出}-mx_{进})}{\ln\dfrac{y_{进}-mx_{出}}{y_{出}-mx_{进}}} \tag{3-13}$$

或

$$N_{OG}=\frac{\ln\left[(1-\dfrac{m}{L/G})(\dfrac{y_{进}-mx_{进}}{y_{出}-mx_{进}})+m\dfrac{m}{L/G}\right]}{1-\dfrac{m}{L/G}} \tag{3-14}$$

2. 平衡线为曲线，操作线为直线

方法①：将平衡线曲线部分视为抛物线

$$N_{OG}=\frac{\ln\left\{\dfrac{\left[1-\left(\dfrac{m}{L/G}\right)\right]^2}{1-\left(\dfrac{mx_{出}}{y_{进}}\right)}\left(\dfrac{y_{进}-mx_{进}}{y_{出}-mx_{进}}\right)+\dfrac{m}{L/G}\right\}}{1-\dfrac{m}{L/G}} \tag{3-15}$$

式中，m 表示平衡线下端直线部分的斜率。

如果以塔顶的 $\dfrac{m}{L/G}$ 代入上式，则操作线是曲线时也适用。

方法②：将曲线分割成数个区间，各区间的平衡线视为直线，分区计算各个 N_{OG} 。

方法③：采用图解积分法。

3.6.2.2　高浓度吸收

高浓度吸收时，气、液相量沿塔高均有明显变化，传质系数也不是常数，平衡线斜率 m 也沿塔高变化，因此应该分段计算，求出每段的传质单元数和传质单元高度，即每段所需填料层高度，然后相加即得整个吸收过程所需填料层高度。有一个简化方法可采用，即塔的传质单元数可按式（3-9）、式（3-10）计算，而塔的传质单元高度取塔顶和塔底的平均值。

3.6.3 传质单元高度或传质系数

计算填料层高度需知道传质系数或传质单元高度，如果已知操作条件完全相同的实测总传质单元高度或总传质系数的值，则使用此实测值最为可靠和方便，如没有也无法实验测定，则可选用关联式。这些关联式原则上适用于多数吸收体系及多种填料类型和操作条件。实际上不完全这样，各研究者所提出的关联式，所得到的结果往往不能一致，原因是对影响传质系数的各种因素及影响大小至今还未研究透彻。例如，流体在填料表面分布是否均匀，气体通过填料层是否短路或发生返混，这些都对传质系数有很大影响，但这些因素在关联式中不易确切反映出来。因此设计时拟采用多个关联式进行计算，选用比较合适的计算结果。

3.6.3.1 *传质系数关联式*

目前，在进行设计时，多选用一些准数关联式或经验公式进行计算，其中应用最普遍的是修正的恩田（Onda）公式。

气相传质系数

$$k_G = 0.237\left(\frac{W_G}{a\mu_G}\right)^{0.7}\left(\frac{\mu_G}{\rho_G D_G}\right)^{\frac{1}{3}}\left(\frac{aD_G}{RT}\right) \tag{3-16}$$

液相传质系数

$$k_L = 0.0095\left(\frac{W_L}{a_w\mu_L}\right)^{\frac{2}{3}}\left(\frac{\mu_L}{\rho_L D_L}\right)^{-0.5}\left(\frac{\mu_L g}{\rho_L}\right)^{\frac{1}{3}} \tag{3-17}$$

$$k_G a = k_G a_w \psi^{1.1} \tag{3-18}$$

$$k_L a = k_L a_w \psi^{0.4} \tag{3-19}$$

式中，ψ 为填料的形状系数，量纲一；a_w 为填料润湿比表面积，m^2/m^3。

填料润湿比表面积采用下式计算：

$$a_w = a\left\{1-\exp\left[-1.45\left(\frac{\sigma_c}{\sigma_L}\right)^{0.75}\left(\frac{W_L}{a\mu_L}\right)^{0.1}\left(\frac{W_L^2 a}{\rho_L^2 g}\right)^{-0.05}\left(\frac{W_L^2}{\rho_L\sigma_L a}\right)^{0.2}\right]\right\} \tag{3-20}$$

式中，k_G 为气膜传质系数，kmol/（m^2·h·kPa)；k_L 为液膜传质系数，m/h；a_w 为填料润湿比表面积，m^2/m^3；a 为填料比表面积，m^2/m^3；W_G 为气相质量流率，kg/（m^2·h)；W_L 为液相质量流率，kg/（m^2·h)；T 为气体温度，K；R 为气体常数，8.314 m^3·kPa/（kmol·K)；g 为重力加速度，1.27×10^8 m/h；D_G，D_L分别为溶质在气相和液相中的扩散系数，m^2/h；μ_L，μ_G 分别为液体和气体黏度，kg/（m·h）[1 Pa·s=3 600 kg/(m·h)]；ρ_L，ρ_G 分别为液体和气体的密度，kg/m^3；σ_L 为液体表面张力，kg/h^2（1 dyn/cm=12 960 kg/h^2)；σ_c 为填料材质的临界表面张力，kg/h^2。

不同填料材质的临界表面张力 σ_c 的数值见表 3-4，几种填料的形状系数 ψ 见表 3-5。

表 3-4 不同填料材质的临界表面张力 σ_c

材 质	σ_c/(dyn/cm)	材 质	σ_c/(dyn/cm)	材 质	σ_c/(dyn/cm)
表面涂石蜡	20	石墨	56	钢	75
聚四氯乙烯	18.5	陶瓷	61	聚乙烯*	75
聚苯乙烯	31	玻璃	73	聚丙烯*	54

注：*经亲水处理。

表 3-5　几种填料的形状系数

填　料	球形	棒形	拉西环	弧鞍	开孔环
ψ	0.72	0.75	1	1.19	1.45

依据以上各式，分别求得 k_G、k_L和 a_w 后，即可以求得传质过程的体积传质系数 k_Ga 和 k_La。修正的的恩田公式只适用于 $u\leqslant 0.5u_f$的情况，当 $u>0.5u_f$时需要按下式校正：

$$k'_Ga=\left[1+9.5\left(\frac{u}{u_f}-0.5\right)^{1.4}\right]k_Ga \tag{3-21}$$

$$k'_La=\left[1+2.6\left(\frac{u}{u_f}-0.5\right)^{2.2}\right]k_La \tag{3-22}$$

再由下式计算

$$K_Ga=\frac{1}{\dfrac{1}{k_Ga}+\dfrac{1}{H'k_La}} \tag{3-23}$$

式中，$H'=\dfrac{\rho_L}{EM_S}$，单位为 kmol/（kPa · m³），与亨利定律 H 互为倒数。

$$H_{OG}=\frac{G}{K_ya}=\frac{G}{K_Gap} \tag{3-24}$$

$$H=H_{OG}\cdot N_{OG} \tag{3-25}$$

式中，G 的单位为 kmol/（m² · h）；K_Ga 的单位为 kmol/（m³ · h · kPa）；p 的单位为 kPa。为安全起见，填料层实际高度一般为工艺计算高度的 1.2～1.5 倍。

3.6.3.2 实验数据

由于以上关联式都是在一定条件下获得的实验结果，且大都不适用于目前的高空隙率填料，因而通过实验室或生产装置所测得的传质性能数据具有重要的参考价值。表 3-6 和表 3-7 列出了一些这样的数据，供设计时参考。

表 3-6　一些散装填料的传质性能

分离体系	填料			塔		气速/［kg/(m² · h)］	液速/［kg/(m² · h)］	操作压力/kPa	HTU/m	HETP/m
	种类	材质	DN	直径/m	层高/m					
甲醇-水	鲍尔环	瓷	26	0.38	2.9	4 730	2 580	101.3		0.71
乙醇-水	拉西环	瓷	26	0.31	3.05	3 830	3 830	101.3		0.44
异丙基苯酚-水	槽鞍形	瓷	26	0.46	1.52/1.83	5 410	1 590	101.3		0.48
乙二醇-水	鲍尔环	瓷	38	1.07	1.83/3.05	4 120	1 510	30.7		0.92
糠醛-水	槽鞍形	瓷	38	0.51	1.83/3.66	6 350	3 560	101.3		0.61
甲酸-水	鲍尔环	瓷	50	0.92	5.49/5.19	9 910	8 000	101.3		0.76
丙酮-水	鲍尔环	瓷	26	0.38	2.9	16 400	3 200	101.3		0.43
丙酮-水	Intalox 鞍	瓷	25	0.36	3.96					0.46
异丙醇-水	鲍尔环	塑	38	0.53	4.88			101.3	0.84	
异丙醇-水	Intalox 鞍	瓷	25	0.46	3.35			101.3		0.48
二氯甲苯-苯-水汽	鲍尔环	瓷	25	0.61	5.18			101.3	1.07	

续表

分离体系	填料			塔		气速/[kg/(m^2·h)]	液速/[kg/(m^2·h)]	操作压力/kPa	HTU/m	$HETP$/m
	种类	材质	DN	直径/m	层高/m					
妥尔油-水汽	Intalox 鞍	瓷	50	3.66	10.46			101.3		0.76
甲基异丁基酮-水汽	Intalox 鞍	瓷	38	1.07	8.53			101.3		1.22
L,O,分馏塔(顶)	鲍尔环	瓷	50	0.91	5.2			1.08		0.76
L,O,分馏塔(底)	鲍尔环	瓷	50	1.22	5.2			1.08		0.85
脱乙烷塔(顶)	鲍尔环	瓷	38	0.46	6.1	22 500	53 700	2 067		0.89
脱乙烷塔(底)	鲍尔环	瓷	50	0.76	5.49	22 000	9 280	2 067		1.01
脱丙烷塔(顶)	鲍尔环	瓷	38	0.59	4.88	20 500	27 800	1 864		0.98
脱丙烷塔(底)	鲍尔环	瓷	38	0.59	7.32	15 100	27 800	1 864		0.73
脱丁烷塔(顶)	鲍尔环	瓷	38	0.5	3.66	15 100	9 280	618		0.73
脱丁烷塔(底)	鲍尔环	瓷	38	0.5	5.49	15 100	9 280	618		0.61
正戊烷-异戊烷	鲍尔环	瓷	25	0.46	2.74	9 280	10 300	101		0.46
轻/重石脑油	鲍尔环	瓷	25	0.38	3.05			13	0.54	0.62
轻/重石脑油	Intalox 鞍	瓷	25	0.38	3.05			13	0.54	0.76
$n-C_8$-甲苯	鲍尔环	瓷	26	0.38	3.05	5 860	4 680	101.3		0.47
$n-C_8$-甲苯	鲍尔环	瓷	26	0.38	3.05	6 350	5 410	13.3		0.41
异辛烷-甲苯	鲍尔环	瓷	25	0.38	3.05			13.3	0.45	0.43
气体装置的吸收塔	鲍尔环	瓷	25	1.22	7.0			6.2		0.88
甲基呋喃-甲基四氢呋喃	Intalox 鞍	瓷	38	0.61	14.63			101		0.53
苯甲酸-甲苯	Intalox 鞍	瓷	38	0.61	6.4			101		0.46
苯-氯苯	Intalox 鞍	瓷	38	0.38	2.9			101	0.52	1.8
酚/邻甲氧甲酚	鲍尔环	瓷	38	0.46	9.14			13		0.49
脂肪酸	鲍尔环	瓷	38	0.76	12.19			4.94		0.85
安息香酸-甲苯	槽鞍形	瓷	38	0.61	1.33/4.58	2 980	6 150	101		0.46
丁酮-甲苯	鲍尔环	瓷	25	0.38	2.9	5 370	4 490	101	0.33	0.40
乙苯-苯乙烯	鲍尔环	金属	50	0.5	2.0	$F=2$	$L/V=1$	6.7		~0.52
乙苯-苯乙烯	鲍尔环	金属	25	0.5	2.0	$F=2$	$L/V=1$	6.7		~0.38
甲醇-乙醇	鲍尔环	金属	50	0.5	2.0	$F=2$	$L/V=1$	101		~0.5
甲醇-乙醇			25	0.5	2.0	$F=2$	$L/V=1$	101		~0.32
异辛烷-甲苯	IMTP	金属	50	0.38	3.05	$C=0.05\sim0.3$		98.6		~0.66
	IMTP	金属	25	0.38	3.05	$C=0.05\sim0.25$		98.6		~0.42
	IMTP	金属	40	0.38	3.05	$C=0.05\sim0.25$		98.6		~0.53

表 3-7　一些规整填料的性能

名称	型号	材料	比表面积 /(m^2/m^3)	气相动能因子 /[$m \cdot s^{-1} \cdot (kg/m^3)^{-1/2}$]	每米填料理论板数	压降 /(Pa/m)	范　围
丝网波纹填料	700(CY) 500(BX) 450(BX)	金属网 金属网 塑料网	700 500 450	2.4～1.3 2.4～2.0 2.4～2.0	6～8 4～5 4～5	～667 ～200 ～400	精密精馏,热敏物料的真空精馏等低温下吸收
板网波纹填料	653(1) 534(2)	金属板网 金属板网	643 534	2.0～1.4 2.3～2.0	6～7 0.2*	767～467 213～427	类似丝网波纹填料
孔板波纹填料	250Y 450Y 250Y	金属板 金属板 塑料板	250 450 ～250	3～2.2 1.5 1.7～2.2	2.5 3.5 0.27Δ	200～267 240 93～173	常压、真空及有污染介质的蒸馏 常压(加压)吸收、冷却塔
压延刺孔板波纹填料	4.5(534) 6.3(483) 10(298) 700Y 500X 250Y	金属刺孔板	534 483 298 700 500 256	1.6～2.0 1.65～2.0 1.1～2.65 1.6(最大) 2.1(最大) 2.6(最大)	5～6 3.7～4 3～5△ 5～7 3～4 2.5～3	493～773 160～253 936 200 300	精馏、吸收等
陶瓷波纹填料	470(SK) 400(TCP－1)	瓷	470 400	1～1.6 0.35～1.2	4～6 3～5	600～1 000 93～880	高温及腐蚀介质的蒸馏与吸收

*是液相传质单元高度；△是每米填料气相传质单元数；Δ是传质单元高度。

3.7　填料塔附属结构

设计填料塔时，决定了主要工艺尺寸之后，还要选用一定型式的附属设备、其中包括液体喷洒装置、液体再分布器、填料支承结构、气液进出口等。

3.7.1　液体分布装置

为了能有效地分布液体，在塔的顶部安装液体分布装置。选择液体分布装置的原则应该是能使整个塔截面的填料表面很好地润湿，结构简单，制造和检修方便。

在填料表面上液体分布点的数目 n 可由式 (3－26) 估算。

$$n = \left(\frac{D}{t}\right)^2 \tag{3-26}$$

式中，D 为塔径，$D \leqslant 900$ mm 时，取 $t = 75 \sim 150$ mm；$D > 900$ mm 时，取 $t = 150$ mm。

液体分布装置的结构形式多，生产上最常用的有以下几种。

1. 管式喷淋器

如图 3-10 所示为两种结构简单的管式喷淋器。(a) 为弯管式，(b) 为缺口式，液体直接向下流出，为了避免水力冲击填料以及液体分配不均，最好在流出口下面加一块圆形挡板。这两种型式一般只用于塔径在 300 mm 以下的小塔。

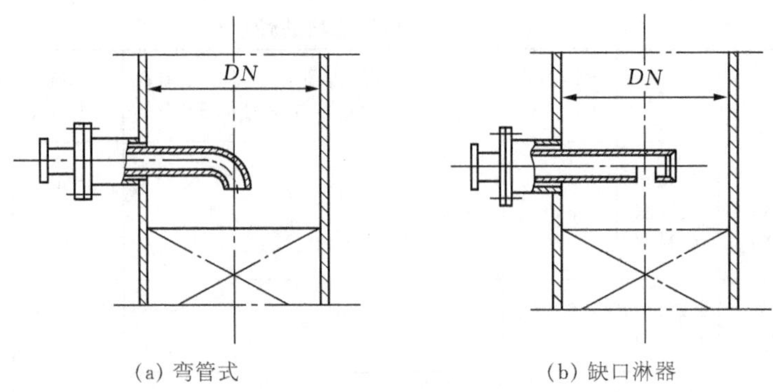

(a) 弯管式　　(b) 缺口淋器

图 3-10　管式喷淋器

2. 多孔管式喷淋器

多孔管式喷淋器通常有多孔直管式和多孔盘管式两类，如图 3-11 所示。这种形式的喷淋器一般在管底部钻 3～5 排 ϕ 4～8 mm 的小孔，孔的总截面积与进液管截面积大致相等。(a) 型加工简单，多用于直径 600 mm 的小塔；而 (b) 型加工较复杂，适用于直径 1.2 m以下的塔中，环管中心线的直径为塔径的 0.6～0.8。

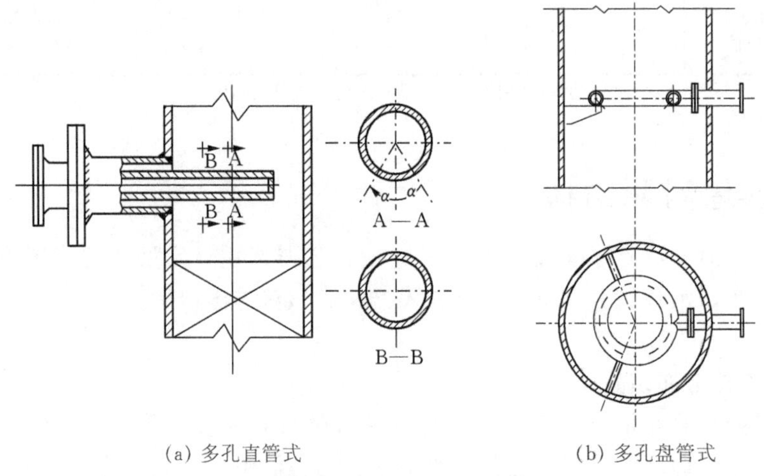

(a) 多孔直管式　　(b) 多孔盘管式

图 3-11　多孔管式喷淋器

液相流量和喷洒孔直径、数目以及液相入塔前后的压差有如下关系：

$$n=\frac{L}{C(0.785d_0^2)\sqrt{\frac{2(p_2-p_1)}{\rho_L}}} \tag{3-27}$$

式中，L 为液相流量，m^3/s；p_2，p_1 分别为液相入塔前压强及塔内压强 kPa，一般 $p_2-p_1=10$～100kPa；C 为流量系数，0.6～0.8；d_0 为喷淋孔径，m。

3. 莲蓬式喷洒器

莲蓬式喷洒器俗称莲蓬头，喷洒器为一具有半圆球形外壳，在壳壁上有许多可供液体喷洒的小孔所构成（如图 3-12 所示）。液体由泵或高位槽以一定压头流入，然后由小孔分股喷出。小孔多沿同心圆排列。常用的参数有莲蓬头直径 d，其为塔径 D 的 1/3～1/5；球面半径为（0.5～1.0）D；喷洒角 $a \leqslant 80°$；喷洒外圈距塔壁 $x = 70 \sim 100$ mm；莲蓬高度 $y = (0.5 \sim 1.0)D$；小孔直径 $d_0 = 3 \sim 10$ mm，液体流量、孔径、孔数及压强差的相互关系见式（3-27）。莲蓬头一般用于塔径 600 mm 以下的塔中。

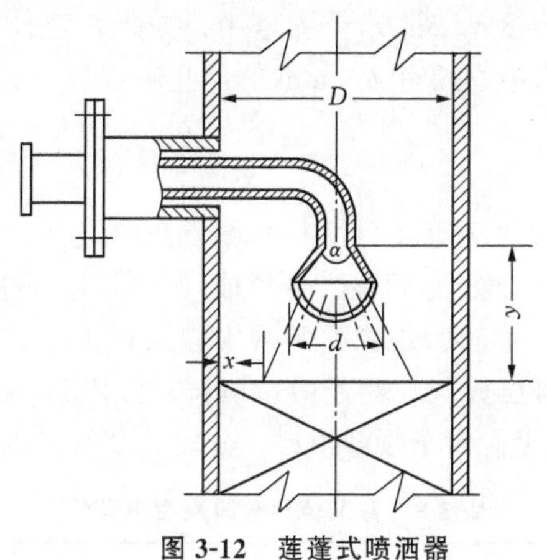

图 3-12　莲蓬式喷洒器

4. 盘式分布器

如图 3-13 所示，先将液体加在分布盘上，盘上开有 ϕ 3～10 mm 的筛孔或 $\phi \geqslant 15$ mm 的溢流管，通过筛孔或溢流管再均匀喷洒在整个塔截面上。一般分布盘的直径为塔径的 0.6～0.8，盘上开筛孔时［如图 3-13（b）所示］，孔数、孔径、液体流量和盘上液体高度 H 的关系式如式（3-28）所示。

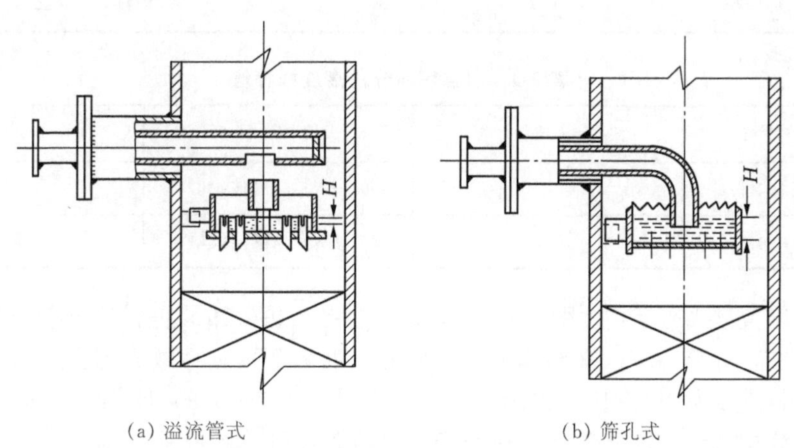

(a) 溢流管式　　(b) 筛孔式

图 3-13　盘式分布器

$$n = \frac{L}{0.785 d_0^2 \sqrt{2gH}} \tag{3-28}$$

式中，H 取塔径的 1/6～1/7。

如果盘上用带矩形齿槽的溢流管［如图 3-13（a）所示］，则计算式为

$$nb = \frac{L}{\frac{2}{3}C \cdot H \cdot \sqrt{2gH}} \tag{3-29}$$

式中，n 为齿槽数；b 为齿槽宽度，一般取 3～5 mm；H 为齿槽上的液体溢流高度，m；C 为流量系数，可取 0.6。

盘式分布器适用于塔径 800 mm 以上的塔中，如果在塔径较小时使用，图 3-13（b）的分布盘上不开孔，但在盘中心须有 ϕ 3 mm 的泪孔。

3.7.2 液体再分布器

液体沿填料（特别是拉西环等实体填料）层下流时，往往会产生向塔壁方向流动的现象，塔中心填料便得不到很好的润湿，会形成“干锥体”的不良现象，减少了气、液接触有效面积，为了克服这种有害现象，常须安装液体再分布装置，使沿塔壁流下的液体进行重新分配，即将填料层分段。对于散装填料，分段高度值 h 与塔径之比见表 3-8，h_{max}是允许的最大填料层高度。对于规整填料，分段高度值 h 见表 3-9。

表 3-8 散装填料分段高度推荐值

填料类型	h/D	h_{max}/m
拉西环	2.5	≤4
矩鞍	5～8	≤6
鲍尔环	5～10	≤6
阶梯环	8～15	≤6
环矩鞍	5～15	≤6

表 3-9 规整填料分段高度推荐值

填料类型	h/m	填料类型	h/m
250Y 板波纹填料	6.0	500（BX）丝网波纹填料	3.0
500Y 板波纹填料	5.0	700（CX）丝网波纹填料	1.5

再分布装置形式有多种。图 3-14（a）是一种锥形再分布装置，使塔壁处的液体再导流至塔的中央。对于小塔，锥形体上可不开孔，仅将下端边缘做成锯齿形即可；锥体与塔壁的夹角 α 一般为 35°～45°，锥体下口直径约为（0.7～0.8）D。图 3-14（b）所示是一种槽形再分布装置，其上带有几根管子，将流入环形槽内的液体引向塔中心。图 3-14（c）是在填料层支承板下，设置液体分布板。

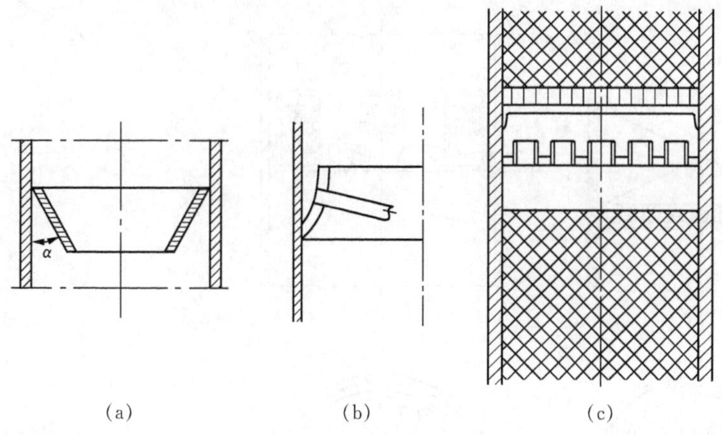

图 3-14　液体再分布装置

3.7.3　填料支承结构及压紧装置

3.7.3.1　填料支承装置

吸收操作时液泛往往首先在气液通道最小的塔截面上发生。填料层底部的支承板在设计中很容易被忽略，也可能因此而引起液泛，特别是在采用孔板作为支承板时。

在设计支承板时应满足下列三个基本条件：① 自由截面不少于填料的空隙率；② 要有足够的强度承受填料重量及填料空隙的液体；③ 要有一定的耐腐蚀性。

用竖扁钢制成的栅板作为支承板最为常用，如图 3-15 (a) 所示。栅板可以制成整块或分块的。一般直径小于 500 mm 时，可制成整块；直径为 600～800 mm 时，可以分成两块；直径在 900～1 200 mm 时，分成三块；直径大于 1 400 mm 时，分成四块；使每块宽度约在 300～400 mm 之间，以便装卸。

栅板条之间的距离应约为填料环外径的 0.6～0.7。在直径较大的塔中，当填料环尺寸较小的，也可采用间距较大的栅板，先在其上布满尺寸较大的十字分隔瓷环，再放置尺寸较小的瓷环。这样，栅板自由截面较大，如图 3-15 (c) 所示。

当栅板结构不能满足自由截面要求时，可以采用如图 3-15 (b) 所示的升气管式支承板或《化工原理（第四版）》教材[1]中图 10-53 (c) 中的条形升气管式支承板。气相走升气管齿缝，液相由小孔及缝底部溢流而下。这类支承板，当有足够齿缝时，气相的自由截面积可以超过整个塔的横截面积，所以决不会在此造成液泛。

栅板的结构、尺寸和支承方法可参阅文献 [6]。

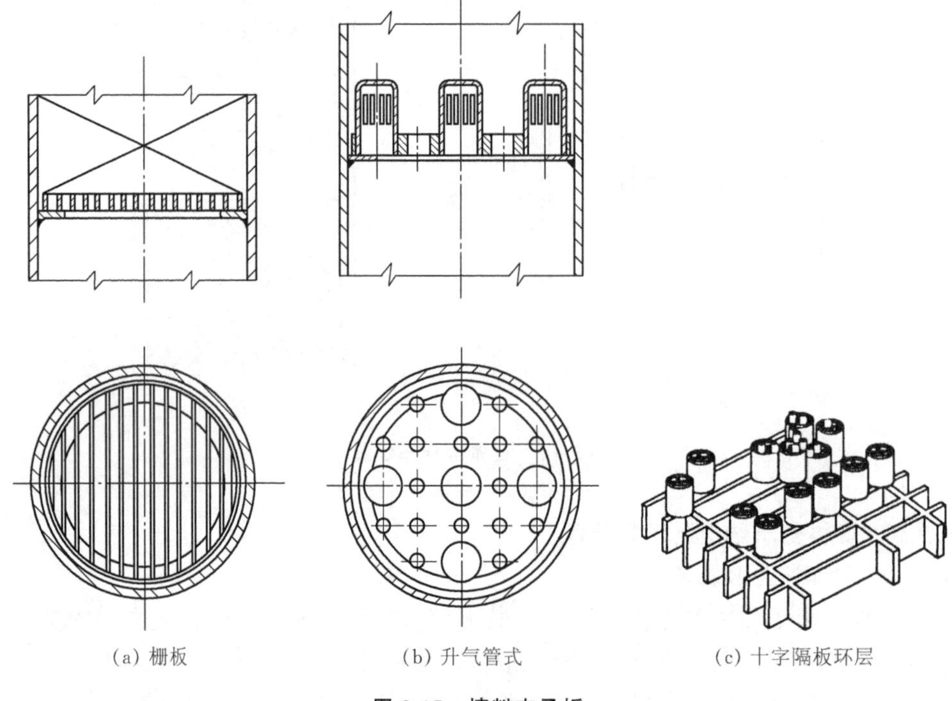
(a) 栅板　(b) 升气管式　(c) 十字隔板环层

图 3-15　填料支承板

3.7.3.2　填料压紧装置

为保证在工作状态下填料床层能够稳定，防止高气相负荷或负荷突然变动时填料层发生松动，破坏填料层结构，甚至造成填料流失，必须在填料层顶部设置填料限定装置。填料限定装置可分为两类，一类是由放置于填料上端，仅靠自身重力将填料压紧的填料限定装置，称为填料压板；另一类是将填料限定装置固定于塔壁上，称为床层限定板。填料压板常用于陶瓷填料，以免陶瓷填料发生移动撞击，造成填料破碎。床层限定板多用于金属和塑料填料，以防止由于填料层膨胀，改变其初始堆积状态而造成流体分布不均匀现象。

(1) 填料压板 填料压板主要有两种形式，一种是栅条形压板（如图 3-16 所示），另一种是丝网压板（如图 3-17 所示）。栅条形压板的栅条间距为填料直径的 0.6～0.8。丝网压板是用金属丝纺织的大孔金属网焊接于金属支撑圈上，网孔的大小应以填料不能通过为限。填料压板的重量要适当，过重可能会压碎填料，过轻则难以起到作用，一般需要按 1 100 N/m^2 设计，必要时需加装压铁以满足重量要求。

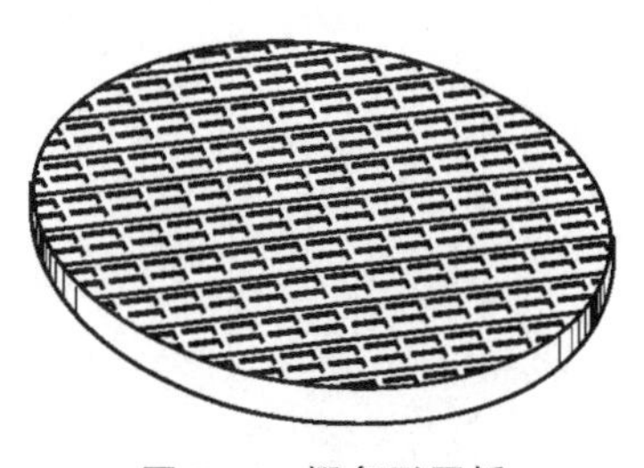
图 3-16　栅条形压板

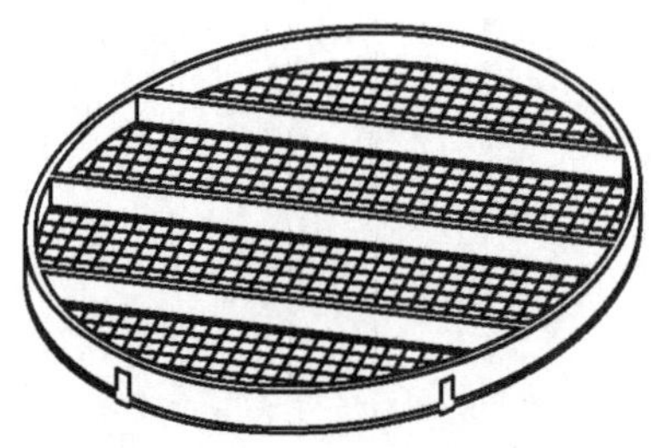
图 3-17　丝网压板

(2) 床层限制板 床层限制板可以采用与填料压板类似的结构，但其重量较轻，一般为 300 N/m^2。

3.7.4　管口

3.7.4.1　气体进口装置

填料塔中的气体进口装置，应该防止淋下的液体进入管中，同时还要使气体分散均匀。因此，不宜使气流直接由管接口或水平管冲入塔内。对于 ϕ500 mm 以下的小塔，可使进气管伸到塔的中心线位置，管端切成 45°向下的斜口［如图 3-18 (a) 所示］或向下的切口［如图 3-18 (b) 所示］，使气流折转向上。对于 ϕ1.5 m 以下的塔，管的末端可制成向下的喇叭形扩大口。对于更大的塔，就应考虑管式的分布结构。

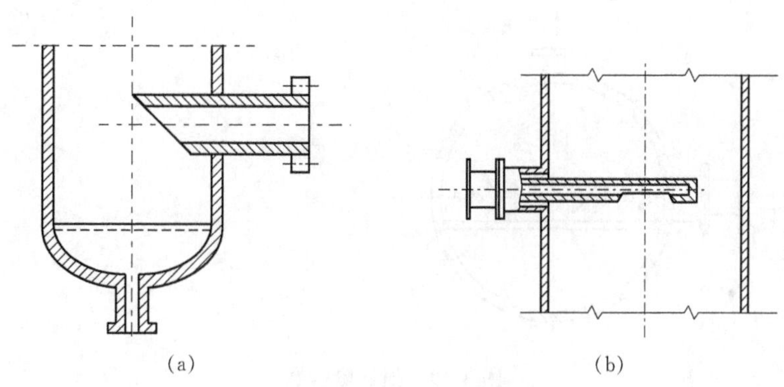

图 3-18　气体进口装置

3.7.4.2　气体出口装置

气体出口装置既要保证气体畅通，又应能尽量除去被夹带的液体雾沫。因为雾沫夹带不但使吸收剂的消耗定额增加，而且容易堵塞管道，甚至危害后续工序，因此必须予以注意。为此常在吸收塔顶部设有除沫装置，用来分离出口气体中所夹带的雾沫。除沫装置有以下几种类型。

(1) 挡板除雾器：在雾沫夹带较少（如瓷环塔），或工艺上允许有较多夹带的场合，可以采用挡板（或折板）除雾器。这种除雾器的结构简单、有效，常和塔器构成一个整体，阻力小，不易堵塞，此时能除去的雾滴最小直径约为 0.05 mm 以上，结构如图 3-19 所示。

(2) 填料除雾器：即在塔顶气体出口前，再通过一层填料，达到分离雾沫的目的。填料一般为环形，常较塔内填料小些。这层填料的高度根据除沫要求和允许压强降来决定。它的除沫效率较高，但阻力较大，且占一定空间。其结构如 3-20 所示。

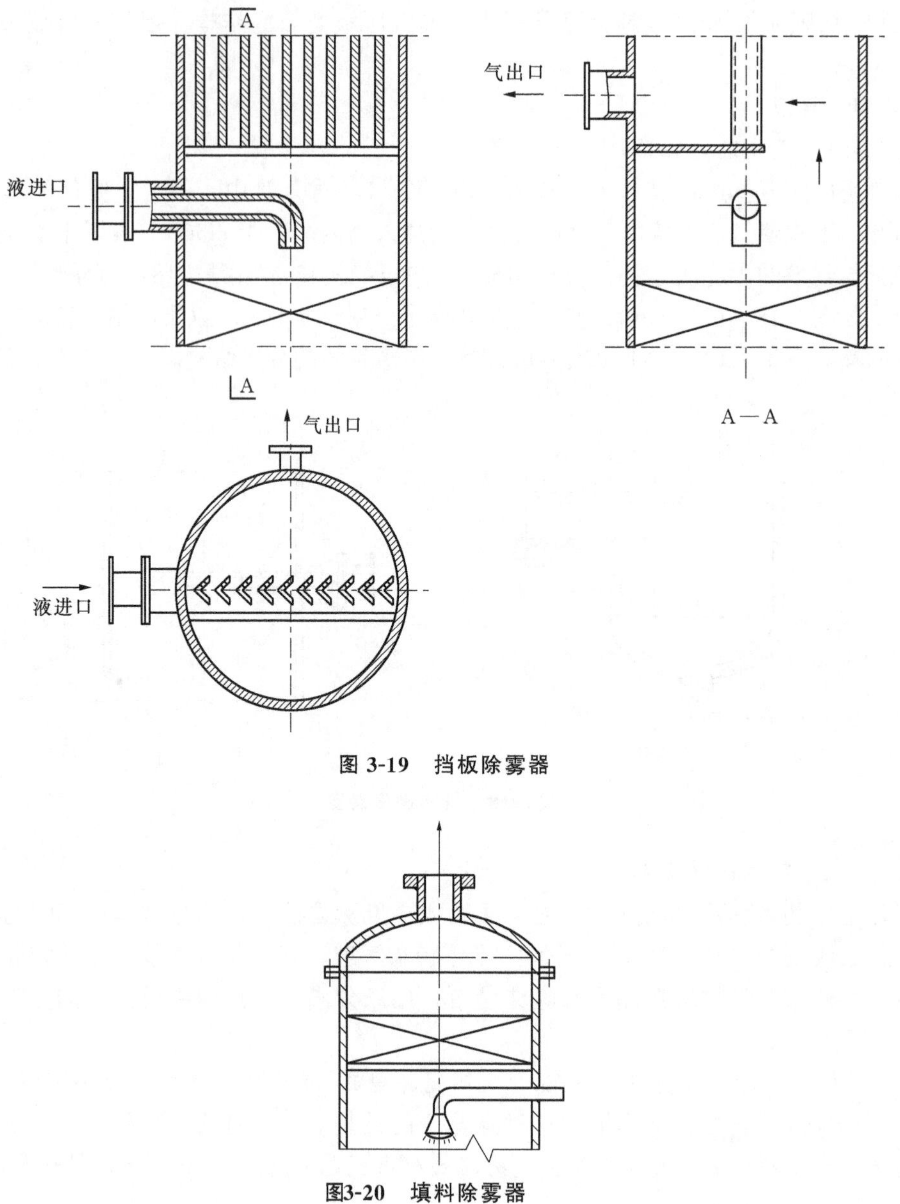

图 3-19　挡板除雾器

图3-20　填料除雾器

(3) 丝网除雾器，是一种分离效率高、阻力较小、所占空间不大的除雾器，目前已被广泛应用。对大于 5 μm 的雾滴，效率可达 98%～99%。但不宜用于液滴中含有或溶有固体物的场合（例如碱液、碳酸氢氨溶液等），以免液相蒸发后固体产生堵塞现象。丝网的安装厚度，须按工艺条件通过试验确定，一般为 50～150 mm，此时压降约小于 25 mm 水柱。支承丝网的栅板应注意使它具有大于 90%的自由截面积。具体安装型式如图 3-21 所示。

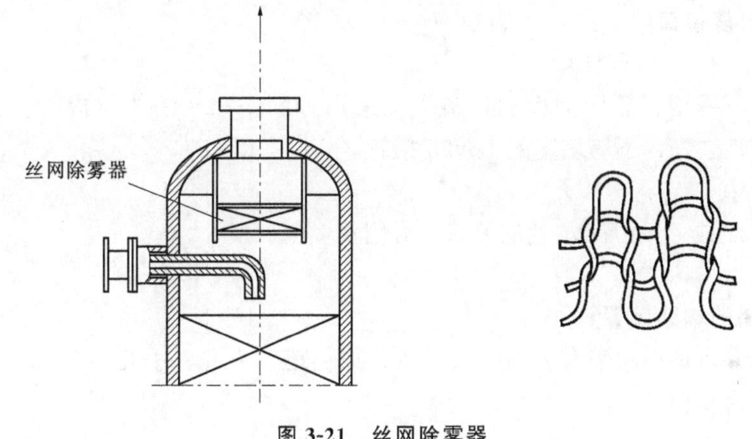

图 3-21　丝网除雾器

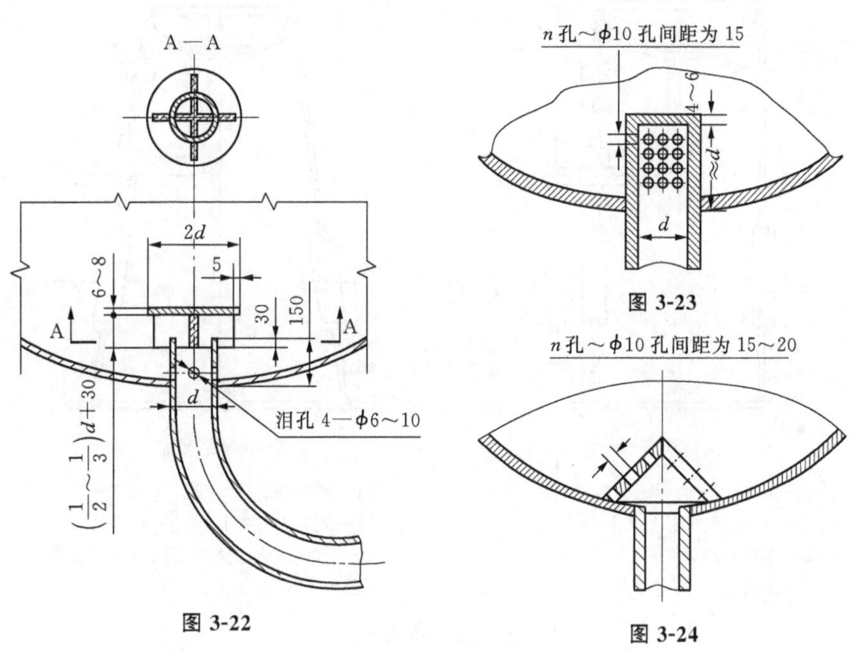

图 3-22

图 3-23

图 3-24

3.7.4.3　液体出口装置

当填料塔的填料为易碎的瓷环时，为了防止破碎的瓷环堵塞液体出口管，需要在液体进入管道之前，设法把破碎的瓷环挡住。常见的几种液体出料口的结构如图 3-22～图 3-24 所示，图 3-22 的结构可用于液体不太清洁的物料；而后两种则须用于比较清洁的物料，否则小孔易堵而影响操作。

3.7.5 仪表接口

1. 压力计口、分析取样口

在碳钢、不锈钢、复合钢板制设备上，采用 DN15—25 带法兰接管，并附法兰盖。一般可采用刚性较好，不易堵塞的 DN25 接管。

2. 温度计接口

采用 DN32 或 DN40 带法兰的接管，并附法兰盖。

3.7.6 塔的辅助装置

塔的辅助装置是指同塔有关的附属装置，如裙座、人孔、手孔、视镜、吊柱、吊耳、塔箍、操作平台及梯子等。

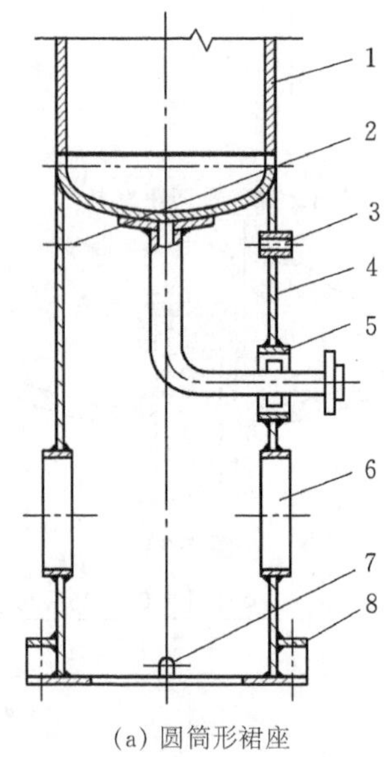

(a) 圆筒形裙座

1—塔体；2—无保温时的排气孔；3—有保温时的排气孔；4—裙座体；5—引出管通道；6—人孔；7—排液孔；8—螺栓座

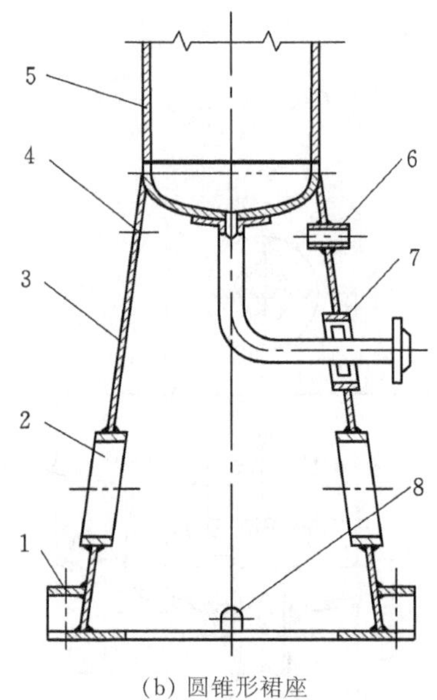

(b) 圆锥形裙座

1—螺栓座；2—人孔；3—裙座体；4—无保温时的排气孔；5—塔体；6—有保温时的排气孔；7—引出管通道；8—排液孔

图 3-25 裙式支座

1. 裙座

裙座的结构形式有圆筒形和圆锥形两种，如图 3-25 所示。圆筒形裙座制造方便，经济上合理；圆锥形裙座可提高设备的稳定性，降低基础环支承面上的应力，因此常在细高的塔中采用。圆锥形裙座的半锥顶角 α 一般不大于 10°。

2. 人孔与手孔

压力容器开设手孔和人孔是为了检查设备的内部空间以及安装和拆卸设备的内部构件。

手孔直径一般为 150～250 mm，标准手孔公称直径有 DN150 和 DN250 两种。手孔的结构一般是在容器上接一短管，并在其上盖一盲板。如图 3-26 所示为常压手孔。

当设备的直径超过 900 mm 时，不仅开有手孔，还应开设人孔。人孔的形状有圆形和椭圆形两种。椭圆形人孔的短轴应力与受压容器的筒身轴线平行。圆形人孔的直径一般为 400～600 mm，容器压力不高或有特殊需要时，直径可以大一些。椭圆形人孔（或称长圆形人孔）的最小尺寸为 400 mm×300 mm。

人孔主要由筒节、法兰、盖板和手柄组成。一般人孔有两个手柄，手孔有一个手柄。容器在使用过程中，人孔需要经常打开时，可选择快开式结构人孔。如图 3-27 所示是一种回转盖快开人孔的结构图。

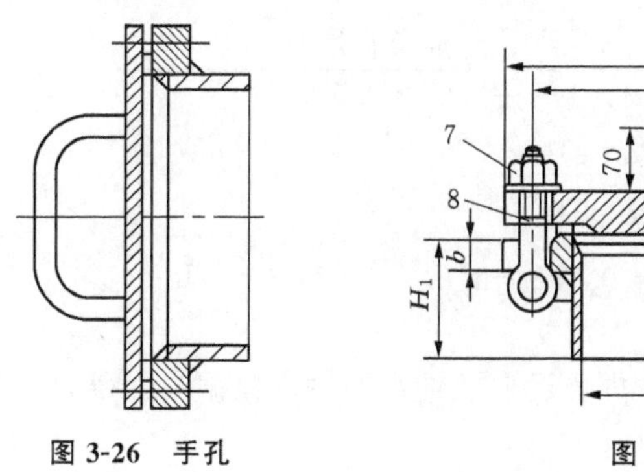

图 3-26　手孔

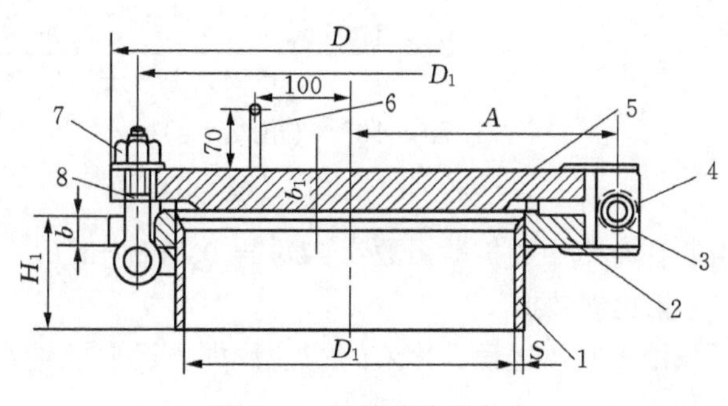

图 3-27　回转盖快开人孔

1—人孔接管；2—法兰；3—回转盖连接板；4—销钉；
5—人孔盘；6—手柄；7—可回转的连接螺栓；8—密封垫片

手孔（HG21515－95～HG21527－95）和人孔（HG21528－95～HG21535－95）已制有标准，设计时可根据设备的公称压力、工作温度以及所用材料等按标准直接选用。

吊柱、吊耳、塔箍及操作平台、梯子等均系机械装置，其设计涉及强度计算、加工制造和安装检修等方面的知识，主要应由机械设计人员来完成，这里不作叙述。这些部件都已建立标准并有标准图纸，应用时可查有关资料[6]及有关标准。

3.8　设计示例

设计一座填料吸收塔，用于脱除空气中的氨气。空气处理量为 4 000 m^3/h，其中含氨为 4%（体积分数），要求塔顶排出的空气中含氨低于 0.02%（体积分数）。采用常压 20℃清水逆流吸收，吸收剂用量为最小用量的 2 倍。

解：1. 塔设计的主要依据和条件

(1) 气相物性数据

查得空气和氨气的物性数据，如表 3-10 所示。

表 3-10　常压下 20℃时空气和氨气的物性数据

	空气	氨气
$\mu/(mPa \cdot s)$	1.81×10^{-2}	1.01×10^{-2}
$\rho/(kg/m^3)$	1.2	0.708

混合气体的平均摩尔质量为：

$$M_G = \sum y_i M_i = 0.04 \times 17 + 0.96 \times 29 = 28.52(\text{g/mol})$$

混合气体的平均密度为：

$$\rho_G = \sum y_i \rho_i = 0.04 \times 0.708 + 0.96 \times 1.2 = 1.18(\text{kg/m}^3)$$

混合气体的平均黏度为：

$$\mu_G = \frac{\sum y_i \mu_i M_i^{\frac{1}{2}}}{\sum y_i M_i^{\frac{1}{2}}}$$

$$= \frac{0.04 \times 1.01 \times 10^{-2} \times 17^{\frac{1}{2}} + 0.96 \times 1.81 \times 10^{-2} \times 29^{\frac{1}{2}}}{0.04 \times 17^{\frac{1}{2}} + 0.96 \times 29^{\frac{1}{2}}}$$

$$= 1.79 \times 10^{-2}\ (\text{mPa} \cdot \text{s})$$

$$= 0.064\ 4\ [\text{kg/}(\text{m} \cdot \text{h})]$$

查得氨在空气中的扩散系数为：$D_G = 0.198\ \text{cm}^2/\text{s} = 0.071\ 3\ \text{m}^2/\text{h}$

(2) 液相物性数据

对于低浓度吸收过程，溶液的物性数据可近似取纯水的物性数据。查得 20℃时水的物性数据如下：

密度 $\rho_L = 998.2\ \text{kg/m}^3$

黏度 $\mu_L = 1\ \text{mPa} \cdot \text{s} = 3.6\ \text{kg/}(\text{m} \cdot \text{h})$

表面张力 $\sigma_L = 72.6\ \text{dyn/cm} = 940\ 896\ \text{kg/h}^2$

氨在水中的扩散系数 $D_L = 2.04 \times 10^{-5}\ \text{cm}^2/\text{s} = 7.34 \times 10^{-6}\ \text{m}^2/\text{h}$

(3) 气-液平衡数据

查得常压下 20℃时，氨在水中的亨利系数为 $H^{-1} = 0.725\ \text{kmol/}(\text{m}^3 \cdot \text{kPa})$

$$m = \frac{E}{p} = \frac{H\rho_L}{pM_s}$$

$$= \frac{\frac{998.2}{0.725}}{101.3 \times 18.02} = 0.754$$

2. 物料衡算

该过程为低浓度气体吸收，平衡关系为直线，$y = 0.754x$，$y_{进} \approx 0.04$，$y_{出} \approx 0.000\ 2$，进塔气体流量为：

$$G = \frac{4\ 000}{22.4} \times \frac{273}{273+20} = 166.4\ (\text{kmol/h})$$

对于纯溶剂吸收，$x_{进} = 0$，最小液气比为：

$$\left(\frac{L}{G}\right)_{\min} = \frac{y_{进} - y_{出}}{\frac{y_{进}}{m} - x_{进}} = \frac{0.04 - 0.000\ 2}{\frac{0.04}{0.754} - 0} = 0.75$$

$$\frac{L}{G} = 2\left(\frac{L}{G}\right)_{\min} = 2 \times 0.75 = 1.5$$

$$L = 1.5 \times 166.4 = 249.6\ \text{kmol/h}$$

$$x_{出}=\frac{G\ (y_{进}-y_{出})}{L}+x_{进}=\frac{166.4\times\ (0.04-0.000\ 2)}{249.6}+0=0.026\ 5$$

3. 填料塔的工艺尺寸计算

(1) 塔径计算

对于水吸收氨的过程，操作温度及操作压力较低，可选塑料散装填料。由于鲍尔环大大提高了表面利用率，气流阻力小，液体分布均匀，通量大，传质效率高，目前工业上应用广泛。故选用 DN50 鲍尔环为塔填料，其尺寸性能见表 3-11。

表 3-11　聚丙烯 DN50 鲍尔环尺寸性能表

外径×高×厚	堆积个数	堆积密度	比表面积	孔隙率	干填料因子	湿填料因子
(mm×mm×mm)	/（个/m³）	/（kg/m³）	/（m²/m³）	/（m³/m³）	/（1/m）	/（1/m）
50×50×1.5	6360	720	102	0.92	131	82

气体质量流量为 $G_V=1.18\times4\ 000=4\ 720$（kg/h）

液体质量流量近似按纯水计算　$G_L=249.6\times18.02=4\ 497.8$（kg/h）

埃克特关联图的横坐标为

$$\frac{G_L}{G_V}\left(\frac{\rho_V}{\rho_L}\right)^{0.5}=\frac{4\ 497.8}{472\ 0}\times\left(\frac{1.18}{998.2}\right)^{0.5}=0.033$$

查图 3-8 得纵坐标

$$\frac{u_f^2\phi\psi}{g}\left(\frac{\rho_v}{\rho_L}\right)\mu_L^{0.2}=0.21$$

查表 3-2 得 DN50 鲍尔环的泛点填料因子 $\phi=140$。$\psi=\frac{\rho_{水}}{\rho_L}=1$。

$$u_f=\sqrt{\frac{0.21g\rho_L}{\phi\psi\rho_V\mu_L^{0.2}}}=\sqrt{\frac{0.21\times9.81\times998.2}{140\times1\times1.18\times1^{0.2}}}=3.53\ (\text{m/s})$$

取 $u=0.7u_f=0.7\times3.53=2.47$（m/s）

由 $D=\sqrt{\frac{4V_s}{\pi u}}=\sqrt{\frac{4\times4\ 000/3\ 600}{3.14\times2.47}}=0.76$（m）

圆整塔径，取 $D=0.8$ m

填料规格校核

$$D/d=800/50=16>10\sim15$$

泛点率校核

$$u=\frac{V_s}{\frac{\pi}{4}D^2}=\frac{4\ 000/3\ 600}{0.785\times0.8^2}=2.21\ (\text{m/s})$$

$$\frac{u}{u_f}=\frac{2.21}{3.53}\times100\%=62.6\%$$

在允许范围 50%～85%内。

液体喷淋密度校核：

取最小润湿率 $L_{w\min}=0.08\ m^3/(m\cdot h)$

查表 3-11 得　$a_t=102$

最小液体喷淋密度　$W_{\min}=L_{w\min}a_t=0.08\times102=8.16\ [m^3/(m^2\cdot h)]$

实际喷淋密度为

$$W=\frac{G_L/\rho_L}{\frac{\pi}{4}D^2}=\frac{4\ 497.8/998.2}{0.785\times0.8^2}=8.97\ [m^3/(m^2\cdot h)]$$

大于最小喷淋密度，塔径选 800 mm 合理。

(2) 填料层高度计算

$$N_{OG}=\frac{\ln\left[\left(1-\frac{mG}{L}\right)\left(\frac{y_{进}-mx_{进}}{y_{出}-mx_{进}}\right)+m\frac{G}{L}\right]}{1-\frac{mG}{L}}$$

$$\frac{mG}{L}=\frac{0.754}{1.5}=0.5$$

$$N_{OG}=\frac{\ln\left[(1-0.5)\left(\frac{0.04-0}{0.000\ 2-0}+0.5\right)\right]}{1-0.5}=9.22$$

气相传质单元高度采用修正的恩田关联式计算。

查表 3-4 得 $\sigma_c=54\ dyn/cm=699\ 840\ kg/h^2$

查表 3-11 得　$a=102$

液体质量流速

$$W_L=\frac{4\ 497.8}{0.785\times0.8^2}=8\ 952.6\ [kg/(m^2\cdot h)]$$

由 $a_w=a\left\{1-\exp\left[-1.45\left(\frac{\sigma_c}{\sigma_L}\right)^{0.75}\left(\frac{W_L}{a\mu_L}\right)^{0.1}\left(\frac{W_L^2a}{\rho_L^2g}\right)^{-0.05}\left(\frac{W_L^2}{\rho_L\sigma_La}\right)^{0.2}\right]\right\}$

$$得\frac{a_w}{a}=1-\exp\left[-1.45\times\left(\frac{699\ 840}{940\ 896}\right)^{0.75}\times\left(\frac{8\ 952.6}{102\times3.6}\right)^{0.1}\times\left(\frac{8\ 952.6^2\times102}{998.2\times1.27\times10^8}\right)^{-0.05}\times\left(\frac{8\ 952.6^2}{998.2\times940\ 896\times102}\right)^{0.2}\right]=0.466$$

$a_w=0.466\times102=47.5$

气体质量流速

$$W_G=\frac{472\ 0}{0.785\times0.8^2}=9\ 394.9\ [kg/(m^2\cdot h)]$$

气相传质系数

$$k_G=0.237\left(\frac{W_G}{a\mu_G}\right)^{0.7}\left(\frac{\mu_G}{\rho_GD_G}\right)^{\frac{1}{3}}\left(\frac{aD_G}{RT}\right)$$

$$=0.237\times\left(\frac{9\ 394.9}{102\times0.064\ 4}\right)^{0.7}\left(\frac{0.064\ 4}{1.18\times0.071\ 3}\right)^{\frac{1}{3}}\left(\frac{102\times0.071\ 3}{8.314\times293}\right)$$

$$=0.104\ 7\ [kmol/(m^2\cdot h\cdot kPa)]$$

液相传质系数

$$k_L = 0.0095\left(\frac{W_L}{a_w\mu_L}\right)^{\frac{2}{3}}\left(\frac{\mu_L}{\rho_L D_L}\right)^{-0.5}\left(\frac{\mu_L g}{\rho_L}\right)^{\frac{1}{3}}$$

$$= 0.0095\times\left(\frac{8952.6}{47.5\times3.6}\right)^{\frac{2}{3}}\left(\frac{3.6}{998.2\times7.34\times10^{-6}}\right)^{-0.5}\left(\frac{3.6\times1.27\times10^8}{998.2}\right)^{\frac{1}{3}}$$

$$=0.462\ \text{m/h}$$

查表 3-5 得，$\psi=1.45$

则 $k_G a = k_G a_w\psi^{1.1}=0.1047\times47.5\times1.45^{1.1}=7.49$ [kmol/ (m³ · h · kPa)]

$$k_L a = k_L a_w\psi^{0.4}=0.462\times47.5\times1.45^{0.4}=25.48\ (\text{L/h})$$

又 $u/u_f=62.6\%>50\%$

$$k'_G a=\left[1+9.5\left(\frac{u}{u_f}-0.5\right)^{1.4}\right]k_G a$$

$$=[1+9.5\times(0.626-0.5)^{1.4}]\times7.49=11.4\ [\text{kmol/(m}^3\cdot\text{h}\cdot\text{kPa)}]$$

$$k'_L a=\left[1+2.6\left(\frac{u}{u_f}-0.5\right)^{2.2}\right]k_L a$$

$$=[1+2.6\times(0.626-0.5)^{2.2}]\times25.48=26.18\ (\text{L/h})$$

$$K_G a=\frac{1}{\frac{1}{k_G a}+\frac{H}{k_L a}}=\frac{1}{\frac{1}{11.4}+\frac{1}{0.725\times26.18}}=7.12\ [\text{kmol/(m}^3\cdot\text{h}\cdot\text{kPa)}]$$

$$H_{OG}=\frac{G}{K_y a}=\frac{G}{K_G aP}$$

$$=\frac{166.4}{7.12\times101.3\times0.785\times0.8^2}=0.459\ (\text{m})$$

$$H=H_{OG}\times N_{OG}=0.459\times9.22=4.23\ (\text{m})$$

实际填料层高度为：4.23×1.2=5.08 (m)，取 5.2 m。

(3) 填料层压降计算

埃克特关联图的横坐标为：

$$\frac{G_L}{G_V}\left(\frac{\rho_V}{\rho_L}\right)^{0.5}=\frac{4497.8}{4720}\times\left(\frac{1.18}{998.2}\right)^{0.5}=0.033$$

查表 3-3 得 DN50 鲍尔环的压降填料因子 $\phi=125$。

$$\frac{u^2\phi\psi}{g}\left(\frac{\rho_V}{\rho_L}\right)\mu_L^{0.2}=\frac{2.21\times125\times1}{9.81}\times\frac{1.18}{998.2}\times1^{0.2}=0.033$$

查图 3-8 得　$\Delta p/z=18\ \text{mmH}_2\text{O/m}=176.6\ \text{Pa/m}$

填料层压降　$\Delta p=176.6\times5.2=918$ Pa

4. 附属设备简要设计

(1) 液体分布器

该塔塔径 800 mm，故选用盘式分布器。分布盘直径一般为塔径的 0.6～0.8，这里取 0.6 m，盘上液体高度一般为塔径的 1/6～1/7，取 120 mm，盘上开 ϕ5 mm 的筛孔，开孔数为：

$$n=\frac{L}{0.785d_0^2\sqrt{2gH}}=\frac{4\ 497.8/998.2/3\ 600}{0.785\times0.005^2\times\sqrt{2\times9.81\times0.12}}=41.6$$

所以开 42 个孔。

(2) 液体再分布器

填料层高度为 5.2 m，已大于塔径 5 倍 (5×0.8=4 m)，为避免气液接触有效面积减少，可考虑设置再分布器。这里可在填料层中段设置再分布器，即 2.6 m 填料为一段，选图 3-14 (c) 的液体再分布器。

(3) 除沫器

除沫器用于分离塔顶出口气体中所夹带的液滴，以降低吸收剂损失，避免管道堵塞。这里选用应用广泛的丝网除沫器，高度 150 mm。

(4) 填料支撑装置的选择

本次设计选用分块式栅板作为填料支持板，整个支持板分成 2 块，每块宽度不超过 400 mm，以便拆装。栅板条之间距离约为填料环外径的 0.6～0.7，取 30 mm。

5. 塔体总高和接管尺寸

(1) 填料塔高度计算

塔底设计，液体停留时间取 6 min，装料系数取 0.5。

塔底液体量　$V_W=6\times4\ 497.8/60/998.2=0.45\ (m^3)$

塔底体积　$V=2V_W=2\times0.45=0.9\ (m^3)$

塔底高度　$H_B=V/(0.785\times D^2)=0.9/(0.785\times0.8^2)=1.8\ (m)$

塔顶部空间：为了减少塔顶出口气体中夹带液体的量，顶部空间一般取 1.2～1.5 m，本设计取 1.5 m (包括丝网除沫器、塔顶接管及液体分布器)。

再分布器高度取 500 mm，填料层高度为 5.2 m。

塔体总高度为 1.8+5.2+0.5+1.5=9 (m)

(2) 接管尺寸

求液体接管 d_L，取液体流速 $u_L=1.0$ m/s，

$$V_L=\frac{4\ 497.8}{998.2}=4.51(m^3/h)=0.001\ 25(m^3/s)$$

$$d_L=\sqrt{\frac{V_L}{\frac{\pi}{4}u_L}}=\sqrt{\frac{0.001\ 25}{0.785\times1.0}}=0.04(m)=40(mm)$$

故选无缝钢管 ϕ 51×4。

求气体接管 d_G，取气体流速 $u_G=15$m/s，

$$d_G=\sqrt{\frac{V_G}{\frac{\pi}{4}u_L}}=\sqrt{\frac{4\ 000/3\ 600}{0.785\times15}}=0.307(m)=307(mm)$$

故选无缝钢管 ϕ 325×8。

本章参考文献

[1] 陈敏恒，等. 化工原理（第四版）. 下册. 北京：化学工业出版社，2015.
[2] 上海医药设计院. 化工工艺设计手册. 北京：化学工业出版社，1996.
[3] 匡国柱，史启才. 化工单元过程及设备课程设计. 北京：化学工业出版社，2002.
[4] 王树楹. 现代填料塔技术指南. 北京：中国石化出版社，1998.
[5] 刘乃鸿. 工业塔新型规整填料应用手册. 天津：天津大学出版社，1993.
[6] 贺匡国. 化工容器及设备设计简明手册. 北京：化学工业出版社，2002.
[7] 王松汉. 石油化工设计手册. 第 3 卷，化工单元过程. 北京：化学工业出版社，2002.
[8] 倪进方. 化工过程设计. 北京：化学工业出版社，1999
[9] 谭蔚. 化工设备设计基础. 天津：天津大学出版社，2000.
[10] 化学工程手册编辑委员会. 化学工程手册. 北京：化学工业出版社，1989.
[11] Donald W Green. Perry's Chemical Engineer's Handbook. 8th ed. Section 18. New York：McGraw-Hill Professional 2007.
[12] James G Speight Lange's Handbook of Chemistry. 16th ed. New York：McGraw-Hill Professional 2005.
[13] 化学工程手册编辑委员会. 化学工程手册. 第 3 卷第十三篇气液传质设备. 北京：化学工业出版社，1989.
[14] 时钧，汪家鼎，余国琮，等. 化学工程手册. 第二版上卷. 北京：化学工业出版社，1996.
[15] 陈英南，刘玉兰. 常用化工单元设备的设计. 上海：华东理工大学出版社，2005.
[16] 王国胜. 化工原理课程设计（第三版）. 大连：大连理工大学出版社，2013.
[17] 马江权，冷一欣. 化工原理课程设计（第二版）. 北京：中国石化出版社，2011.
[18] 路秀林，王者相，等. 塔设备. 北京：化学工业出版社，2004.

第 4 章　板式塔的设计

板式塔与填料塔都是气-液传质过程的常用设备。本章以精馏过程为载体，介绍板式塔的基本设计方法。

板式塔是与填料塔具有不同特点的气-液传质设备。与填料塔相比，它具有效率较稳定、检修清理较易、液气比适应范围较大的优点，但它也有结构较复杂、压降较大且耐腐性较差的缺点。

板式塔和填料塔的性能比较详见表 4-1。

表 4-1　板式塔和填料塔的性能比较

项　　目	塔　　型	
	板式塔	填料塔
压力降	压力降一般比填料塔大	压力降小，较适用于要求压力降小的场合
空塔气速（生产能力）	空塔气速小	空塔气速大
塔效率	效率稳定，大塔效率比小塔有所提高	塔径在 ϕ1 400 mm 以下效率较高，塔径增大，效率常会下降
液气比	适应范围较大	对液体喷淋量有一定要求
持液量	较大	较小
材质要求	一般用金属材料制作	可用非金属耐腐蚀材料
安装维修	较容易	较困难
造　价	直径大时一般比填料塔造价低	直径小于 ϕ800 mm，一般比板式塔便宜，直径增大，造价显著增加
重　量	较轻	重

4.1　精馏方案选定

方案选定是指确定整个精馏装置的流程、主要设备的结构型式和主要操作条件。所选方案必须：① 能满足工艺要求，达到指定的产量和质量；② 操作平稳，易于调节；③ 经济合理；④ 生产安全。在实际的设计问题中，上述四项都是必须考虑的。

课程设计选定方案时所涉及的主要内容分别简述如下。

4.1.1　操作压力

精馏可在常压、加压或减压下进行。确定操作压力时主要是根据处理物料的性质、技术上的可行性和经济上的合理性来考虑的。

对于沸点低、常压下为气态的物料必须在加压下进行精馏。加压操作可提高平衡温度，有利于塔顶蒸汽冷凝热的利用，或可以使用较便宜的冷却剂，减少冷凝、冷却费用。在相同塔径下，适当提高操作压力还可提高塔的处理能力。但增加塔压，也提高了再沸器的温度，并且相对挥发度也有所下降。

对于热敏性和高沸点物料常用减压精馏。降低操作压力，组分的相对挥发度增大，有利于分离。减压操作降低了平衡温度，这样可以使用较低温位的加热剂。但降低压力也导致塔径增加和塔顶蒸汽冷凝温度降低，而且必须使用抽真空的设备，增加了相应的设备和操作费用。

4.1.2　进料状态

从精馏原理上讲，要使回流充分发挥作用，全部冷量应由塔顶加入，全部热量应由塔底加入。那么，原料不应作任何预热，前道工序的来料状态就是进料状态。

但在实际设计问题中应考虑操作费用和设备费用的问题，还要考虑操作平稳等多种因素，较多的是将料液预热到泡点或接近泡点才送入精馏塔。这样，进料温度就不受季节、气温变化和前道工序波动的影响，塔的操作就比较容易控制。而且，精馏段和提馏段的上升蒸汽量相近，塔径可以相同，设计制造也比较方便。

有时为了减少再沸器的热负荷（如再沸器所需加热剂的温度较高，或物料容易在再沸器内结焦等），可在料液预热时加入更多的热量，甚至采用饱和蒸汽进料。

必须注意的是，在实际设计中进料状态与总费用、操作调节方便与否有关，还与整个车间的流程安排有关，须从整体上综合考虑。

4.1.3　多股进料

有时原料来源不同，其浓度也有很大的差别。此时，从分离的角度看，不同浓度的物料应从不同的位置加入塔内。一般来说，入塔位置上的物料浓度与加料浓度相近为好，即应以多股进料来处理。

但若所处理的物料量不多（或其中的一种物料量不多），从设备加工和操作方便上来考虑，也往往将多股物料混合以后作一股物料加入。

4.1.4　加热方式

精馏塔通常设置再沸器，采用间接蒸汽加热，以提供足够的热量。若待分离的物系为某种轻组分和水的混合物，往往可采用直接蒸汽加热的方式，把蒸汽直接通入塔釜以汽化釜液。这样，只需在塔釜内安装鼓泡管，就可以省去一个再沸器，并且可以利用压力较低的蒸汽来进行加热，操作费用和设备费用均可降低。但在塔顶轻组分回收率一定时，由于蒸汽冷凝水的稀释作用，使残液的轻组分浓度降低，所需的塔板数略有增加。对于某些物系（如酒精-水），低浓度时的相对挥发度很大，所增加的塔板数不多，此时采用直接蒸汽加热是合适的。若釜液黏度很大，用间壁式换热器加热困难，此时用直接蒸汽可以取得很好的效果。

在某些流程中为了充分利用低能位的能量，在提馏段的某个部位设置中间再沸器。这样设备费用虽然略有增加，但节约了操作费用，可获得很好的经济效益。对于高温下易变质、结焦的物料也可采用中间再沸器以减少塔釜的加热量。

4.2 相平衡关系

4.2.1 y-x 图

查取在操作压力下的气相摩尔分数 y 和相对应的液相摩尔分数 x，标绘出y-x图。常用的数据可以从第1章参考文献［2，3］等中查取。

4.2.2 相对挥发度

当溶液为理想溶液，气相可看作理想气体时，相对挥发度

$$\alpha = \frac{p_A^0}{p_B^0} \tag{4-1}$$

式中，p_A^0 为某温度条件下 A 组分的饱和蒸气压；p_B^0 为某温度条件下 B 组分的饱和蒸气压。

饱和蒸气压可直接由手册查取，或由 Antoine 方程计算。饱和蒸气压数据和 Antoine 常数可从第1章参考文献［1-2-3］等中查取。

若溶液为非理想溶液，气相仍可看作理想气体时，

$$\alpha = \frac{\gamma_A p_A^0}{\gamma_B p_B^0} \tag{4-2}$$

式中，γ_A、γ_B 分别为 A、B 组分的活度系数。

计算活度系数的经验方程很多，这里仅列出 Margules 方程：

$$\ln \gamma_A = x_B^2[A_{12} + \alpha(A_{21} - A_{12})x_A] \tag{4-3}$$

$$\ln \gamma_B = x_A^2[A_{21} + \alpha(A_{12} - A_{21})x_B] \tag{4-4}$$

式中的 A_{12} 和 A_{21} 为二元 Margules 常数。当 $x_A = 0$ 时，$\ln \gamma_A = A_{12}$；当 $x_B = 0$ 时，$\ln \gamma_B = A_{21}$ 。故其又常称端值常数。A_{12} 和 A_{21} 可由第1章的参考文献查取。

当相对挥发度 α 随组成变化不大时，其平均值可由下式计算：

$$\bar{\alpha} = (\alpha_1 \cdot \alpha_2 \cdot \alpha_3)^{1/3} \tag{4-5}$$

式中，$\bar{\alpha}$为全塔平均相对挥发度；α_1、α_2、α_3 分别为塔顶、加料、塔底组成的相对挥发度。

气、液两相平衡关系为：

$$y = \frac{\bar{\alpha}x}{1 + (\bar{\alpha} - 1)x} \tag{4-6}$$

4.3 工艺计算

4.3.1 物料衡算

物料衡算的任务是：(1) 根据设计任务所给定的处理原料量、原料浓度及分离要求（塔顶、塔底产品的浓度），计算出每小时塔顶、塔底的产量；(2) 在加料热状态 q 和回流

比 R 选定后，分别算出精馏段和提馏段的上升蒸气量和下降液体量；(3) 写出精馏段和提馏段的操作线方程。通过物料衡算可以确定精馏塔中各股物料的流量和组成情况，塔内各段的上升蒸气量和下降液体量，为计算理论板数以及塔径和塔板结构参数提供依据。

通常，原料量和产量都以 kg/h 或 t/a 来表示，但在理论板计算时均须转换为 kmol/h；在塔板设计时，气、液流量又须用 m^3/s 来表示。因此，要注意在不同场合应使用不同流量单位。

全塔总物料衡算：

$$F = D + W \tag{4-7}$$

$$Fx_F = Dx_D + Wx_W \tag{4-8}$$

若以塔顶轻组分为主要产品，则回收率 η 为

$$\eta = \frac{Dx_D}{Fx_F} \tag{4-9}$$

若加料热状态 q 和回流比 R 已经确定，则可求出塔内气、液两相流量。

精馏段：上升蒸气量

$$V = (R+1)D \tag{4-10}$$

下降液体量

$$L = RD \tag{4-11}$$

操作线方程

$$y_{n+1} = \frac{L}{V}x_n + \frac{D}{V}x_D \tag{4-12}$$

提馏段：上升蒸气量

$$\overline{V} = (R+1)D - (1-q)F \tag{4-13}$$

下降液体量

$$\overline{L} = RD + qF \tag{4-14}$$

操作线方程

$$y_{n+1} = \frac{\overline{L}}{\overline{V}}x_n - \frac{W}{\overline{V}}x_W \tag{4-15}$$

式中，F，x_F 分别为原料液的流量（kmol/h）和轻组分摩尔分数（mol/mol）；D，x_D 分别为塔顶产品的流量（kmol/h）和轻组分摩尔分数（mol/mol）；W，x_W 分别为塔底产品的流量（kmol/h）和轻组分摩尔分数（mol/mol）；x_n，y_n 分别为离开第 n 块塔板的气、液两相中轻组分摩尔分数（mol/mol）。

4.3.2　塔内压力

塔内压力和温度是求取塔板数和进行塔板设计的重要依据，有关操作压力的选择原则见 4.1.1 节。在设计任务书中给定的操作压力通常是指塔顶压力。由于塔板压降，从塔顶到塔底压力又逐渐增加，温度也有相应的变化（由物料组成变化和压力变化两个因素同时作用的结果），因而沿塔物性和气相负荷也随之而变。特别是对真空操作的精馏塔，在设计时务必注意这一点。由于沿塔压力分布与塔板的结构型式、气-液负荷、气-液物性等多种因素有关，很难直接计算，一般是先假设，再校核，经多次试差后才能确定。

对于常压或加压操作的精馏塔，如板压降不是很大，在工艺计算时可假定全塔各处压力相等。这样，简化处理计算误差不大，却给工艺计算带来了很大的方便。

4.3.3 回流比的选定

回流比是精馏设计和操作的重要参数，回流比的大小不仅影响所需要的理论板数、塔径、塔板的结构尺寸，还影响加热蒸汽和冷却水的消耗量。回流比的选择原则是使塔的设备费用和操作费用的总和最低，同时也应考虑到操作时的调节弹性。在精馏操作中常用改变回流比来调节塔的分离能力。在设计时若选用的回流比过大，此时所需的理论板数虽然较少，但这样的精馏塔在操作时改变回流比所能起的调节作用就极小。因此，从调节弹性的要求出发，回流比不宜选得过大。

要得到在经济上最为合适的回流比，应进行最优化设计。但这样做必须具备足够的经济技术资料，并且工作量很大。限于条件，在课程设计中对此只能作定性考虑，通常可用下述方法之一来选定回流比。

(1) 参考生产现场（与设计物系相同、分离要求相近、操作情况良好的工业精馏塔）所提供的回流比数据；

(2) 回流比取最小回流比的 1.2～2 倍，为了节能，倾向于取比较小的值，也有人建议取最小回流比的 1.1～1.15 倍；

(3) 先求最少理论板数 N_{min}，作出回流比 R 和理论板数 N 的曲线图。

R-N 曲线图的作法是先求出最小回流比 R_{min} 和最少理论板数 N_{min}，选定5～6 种回流比，用捷算法分别算得相应的理论板数，作出 R-N 曲线图。在曲线图上，确定合适的回流比 R。

最小回流比 R_{min}、最少理论板数 N_{min} 和理论板数的捷算法，在《化工原理》教材中已有叙述。

4.3.4 理论塔板数的确定

若物系符合恒摩尔流假定，操作线为直线，可用图解法或逐板计算法求取理论板数及理论加料板位置。这在《化工原理》教材中都已详细讨论。应注意的是，如用图解法，为了得到较准确的结果，应采取适当比例的图。当分离要求较高时，应将平衡线的两端局部放大，以减少作图误差。

当分离物系的相对挥发度较小或分离要求较高时，操作线和平衡线就比较接近，所需的理论板数就较多。此时，若用图解法不易得到准确的结果，应用逐板计算法进行计算。在此种情况下应特别注意相平衡数据的精度，数据的微小偏差也会造成很大的误差。

对于非恒摩尔流物系，应采用焓-浓图进行图解求取理论板数[5]。

4.3.5 实际塔板数的确定

4.3.5.1 实际塔板数及实际加料板位置

设塔釜为一块理论板，则

$$N = \frac{N_T - 1}{E_T} \tag{4-16}$$

式中，N 为塔内实际板数；N_T 为计算（或图解）所得理论板数；E_T 为全塔总效率。

$$N_m = \frac{N_R}{E_T} + 1 \tag{4-17}$$

式中，N_m 为实际加料板位置；N_R 为精馏段理论板数。

由于在计算中引用了诸多简化假定，实际情况有一定偏差。因此，在设计时可在 N_m 的上、下各多设一个加料口，待开车调试时再确定最佳实际加料位置。

4.3.5.2　塔板效率的估计

塔板效率与物系性质、塔板结构及操作条件等都有密切的关系。由于影响因素很多，目前尚无精确的计算方法。工业测定值通常在 0.3～0.7 之间。常用的估算方法有以下几种。

(1) 参考生产现场同类型的塔板、物系性质相同（或相近）的塔板效率数据。

(2) O'connell 关联图（即图 4-1）

此图是对几十个工业生产中的泡罩塔和筛板塔实测的结果，实践证明此图也可用于浮阀塔的效率估计。

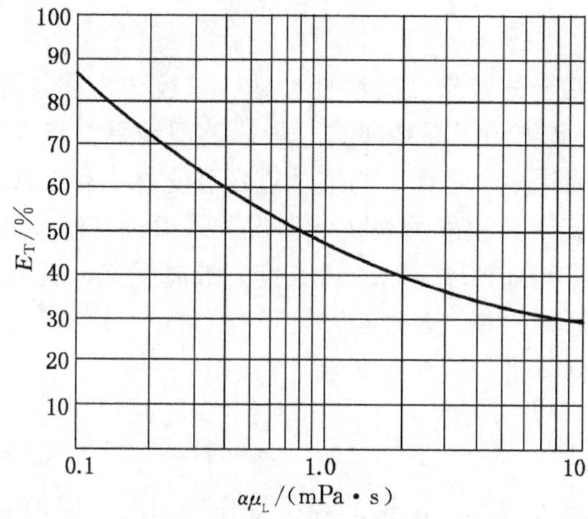

图 4-1　精馏塔全塔效率关联图

Eduljee 把此图表示为如下方程式：

$$E_T = 51 - 32.5\lg(\mu_L\alpha) \tag{4-18}$$

式中，E_T 为全塔总效率；α 为塔顶、塔底平均温度下的相对挥发度；μ_L 为液体平均黏度，mPa·s；温度以塔顶、塔底平均温度计，组成以进料组成计。

此法只计及物系性质（相对挥发度 α 和液相黏度 μ_L）对板效率的影响，并未包括塔板结构参数和操作条件的影响。

(3) 朱汝瑾公式

朱汝瑾等在 O'connell 方法的基础上，进一步考虑了板上液层高度及液-气比对塔板总效率的影响，提出了下列算式。

$$\lg E_T = 1.67 + 0.30\lg\left(\frac{L}{V}\right) - 0.25\lg(\alpha\mu_L) + 0.301h_L \tag{4-19}$$

式中，E_T 为塔板总效率；L，V 分别为液相及气相流量，kmol/h；α 为塔顶、塔底平均温度下的相对挥发度；μ_L 为液体平均黏度，mPa·s；h_L 为有效液层高度（对筛板塔而言，$h_L = h_w + h_{ow}$），m。

(4) Van Winkle 关联

Van Winkle 等人在 1972 年发表了以准数形式关联的塔板效率（默夫里板效率），可用于二元物系的板效率估算。

$$E_{mv} = 0.07Dg^{0.14}Sc^{0.25}Re^{0.08} \tag{4-20}$$

式中，E_{mv}为默夫里板效率；Dg 为表示表面张力影响的准数，$Dg = \sigma_L/(\mu_L \cdot u_V)$，量纲一；$\sigma_L$ 为液体表面张力，mN/m；u_V 为表观气相速度，m/s；μ_L 为液体黏度，mPa · s；Sc 为液体 Schmidt 数，$Sc = \mu_L/\rho_L D_{LK}$；ρ_L 为液体密度，kg/m³；D_{LK}为轻组分在液相扩散系数，m²/s；Re 为雷诺数，$Re = h_w u_V \rho_V/\mu_L(FA)$；$h_w$ 为堰高，m；ρ_V 为气相密度，kg/m³。(FA) 为面积百分率，$(FA) = \dfrac{\text{孔或升气管面积}}{\text{塔横截面积}} \times 100\%$。

(5) A. I. Ch. E 法

影响塔板效率的因素十分复杂，有物性参数、塔板结构参数及操作参数等。美国化工学会（A. I. Ch. E）对此组织了系统研究，最后整理结果，将各因素综合成四项关系：气相传质速率、液相传质速率、塔板上的液体返混和雾沫夹带。A. I. Ch. E法包括的因素较全面，多年使用结果证明其较能反映实际情况，可供设计时使用。特别是此方法反映了塔径放大后对效率的影响（如堰高、液流长度、液流强度、返混效应等），故可分析小试验结果，并预测放大后的效率，对过程开发是有用的。

关于 A. I. Ch. E 法计算可参阅参考文献 [2]。

4.3.6 热量衡算

精馏是大量耗能的单元操作，能量消耗是操作费用的主要部分。通过热量衡算，确定再沸器的热负荷和塔顶冷凝负荷，进而可算出加热蒸汽消耗量和冷却水用量，以及与此有关的操作费用。由此可确定设计的技术经济指标，必要时还应做多方案比较，择其最优者。

各物流的温度以及再沸器、冷凝器的热负荷均应标注在物料流程图上。

全塔热量衡算包括以下各项。

(1) 塔顶蒸汽带出热量 Q_V

$$Q_V = V \times H_V \tag{4-21}$$

(2) 塔底产品带出热量 Q_W

$$Q_W = W \times H_W \tag{4-22}$$

(3) 进料带入热量 Q_f

$$Q_f = F \times H_f \tag{4-23}$$

(4) 回流带入热量 Q_L

$$Q_L = L \times H_L \tag{4-24}$$

(5) 塔釜加热量 Q_b

(6) 设备向外界散发的热损失 Q_n

热损失 Q_n 可由传热速率方程计算，一般作为估算可取 $Q_n = 0.1Q_b$。

总热量衡算：

$$Q_V + Q_W + Q_n = Q_L + Q_f + Q_b \tag{4-25}$$

再沸器热负荷：

$$Q_b = 1.1(Q_V + Q_W - Q_L - Q_f) \tag{4-26}$$

式中，V、W、F、L 分别表示塔顶蒸汽、塔底产品、料液和回流液的流量，kg/h；H_V，H_W，H_f，H_L 分别表示相对应物料的热焓，kJ/kg。

塔顶冷凝热量衡算包括以下几项。

(7) 塔顶冷凝器带走的热量 Q_R

(8) 塔顶产品带走的热量 Q_D

$$Q_D = D \times H_D \tag{4-27}$$

冷凝器热量衡算：

$$Q_V = Q_R + Q_D + Q_L \tag{4-28}$$

塔顶冷凝器冷却负荷：

$$Q_R = Q_V - Q_D - Q_L \tag{4-29}$$

式中，D 为塔顶产量，kg/h；H_D 为塔顶产品的热焓，kJ/kg。

若为恒摩尔流，塔顶全凝，泡点回流且热损失很小，则可简化计算为：

$$Q_b = \overline{V} \cdot \gamma \tag{4-30}$$

$$Q_R = V \cdot \gamma \tag{4-31}$$

式中，$\overline{V}$为提馏段上升蒸汽量，kmol/h；V 为精馏段上升蒸汽量，kmol/h；γ 为汽化潜热，kJ/kmol。

4.4　塔和塔板主要尺寸的设计

4.4.1　塔和塔板设计的主要依据

进行塔和塔板设计时，所依据的主要参数有以下几项。

气相：流量 V，密度 ρ_V；

液相：流量 L，密度 ρ_L；

表面张力 σ。

由于各块塔板的组成及温度的不同，因此，气、液两相的体积流量和密度也随之发生变化。若气、液两相的体积流量变化液不是很大，可取进料组成和塔顶组成的平均值(或以精馏段中间的一块塔板组成）为代表，以及与此相对应的气、液相体积流量和密度作为精馏段的设计依据。也可分别求出塔顶、加料和塔底条件下的各项参数，然后以塔顶和加料参数的平均值作精馏段的设计依据，以塔底和加料参数的平均值作提馏段的设计依据。

若塔内气、液两相流量变化较大，一般需分段处理，根据情况把整个精馏塔分成若干段，各段分别取平均值进行设计。此时各段的塔板结构参数将会不同，甚至塔径也有所变化。

4.4.2 塔板的主要尺寸

板式塔的型式很多，这里仅讨论筛板塔和浮阀塔两种型式的塔板设计。

以单流型塔板为例（见图 4-2），其主要工艺尺寸有：

H_T——板间距；

D——塔径；

L_w——堰长；

h_w——堰高；

W_s（W_s'）——出口（入口）稳定区；

W_c——边缘区；

d——筛孔（或阀孔）直径；

t——筛孔（或阀孔）中心距；

h_o——降液管与下层塔板的距离。

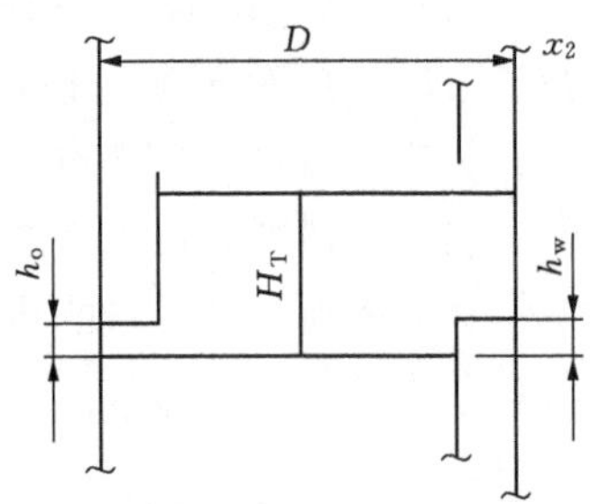

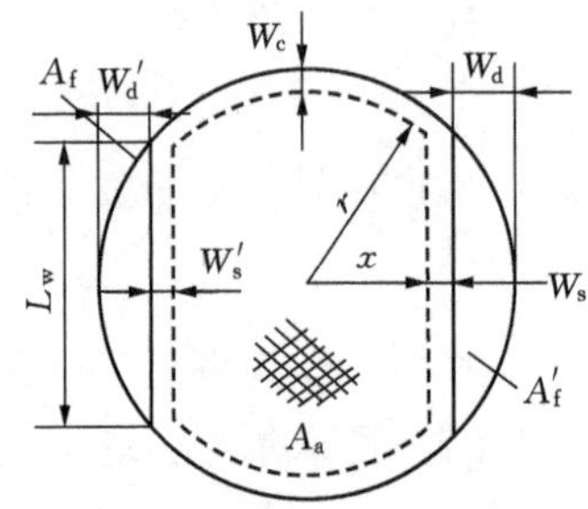

图 4-2 板面布置及主要尺寸

4.4.3 塔板设计的特点和方法

塔板设计是以流经塔内的气、液流量及其操作条件下的物性数据为依据，计算出具有良好性能的塔板结构尺寸。设计的基本步骤是根据已定的气、液体积流量和密度等条件，参考经验数据初步选择有关参数，然后进行流体力学校核计算，并绘制负荷性能图。如不符合要求就须修改结构参数，再进行校核，直至满意为止。

4.4.4 塔板型式及构造

4.4.4.1 塔板型式

塔板型式很多，有筛板塔、浮阀塔、泡罩塔、舌形塔板、网孔塔板、垂直筛板、林德筛板、多降液管塔板和穿流式波纹塔板等，均有各自的特点及一定的应用场合。目前，国内外应用最广泛的是筛板塔和浮阀塔，这里仅对这两种塔板作一些简单介绍。其他型式的塔板设计，可参见文献［8］。

1. 筛板塔

筛板塔（1932年）和泡罩塔（1813年）是工业上最早应用的两种塔板型式。当时，由于对筛板塔的流体力学研究很少，认为其易漏液、弹性小、操作不易掌握，而没有被广泛应用。但是，筛板结构简单、造价低廉，又使它具有很大的吸引力。20 世纪 50 年代以来，由于工业生产发展的需要，人们对筛板塔作了大量的研究，并经过长期的工业生产实践，形成了完善的设计方法。实践证明，设计良好的筛板塔是一种效率高、生产能力大的塔板。据 1970 年有关文献介绍，在日本，筛板塔占塔类设备总数的 25%；在欧美各国占塔类设备总数的 60%。

筛板塔的主要特点是：

(1) 结构简单，易于加工，因此造价低，约为泡罩塔的 60%、浮阀塔的 80%左右；

(2) 处理能力大，比同直径泡罩塔增加 20%～40%处理量；

(3) 塔板效率高，比泡罩塔高 15%左右；

(4) 板压降低，比泡罩塔低 30%左右；

(5) 安装容易，清理检修方便。

若液体较脏、筛板孔径较小而容易堵塞时，可采用大孔径筛板。

2. 浮阀塔

浮阀塔是近 30 年来新发展的一种新型气液传质设备，是在泡罩塔的基础上研制出来的。主要的改革措施是取消了泡罩塔的升气管，并以浮动的盖板——浮阀——代替泡罩。浮阀可自由升降，根据气体的流量自行调节开度，可使气体在缝隙中的速度稳定在某一数值。这样，在气量小时可避免过多的漏液，而气量大时又不致压降太大，使浮阀塔板具有优良的操作性能。

浮阀塔的主要特点是：

(1) 操作弹性大，在较宽的气液负荷变化范围内均可保持高的板效率。其弹性范围为 5～9，比筛板塔和泡罩塔的弹性范围都大；

(2) 处理能力大，比泡罩塔大 20%～40%处理量，但比筛板塔略小；

(3) 气体为水平方向吹出，气、液接触良好，雾沫夹带量小，塔板效率高，一般比泡罩塔高 15%左右；

(4) 干板压降比泡罩塔小，但比筛板塔大；

(5) 结构简单、安装方便，制造费用约为泡罩塔的 60%～80%，为筛板塔的 120%～130%；

(6) 国内使用结果证明，对于黏度稍大及有一般聚合现象的系统，浮阀塔板也能正常操作。

浮阀的型式很多，国内最常用的为 F1 型（相当于国外的 V—1 型，如图 4-3 所示），已确定为部颁标准（JB1118）。

表 4-2　浮阀型式

型式	F1 型（V—1 型）	V—4 型	V—6 型
特点	(1) 结构简单，制作方便，省材料； (2) 有轻阀（25 g），重阀（33 g）两种，我国已有标准（JB1118）	(1) 阀孔为文丘里型，阻力小，适于减压系统； (2) 只有一种轻阀（25 g）	(1) 操作弹性范围很大，适于中型试验装置和多种作业的塔； (2) 结构复杂，质量大（52 g）

续表

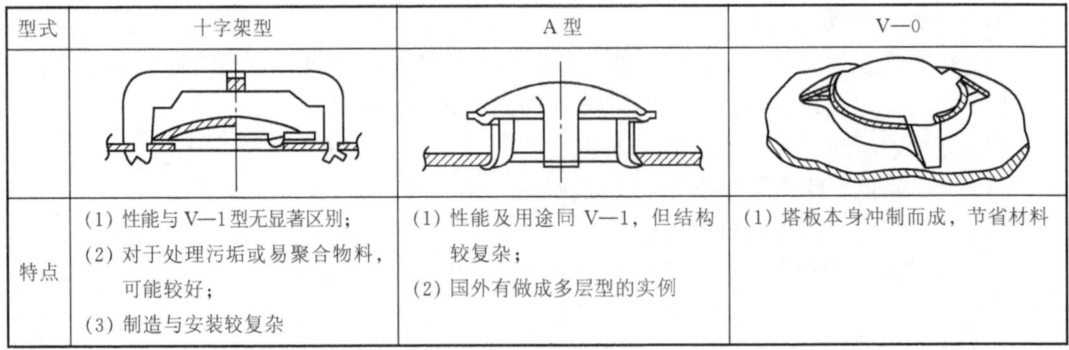

型式	十字架型	A 型	V—0
特点	(1) 性能与 V—1 型无显著区别； (2) 对于处理污垢或易聚合物料，可能较好； (3) 制造与安装较复杂	(1) 性能及用途同 V—1，但结构较复杂； (2) 国外有做成多层型的实例	(1) 塔板本身冲制而成，节省材料

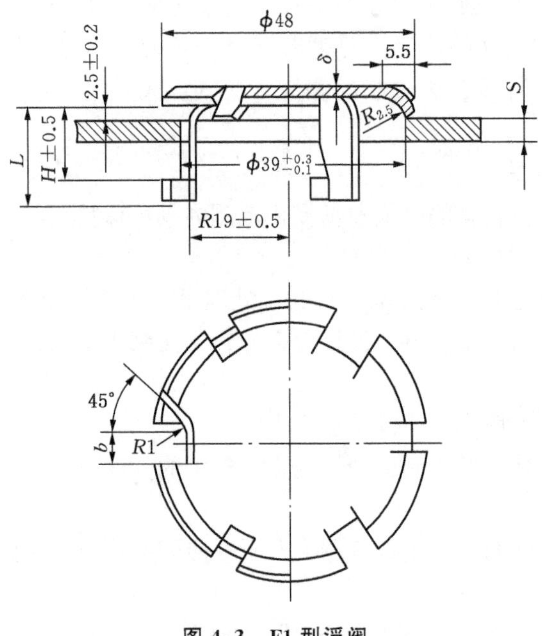

图 4-3　F1 型浮阀

F1 型浮阀分轻阀（代表符号 Q）和重阀（代表符号 Z）两种。轻阀（Q）采用厚度为 1.5 mm 的薄板冲压制成，重约 25 g；重阀（Z）采用厚度为 2 mm 薄板冲压制成，重约 33 g。一般重阀应用较多，轻阀泄漏量大，只有在要求压降小的时候（如减压精馏）才采用。

表 4-3　F1 型浮阀基本参数明细表

序号	型式代号	阀片厚度 δ/mm	阀重/g	适用于塔板厚度 S/mm	H/mm	L/mm
1	F1Q-4A	1.5	24.9	4	12.5	16.5
2	F1Z-4A	2	33.1			
3	F1Q-4B	1.5	24.6			
4	F1Z-4B	2	32.7			

续表

序号	型式代号	阀片厚度 δ/mm	阀重/g	适用于塔板厚度 S/mm	H/mm	L/mm
5	F1Q-3A	1.5	24.7	3	11.5	15.5
6	F1Z-3A	2	32.8			
7	F1Q-3B	1.5	24.3			
8	F1Z-3B	2	32.4			
9	F1Q-3C	1.5	24.8			
10	F1Z-3C	2	33			
11	F1Q-3D	1.5	25			
12	F1Z-3D	2	33.2			
13	F1Q-2C	1.5	24.6	2	10.5	14.5
14	F1Z-2C	2	32.7			
15	F1Q-2D	1.5	24.7			
16	F1Z-2D	2	32.9			

浮阀的最小开度为 2.5 mm，最大开度（$H-S$）为 8.5 mm。

浮阀选用 A、B、C、D 四种材料制造：

A——碳钢 Q235-A；

B——不锈钢 1Cr13；

C——耐酸钢 1Cr18Ni9；

D——耐酸钢 Cr18Ni12Mo2Ti。

塔板的厚度 $S=2$ mm，3 mm 或 4 mm，塔盘升气孔径为 $\phi\ 39_{-0.1}^{+0.3}$。

4.4.4.2　板式塔型式的选取

不同类型的板式塔，例如泡罩塔、筛板塔、浮阀塔、喷射型塔、多降液管塔、无溢流塔等，均有自身的特点，各有各的适用场合。因此，设计者只能根据精馏物系的性质和工艺要求，结合实际，通过几项主要指标的分析比较，选取一种相对适宜的塔型。表 4-4 列出的各种塔型可作为选型时的参考。

4.4.4.3　整块式和分块式塔板

塔板有整块式塔板和分块式塔板，对于小直径塔板（直径小于 800 mm），通常采用整块式塔板；当直径大于 900 mm 时，人已能在塔内进行装拆，常用分块式塔板。当塔径在 800～900 mm之间时，两种型式均可采用，视具体情况而定。

表 4-4　板式塔的选取

序号	内容	泡罩	条形泡罩	S形泡罩	溢流式筛板	导向筛板	圆形浮阀	条形浮阀	栅板	穿流式筛板	穿流式管排	波纹筛板	异孔径筛板	条孔网状塔板	舌形板	文丘里式塔板
1	高气、液相流量	C	B	D	E	E	E	E	E	E	E	E	E	E	E	F
2	低气、液相流量	D	D	D	C	D	F	F	C	D	C	D	D	E	D	B
3	操作弹性大	E	B	E	D	F	E	F	B	B	B	C	D	E	D	D
4	阻力降小	A	A	A	D	C	D	C	E	D	E	D	D	E	C	E
5	雾沫夹带量小	B	B	C	D	D	D	E	E	E	E	E	E	E	E	F
6	板上滞液量小	A	A	A	D	E	D	D	E	D	E	C	D	E	F	F
7	板间距小	D	C	D	E	F	E	E	F	F	E	E	F	F	E	E
8	效率高	E	D	E	E	F	F	E	E	E	D	E	E	E	D	E

续表

序号	内容	泡罩	条形泡罩	S形泡罩	溢流式筛板	导向筛板	圆形浮阀	条形浮阀	栅板	穿流式筛板	穿流式管排	波纹筛板	异孔径筛板	条孔网状塔板	舌形板	文丘里式塔板
9	塔单位体积生产能力大	C	B	E	E	F	E	E	E	E	E	E	E	E	E	F
10	气、液相流量的可变性	D	C	E	D	E	F	F	B	B	A	C	C	D	D	D
11	价格低廉	C	B	D	E	D	E	D	D	F	C	D	E	E	E	E
12	金属消耗量少	C	C	D	E	D	E	F	F	F	C	E	F	E	F	F
13	易于装卸	B	B	D	E	C	B	F	F	F	C	D	F	F	E	E
14	易于检查清洗和维修	C	B	D	D	C	D	F	F	E	E	E	E	D	D	D
15	有固体沉积时用液体进行清洗的可能性	B	A	A	B	A	B	E	E	D	F	E	E	E	C	C
16	开工和停工方便	E	E	E	C	D	E	C	C	D	C	D	D	D	D	D
17	加热和冷却的可能性	B	B	B	D	A	C	D	D	D	F	D	C	C	A	A
18	对腐蚀介质使用的可能性	B	B	C	D	C	C	E	E	E	D	C	D	D	C	C

注：A—不合适；B—尚可；C—合适；D—较满意；E—很好；F—最好。

(1) 整块式塔板：小直径塔的塔板常做成整块式的，而整个塔体分成若干塔节，塔节之间用法兰连接。

塔节长度与塔径有关，当塔径为 300～500 mm 时，只能伸入手臂安装，塔节长度以 800～1 000 mm为宜；塔径为 500～800 mm 时，人可勉强进入塔节内安装，塔节长度可适当加长，但一般也不宜超过 2 000～2 500 mm，每个塔节内塔板数不希望超过 5～6 块，否则会使安装困难。

塔板与塔板之间用管子支承，以保持一定的板间距，有定距管式和重叠式两种型式。关于整块式塔板的详细介绍见参考文献 [3，7]。

(2) 分块式塔板：当塔径大于 800 mm 时，人已经可以进入塔内进行拆装和检修，塔板也可拆分成若干块通过人孔送入塔内。因此，大直径塔常用分块式塔板结构（如图 4-4 所示），此时塔体也不必分成若干节。

塔板的分块数与塔径大小有关，可按表 4-5 选取。靠近塔壁这两块是弓形板，其余的是矩形板；塔板的分块宽度由人孔尺寸、塔板结构强度、开孔排列的均匀对称性等因素决定，其最大宽度以能通过人孔为宜。

表 4-5　塔板分块数与塔径的关系

塔径/mm	800～1 200	1 400～1 600	1 800～2 000	2 200～2 400
塔板分块数	3	4	5	6

为拆装和检修方便，矩形板中有一块作通道板，各层塔板的通道最好开在同一垂直位置上，以利于采光和装卸。

在浮阀系列中，当塔径为ϕ800～2 000 mm时，自身梁式单流塔盘采用可调节堰、可拆降液板的塔盘，可用于料液易聚合、堵塞的场合。

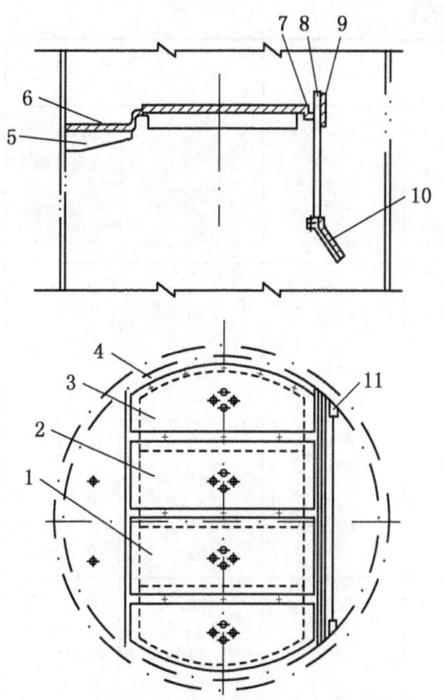

图4-4　可调节堰、可拆降液板自身梁式塔盘

1—通道板；2—矩形板；3—弓形板；4—支承圈；5—筋板；6—受液盘；7—支持板；8—降液板；9—可调堰板；10—可拆降液板；11—连接板

分块式塔板有自身梁式塔板结构和槽式塔板结构两种（如图 4-5 所示）。这里介绍自身梁式塔板结构。

(1) 矩形板（如图 4-4 所示）梁和塔板构成一个整体。矩形板的一个长边无自身梁，另一长边有自身梁。长边尺寸与塔径和堰宽有关；短边尺寸统一取420 mm，以便塔板能够从直径为 450 mm 的人孔中通过。自身梁宽度为 43 mm，塔盘之间靠安装在梁上的螺栓连接起来，因此自身梁部位要开螺栓孔。跨过支承梁的两排相邻浮阀中心距离应不小于 110 mm；对于筛板塔，筛孔的中心线距离可取较小的数值。

(2) 通道板（如图 4-4 所示）为无自身梁的一块矩形平板，搁在弓形板或矩形板的自身梁上。长边尺寸与矩形板相同，短边尺寸取 400 mm。筛孔或阀孔按工艺要求排列。

(3) 弓形板（如图 4-4 所示）弦边作自身梁，其长度与矩形板相同，弧边直径 D 与塔径 DN 和 f（弧边到塔壁的径向距离）有关。当 $DN \leqslant$ 2 000mm 时，f 取20 mm；当 $DN >$ 2 000 mm 时，f 取30 mm。弧边直径 $D = DN - 2f$，弓形板弓高 e 与 DN、f 和塔板分块数 n 有关：

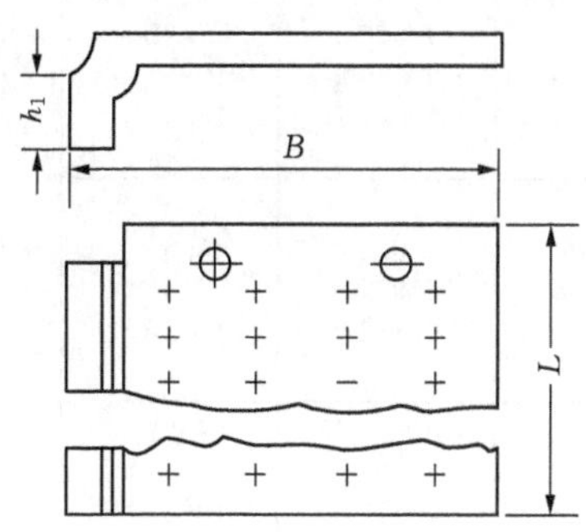

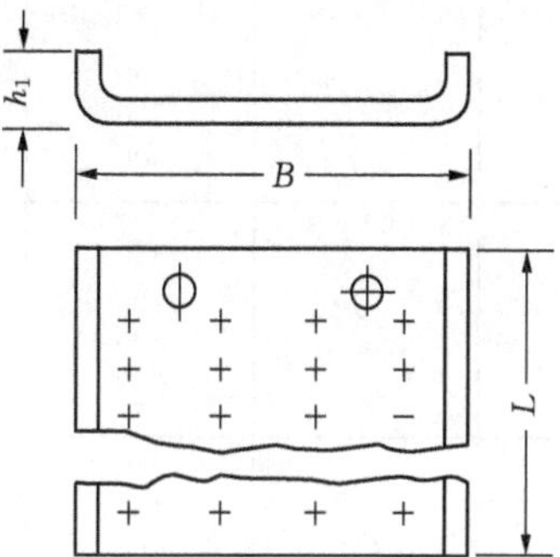

图 4-5　分块的塔盘

$$e = 0.5[DN - 377(n-3) - 18(n-1) - 400 - 2f] \tag{4-32}$$

4.4.4.4　*塔板结构参数系列化*

为便于设备设计及制造，在满足工艺生产要求的条件下，将塔板的一些参数系列化是有利的。现摘录一部分列于表 4-6 至表 4-9 中，供选用参考（摘自 JB1026)。

表 4-6 小直径塔板(整块式)

DN/mm	D_1/mm	A_T/m²	L_w/mm	W_d/mm	L_w/D	A_f/cm²	$\frac{A_f}{A_T}$
500	475	0.196 0	284.4 308.1 331.8 355.5 379.2	41.4 50.9 61.8 74.2 88.8	0.60 0.65 0.70 0.75 0.80	74.3 100.6 133.4 174.0 225.5	0.037 8 0.051 2 0.067 9 0.088 6 0.114 8
600	568	0.282	340.8 369.2 397.6 426 454.4	50.8 62.2 75.2 90.1 107.6	0.60 0.65 0.70 0.75 0.80	110.7 148.8 196.4 255.4 329.7	0.039 2 0.052 6 0.069 5 0.090 3 0.116 6
700	668	0.384	400.8 434.2 467.6 501 534.4	60.8 74.2 89.5 107 127.6	0.60 0.65 0.70 0.75 0.80	157.5 210.9 276.8 358.9 462.4	0.040 9 0.054 8 0.071 9 0.093 9 0.120 2
800	768	0.503	460.8 499.2 537.6 576 614.4	70.8 86.2 102.8 124 147.6	0.60 0.65 0.70 0.75 0.80	212.3 283.3 371.2 480.3 517.2	0.042 2 0.056 3 0.073 8 0.095 6 0.122 8

注：① 当塔径小于 500 mm 时，板间距为 200 mm、250 mm、300 mm、350 mm；
② 当塔径为 600～800 mm 时，板间距为 300 mm、350 mm、500 mm；
③ 表中符号说明参见图 4-2。

表 4-7 单流型塔板(分块式)

塔径 D/mm	塔截面积 A_T/m²	塔板间距 H_T/mm	弓形降液管		降液管面积 A_f/m²	$\frac{A_f}{A_T}$/%	L_w/D
			堰长 L_w/mm	管宽 W_d/mm			
800	0.502 7	350 450 500 600	529 581 640	100 125 160	0.036 3 0.050 2 0.071 7	7.22 10.0 14.2	0.661 0.726 0.800
1 000	0.785 4	350 450 500 600	650 714 800	120 150 200	0.053 4 0.077 0 0.112 0	6.8 9.8 14.2	0.650 0.714 0.800
1 200	1.131 0	350 450 500 600 800	794 876 960	150 190 240	0.081 6 0.115 0 0.161 0	7.22 10.2 14.2	0.661 0.730 0.800
1 400	1.539 0	350 450 500 600 800	903 1 029 1 104	165 225 270	0.102 0 0.161 0 0.206 5	6.63 10.45 13.4	0.645 0.735 0.790
1 600	2.011 0	450 500 600 800	1 056 1 171 1 286	199 255 325	0.145 0 0.207 0 0.291 8	7.21 10.3 14.5	0.660 0.732 0.805

续表

塔径 D/mm	塔截面积 A_T/m^2	塔板间距 H_T/mm	弓形降液管		降液管面积 A_f/m^2	$\frac{A_f}{A_T}$/%	L_w/D
			堰长 L_w/mm	管宽 W_d/mm			
1 800	2.545 0	450 500 600 800	1 165 1 312 1 434	214 284 254	0.171 0 0.257 0 0.354 0	6.74 10.1 13.9	0.647 0.730 0.797
2 000	3.142 0	450 500 600 800	1 308 1 456 1 599	244 314 399	0.219 0 0.315 5 0.445 7	7.0 10.0 14.2	0.654 0.727 0.799
2 200	3.801 0	450 500 600 800	1 598 1 686 1 750	344 394 434	0.380 0 0.460 0 0.532 0	10.0 12.1 14.0	0.726 0.766 0.795
2 400	4.524 0	450 500 600 800	1 742 1 830 1 916	374 424 479	0.452 4 0.543 0 0.643 0	10.0 12.0 14.2	0.726 0.763 0.798

表 4-8 双流型塔板(分块式)

塔径 D/mm	塔截面积 A_T/m^2	塔板间距 H_T/mm	弓形降液管			降液管面积 A_f/m^2	$\frac{A_f}{A_T}$/%	L_w/D
			堰长 L_w/mm	管宽 W_d/mm	管宽 W_d/mm			
2 200	3.801 0	450 500 600 800	1 287 1 368 1 462	208 238 278	200 200 240	0.380 1 0.456 1 0.539 8	10.15 11.8 14.7	0.585 0.621 0.665
2 400	4.523 0	450 500 600 800	1 434 1 486 1 582	238 258 298	200 240 280	0.452 4 0.542 9 0.642 4	10.1 11.6 14.2	0.597 0.620 0.660
2 600	5.309 0	450 500 600 800	1 526 1 606 1 702	248 278 318	200 240 320	0.530 9 0.637 1 0.753 9	9.7 11.4 14.0	0.587 0.617 0.655
2 800	6.158 0	450 500 600 800	1 619 1 752 1 824	258 308 338	240 280 320	0.615 8 0.738 9 0.874 4	9.3 12.0 13.75	0.577 0.626 0.652
3 000	7.069 0	450 500 600 800	1 768 1 896 1 968	288 338 368	240 280 360	0.706 9 0.843 2 1.003 7	9.8 12.4 14.0	0.589 0.632 0.655

表 4-9　板上液流型式与液流负荷

塔径/mm	液体流量/(m^3/h)		
	U形流型	单流型	双流型
600	5以下	5～25	
900	7以下	7～50	
1 000	7以下	45以下	
1 200	9以下	9～70	
1 400	9以下	70以下	
1 500	10以下	11～80	
2 000	11以下	11～110	110～160
2 400		11～110	110～180
3 000		110以下	110～200

4.4.4.5　*液流程数*

液流程数常见的有单流型和双流型两种。

(1) 单流型　单流型是最简单也是最常用的一种型式，但若塔径和液流量都较大时，单流型塔板会产生过大的液面落差，使气流分布不均，甚至会造成局部泄漏，使塔板效率降低。

(2) 双流型　双流型把溢流量分成两部分，使液体在塔板上的流程减少一半，所以液体负荷能力大，液面落差小。但双流型塔板结构复杂，造价要比单流型高出10%～15%。

若塔径及液流量都特别大，双流型仍不能满足要求时，可采用四流型、阶梯型等。当液气比很小时，可采用折流型。如图4-6所示为几种常见的液流程数。

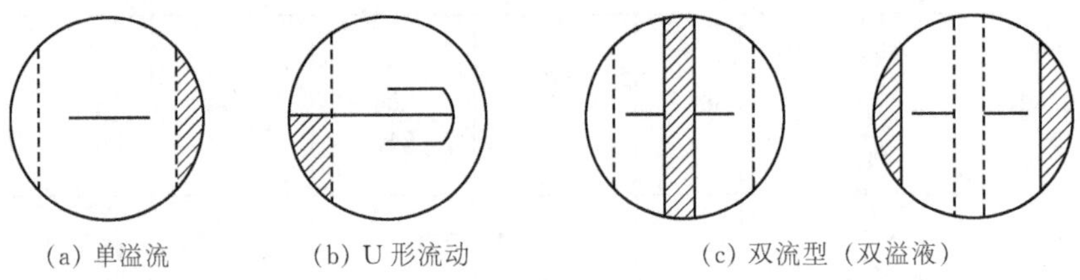

(a) 单溢流　(b) U形流动　(c) 双流型（双溢液）

图 4-6　液流程数

目前国内一般采用单流型和双流型两种。通常，塔径在2.2 m以下时多采用单流型，塔径在2.0 m以上时多采用双流型，塔径为2.0～2.2 m时，两种流型均有采用。

4.4.4.6　*溢流装置*

溢流装置通常有以下三种类型。

(1) 降液管型式

降液管可分为圆形降液管和弓形降液管两种。当液体负荷很小、塔径较小时，可采用一根或数根圆形降液管，一般情况下多采用弓形降液管。弓形降液管又有如下几种型式：

① 将稍小的弓形降液管固定在塔板上，它适用于直径较小的塔，又能有较大的降液管容积；

② 降液板与塔壁之间的全部截面均作降液之用，这种结构塔板利用率高，适用于直径较大的塔，当直径较小时则制作不便；

③ 降液板分成垂直段和倾斜段，倾斜段的倾斜角度根据工艺要求而定，这种结构有利于塔板面积的充分利用，并增加降液管两相分离空间，一般与凹型受液盘配合使用。

为了进一步提高塔板的处理能力和效率，近年来开发了多种新型降液管，举例如下。

悬挂式降液管——取消传统的受液盘，降液管底端封闭，液体通过底端上的孔口，因阻力而形成液封。

收缩式降液管与鼓泡促进器结构——降液管下端收缩成壶嘴式，令液体沿塔壁降落于支承圈区域，流入塔板后由鼓泡促进器充气鼓泡，从而扩大了塔板鼓泡区面积，减少泄漏，提高了传质效率。

旋流式降液管——为直立圆筒-圆锥形管，入口上部有挡板，入口内有导向叶片，促进了降液管内的气、液分离，避免在高液量时产生降液管液泛，该降液管的另一特点是提供了更大的出口堰长度。

关于新型降液管的详细结构，可查阅文献 [8]。

(2) 溢流堰

溢流堰的作用是维持板上有一定液层，并使液流均匀。一般单流型塔板堰长 L_w 可取塔径 D 的 60%～80%，双流型塔板两侧降液管堰长为塔径 D 的 50%～60%。堰上液流强度不宜过高，一般不大于 70～87.5 m^3/（h·m 堰长)。

一般工业上使用较多的是平直堰。为使液流分布均匀，堰上清液层高度 h_{ow} 应大于 6 mm。若堰上清液层高度 h_{ow} 小于 6 mm 时，可改用齿形堰。

在设计中也有把溢流堰做成活动式的，可以调节塔板上液层高度，其优点是：

① 对于中间试验或更换新的物系，可调节液层高度，以探索堰高对塔板效率和操作弹性的影响，取得最佳效果；

② 可以调节原设计对堰高选定的偏差；

③ 便于调整堰板的水平度。

(3) 受液盘

受液盘有平型和凹形两种型式，如图 4-7、图 4-8 所示。

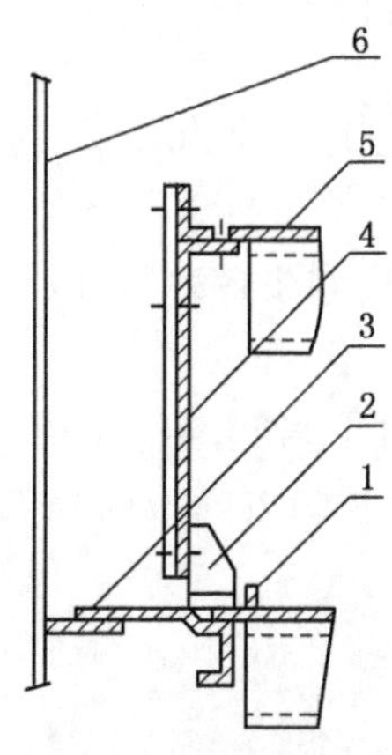

图 4-7　可拆式平型受液盘

1—入口堰；2—支撑筋；3—受液盘；4—降液板；5—塔盘板；6—塔壁

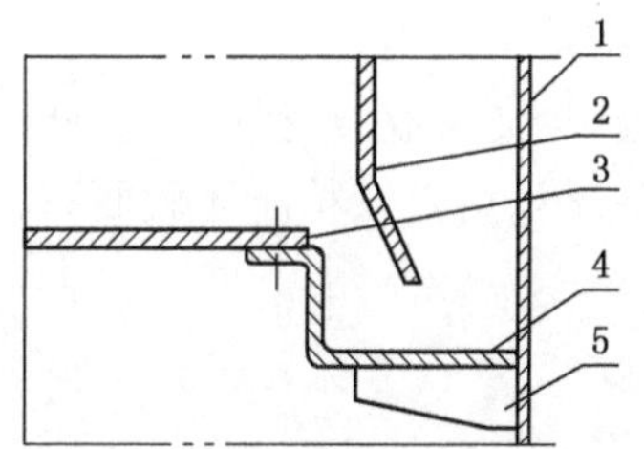

图 4-8　凹形受液盘结构

1—塔壁；2—降液板；3—塔盘板；4—受液盘；5—筋板

对于较小塔径以及处理易聚合物系时，要求塔板上没有死角存在，此时采用平型受液盘为宜。

塔径较大时常采用凹形受液盘，并与倾斜式降液管联合使用。它的特点是：

① 多数情况下都可造成正液封；

② 液体进入塔板时更加平稳，有利于塔板入口端更好地鼓泡，提高塔板效率和处理能力。

凹形受液盘所增加的费用不大，效果却很明显，因此，对于直径大于800 mm的塔板，推荐使用凹形受液盘。

4.4.5 塔板主要尺寸的选取

4.4.5.1 初选板间距

板间距的大小与液泛和雾沫夹带有密切关系。板间距取大些，可允许气流以较高的速度通过，塔径可小些；反之，所需的塔径就要增大。一般来说，取较大的板间距对提高操作弹性有利，安装检修方便，但会增加塔身总高和塔的造价。因此，板间距应适当选择。对于不同的塔径，初选板间距时可参考表 4-10 所列数值。

表 4-10 板间距参考表

塔径 D/m	0.3～0.5	0.5～0.8	0.8～1.6	1.6～2.4	2.4～4.0	4.0～6.0
板间距 H_T/mm	200～300	250～350	300～450	350～600	400～600	600～800

设计时板间距必须首先选定，因为计算空塔速度时需要板间距的数值，若由此算得的塔径与初选的板间距不协调，应立即对板间距进行调整。在其他参数都选定后还要进行流体力学验算。若塔板性能不佳，应对塔板结构参数（包括板间距在内）进行适当调整。

4.4.5.2 塔径计算

(1) 液泛速度 u_f

液泛速度的计算式为

$$u_f = C_{20}\left(\frac{\sigma}{20}\right)^{0.2}\left(\frac{\rho_L - \rho_V}{\rho_V}\right)^{0.5} \tag{4-33}$$

式中，C_{20}为气相负荷因子，m/s；σ 为液相表面张力，mN/m；ρ_L，ρ_V 分别为气、液相密度，kg/m^3。

上式中气相负荷因子 C_{20}可由费尔（Fair）的关联图（图 4-9）查取。

(2) 塔径 D

操作气速 u_n 通常取液泛气速 u_f 的 80%～85%，对于易起泡物系可取液泛气速 u_f 的 75%。此气速是以塔内气相流通截面积，即塔的横截面积减去降液面积 $(A_T - A_f)$ 为依据计算的，即

$$A_T - A_f = \frac{V_s}{u_n} \tag{4-34}$$

式中，A_T 为塔横截面积，m^2；A_f 为降液管面积，m^2；V_s 为气相流率，m^3/s；u_n 为操作气速，m/s。

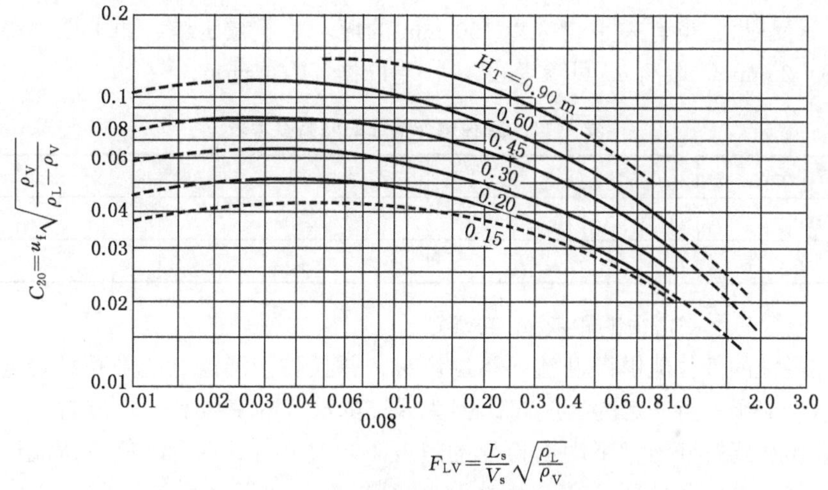

图 4-9　筛板塔的泛点关联图

选定降液管面积和塔横截面积的比值，就可计算塔径 D。

为设计计算方便，在初算塔径时也可用气速 $u'=V_s/A_T$ 来表示，此时 u' 常取 u_f 的 50%～70%。

初算塔径

$$D'=\sqrt{\frac{V_s}{\frac{\pi}{4}u_n}} \tag{4-35}$$

目前，塔设备的直径均已系列化，其标准直径为 0.4 m、0.5 m、0.6 m、0.7 m、0.8 m、1.0 m、1.2 m、1.4 m、1.6 m、1.8 m、2.0 m……。故求得的 D' 值必须按标准值进行圆整。经圆整后的塔径为 D，后面的设计计算均以此数据为基础。

4.4.5.3　**堰的参数**

首先根据 4.4.3.1 和 4.4.3.2 介绍的方法选择液流程数和溢流装置型式。

(1) 堰长 L_w 的选定

对于单流型，L_w 取 0.6～0.8D；对于双流型，L_w 取 0.5～0.7D。

对单流型堰，若 L_w 小于 0.6D，液流分布不易均匀；而若 L_w 大于 0.8D，则塔板有效鼓泡区过小，对操作不利，因此通常在 0.6D～0.8D 之间选择。选择时主要考虑：① 液流强度不宜过小，必须使堰上清液层高度 h_{ow} 大于 6 mm，同时液流强度也不宜过大，一般不大于70～87.5 m^3/（h · m 堰长)；② 对弓形堰，堰长则降液管横截面积 A_f 大，堰短则降液管横截面积 A_f 小，选择堰的长度时，必须使液体的降液管内有足够的停留时间(大于 3～5 s)，或液体在降液管内的流速不大于 0.1 m/s。

为设计制造方便，应尽可能选取系列中的数值。

(2) 堰高 h_w 的选定

h_w 大，板上液层厚，气液接触充分，有利于提高板效率；但液层阻力大，塔板压降也大。在加压或常压操作时，希望保持板上清液层高度 $h_L(h_L=h_w+h_{ow})$ 在 50～100 mm 之间，对一般的液流量，堰高 h_w 可取25～50 mm。若液流量很大，h_{ow} 本身已足以起到维持液层高度和液封的作用了，可以不设堰。对于要求液体有较长停留时间的特殊情况(例如有化学反应)，也有采用高度为 150 mm 的堰。对于减压塔，要求压力降小，堰高 h_w 常取 20～25 mm。堰高 h_w 可参考表 4-11 中的推荐数据选定。

表 4-11 各种操作情况的堰高参考表

堰高 h_w/mm	减压	常压	加压
最小值	10	20	40
最大值	20	50	80

(3) 降液管与下层塔板的距离 h_o 的确定

为了使溢流的液体能够顺利流入下层塔板，并且防止沉淀物的堆积和堵塞，降液管与下层塔板间必须保持一定的高度 h_o，但为保证降液管的底缘有一定液封，h_o 应稍小于 h_w。同时，液体通过降液管下端出口处的速度不超过 0.3 m/s，以免液体流过时压降太大。对于小塔径，h_o 不小于 25 mm；对于大塔径，h_o 不小于 40 mm。

(4) 受液盘及入口堰的设置

对于平型受液盘，有时为了使降液管中流出的液体能在板上均匀分布，减少由于液体冲出而对板入口处操作的影响，以及保证降液管的液封，也设置入口堰（又称内堰）。当降液管为圆形时，一般均应设置入口堰。

入口堰高度 h'_w 可按照下列原则考虑：① 当 h_w 大于 h_o 时，h'_w 可取6～8 mm，常用的方法是点焊一段ϕ6 或ϕ8 的圆钢即可；② 若 h_w 小于 h_o，此时应取 h'_w 大于 h_o，以保证液封。入口堰与降液管的水平距离 h_1 应不小于 h_o。

若采用凹型受液盘，则受液盘深度一般在 50 mm 以上，但不能超过板间距的三分之一。h_o、h_1 和 h'_1 均应保证液相通过该处截面时的流速不超过0.3 m/s,以免液体流过时压降太大。

4.4.5.4 安定区 W_s 和边缘区 W_c

在板上的传质区域与堰之间需要有一个不开孔的区域，称为安定区。入口堰与传质区之间设入口安定区，可使降液管底部流出的清液能均匀地分布在整个塔板上，避免入口处因液压头引起的液体泄漏。溢流堰与传质区之间设出口安定区，以避免大量泡沫进入降液管。安定区宽度 W_s 是指堰与它最近一排孔的中心线之间的距离。对于筛板塔，W_s 常取50～100 mm,小塔取较小的值。对于浮阀塔，因阀孔直径较大，W_s 相对来说比较大一些，一般对分块式塔板取80～110 mm，对整块式塔板取 60～70 mm。

塔板靠近塔壁部分需留出一圈边缘区域 W_c，供支持塔板边梁之用。筛板塔一般取 50～60 mm;浮阀塔，分块式塔板一般取 70～90 mm，整块式为 55 mm。

为防止液体流经无效区而产生“短路”现象，可在塔板上沿壁设置挡板，挡板高度可取清液层高度的两倍。

4.4.5.5 筛板塔筛孔直径及其排列

(1) 孔径 d_o

工业塔中筛板塔常用的筛孔直径 d_o 为 3～8 mm，推荐孔径为 4～5 mm。若孔太小，则加工困难，容易堵塞，而且由于加工的公差而影响开孔率的大小，故只有在特殊要求时才用小孔。近年来逐渐有采用 d_o 为 10～25 mm 的大孔径筛板塔，因为大孔径筛板有加工制造方便、不易堵塞等优点，只要设计合理也可得到满意的效果。但一般说来，大孔径筛板的操作弹性会小些。

(2) 塔板厚度 δ

一般碳钢塔板 δ 取 3～4 mm，合金钢板 δ 取 2～2.5 mm。

(3) 筛孔的排列、开孔率 φ 和孔中心距 t

在塔板上，筛孔一般按等边三角形排列，此时开孔率 φ 和孔中心距 t 有如下关系：

$$\varphi=\frac{A_o}{A_a}=\frac{0.907}{(t/d_o)^2} \tag{4-36}$$

式中，φ 为开孔率；A_o 为筛孔总面积，m^2；A_a 为鼓泡区面积，m^2；t 为孔中心距，mm；d_o 为筛孔直径，mm。

因此 t/d_o 的选定就直接决定了开孔率 φ。若 t/d_o 选得过小，气流相互干扰，使传质效率降低，且由于开孔率过大使干板压降小而漏液点高，塔板操作弹性下降；若 t/d_o 选得过大，则鼓泡不均匀，也要使传质效率下降，且开孔率过小会使塔板阻力增大，雾沫夹带量大，易造成液泛，限制了塔的生产能力。因此，t/d_o 的选择须全面考虑，在一般情况下可取 t/d_o 为 2.5～5，而实际设计时较多的是取 3～4。

当塔内上下段气相负荷变化较大时，应根据需要分段改变开孔率，使全塔有较好的操作稳定性。此时为加工上的方便也可不改变孔中心距，用堵孔的方法来改变开孔率，也即在与液流相垂直的方向堵塞适当排数的孔以减小开孔率。

(4) 筛孔数 n

筛孔数的计算为：

$$n=n'\cdot A_a=\frac{1\,158\times10^3}{t^2}A_a \tag{4-37}$$

$$A_a=2\left[x\sqrt{r^2-x^2}+r^2\arcsin(x/r)\right] \tag{4-38}$$

$$x=\frac{D}{2}-(W_d+W_s)$$

$$r=\frac{D}{2}-W_c$$

式中，n 为筛孔数；n' 为每平方米开孔区的孔数；t 为孔中心距，mm；A_a 为开孔区的面积，m^2；arcsin (x/r) 为以弧度表示的反正弦函数；W_d 为堰宽，m；W_s 为安定区宽度，m。

4.4.5.6　浮阀塔的阀孔数及其排列

(1) 阀孔直径 d_o

阀孔直径由所选浮阀的型号所决定。应用最广泛的是 F1 型重阀，阀孔直径 $d_o=39$ mm。

(2) 初算阀孔数 n

一般正常负荷情况下，希望浮阀是在刚全开时操作。试验结果表明此时阀孔动能因数 F_o 为 8～11。

$$u_o = \frac{F_o}{\sqrt{\rho_V}} \tag{4-39}$$

式中，F_o 为阀孔动能因数；u_o 为孔速，m/s；ρ_V 为气相密度，kg/m³。

$$n = \frac{V_h}{\frac{\pi}{4}(0.039)^2 \times u_o \times 3\,600} = 0.232\,\frac{V_h}{u_o} \tag{4-40}$$

式中，n 为阀孔数；V_h 为气相流量，m³/h。

(3) 阀孔的排列

阀孔一般按三角形排列，在三角形排列中又有顺排和叉排两种型式。一般认为叉排的效果较好，故采用叉排的较多，如图 4-10 所示。

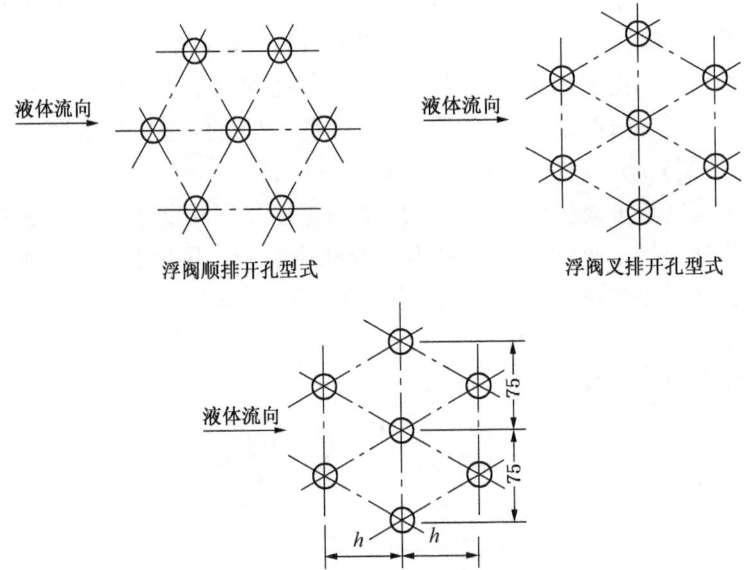

图 4-10　浮阀塔盘系列塔盘板开孔型式

在整块式塔板中，浮阀常以等边三角形排列，其孔中心距 t 一般有 75 mm、125 mm、150 mm 几种。

在分块式塔板中，为便于塔板分块，也可按等腰三角形排列。三角形的底边孔中心距 t' 固定为 75 mm，三角形高度 h 有 65 mm、70 mm、80 mm、90 mm、100 mm、110 mm 几种，必要时还可以调整。系列中推荐使用的 h 值为 65 mm、80 mm 和 100 mm。

排列成等边三角形时，有

$$t = d_o\sqrt{\frac{0.907A_a}{A_o}} \tag{4-41}$$

排列成等腰三角形时，有

$$h = \frac{A_a/h}{t'} = \frac{A_a}{0.075n} \tag{4-42}$$

式中，t 为等边三角形排列时的阀孔中心距，m；d_o 为阀孔直径，m；A_a 为塔板上开孔区面积，m^2；A_o 为开孔总面积（$= n \times \pi/4 \times d_o^2$），$m^2$；$t'$ 为排列成等腰三角形时的底边孔中心距，m；h 为排列成等腰三角形时的高，m；n 为阀孔数。

根据计算得到的 t（或 h）值，应圆整到恰当的推荐数值。

(4) 阀孔数 n 的确定

由选定的 t（或 h）绘图排列，由此可得实际的阀孔数 n。

4.4.6　流体力学计算和校核

流体力学计算和校核，目的是了解已经选定的工艺尺寸是否恰当，塔板能否正常操作及是否需要作相应的调整。

4.4.6.1　*堰上清液层高度 h_{ow}*

(1) 平堰

为使板上液流均匀，h_{ow} 必须大于 6 mm，若 h_{ow} 小于 6 mm，应缩短堰长或改用齿形堰；但 h_{ow} 也不宜过大，若大于 60 mm，应增加堰长或改用双流型。

$$h_{ow} = 2.84 \times 10^{-3} E\left(\frac{L_h}{L_w}\right)^{2/3} \tag{4-43}$$

式中，h_{ow} 为堰上清液层高度，m；L_h 为液相流量，m^3/h；L_w 为堰长，m；E 为液流收缩系数，由图 4-11 查出，在一般情况下，取 $E = 1$ 对计算结果影响不大。

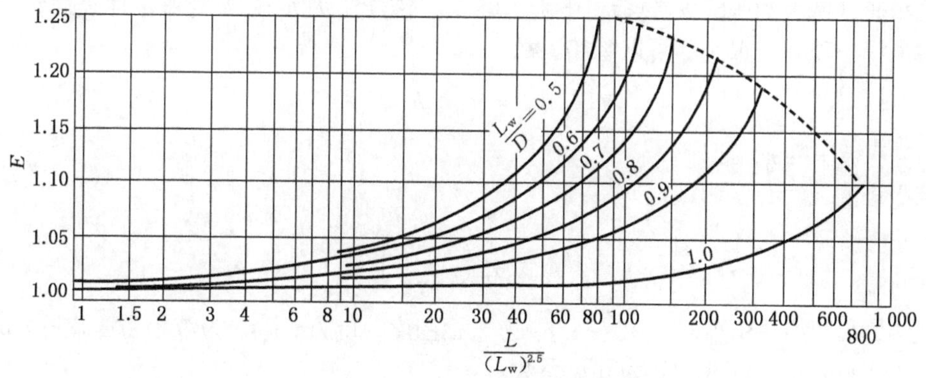

图 4-11　液流收缩系数 E

L—液相流量，m^3/h；L_w—堰长，m；D—塔径，m

(2) 齿形堰

齿形堰的齿深 h_n 一般不宜在 15 mm 以下。

若溢流层超过齿顶时，

$$h_{ow} = 1.17\left(\frac{L_s h_n}{L_w}\right)^{2/5} \tag{4-44}$$

其中

$$L_s = 0.735\left(\frac{L_w}{h_n}\right)\left[h_{ow}^{5/2} - (h_{ow} - h_n)^{5/2}\right] \tag{4-45}$$

也可由图 4-13 求取。

式中，h_{ow} 为清液层高度（由齿根算起），m；L_s 为液相流量，m^3/s；h_n 为齿深，m；L_w 为堰长，m。

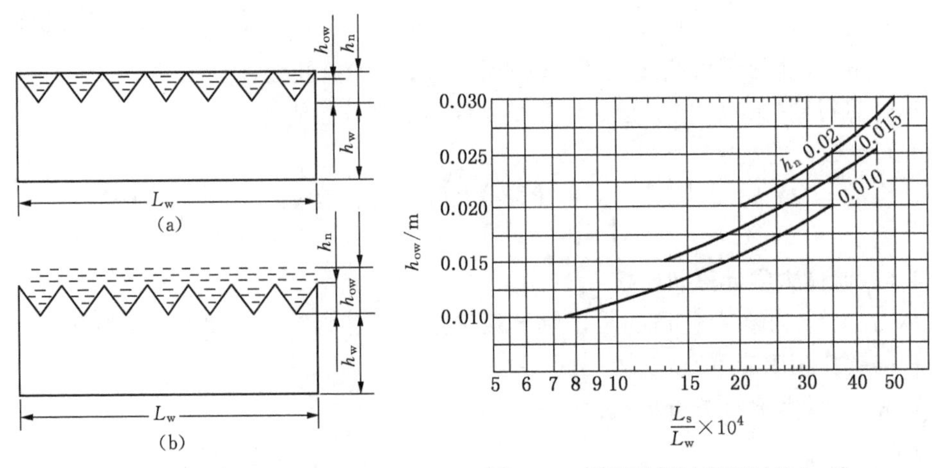

图 4-12 齿形堰 图 4-13 溢流层超过齿顶时的 h_{ow} 值

4.4.6.2 塔板压降

在精馏塔设计时，对塔板压降往往有一定的要求，即必须小于某一数值。在减压精馏时，这一问题更为重要。因此，需要校核塔板压降是否超过规定数值。即使设计时对塔板压降没有提出要求，也应计算塔板压降，以了解塔内压力分布情况及塔釜的操作压力。

气相通过塔板的压降 h_f 包括：干板压降 h_d、液层阻力 h_L 以及克服液体表面张力的阻力项。最后一项一般很小，可以忽略，故

$$h_f = h_d + h_L \tag{4-46}$$

(1) 干板压降 h_d

筛板塔的 h_d 为：

$$h_d = \frac{1}{2g}\frac{\rho_V}{\rho_L}\left(\frac{u_o}{C_o}\right)^2 \tag{4-47}$$

式中，h_d 为干板压降，m 液柱；ρ_V 为气相密度，kg/m^3；ρ_L 为液相密度，kg/m^3；u_o 为孔速 $(=V_s/A_o)$，m/s；C_o 为孔流系数。

孔流系数 C_o 可由很多方法求取，这里给出图 4-14 和图 4-15，都可用来求取 C_o。

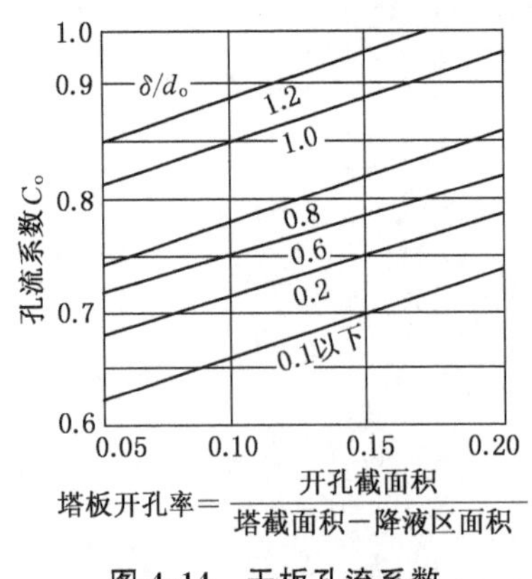

图 4-14 干板孔流系数

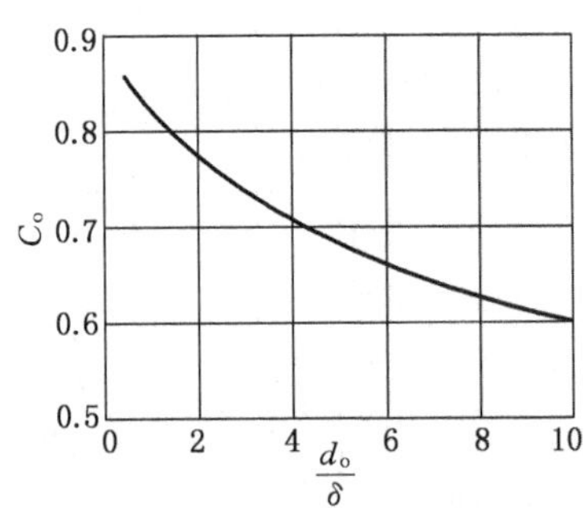

图 4-15 干筛孔的流量系数

δ—板厚，mm；d_o—孔径，mm

浮阀塔 h_d 的计算式为（对 F1 型重阀，质量 34 g，阀孔直径 39 mm）：

阀片全开前

$$h_d = 19.9\frac{u_o^{0.175}}{\rho_L} \tag{4-48}$$

阀片全开后

$$h_d = 5.34\frac{u_o^2\rho_V}{2g\rho_L} \tag{4-49}$$

式中，h_d 为干板压降，m 液柱；u_o 为阀孔速度（$=V_s/A_o$），m/s；ρ_L 为液相密度，kg/m^3；ρ_V 为气相密度，kg/m^3。

其他浮阀的干板压降计算方法见文献 [3]。

(2) 塔上液层有效阻力 h_L

对于筛板塔，

$$h_L = \beta(h_w + h_{ow}) \tag{4-50}$$

式中，β 为充气系数，由图 4-16 查取。

图中横坐标为 $F_a = u_a\sqrt{\rho_V}$，F_a 为动能因子，u_a 是以有效传质面积 A_a 计算的气相速度，亦即 $u_a = V_s/A_a$。

对于浮阀塔，

$$h_L = 0.5(h_w + h_{ow}) \tag{4-51}$$

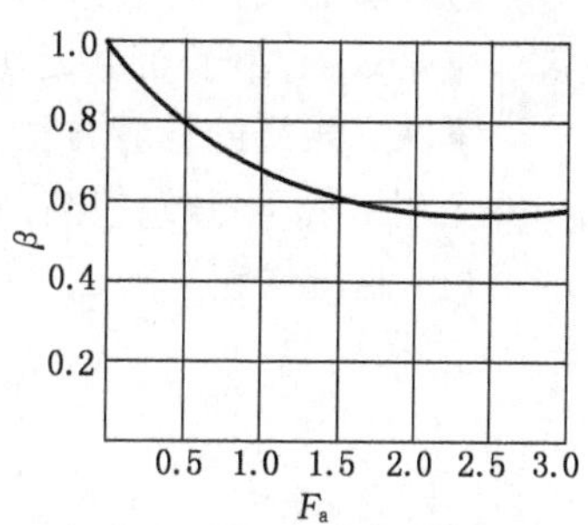

图 4-16　充气系数 β 和动能因子 F_a 间的关系

4.4.6.3　*降液管内清液层高度 H_d*

为避免溢流液泛，一般要求 $H_d < 0.5(H_T + h_w)$。

$$H_d = h_w + h_{ow} + h_f + \sum h_f + \Delta \tag{4-52}$$

式中，H_d 为降液管内清液层高度，m；h_w 为堰高，m；h_{ow}为堰上液层高，m；h_f 为气相塔板压降，m 液柱；$\sum h_f$ 为液相在降液管内阻力损失，m 液柱；Δ 为板上液面落差，m。

对筛板和浮阀塔，液面落差 Δ 很小，一般可忽略。

$$\sum h_f = 0.153\left(\frac{L_s}{L_w \cdot h_o}\right)^2 \tag{4-53}$$

式中，L_s 为液相流量，m^3/s；L_w 为堰长，m；h_o 为降液管端部与塔板的间隙高度，m。

4.4.6.4　*液体在降液管内停留时间的校核*

为使气体能从液体中充分分离出来，液体在降液管内应有足够的停留时间。

$$\tau' = \frac{A_f \cdot H_d}{L_s} \tag{4-54}$$

式中，τ'为液体在降液管内实际停留时间，s；A_f 为降液管面积，m^2；H_d 为降液管内的清液层高度，m；L_s 为液相流量，m^3/s。

要求 τ'不小于 3 s。

目前国内习惯上用 τ 来表示。

$$\tau = \frac{A_f \cdot H_T}{L_s} \tag{4-55}$$

式中，τ为液体在降液管内的最大停留时间，s；H_T 为板间距，m。

要求 τ 大于 3～5 s；对于易起泡物系，τ 大于 7 s。

4.4.6.5 雾沫夹带量

雾沫夹带量通常有三种表示方法：

① 以 1 kmol（或 kg）干气体所夹带的液体 kmol（或 kg）数 e_V 表示；

② 以每层塔板在单位时间内被气体夹带的液体 kmol（或 kg）数 e'表示；

③ 以被夹带的液体流量占流经塔板总液体流量的分率 φ 表示。

显然三者之间有如下关系式

$$\varphi = \frac{e'}{L+e'} = \frac{e_V}{\frac{L}{V}+e_V} \tag{4-56}$$

过量雾沫夹带将导致塔板效率下降。综合考虑生产能力和板效率的关系，应控制使雾沫夹带量 e_V 小于 0.1 kg（液）/kg（气）。

雾沫夹带量的计算方法可用塔板上的参数直接计算，也可用液泛百分率来关联。这里介绍用塔板上参数直接计算的方法。

(1) 筛板塔 e_V

$$e_V = \frac{0.0057}{\sigma}\left(\frac{u_n}{H_T - 2.5h'_L}\right)^{3.2} \tag{4-57}$$

式中，e_V 为雾沫夹带量，kg 液/kg 气；σ为液相表面张力，mN/m；u_n 为气速，$u_n = \frac{V_s}{A_T - A_f}$，m/s；$V_s$ 为气相流量，m^3/s；A_T 为塔横截面积，m^2；A_f 为降液管面积，m^2；H_T 为板间距，m；h'_L 为板上液层高度，$h'_L = h_w + h_{ow}$，m；

式（4-57）适用于 $\frac{u_n}{H_T - 2.5h'_L}<12$ 的情况。

式（4-57）也可改由图 4-17 来求解。

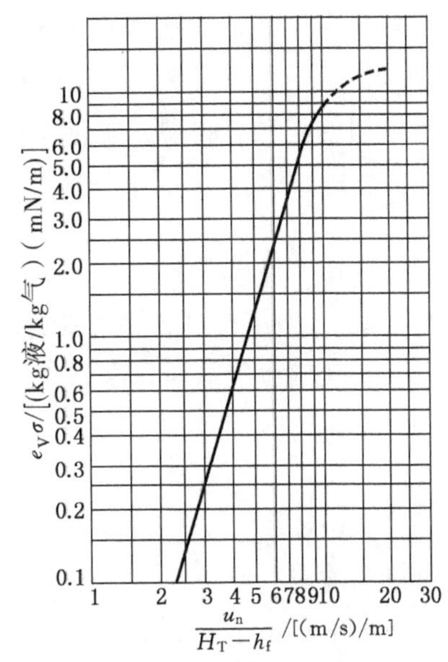

图 4-17 雾沫夹带量

(2) 浮阀塔

一般用泛点百分率 F 作为间接衡量雾沫夹带量的指标。对于塔径大于 900 mm 的塔，$F<80\%$；塔径小于 900 mm 的塔，$F<70\%$；对减压操作的塔，$F<75\%$，这样便可保证雾沫夹带量 e_V 小于 10%。

泛点百分率 F 可按下面经验公式计算：

$$F = \frac{100V_s\sqrt{\frac{\rho_V}{\rho_L-\rho_V}} + 136L_sZ}{A_bC_FK} \tag{4-58}$$

式中，F 为泛点百分率；V_s 为气相流量，m^3/s；ρ_V 为气相密度，kg/m^3；ρ_L 为液相密度，kg/m^3；L_s

为液相流量，m^3/s；Z 为板上液流长度，对单流型塔板，$Z=D-2W_d$，m；A_b 为 $A_b=A_T-2A_f$，m^2；C_F 为泛点负荷系数，由图 4-18 查取；K 为系统因数，由表 4-12 查取。

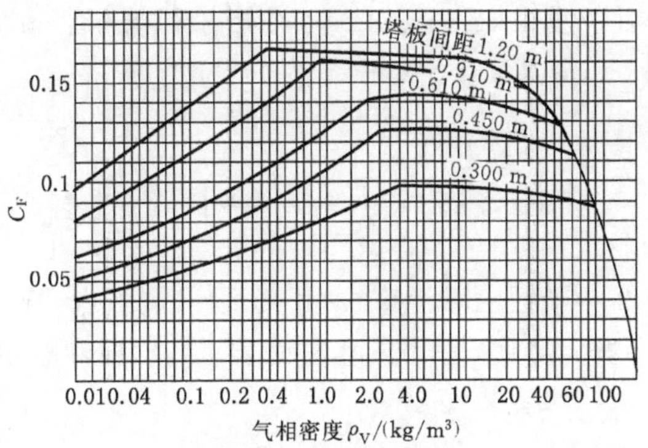

图 4-18　泛点负荷系数

表 4-12　系统因数 K

系　统	K 值
无泡沫正常系统	1.00
氟化物(如 BF_3、氟利昂)	0.90
中等起泡沫系统(如油吸收塔、胺及乙二醇再生塔)	0.85
多泡沫系统(如胺及乙二醇吸收塔)	0.73
严重泡沫系统(如甲乙酮装置)	0.60
形成稳定的泡沫系统(如碱再生塔)	0.15

4.4.6.6　漏液点的校核

若气相负荷过小或塔板上开孔率过大，筛孔或阀孔中的气速太小，部分液体会从筛孔或阀孔中直接落下，这种现象称为漏液。当漏液开始明显影响板效率时，该点的气速称为漏液点孔速。漏液现象是板式塔的一个重要问题，将导致板效率下降，严重的漏液(特别是筛板塔) 将使板上不能积液而无法操作。

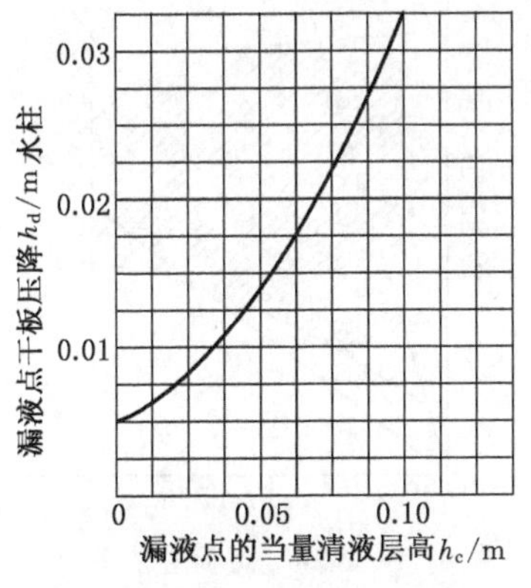

1 mmH₂O/m = 9.807 Pa/m

图 4-19　筛板漏液点关联图

(1) 筛板塔

为使所设计的筛板操作稳定，具有足够的操作弹性，要求设计孔速 u_o 与漏液点孔速 u_{ow} 之比不小于 1.5，即

$$K'=\frac{u_o}{u_{ow}}\geqslant 1.5 \tag{4-59}$$

式中 K' 为筛板的稳定系数。

筛板上持液量越大，漏液点孔速 u_{ow} 也越大，相应的干板压降 h_d 也越大。Davies 和Gordon 利用漏液点干板压降和板上持液量进行关联，得图 4-19 的曲线。图中 h_c 为漏液点板上的持液量。

$$h_c=0.0061+0.725h_w-0.006F+1.23\left(\frac{L_s}{L_w}\right) \tag{4-60}$$

式中，h_w 为堰高，m；F 为气相动能因子，$F = u_{ow} \cdot \sqrt{\rho_V}$；$u_{ow}$为以面积 $(A_T - 2A_f)$ 计算的漏液点孔速，m/s；A_o 为筛孔面积总和，m^2；A_T 为塔横截面积，m^2；A_f 为降液管面积，m^2；ρ_V 为气相密度，kg/m^3；L_s 为液相体积流量，m^3/s；L_w 为液流平均宽度，m。 (4-61)

漏液点干板压降：

$$h_d = \frac{1}{2g}\frac{\rho_V}{\rho_L}\left(\frac{u_{ow}}{C_o}\right)^2 \tag{4-62}$$

此式与前面 4.4.6.2 中干板压降计算式相同，现以漏液点孔速来计算。

图 4-19 中漏液点干板压降 h'_d 是以 m 水柱来表示的，应注意单位换算：

$$h'_d = \frac{h_d \rho_L}{\rho_{H_2O}}(\text{m 水柱}) \tag{4-63}$$

因方程无法直接求解，一般需先假设漏液点孔速 u_{ow}，进行试差计算。

(2) 浮阀塔

浮阀塔的泄漏量随阀重增加、孔速增加、开度减少、板上液层高度的降低而减小，其中以阀重影响较大。由试验表明，当阀的质量大于 30 g 时，阀重对泄漏的影响不大，故除减压操作外一般均采用 F1 型重阀（32～34 g），此时，操作下限取阀孔动能因子 $F_o = 5 \sim 6$。

4.4.7 负荷性能图

塔板结构参数确定后，该塔板在不同的气液负荷内有一稳定的操作范围。越出稳定区，塔的效率显著下降，甚至不能正常操作。对出现各种不正常流体力学状态的界限用曲线表示出来，即为负荷性能图。从负荷性能图上可看出所设计的塔板是否有足够的操作弹性，结构参数是否合理，是否需要调整以及如何调整等。

负荷性能图由下列曲线组成（如图 4-20 所示）：

① 气相下限线（又称漏液线）；

② 过量雾沫夹带线；

③ 液相下限线；

④ 液相上限线；

⑤ 液泛线。

另外，在负荷性能图上还画出在一定液气比下的操作线，用通过 O 点的直线（如 AB）表示。

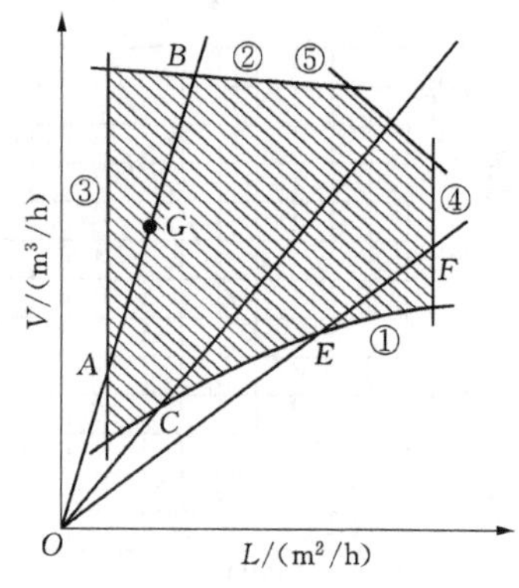

图 4-20　负荷性能图

4.4.7.1　操作线

对于液气比一定的操作（如回流比一定的精馏过程），即 L/V 为一定值。可由设计条件 L 和 V 定出点 G，过原点 O 和 G 作直线，即为操作线 AB。

4.4.7.2　液相上限线

降液管内液体停留时间应大于 3 s。液体流量增大，停留时间就减少。若 $\tau = 3 \sim 5$ s，此液体流量为最大允许值 L_{max}。因此，液体流量的上限可由下式计算

$$\frac{H_T \cdot A_f}{L_{max}} > 3 \tag{4-64}$$

式中，L_{max} 为液体流量上限，m^3/s；H_T 为板间距，m；A_f 为降液管截面积，m^2。

过 L_{max} 点作垂直线，即为液相上限线（如图 4-20 中的④所示）。

4.4.7.3　气相下限线

(1) 筛板塔

气相负荷过小，液体泄漏严重，因此气速必须大于漏液点孔速。在漏液点校核计算时已算得液相负荷为 L 时的漏液点孔速 u_{ow}，此时的气相负荷 $V_{min} = A_o u_{ow}$。

另设液相负荷 L'（为作图方便一般取 L' 接近 L_{max}），重复计算此时的漏液点孔速 u'_{ow} 以及此时的气相负荷 V'_{min}。由以上两点连直线，即为气相下限线（如图 4-20 中的①所示）。

(2) 浮阀塔

对于 F1 型重阀，气相负荷下限一般取阀孔动能因子 $F_o = 5 \sim 6$，由此计算出 V_{min}，过 V_{min} 作水平线，即为浮阀塔的气相下限线（如图 4-20 中的①所示）。

4.4.7.4　液相下限线

一般以 $h_{ow} = 6$ mm 作液相负荷的下限，低于此限时认为塔板上液相流动不能保证均匀分布。

由 $h_{ow} = 6$ mm 计算 L_{min}，过 L_{min} 作垂直线，即为液相下限线（如图 4-20 中的③所示）。

4.4.7.5　过量雾沫夹带线

雾沫夹带量过大，塔板效率严重下降，一般控制 e_V 使其不大于 0.1 kg 液/kg气。因此以 $e_V = 0.1$ kg 液/kg 汽为界限，用雾沫夹带量的计算公式，作出 L 和 V 的曲线即为过量雾沫夹带线。一般为计算方便，当作直线处理，由两点连成一直线即可，由雾沫夹带计算公式，令 $e_V = 0.1$，液体量为 L，计算得气量为 V_{max}，由 L 和 V_{max} 定出一点。再设 L'（一般也接近 L_{max} 的值），仍以 $e_V = 0.1$ 计算得气体量为 V'_{max}。由 L' 和 V'_{max} 定出另一点，连接两点的直线，即为过量雾沫夹带线（如图 4-20 中的②所示）。

4.4.7.6　液泛线

当降液管内当量清液高度 $H_d = \varphi(H_T + h_w)$ 时，将发生液泛。

$$H_d = h_w + h_{ow} + h_f + \sum h_f \tag{4-65}$$

当塔板结构参数决定后，H_T 和 h_w 已定，φ 可认为不变。若液体流量一定，则 h_{ow} 和 $\sum h_f$ 也为定值，由此可算出干板压降 h_f 及相应的液泛气体流量。

作图时先设 L_1（一般比 L_{max} 小），算出 h_{ow1} 和 $\sum h_{f1}$，由上式计算 h_{f1} 及相应的液泛气体流量 V_1，由 L_1 和 V_1 定出一点。再设 L_2（一般取接近 L_{max}），重复计算得此时的液泛气体流量 V_2，由 L_2 和 V_2 定出另一点，由两点连直线，即为液泛线（如图 4-20 中的⑤所示）。

4.5 塔体总高及辅助装置

4.5.1 塔体总高度

塔总高度（不包括裙座）由式（4-66）决定。

$$H=H_D+(N-2-S)H_T+SH'_T+H_F+H_B \tag{4-66}$$

式中，H 为塔高（不包括裙座），m；H_D为塔顶空间，m；H_T为塔板间距，m；H'_T为开有人孔的塔板间距，m；H_F为进料段高度，m；H_B为塔底空间，m；N 为实际塔板数；S 为人孔数目（不包括塔顶空间和塔底空间的人孔）。

塔顶空间高度 H_D是指从第一层塔板到塔顶封头切线的距离，以供安装塔板和开人孔之需，也使气体中的液滴自由沉降，减少塔顶出口气体中的液体夹带，必要时还可安装泡沫装置。一般 H_D取 1.0～1.5 m，塔径大时可适当增大。

人孔数目 S 根据物料清洁程度和塔板安装方便而定，对于易结垢、结焦的物料，为经常清洗，每隔 4～6 块板就要开一个人孔；对于无需经常清洗的清洁物料，每隔 8～10 块板设置一个人孔，若塔板上下都可拆卸，可每隔 15 块板设一个人孔。

凡是人孔处的塔板间距 H'_T应等于或大于 600 mm，人孔直径一般为 450～550 mm。

进料段高度 H_F取决于进料口的结构型式和物料状态，H_F一般要比 H_T大，有时要大一倍。为了防止进料直冲塔板，常在进口处考虑防冲设施，如防冲挡板、入口堰、缓冲管等，H_F应保证这些设施的安装。

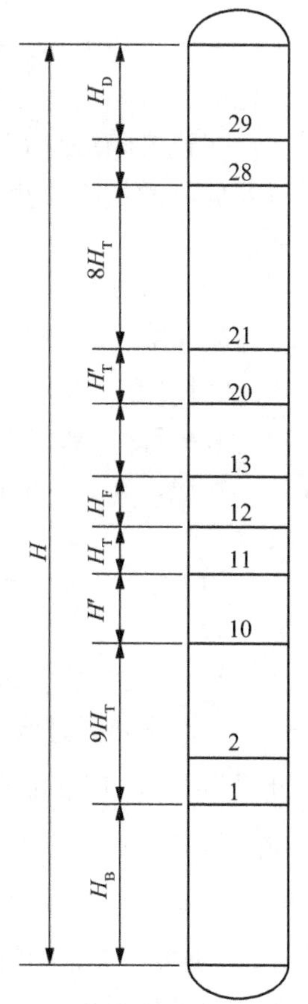

图 4-21 塔体总高度

塔底空间高度 H_B是指从塔底最末一层塔板到塔底封头的切线处的距离，具有中间储槽的作用，塔釜料液最好能在塔底有 10～15 min的储量，以保证塔底料液不致排完。但若塔的进料设有缓冲时间的容量，则塔底容量可较小。对于塔底产量大的塔，塔底容量也可取小些，有时仅取 3～5 min 的储量。对于易结焦物料，塔底停留时间则应按工艺要求而定。H_B可由储量和塔径计算。

4.5.2 接管尺寸

4.5.2.1 塔顶蒸汽管径 d_P

塔顶到冷凝器的蒸汽导管，必须具有合适的尺寸，以免压力降过大，特别是减压精馏更应注意，管径 d_P 可按式（4-67）计算。式（4-67）中蒸汽速度 u_V 在常压操作时，取 12～20 m/s；绝对压力为 6～14 kPa 时，取 30～50 m/s；绝对压力小于 6 kPa 时，取 50～70 m/s。

$$d_P=\sqrt{\frac{V_s}{\frac{\pi}{4}u_V}} \tag{4-67}$$

式中，V_s 为气相流量，m^3/s；u_V为蒸汽速度，m/s。

4.5.2.2　回流管径 d_R

通常，重力回流管内液流速度 u_R 取 0.2～0.5 m/s，强制回流（由泵输送）u_R 取 1.5～2.5 m/s。回流管径 d_R 为

$$d_R=\sqrt{\frac{4L_h}{3\,600\pi u_R\rho_L}} \tag{4-68}$$

式中，L_h 为回流液量，kg/h；ρ_L 为液相密度，kg/m^3；u_R 为液相在回流管内的速度，m/s。

4.5.2.3　进料管径 d_f 和塔釜出料管径 d_w

料液由高位槽流入塔内时，进料管内流速 u_f 可取 0.4～0.8 m/s；或由泵输送，u_f 可取 1.5～2.5 m/s，塔釜流出液体速度 u_w 一般取 0.5～1.0 m/s，计算公式与 4.5.2.2 回流管径的计算式［式 (4-68)］相同。

所有计算所得尺寸均应圆整到相应规格的管径。

4.5.3　回流冷凝器

4.5.3.1 回流型式

塔顶上升蒸汽经过全凝器全部冷凝下来成为液体，一部分回流至塔内，一部分作产品；或者，上升蒸汽经过分凝器，部分冷凝作为回流液，余下蒸汽再进入冷凝冷却器。分凝器有部分增浓作用，常可作为一个理论级。

对于小型塔，回流冷凝器一般安装在塔顶，冷凝液由重力作用回流入塔，如图 4-22 所示。

对于大型塔，塔很高，处理量大，冷凝器一般不安装在塔顶，而安装在地面或平台上，回流液由泵输送，即所谓强制回流。这种型式操作控制起来比较方便，如图 4-23 所示。

冷凝器常采用管壳式换热器，一般认为卧式壳程冷凝较好。

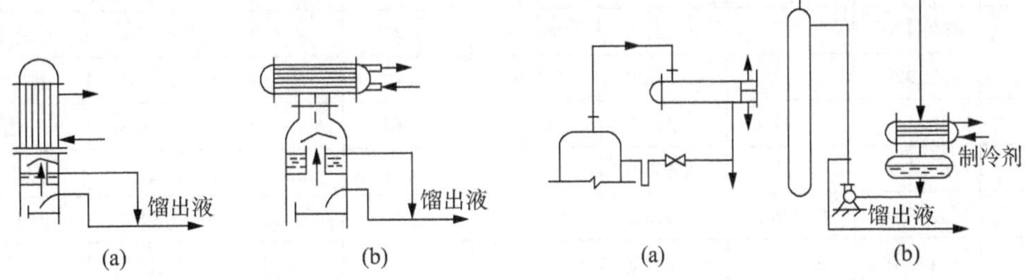

图 4-22　冷凝器整体安装　　图 4-23　冷凝器分体安装

4.5.3.2　回流冷凝器的工艺计算

回流冷凝器的工艺计算内容包括以下几个方面。

(1) 按工艺要求确定冷凝器的热负荷 Q_R，选择冷却剂、冷却剂进出口温度并计算冷却剂用量。

(2) 初估设备尺寸，由平均温度 Δt_m 和经验的总传热系数 K，计算所需的传热面积

A，并由此选择标准型号的冷凝器或自行设计。

(3) 复核传热面积，对已选型号或自行设计的设备计算实际的总传热系数 K 和实际所需传热面积。

(4) 确定安装尺寸，估计各管线长度及阻力损失，以确定冷凝器底部与回流液入口之间的高度差 H_R。

需要注意的是，由于冷凝器常用于精馏过程，考虑到精馏塔操作常需要调整回流比，同时还可能兼有调节塔压的作用，故应适当加大其传热面积的裕度。按经验，其面积裕度应在 30%左右。

4.5.4 再沸器

除热流量很小的情况外，再沸器一般都安装于塔外（外置式再沸器），以便于安装检修和更换再沸器，其传热面积也应有足够的裕度。其工艺设计第 2 章已有详细介绍。

4.5.5 塔板结构设计的其他考虑

塔板结构设计的其他考虑包括塔板紧固件、折流挡板、引流板、排液孔（泪孔）、人孔、手孔、视镜、液面计等，这里不再详细叙述，设计时可参见本章参考文献 [4] 和 [8]。

4.6 设计示例

聚乙烯醇生产中的甲醇回收塔的设计。粗甲醇处理量：14 万吨/年（年工作日以 330 天计，每天 24 小时），其中含：甲醇 38%（质量分数），水 62%（质量分数）。要求：采用常压连续精馏操作，获得的精甲醇含甲醇 97%（质量分数）；残液含甲醇 0.5%（质量分数）。已计算出 $R=2R_{min}$时需 10 块理论板，各塔板物流数据如表 4-13 所示（计算过程见 9.2.3 节）。

表 4-13 各板物流数据(R=1.591)

N	t/℃	x	y	p_A^0	p_B^0	γ_A	γ_B	备注
1	99.480	0.002 8	0.021 2	348.50	99.43	2.199	1.000	塔釜
2	97.925	0.011 7	0.083 0	331.68	94.02	2.159	1.000	提馏段
3	93.534	0.041 8	0.241 5	287.69	80.05	2.032	1.002	提馏段
4	86.185	0.118 9	0.466 0	224.81	60.54	1.765	1.014	提馏段
5	80.301	0.228 2	0.616 5	183.01	47.94	1.495	1.050	加料板
6	74.861	0.408 1	0.742 3	150.28	38.33	1.226	1.151	精馏段
7	70.758	0.613 1	0.837 8	128.93	32.20	1.074	1.318	精馏段
8	68.095	0.768 6	0.902 6	116.48	28.68	1.021	1.472	精馏段
9	66.435	0.874 1	0.947 6	109.23	26.66	1.005	1.581	精馏段
10	65.304	0.947 3	0.978 2	104.51	25.35	1.001	1.655	塔顶

试根据以上条件设计一筛板塔，全塔压降在 50 kPa 以内。

解：1) 物料衡算

$$x_F=\frac{\frac{0.38}{32}}{\frac{0.38}{32}+\frac{0.62}{18}}=0.256$$

$$x_D=\frac{\frac{0.97}{32}}{\frac{0.97}{32}+\frac{0.03}{18}}=0.948$$

$$x_W=\frac{\frac{0.005}{32}}{\frac{0.005}{32}+\frac{0.995}{18}}=0.0028$$

$$F=\frac{14\times10^4\times10^3}{[(0.256\times32+(1-0.256)\times18]\times330\times24}=819\ (\text{kmol/h})$$

$$\frac{D}{F}=\frac{x_F-x_w}{x_D-x_w}=\frac{0.256-0.0028}{0.948-0.0028}=0.268$$

$$D=0.268F=0.268\times819=219.5\ (\text{kmol/h})$$

$$W=F-D=819-219.5=599.5\ (\text{kmol/h})$$

$$\overline{V}=V=(R+1)D=(1.591+1)\times219.5=568.7\ (\text{kmol/h})$$

$$\overline{L}=L+qF=RD+F=1.591\times219.5+819=1\,168.2\ (\text{kmol/h})$$

2) 实际塔板数的确定

根据表 4-13，定性温度

$$t=\frac{t_{顶}+t_{底}}{2}=\frac{65.304+99.48}{2}=82.4\ (℃)$$

查得甲醇的物性数据，见表 4-14。

表 4-14　甲醇的物性数据

t/℃	20	40	60	80	100
μ/(mPa·s)	0.580	0.439	0.344	0.277	0.228
σ/(mN/m)	22.07	19.67	17.33	15.04	12.80
ρ/(kg/m^3)	804.8	783.5	761.1	737.4	712.0

根据内插法求得 82.4 ℃下，甲醇的黏度：

$$\mu_A=0.277+\frac{0.228-0.277}{100-80}\times(82.4-80)=0.271\ (\text{mPa}\cdot\text{s})$$

查得水的物性数据，见表 4-15。

表 4-15　水的物性数据

t/℃	10	20	30	40	50	60	70	80	90	100
μ/(mPa·s)	1.305	1.004	0.801	0.653	0.549	0.470	0.406	0.355	0.315	0.282
σ/(mN/m)	74.14	72.67	71.20	69.63	67.67	66.20	64.33	62.57	60.71	58.84
ρ/(kg/m^3)	999.7	998.2	995.7	992.2	988.1	983.2	977.8	971.8	965.3	958.4

根据内插法求得82.4℃下，水的黏度：

$$\mu_B=0.355+\frac{0.315-0.355}{90-80}\times(82.4-80)=0.345\ (\text{mPa}\cdot\text{s})$$

$$\mu_m=\left(\sum x_i\mu_i^{\frac{1}{3}}\right)^3=(x_A\mu_A^{\frac{1}{3}}+x_B\mu_B^{\frac{1}{3}})^3$$

$$=(0.256\times0.271^{\frac{1}{3}}+(1-0.256)\times0.345^{\frac{1}{3}})^3$$

$$=0.325(\text{mPa}\cdot\text{s})$$

$$\alpha_{顶}=\frac{p_A^0\gamma_A}{p_B^0\gamma_B}=\frac{104.51\times1.001}{25.35\times1.655}=2.49$$

$$\alpha_{底}=\frac{p_A^0\gamma_A}{p_B^0\gamma_B}=\frac{348.5\times2.199}{99.43\times1.000}=7.71$$

$$\alpha_m=\frac{\alpha_{顶}+\alpha_{底}}{2}=\frac{2.49+7.71}{2}=5.1$$

$$\alpha_m\mu_m=5.1\times0.325=1.66$$

由本章参考文献［1］可查得$E_T=42.5\%$。

则实际塔板数确定为

$$N=\frac{N_T-1}{E_T}=\frac{10-1}{0.425}=22$$

则实际加料板位置（从塔釜往上数）为

$$N_{加}=\left[\frac{N_R-1}{E_T}\right]+1=\left[\frac{5-1}{0.425}\right]+1=10$$

3）塔径初选（以提馏段为例）

取提馏段定性温度 $t=\frac{t_{进}+t_{底}}{2}=\frac{80.301+99.48}{2}=89.9$（℃）

根据表4-14和表4-15的物性数据，用内插法求得

$$\sigma_A=15.04+\frac{12.8-15.04}{100-80}\times(89.9-80)=13.93\ (\text{mN/m})$$

$$\rho_A=737.4+\frac{712-737.4}{100-80}\times(89.9-80)=724.8\ (\text{kg/m}^3)$$

$$\sigma_B=62.57+\frac{60.71-62.57}{90-80}\times(89.9-80)=60.73\ (\text{mN/m})$$

$$\rho_B=971.8+\frac{965.3-971.8}{90-80}\times(89.9-80)=965.4\ (\text{kg/m}^3)$$

$$V_A=\frac{M_A}{\rho_A}=\frac{32\times10^{-3}}{724.8}=4.42\times10^{-5}\ (\text{m}^3/\text{mol})$$

$$V_B=\frac{M_B}{\rho_B}=\frac{18\times10^{-3}}{965.4}=1.86\times10^{-5}\ (\text{m}^3/\text{mol})$$

$$x_A=\frac{x_{A进}+x_{A底}}{2}=\frac{0.2282+0.0028}{2}=0.1155$$

$$x_B=1-0.1155=0.8845$$

$$y_A = \frac{y_{A进} + y_{A底}}{2} = \frac{0.6165 + 0.0212}{2} = 0.3189$$

$$y_B = 1 - 0.3189 = 0.6811$$

$$\varphi_A = \frac{x_A V_A}{x_A V_A + x_B V_B}$$

$$= \frac{0.1155 \times 4.42 \times 10^{-5}}{0.1155 \times 4.42 \times 10^{-5} + 0.8845 \times 1.86 \times 10^{-5}}$$

$$= 0.2368$$

$$\varphi_B = 1 - \varphi_A = 1 - 0.2368 = 0.7632$$

$$B = \lg\left(\frac{\varphi_B^q}{\varphi_A}\right) = \lg\frac{0.7632}{0.2368} = 0.508$$

上式中甲醇的碳原子数 $q=1$。

$$Q = 0.441\left(\frac{q}{T}\right)\left(\frac{\sigma_A V_A^{\frac{2}{3}}}{q} - \sigma_B V_B^{\frac{2}{3}}\right)$$

$$= 0.441 \times \frac{1}{273.15 + 89.9} \times \left[\frac{13.93 \times (4.42 \times 10^{-5})^{\frac{2}{3}}}{1} - 60.73 \times (1.86 \times 10^{-5})^{\frac{2}{3}}\right]$$

$$= -3.06 \times 10^{-5}$$

$$A = B + Q = 0.508 - 3.06 \times 10^{-5} \approx 0.508$$

由 $\lg(\varphi_{sB}^q/\varphi_{sA}) = A = 0.508$ 及 $\varphi_{sB} + \varphi_{sA} = 1$ 得：

$$\varphi_{sB} = 0.763,\ \varphi_{sA} = 0.237$$

$$\sigma_m^{\frac{1}{4}} = \varphi_{sB}\sigma_B^{\frac{1}{4}} + \varphi_{sA}\sigma_A^{\frac{1}{4}} = 0.763 \times 60.73^{\frac{1}{4}} + 0.237 \times 13.93^{\frac{1}{4}} = 2.588$$

$$\sigma_m = 44.86\ \text{mN/m}$$

下面计算提馏段的其他物性数据：

$$\rho_L = \frac{1}{\sum \frac{x_i}{\rho_i}} = \frac{1}{\frac{0.1155}{724.8} + \frac{0.8845}{965.4}} = 929.75\ (\text{kg/m}^3)$$

$$M_L = x_A M_A + x_B M_B = 0.1155 \times 32 + 0.8845 \times 18 = 19.617\ (\text{g/mol})$$

$$M_V = y_A M_A + y_B M_B = 0.3189 \times 32 + 0.6811 \times 18 = 22.465\ (\text{g/mol})$$

$$\rho_V = \frac{M_V}{22.4} \times \frac{273.15}{T} = \frac{22.465}{22.4} \times \frac{273.15}{273.15 + 89.9} = 0.7546\ (\text{kg/m}^3)$$

$$V_S = \frac{\overline{V} M_V}{\rho_V} = \frac{568.7 \times 10^3 \times 22.465 \times 10^{-3}}{0.7546 \times 3600} = 4.703\ (\text{m}^3/\text{s})$$

$$L_S = \frac{\overline{L} M_L}{\rho_L} = \frac{1168.2 \times 10^3 \times 19.617 \times 10^{-3}}{929.75 \times 3600} = 0.0068\ (\text{m}^3/\text{s})$$

$$L_h = 0.0068 \times 3600 = 24.48\ (\text{m}^3/\text{h})$$

$$V_h = 4.703 \times 3600 = 16930.8\ (\text{m}^3/\text{h})$$

由已知条件可计算两相流动参数：

$$F_{LV}=\frac{L_s}{V_s}\left(\frac{\rho_L}{\rho_V}\right)^{0.5}=\frac{0.006\ 8}{4.703}\times\left(\frac{929.75}{0.754\ 6}\right)^{0.5}=0.050\ 8$$

参照表 4-10 取板间距 $H_T=0.5$ m。

由图 4-9 查得 $C_{20}=0.09$，再由式（4-33）可算出液泛气速：

$$\begin{aligned}u_f&=C_{20}\left(\frac{\rho_L-\rho_V}{\rho_V}\right)^{0.5}\left(\frac{\sigma}{20}\right)^{0.2}\\&=0.09\times\left(\frac{929.75-0.754\ 6}{0.754\ 6}\right)^{0.5}\times\left(\frac{44.86}{20}\right)^{0.2}\\&=3.71\ (\text{m/s})\end{aligned}$$

取泛点百分率为 80%，可求出设计气速 u'_n 和所需气体流通面积 A'_n：

$$u'_n=0.8\times3.71=2.97\ (\text{m/s})$$

$$A'_n=\frac{V_s}{u'_n}=\frac{4.703}{2.97}=1.58\ (\text{m}^2)$$

按表 4-9 选择单流型塔板，并取堰长 $L_w=0.7D$。由图 4-24 查得溢流管面积和塔板总面积之比为：

$$\frac{A'_f}{A'_T}=\frac{A'_T-A'_n}{A'_T}=0.088$$

$$A'_T=\frac{A'_n}{1-0.088}=\frac{1.58}{1-0.088}=1.73\ (\text{m}^2)$$

$$D'=\sqrt{\frac{4A_T}{\pi}}=\sqrt{\frac{4\times1.73}{3.14}}=1.48\ (\text{m})$$

根据塔设备系列化规格，将 D' 圆整到 $D=1.6$ m，作为初选塔径。对此初选塔径可以算出：

$$A_T=\frac{\pi D^2}{4}=0.785\times1.6^2=2.01\ (\text{m}^2)$$

$$A_f=0.088A_T=0.088\times2.01=0.177\ (\text{m}^2)$$

$$A_n=A_T-A_f=2.01-0.177=1.83\ (\text{m}^2)$$

$$u_n=\frac{V_s}{A_n}=\frac{4.703}{1.83}=2.57\ (\text{m/s})$$

$$L_w=0.7D=0.7\times1.6=1.12\ (\text{m})$$

实际泛点百分率为：

$$\frac{u_n}{u_f}=\frac{2.57}{3.71}\times100\%=69.3\%$$

4）塔板详细设计

选择平顶溢流堰，并参考表 4-11 取堰高 $h_w=0.05$ m。

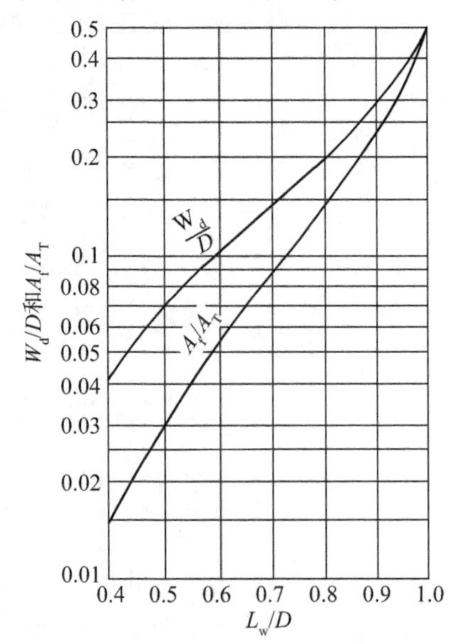

图 4-24 弓形降液管的宽度与面积

采用垂直弓形降液管和普通平底受液盘，取 $h_o=0.04$ m。

取 $W_s=W'_s=0.07$ m，$W_c=0.05$ m，又从图 4-24 求出 $W_d=0.145D=0.232$ m。于是，可以算出：

$$x=\frac{D}{2}-(W_d+W_s)=\frac{1.6}{2}-(0.232+0.07)=0.498\ (\text{m})$$

$$r=\frac{D}{2}-W_c=\frac{1.6}{2}-0.05=0.75\ (\text{m})$$

代入式（4-38）得：

$$A_a=2\left[x\sqrt{r^2-x^2}+r^2\arcsin\left(\frac{x}{r}\right)\right]$$

$$=2\times\left[0.498\times\sqrt{0.75^2-0.498^2}+0.75^2\arcsin\left(\frac{0.498}{0.75}\right)\right]=1.375\ (\text{m}^2)$$

取 $d_o=6$ mm，$t/d_o=3.0$

$$\varphi=\frac{A_o}{A_a}=\frac{0.907}{(t/d_o)^2}=\frac{0.907}{3^2}=0.1008$$

$$A_o=A_a\varphi=1.375\times0.1008=0.139\ (\text{m}^2)$$

5）塔板校核

（1）板压降的校核

取板厚 $\delta=3$ mm，$\frac{\delta}{d_o}=\frac{3}{6}=0.5$

$A_o/(A_T-2A_f)=0.139/(2.01-2\times0.177)=0.084$，由图 4-14 查出 $C_o=0.72$。由式（4-47）可求出干板压降：

$$h_d=\frac{1}{2g}\frac{\rho_V}{\rho_L}\left(\frac{u_o}{C_o}\right)^2=\frac{1}{2g}\frac{\rho_V}{\rho_L}\left(\frac{V_s}{A_oC_o}\right)^2$$

$$=\frac{1}{2\times9.81}\times\frac{0.7546}{929.75}\times\left(\frac{4.703}{0.139\times0.72}\right)^2$$

$$=0.091\ (\text{m 液柱})$$

由 $\frac{L_w}{D}=0.7$，$\frac{L_h}{L_w^{2.5}}=\frac{24.48}{1.12^{2.5}}=18.4$，查图 4-11 得修正系数 $E=1.03$

代入式（4-43）可以求得堰上液高：

$$h_{ow}=2.84\times10^{-3}E\left(\frac{L_h}{L_w}\right)^{\frac{2}{3}}=2.84\times10^{-3}\times1.03\times\left(\frac{24.48}{1.12}\right)^{\frac{2}{3}}=0.023\ (\text{m})$$

按面积（A_T-2A_f）计算的气体速度

$$u_a=\frac{V_s}{A_T-2A_f}=\frac{4.703}{2.01-2\times0.177}=2.84\ (\text{m/s})$$

相应的气体动能因子：

$$F_a=u_a\rho_V^{0.5}=2.84\times0.7546^{0.5}=2.47$$

从图 4-16 查得液层充气系数β=0.57，由式（4-50）求出液层阻力

$$h_L=\beta\ (h_w+h_{ow})\ =0.57\times\ (0.05+0.023)\ =0.042\ (\text{m 液柱})$$

于是，板压降：

$$\begin{aligned}h_f&=h_d+h_L=0.091\ \text{m 液柱}+0.042\ \text{m 液柱}=0.133\ \text{m 液柱}\\&=929.75\times9.81\times0.133\ \text{Pa}\approx1213\ \text{Pa}=1.2\ \text{kPa}\end{aligned}$$

全塔压降：22×1.2 kPa=26.4 kPa<50 kPa

满足压降要求。

(2) 液沫夹带量的校核

按 F_{LV}=0.0508 和泛点百分率为 69.3%，从图 4-25 查得ψ=0.04。由式（4-56）求得：

$$e_v=\frac{\psi}{1-\psi}\frac{L_s\rho_L}{V_s\rho_V}=\frac{0.04}{1-0.04}\times\frac{0.0068\times929.75}{4.703\times0.7546}=0.074<0.1\ \frac{\text{kg 液体}}{\text{kg 干气体}}$$

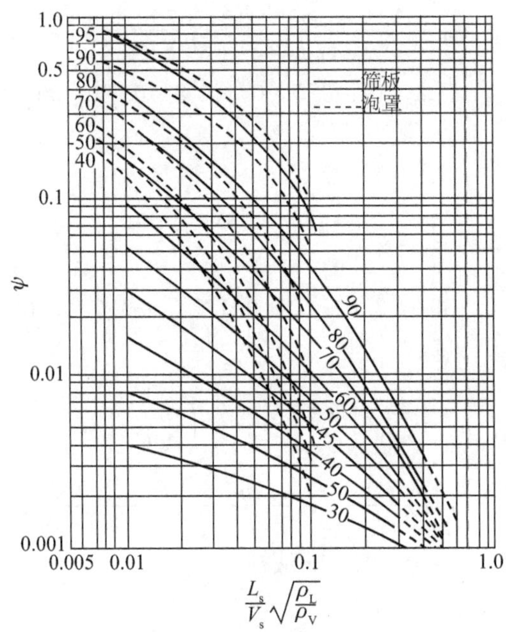

图 4-25 液沫夹带关联图

(3) 溢流液泛条件的校核

溢流管中的当量清液高度可由式（4-52）计算，式中，

$$h_w=0.05\ \text{m}$$
$$h_{ow}=0.023\ \text{m}$$
$$\Delta=0$$
$$h_f=0.133\ \text{m}$$

$$\sum h_f=0.153\left(\frac{L_s}{L_wh_o}\right)^2=0.153\times\left(\frac{0.0068}{1.12\times0.04}\right)^2=0.004(\text{m})$$

故降液管内的当量清液高度 $H_d=0.05\ \text{m}+0.023\ \text{m}+0.133\ \text{m}+0.004\ \text{m}+0=0.21\ \text{m}$。

甲醇－水混合物不易起泡，取 $\phi=0.6$。降液管内泡沫层高度

$$H_{fd}=\frac{H_d}{\phi}=\frac{0.21}{0.6}\text{m}=0.35\ \text{m}<0.55\ \text{m}$$

不会发生溢流液泛。

(4) 液体在降液管内停留时间的校核

由式 (4-55) 可以算出液体在降液管内的停留时间

$$\tau=\frac{A_f H_d}{L_s}=\frac{0.177\times0.21}{0.006\ 8}\text{s}=5.5\ \text{s}>3\ \text{s}$$

故不会产生严重气泡夹带。

(5) 漏液点的校核

设漏液点的孔速 $u_{ow}=12.7\ \text{m/s}$，相应的动能因子（以 A_a 为基准）

$$F=u_a\rho_v^{0.5}=\frac{u_{ow}A_o}{A_T-2A_f}\rho_v^{0.5}=\frac{12.7\times0.139}{2.01-2\times0.177}\times0.754\ 6^{0.5}=0.93$$

塔板上当量清液高度可由式 (4－60) 算出：

$$\begin{aligned}h_c&=0.006\ 1+0.725h_w-0.006F+1.23\frac{L_s}{L_w}\\&=0.006\ 1+0.725\times0.05-0.006\times0.93+1.23\frac{0.006\ 8}{1.12}=0.044\end{aligned}$$

由图 4-19 查得漏液点的干板压降 $h_d=0.012$ m 水柱＝0.013 m 液柱，由此求出漏液点孔速为

$$u_{ow}=\left(\frac{2gh_d\rho_L C_o^2}{\rho_V}\right)^{0.5}=\left(\frac{2\times9.81\times0.013\times929.75\times0.72^2}{0.754\ 6}\right)^{0.5}=12.8\ (\text{m/s})$$

此计算值与假定值非常接近，故计算结果正确（也可用 Excel 进行计算，见第 9 章）。

塔板的稳定系数为：

$$k=\frac{u_o}{u_{ow}}=\frac{\frac{4.703}{0.139}}{12.8}=2.64>(1.5\sim2.0)$$

这表明塔板具有足够的操作弹性。

6) 负荷性能图

(1) 液相下限线

令 $h_{ow}=0.006$ m，并假设修正系数 $E=1.02$，则

$$\left(\frac{L_h}{L_w}\right)^{2/3}=\frac{h_{ow}}{2.84\times10^{-3}E}=\frac{0.006}{2.84\times10^{-3}\times1.02}=2.07$$

$$L_h=2.07^{3/2}\times1.12=3.3\ (\text{m}^3/\text{h})$$

根据 $L_h=3.3\ \text{m}^3/\text{h}$，由图 4-11 查得 $E=1.02$，表明计算结果正确。在负荷性能图

$L_h=3.3\ m^3/h$ 处作垂线得液相下限线（如图 4-26 线 4 所示）。

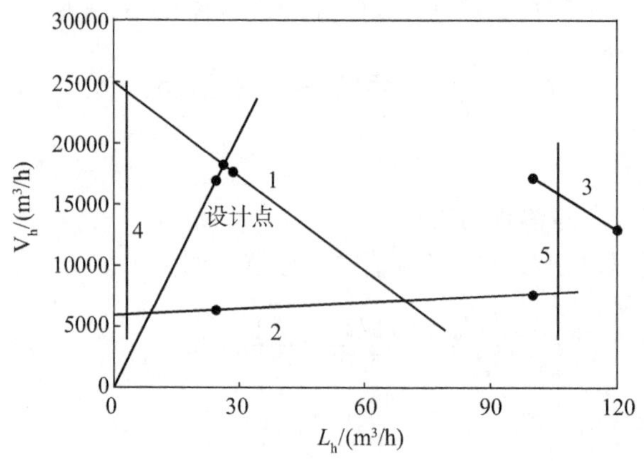

图 4-26　负荷性能图

(2) 液相上限线

液相上限值可根据式（4－64）计算，取停留时间为 3 s。

$$L_h=\frac{A_f H_T\times 3\ 600}{3}=\frac{0.177\times 0.5\times 3\ 600}{3}=106\ (m^3/h)$$

在负荷性能图 $L=106\ m^3/h$ 处作垂线即为液相上限线（如图 4-26 线 5 所示）。

(3) 漏液线

把漏液点近似看成直线，可由两点大致确定其位置。

第一点取液体的流量为设计负荷 $L_h=24.48\ m^3/h$，其漏液点孔速为 $u_{ow}=12.8\ m/s$，相应的气体流量为：

$$V_h=u_{ow}A_o=12.8\times 3\ 600\times 0.139=6\ 405\ (m^3/h)$$

第二点取液体量为 $L_h=100\ m^3/h$ $\left(L_s=\frac{100}{3\ 600}m^3/s=0.028\ m^3/s\right)$，根据式（4-60）和图 4-19 求得漏液点孔速 $u_{ow}=15.3\ m/s$，相应的气体流量 $V_h=7\ 656\ m^3/h$。

由以上两点可得漏液线（如图 4-26 线 2 所示）。

(4) 过量液沫夹带线

同样将此线近似看成直线，由两点确定其位置。

第一点取液气比（液气质量流率比 W_L/W_V）与设计点相同，$F_{LV}=0.050\ 8$，即 $\frac{W_L}{W_V}=\frac{L_h\rho_L}{V_h\rho_V}=\frac{24.48\times 929.75}{16\ 930.8\times 0.754\ 6}=1.78$。令 $e_v=0.1$，求出相应的液沫夹带分率

$$\psi=\frac{e_v}{\frac{W_L}{W_V}+e_v}=\frac{0.1}{1.78+0.1}=0.053$$

据 F_{LV} 和 ψ，从图 4-25 查得泛点百分率为 75%。液泛速度 $u_f=3.71$ 已经算出，故在 $e_v=0.1$ 时，

$$u_n=0.75u_f=0.75\times 3.71=2.78\ (m/s)$$

相应的气体流量和液体流量为

$$V_h = u_n A_n \times 3\ 600 = 2.78 \times 1.83 \times 3\ 600 = 18\ 315\ (m^3/h)$$

$$L_h = \frac{W_L \rho_V}{W_V \rho_L} V_h = 1.78 \times \frac{0.754\ 6}{929.75} \times 18\ 315 = 26.5\ (m^3/h)$$

第二点取液气比（液气质量流率比）$W_L/W_V=2$，由此可以算出两相流动参数 F_{LV}：

$$F_{LV} = \frac{L_s}{V_S}\left(\frac{\rho_L}{\rho_V}\right)^{0.5} = \frac{L_h \rho_L}{V_h \rho_V}\left(\frac{\rho_V}{\rho_L}\right)^{0.5} = \frac{W_L}{W_V}\left(\frac{\rho_V}{\rho_L}\right)^{0.5} = 2 \times \left(\frac{0.754\ 6}{929.75}\right)^{0.5} = 0.057$$

令 $e_v=0.1$，求出相应的液沫夹带分率：

$$\psi = \frac{e_v}{\frac{W_L}{W_V} + e_v} = \frac{0.1}{2+0.1} = 0.047\ 6$$

由图 4-25 查得此时的液泛百分率为 74%。根据 $F_{LV}=0.057$ 和 $H_T=0.5$，由图 4-9 查得 $C_{20}=0.088$，算出液泛速度：

$$\begin{aligned} u_f &= C_{20}\left(\frac{\rho_L - \rho_V}{\rho_V}\right)^{0.5}\left(\frac{\sigma}{20}\right)^{0.2} \\ &= 0.088 \times \left(\frac{929.75 - 0.754\ 6}{0.754\ 6}\right)^{0.5} \times \left(\frac{44.86}{20}\right)^{0.2} \\ &= 3.63\ (m/s) \end{aligned}$$

$$u_n = 0.74 u_f = 0.74 \times 3.63\ m/s = 2.69\ (m/s)$$

由此，可以求出相应的气液流量为：

$$V_h = u_n A_n \times 3\ 600 = 2.69 \times 1.83 \times 3\ 600 = 17\ 722\ (m^3/h)$$

$$L_h = \frac{W_L \rho_V}{W_V \rho_L} V_h = 2 \times \frac{0.754\ 6}{929.75} \times 17\ 722 = 28.8\ (m^3/h)$$

由以上两点可得过量液沫夹带线（如图 4-26 线 1 所示）。

(5) 溢流液泛线

对已设计的筛板塔，当降液管内当量清液高度

$$H_d = \phi(H_T + h_w) = 0.6 \times (0.5 + 0.05) = 0.33\ (m)$$

时，将发生溢流液泛。

对一定液体流量 L，h_{ow}、Σh_f、h_l（由图 4-16 可知，当气速较高时，充气系数 β 趋近于常数 0.57）与气体流量无关，液面落差可忽略不计。这样，可求出液泛时的干板压降及相应的气体流量。

第一点取 $L_h=100\ m^3/h$，求出 h_{ow}，Σh_f，h_L。

由$\frac{L_w}{D}=0.7$，$\frac{L_h}{L_w^{2.5}}=\frac{100}{1.12^{2.5}}=75.3$，查图 4-11 得修正系数 $E=1.11$。

$$h_{ow} = 2.84 \times 10^{-3} E \left(\frac{L_h}{L_w}\right)^{\frac{2}{3}} = 2.84 \times 10^{-3} \times 1.11 \times \left(\frac{100}{1.12}\right)^{\frac{2}{3}} = 0.063\ (m)$$

$$\sum h_f = 0.153\left(\frac{L_s}{L_w h_o}\right)^2 = 0.153\times\left(\frac{100/3\ 600}{1.12\times 0.04}\right)^2 = 0.059\ (\text{m})$$

取液层充气系数 $\beta=0.57$，由式（4-50）求出液层阻力：

$$h_L = \beta\ (h_w + h_{ow}) = 0.57\times\ (0.05+0.063) = 0.064\ (\text{m 液柱})$$

液泛时的干板压降

$$h_d = H_d - (h_w + h_{ow} + \sum h_f + h_L) = 0.33 - (0.05+0.063+0.059+0.064) = 0.094\ \text{m}$$

相应的泛点孔速和气体流量为：

$$u_o = \left(\frac{2gh_d\rho_L C_o^2}{\rho_V}\right)^{0.5} = \left(\frac{2\times 9.81\times 0.094\times 929.75\times 0.72^2}{0.754\ 6}\right)^{0.5} = 34.3\ (\text{m/s})$$

$$V_h = u_o A_o \times 3\ 600 = 34.3\times 0.139\times 3\ 600 = 17\ 164\ (\text{m}^3/\text{h})$$

第二点取 $L_h=120\ \text{m}^3/\text{h}$，同理求出 $h_{ow}=0.072m$，$\sum h_f=0.085$ m，$h_L=0.070$ m。液泛时的干板压降、孔速和气体流量分别为

$$h_d = 0.053\ \text{m}$$

$$u_o = 25.8\ \text{m/s}$$

$$V_h = 12\ 910\ \text{m}^3/\text{h}$$

如同样将溢流液泛线近似看成直线，连接以上两点即可求得（如图 4-26 线 3 所示)。

图 4-26 为所设计筛板的负荷性能图，前面已计算出提馏段 $L_h=24.48\ \text{m}^3/\text{h}$，$V_h=16\ 930.8\ \text{m}^3/\text{h}$，即图中的设计点。由此图可以看出，如对原设计加以修改，适当缩小降液管面积 A_f，可以得到更好的负荷性能。此时，线 1 将升高，对提高生产能力有利；而线 5 将左移，但不会造成危害。此外，从图 4-26 还可看出，由于甲醇-水混合物不易起泡(取 $\phi=0.6$)，降液管内液体的平均密度较大，故溢流液泛线位于正常操作范围外。

7) 塔高及接管尺寸的计算

(1) 塔高计算

本塔共 22 块塔板，人孔数 $S=2$（第 7 块和第 15 块设置人孔)，开有人孔的塔板间距 $H'_T=0.7$ m；进料板为第 10 块（从下往上数)，板间距 $H_F=0.8$ m；取塔顶高度 $H_D=1.5$ m。由于塔底料液甲醇含量很低，可以按纯水近似计算体积，取停留时间为 12 min，塔底空间 H_B 由下面的方法计算：

$$\overline{L} = 1\ 168.2\ \text{kmol/h}$$

$$V_L = \frac{\overline{L}M_B}{\rho_B} = \frac{1\ 168.2\times 18}{958.4} = 21.9\ (\text{m}^3/\text{h}) = 0.006\ 1\ (\text{m}^3/\text{s})$$

$$H_B = \frac{V_L\tau}{\frac{\pi}{4}D^2} = \frac{0.006\ 1\times 12\times 60}{0.785\times 1.6^2} = 2.2\ (\text{m})$$

塔总高度（不包括裙座)：

$$H=H_D+(N-2-S)H_T+SH'_T+H_F+H_B$$
$$=1.5+(22-2-2)\times 0.5+2\times 0.7+0.8+2.2$$
$$=14.9\ (\mathrm{m})$$

(2) 接管尺寸计算

① 塔顶蒸汽出口管径 d_p

塔顶蒸汽速度取 $u_p=15\ \mathrm{m/s}$

$$V=(R+1)D=568.7\ \mathrm{kmol/h}$$

$$V_{S1}=568.7\times 22.4\times\frac{273.15+65.304}{273.15}=15\,784\ (\mathrm{m^3/h})=4.38\ (\mathrm{m^3/s})$$

$$d_p=\sqrt{\frac{V_{S1}}{\frac{\pi}{4}u_p}}=\sqrt{\frac{4.38}{0.785\times 15}}=0.610\ (\mathrm{m})=610\ (\mathrm{mm})$$

故选无缝钢管 ϕ630 mm×10 mm。

② 塔顶回流管径 d_R

拟采用强制回流，取回流速度 $u_R=1.5$ m/s。由于塔顶料液水含量很低，可以按纯甲醇近似计算体积：

$$L=RD=1.591\times 219.5=349.2\ (\mathrm{kmol/h})$$

$$V_{S2}=\frac{LM_A}{\rho_A}=\frac{349.2\times 32}{761.1}=14.7\ (\mathrm{m^3/h})=0.004\,1\ (\mathrm{m^3/s})$$

$$d_R=\sqrt{\frac{V_{S2}}{\frac{\pi}{4}u_R}}=\sqrt{\frac{0.004\,1}{0.785\times 1.5}}=0.059\ \mathrm{m}=59\ \mathrm{mm}$$

故选无缝钢管 ϕ68 mm×4 mm。

③ 进料管径 d_f

取进料速度 $u_f=1.5$ m/s。进料组成 $x_A=0.256$，$x_B=1-0.256=0.744$；进料温度大约是 80℃。此时：$\rho_A=761.1\ \mathrm{kg/m^3}$，$\rho_B=971.8\ \mathrm{kg/m^3}$。

$$\rho_L=\frac{1}{\sum\frac{x_i}{\rho_i}}=\frac{1}{\frac{0.256}{761.1}+\frac{0.744}{971.8}}=907.5\ (\mathrm{kg/m^3})$$

$$V_{S3}=\frac{\frac{14\times 10^4\times 10^3}{330\times 24}}{\rho_L}=\frac{17\,676}{907.5}=19.5\ (\mathrm{m^3/h})=0.005\,4\ (\mathrm{m^3/s})$$

$$d_f=\sqrt{\frac{V_{S3}}{\frac{\pi}{4}u_f}}=\sqrt{\frac{0.005\,4}{0.785\times 1.5}}=0.068\ (\mathrm{m})=68\ (\mathrm{mm})$$

故选无缝钢管 ϕ76 mm×4 mm。

④ 塔釜出液管径 d_w

取流出液体速度 $u_w=1.0$ m/s。由于塔底料液甲醇含量很低，按纯水近似计算体积。如果采用内置式再沸器，液体流量用 W；如果采用外置式再沸器，液体流量用 $\overline{L}$。

$$V_{s4}=\frac{\overline{L}M_B}{\rho_B}=\frac{1\ 168.2\times18}{958.4}=21.9\ (m^3/h)\ =0.006\ 1\ (m^3/s)$$

$$d_w=\sqrt{\frac{V_{S4}}{\frac{\pi}{4}u_w}}=\sqrt{\frac{0.006\ 1}{0.785\times1.0}}=0.088\ (m)\ =88\ (mm)$$

故选无缝钢管 ϕ95 mm×4 mm。

⑤ 塔釜蒸汽回流管径 d_Z

如果采用内置式再沸器，不需要蒸汽回流管；如果采用外置式再沸器，气体流量用 $\overline{V}$。塔顶蒸汽速度取 $u_Z=15$ m/s。

$$\overline{V}=V=\ (R+1)\ D=568.7\ kmol/h$$

$$V_{S5}=568.7\times22.4\times\frac{273.15+99.48}{273.15}=17\ 378\ (m^3/h)\ =4.83\ (m^3/s)$$

$$d_z=\sqrt{\frac{V_{S5}}{\frac{\pi}{4}u_z}}=\sqrt{\frac{4.83}{0.785\times15}}=0.640\ (m)\ =640\ (mm)$$

故选无缝钢管 ϕ 660 mm×10 mm。

8) 辅助设备的选型

辅助设备包括塔顶的冷凝器、塔釜再沸器和加料泵，详见第 2 章。

本章参考文献

[1] 陈敏恒，丛德滋，方图南，等. 化工原理（下册）. 4 版. 北京：化学工业出版社，2015.

[2] 化学工程手册编委会. 化学工程手册. 北京：化学工业出版社，1989.

[3] 北京化工研究院. 浮阀塔. 北京：燃料化学工业出版社，2002.

[4] 贺匡国. 化工容器及设备设计简明手册. 北京：化学工业出版社，2002.

[5] Coulson J M, et al. Chemical Engineering. New York:Pergamon Press. 1991.

[6] 匡国柱，史启才. 化工单元过程及设备课程设计. 北京：化学工业出版社，2002.

[7] 化工设备设计全书编委会. 化工设备设计. 上海：上海科学技术出版社，1988.

[8] 王松汉. 石油化工设计手册. 北京：化学工业出版社，2002.

[9] 郭天民. 多元汽液平衡和精馏. 北京：化学工业出版社，1983.

[10] 贾绍义，柴诚敬. 化工原理课程设计. 天津：天津大学出版社，2002.

[11] 陈英南，刘玉兰. 常用化工单元设备的设计. 上海：华东理工大学出版社，2005.

[12] 化学工程手册编委会. 化学工程手册. 北京：化学工业出版社，1999.

第 5 章 转盘萃取塔的设计

5.1 概述

利用溶质在两种互不相溶（或部分互溶）的液相之间分配不同的性质来实现液体混合物的分离或提纯，这样的单元操作叫作液-液萃取。液-液萃取有时也被称为抽提或溶剂萃取。由于液-液萃取可以根据分离对象和要求来选择适当的萃取剂和流程，因此分离效果好，选择性高，往往可以解决一些其他分离方法难以解决的问题。例如，当两组分的相对挥发度为 1.0～1.2 时，液-液萃取往往比蒸馏更为经济和实用。液-液萃取通常在常温或较低温度下进行，因而能耗低，特别适合于热敏物质的分离和废水中所溶解的物质的去除或回收。液-液萃取也容易实现两相逆流操作，广泛地应用于大规模的连续化生产中。因而，其应用范围不断扩大，不仅遍及石油、化工、湿法冶金、原子能、医药工业等工业部门，而且在生物工程和新材料等高科技领域和环保领域中也获得了越来越广泛的应用。

萃取设备为萃取过程提供了良好的传质条件，使液-液两相充分接触，同时伴有高度的湍流流动，保证两相之间能迅速有效地进行质量传递，还应使两相能够及时地分离。因为液-液两相的密度差远不及气-液两相的密度差大，且随着两相中溶质含量的提高，逐渐趋近临界混溶点，导致两相密度差迅速下降，使得液-液两相流动的体积力随之减小，湍动减缓，影响了萃取过程的分离效率和生产能力。液-液萃取设备按接触方式可大致分为逐级接触式和连续接触式两类。每类中根据设备结构的不同，又可分成若干类。

萃取设备种类很多，但萃取设备的研究至今还不够成熟，目前尚不存在各种性能都比较优越的设备，因此在设计时慎重地选择适宜的设备是十分必要的。表 5-1 列出了一些萃取设备选型的一般原则。若系统性质未知时，最好通过试验研究确定，然后进行放大设计。

由于篇幅所限，本文仅对转盘萃取塔的设计进行介绍，若需选用其他型式的萃取设备，可参考文献［6］，文献［6］对各种萃取设备有较详细的介绍。

转盘塔是一种带机械搅拌的萃取塔，它利用旋转圆盘施加机械能，使液-液两相得到良好的分散与混合，以提高传质速率。

转盘塔是在 1948—1952 年间发展起来的，由于它具有处理能力大、分离效率高、结构较简单和操作稳定等优点，因而在石油炼制和石油化学工业中获得广泛应用。此外，它还可用作化学反应器。由于它不易堵塞，因此也适用于处理含有固体物料的场合。至今，国内外对转盘塔的性能和数学模型已做了大量的研究工作，为转盘塔的放大设计提供了依据。然而，由于体系的物理性质对转盘塔的性能有很大影响，而在实际操作条件下，体系的物性又很难精确预测，因此进行中间试验往往是十分必要的。

表 5-1 萃取器的选型

比较内容	喷洒塔	填料塔	脉冲填料塔	转盘塔	振动筛板塔	脉冲筛板塔	筛板塔	搅拌填料塔	不对称转盘塔	混合澄清器(水平)	混合澄清器(垂直)	离心式萃取器
通过能力 q_V/[L/(m³/h)]												
<0.25	3	3	3	3	3	3	3	3	3	1	1	0
0.25~2.5	3	3	3	3	3	3	3	3	3	3	3	1
2.5~25	3	3	3	3	3	3	3	3	3	3	3	3
25~250	3	3	3	3	1	1	3	1	1	3	1	0
>250	1	1	1	1	0	1	1	0	0	5	1	0
理论级数 N												
≤1.0	5	3	3	3	3	3	3	3	3	3	3	3
1~5	1	3	3	3	3	3	3	3	3	3	3	0
5~10	0	3	3	3	3	3	3	3	3	3	3	0
10~15	0	1	3	1	3	3	1	3	1	3	1	0
>15	0	1	1	1	1	1	1	1	1	3	1	0
物理性质 $(\sigma/\Delta\rho g)^{1/2}$												
>0.60	1	1	3	3	3	3	1	3	3	3	3	5
密度差 $\Delta\rho$/(g/m³)												
≥0.03 ≤0.05	3	3	0	0	0	0	1	0	1	1	1	5
黏度 μ_C 和 μ_D/(Pa·s)												
>0.02	1	1	1	1	1	1	1	1	1	1	1	1
两液相比 F_D/F_C												
<0.2 或 >5	1	1	1	1	1	1	3	1	1	5	5	3
停留时间	长	长	较短	较短	较短	较短	长	长	长	长	长	短
处理含固体物料,料液含固体量(质量分数)												
<0.1%	3	1	1	3	3	3	1	1	1	3	3	1
0.1%~1%	1	1	1	3	3	3	0	0	0	1	1	1
>1%	1	0	0	1	1	1	0	0	0	1	1	1
乳化状况												
轻微	3	1	1	1	1	1	3	1	1	1	1	5
较严重	1	1	0	0	0	0	1	0	0	0	0	3
设备材质												
金属	5	5	5	3	3	3	3	3	3	3	3	5
非金属	5	5	1	0		1	1	0	0	5	1	0
设备清洗	容易	不易	不易	较易	较易	较易	不易	不易	较易	较易	较易	较易
运行周期	长	长	较长	较长	较长	较长	长	较长	较长	较长	较长	较短

注:0—不适用;1—可能适用;3—适用;5—最合适。

5.1.1 结构概况

转盘塔的结构如图 5-1 所示。塔体是圆筒,内壁上水平地安装了一系列中心开孔的

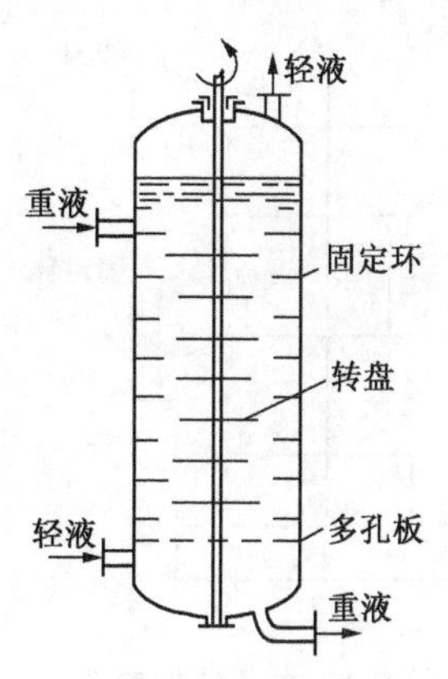

图 5-1　转盘塔的结构示意图

圆板，称固定环。它将塔的萃取段分隔成许多小室。在每个小室中，有一可旋转的平滑圆盘（转盘），转盘安装在位于塔中心的转轴上。转轴由装在塔顶的电机驱动。固定环内孔和转盘外周之间有一定间隙，以方便转盘的装入。塔的顶部和底部是澄清段。澄清段应该有足够的高度和体积，使两相有足够的停留时间，以保证两相获得良好的分离。澄清段与萃取段之间安装格栅作镇流件，以消除流体在萃取段中获得的旋转动能，改善上、下澄清段的分离效果。

5.1.2　转盘塔内的流型

逆流操作的转盘塔，轻相从塔的底部进入，重相从塔的顶部加入。先加入的并充满全塔的液相作为连续相，后加入的就分散到先加入液体中，成为分散相。无论重相还是轻相，皆可作为连续相。

在转盘塔中，液体有如下三种运动。

(1) 两相的逆流流动：由于转盘是水平安装的，旋转时不产生轴向力，液滴在垂直方向上的流动仍靠密度差推动。重相和轻相做相反方向的运动。

(2) 旋转运动：因转盘的旋转，带动液体一起做旋转运动。

(3) 径向环流：旋转所产生的离心力，使液体沿着转盘的半径方向做离心移动。在流至塔壁后，就沿着塔壁做轴向移动，在受到固定环阻挡处，再折回沿着固定环的半径方向做向心移动，返回到塔的中心部位，于是形成了封闭的径向环流，如图 5-2 (a) 所示。

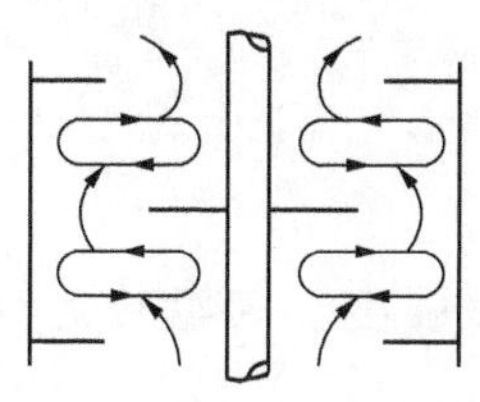

(a) 流动模型，由 Reman 提出

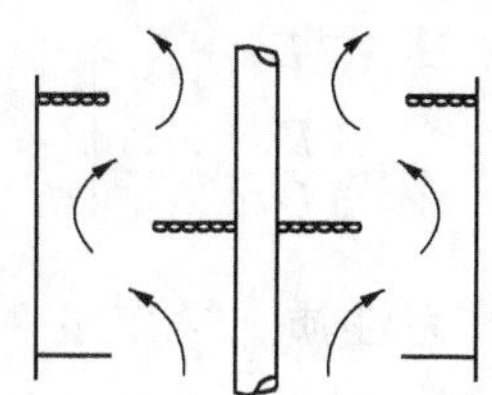

(b) 实验观察到的流动模型，转盘周边速度<90 m/min

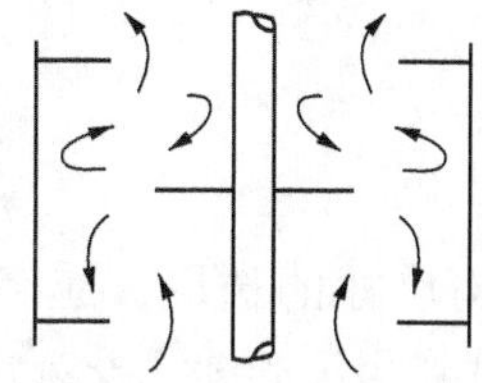

(c) 实验观察到的流动模型，转盘周边速度>90 m/min

图 5-2　流体流动模型

转盘塔的操作可分为层流、湍流两个操作阶段（如图 5-2 (b) (c) 所示），其转换点的转速称为临界转速。低于此转速时为层流操作，此阶段内转速的增加对液滴尺寸和分散相滞留率（分散相在塔内液体中所占的体积分数）无多大影响，液滴在固定环与转盘间曲折流过，甚至还有液滴附着在转盘和固定环的表面上，此阶段的通量大，但传质效率低。高于临界转速时为湍流操作，此阶段内随着转速的提高，径向环流增强，液滴变小，滞留率增加。液滴大多做螺旋形上升运动，部分液滴随着环流运动。转速提高使局部传质得到强化，但同时使通过能力下降，返混程度增加。在更高转速下，就会出现分散相滞留率的突然增加，于是发生液泛，这是转盘塔的操作极限。

5.1.3 主要结构参数

转盘塔的主要结构参数是：塔内径 D_T、转盘直径 D_R、固定环孔径 D_S 及隔室高度 H_T（如图5-3所示）。转盘和固定环的相对尺寸对塔的性能有重要影响。在确定转盘塔的结构尺寸时，应考虑下列因素。

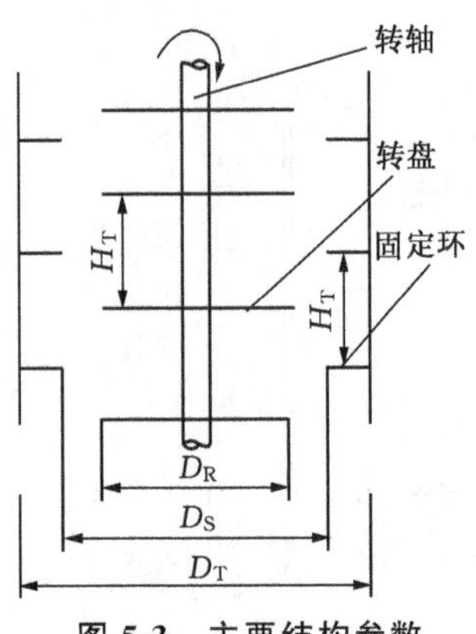

图 5-3 主要结构参数

(1) 在固定环和转盘之间形成的环流（如图5-2 (a) 所示）将有利于两相的混合和传质。为了稳定这种环流，应当使转盘和固定环也起到折流挡板的作用。因此固定环孔径和转盘直径的尺寸间应有适当比例。同时，隔室高度 H_T 也很重要。H_T/D_T 过大，使环流的轴向路径过长，稳定性变差，流体短路进入相邻隔室的概率增加，结果使环流迅速衰减，在塔壁附近形成死区，降低传质效率。

(2) 应保证两相沿垂直方向的逆流有足够大的自由截面积，此自由截面积影响转盘塔的处理能力。显然，自由截面分数 $(1-D_R^2/D_T^2)$ 和 D_S^2/D_T^2 应该比较接近，以保证均衡的流动通道。

(3) 在转盘和固定环之间应保持足够的间隙，以便于转盘和转轴的吊装。

基于大量的实验观察和生产经验，一些研究者认为转盘塔的结构尺寸应在下列范围内选取：

$$\left.\begin{aligned} &1.5 \leqslant \frac{D_T}{D_R} \leqslant 3 \\ &2 \leqslant \frac{D_T}{H_T} \leqslant 8 \\ &D_R < D_S \\ &\frac{2}{3} \leqslant \frac{D_S}{D_T} \leqslant \frac{3}{4} \end{aligned}\right\} \tag{5-1}$$

以上结构尺寸的选取，应考虑到物系性质、操作条件、机械强度和转盘转速等因素。Misek 建议用下列公式计算转盘塔的结构尺寸：

$$\left.\begin{aligned} H_T &= 0.142 D_T^{0.68} \\ D_R &= 0.50 D_T \\ D_S &= 0.67 D_T \end{aligned}\right\} \tag{5-2}$$

式中，各结构尺寸的单位为 m。按上式计算，随着塔径的增加，固定环间距和塔径的比值 H_T/D_T 减小，如图 5-4 所示。为了提高通量和效率，转盘塔的结构尺寸是可以变化的，提高转盘塔的一些参数值时，其对通量和效率的影响如表 5-2 所示。表中，“+”表示增加，“－”表示减小，N_R 为操作转速，u_D、u_C 分别为分散相和连续相的表观流速。

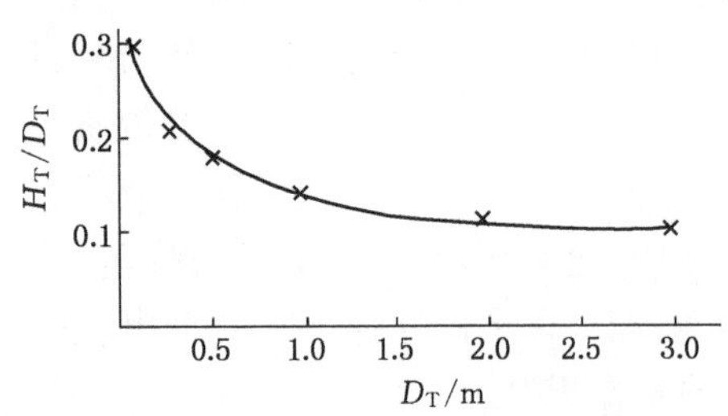

图 5-4 H_T/D_T 与 D_T 之间的关系

表 5-2　转盘塔参数与通量和效率的关系

	N_R	D_R	D_S	H_T	D_T	u_D/u_C
通　量	－	－	＋	＋	0	＋
效　率	＋	＋	－	－	0	＋

为进一步提高转盘塔的效率，近年来又开发了不对称转盘塔（偏心转盘萃取塔），其基本结构如图 5-5 所示。带有搅拌叶片 1 的转轴安装在塔体的偏心位置，塔内不对称地设置垂直挡板，将其分成混合区 3 和澄清区 4。混合区由横向水平挡板分割成许多小室，每个小室内的转盘起混合搅拌器的作用。澄清区又由环形水平挡板分割成许多小室。

偏心转盘萃取塔既保持原有转盘萃取塔用转盘进行分散的特点，同时分开的澄清区又可以使分散相液滴反复进行凝聚-再分散，减少了轴向混合，从而提高了萃取效率。此外，该类型萃取塔的尺寸范围很宽，塔高可达 30 m，塔径可达 4 m，对物质的性质（密度差、黏度、界面张力等）适应性很强，且适用于含有悬浮固体或易乳化的料液。

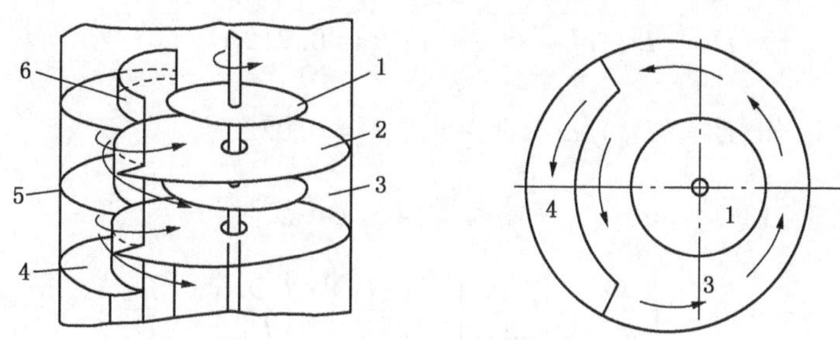

图 5-5　偏心转盘萃取塔内部结构

1—转盘；2—横向水平挡板；3—混合区；4—澄清区；5—环形分割板；6—垂直挡板

5.2　流体力学和塔径的计算

转盘塔的主要技术性能之一是塔的允许通过能力，即两相的极限通过能力。此能力通常用两相表观流速之和来表示，它决定塔的直径。对于给定的物系，在一定的操作条件下，超过这一极限就会发生液泛。本节先讨论两相极限速度，然后再讨论塔直径的计算。

5.2.1　特性速度

设重相为连续相，从塔顶进入；轻相为分散相，从塔底进入；两相逆流流动。若连续相的表观速度为 u_C，分散相的表观速度为 u_D，分散相滞留率 φ_D，则塔内两相的相对速度 u_S 为：

$$u_S = \frac{u_D}{\varphi_D} + \frac{u_C}{1-\varphi_D} \tag{5-3}$$

在液滴和连续流体组成的两相系统中，相对速度应符合颗粒的沉降规律。但在机械搅拌的转盘塔中，液滴的受力和运动情况非常复杂，两相的相对速度 u_S 并不等于液滴群的自由沉降速度，许多研究者认为有下述关系式成立：

$$\frac{u_D}{\varphi_D}+\frac{u_C}{1-\varphi_D}=u_K(1-\varphi_D) \tag{5-4}$$

式中的 u_K 不等于液滴的自由沉降速度，但与两相表观速度 u_C、u_D 无关。当物性一定时，u_K 完全由设备特性所决定，故称为特性速度。

洛盖斯达尔（Logisdail）等人提出并经肯（Kung）等人修正的特性速度的关联式为：

$$\frac{u_K\mu_C}{\sigma}=\beta\left(\frac{\Delta\rho}{\rho_C}\right)^{0.9}\left(\frac{D_S}{D_R}\right)^{2.3}\left(\frac{H_T}{D_R}\right)^{0.9}\left(\frac{D_R}{D_T}\right)^{2.7}\left(\frac{g}{D_R N_R^2}\right)^{1.0} \tag{5-5}$$

式中，u_K 为特性速度，m/s；μ_C 为连续相液体黏度，Pa·s；σ 为两相界面张力，N/m；ρ_C 为连续相液体密度，kg/m^3；$\Delta\rho$ 为两相液体密度差，kg/m^3；D_R 为转盘直径，m；D_S 为固定环内径，m；H_T 为隔室高度，m；D_T 为塔径，m；g 为重力加速度，m/s^2；N_R 为转速，1/s。

β 值有：

当 $(D_S-D_R)/D_T>\frac{1}{24}$ 时，$\beta=0.012$；

当 $(D_S-D_R)/D_T\leqslant\frac{1}{24}$ 时，$\beta=0.0225$。

Laddha 等人提出的计算公式，在湍流操作、无传质时为：

$$\frac{u_K}{\left(\frac{\sigma\Delta\rho g}{\rho_C^2}\right)^{0.25}}=0.01\left(\frac{\Delta\rho}{\rho_C}\right)^{0.5}\left(\frac{\sigma^3\rho_C}{\mu_C^4 g}\right)^{0.25}\left(\frac{H_T}{D_R}\right)^{0.9}\left(\frac{D_S}{D_R}\right)^{2.1}\left(\frac{D_R}{D_T}\right)^{2.4}\left(\frac{g}{D_R N_R^2}\right)^{1.0} \tag{5-6}$$

有传质时为：

$$\frac{u_K}{\left(\frac{\sigma\Delta\rho g}{\rho_C^2}\right)^{0.25}}=\beta\left(\frac{\Delta\rho}{\rho_C}\right)^{0.3}\left(\frac{\sigma^3\rho_C}{\mu_C^4 g}\right)^{0.125}\left(\frac{H_T}{D_R}\right)^{0.9}\left(\frac{D_S}{D_R}\right)^{2.1}\left(\frac{D_R}{D_T}\right)^{2.4}\left(\frac{g}{D_R N_R^2}\right)^{1.0} \tag{5-7}$$

式中的 β 为系数，取决于传质方向：溶质从分散相向连续相传递时，$\beta=0.11$；溶质从连续相向分散相传递时，$\beta=0.077$；其余符号与式（5-5）相同。

5.2.2 临界转速

前已述及，转盘塔的操作存在一临界转速。当转速低于此临界值时，转盘的搅拌作用较弱，液滴没有得到明显的破碎，分散相滞留率和特性速度几乎和转盘转速无关。当转速超过临界值时，液滴平均直径随转速的提高而相应减小，因而特性速度也随之下降。Laddha 等人对影响临界转速的因素进行了系统的研究，提出了估算临界转速的定量关系式，无传质时为：

$$\frac{g}{D_R N_{RC}^2}=180\left(\frac{\sigma^3\rho_C}{\mu_C^4 g}\right)^{-0.25}\left(\frac{\Delta\rho}{\rho_C}\right)^{-0.6} \tag{5-8}$$

有传质时为：

$$\frac{g}{D_R N_{RC}^2} = \alpha \left(\frac{\sigma^3 \rho_C}{\mu_C^4 g}\right)^{-0.125} \left(\frac{\Delta\rho}{\rho_C}\right)^{-0.3} \tag{5-9}$$

式中，N_{RC}为临界转速，s^{-1}。α 为系数，取决于传质方向：溶质从分散相向连续相传递时，$\alpha = 16$；溶质从连续相向分散相传递时，$\alpha = 25$；其余符号与式（5-5）相同。

转盘塔的操作转速，宜大于临界转速。有人认为，转盘的周边速度一般应大于 90 m/min。

5.2.3　两相极限速度

在转盘塔的操作中，不论增大的是分散相流速 u_D 还是连续相流速 u_C，滞留率将随之上升，但有一极限值，称为液泛滞留率 φ_{DF}。进一步提高流速，将使部分分散相液体被连续相带走，这种情况称为液泛。发生液泛时的两相表观速度称为极限速度。当然，固定 u_C、u_D，逐步增大转盘转速，也会因 u_K 的下降而使塔发生液泛。

两相极限速度可由 $\frac{\partial u_D}{\partial \varphi_D} = 0$ 或 $\frac{\partial u_C}{\partial \varphi_D} = 0$ 求得，即

$$u_{CF} = u_K (1 - 2\varphi_{DF})(1 - \varphi_{DF})^2 \tag{5-10}$$

$$u_{DF} = 2u_K \varphi_{DF}^2 (1 - \varphi_{DF}) \tag{5-11}$$

此两式表达了液泛滞留率 φ_{DF} 与两相极限速度 u_{CF}、u_{DF} 的关系。

由以上两式消去 u_K，可求得液泛滞留率

$$\varphi_{DF} = \frac{2}{3 + \sqrt{1 + \frac{8}{L_R}}} \tag{5-12}$$

式中 $L_R = u_D/u_C$ 为两相表观速度比，又称流比。此式不含有特性速度 u_K，表明液泛滞留率 φ_{DF} 与体系物性、液滴尺寸、结构型式等无关，而仅由两相流比所决定。

5.2.4　转速与功率消耗

转盘塔内分散相液滴的大小与转盘对单位体积液体所施加的能量有关。在转盘塔中，每块转盘所需的功率为：

$$P = K_N \rho N_R^3 D_R^5 \tag{5-13}$$

式中的 P 为每块转盘所需的功率（W）；K_N 为搅拌功率准数，它与搅拌雷诺数 Re_m($Re_m = N_R D_R^2 \rho/\mu$) 的关系如图 5-6 所示。实验研究表明，在雷诺数足够大的情况下 ($Re_m > 10^5$)，$K_N = 0.03$。对有 n 块转盘的塔，则全塔的功率为 nP。

单位体积的液体所获得的功率为：

$$P_V = K \frac{N_R^3 D_R^5}{H_T D_T^2} \tag{5-14}$$

式中，K 为比例系数；$\frac{N_R^3 D_R^5}{H_T D_T^2}$为功率因子。

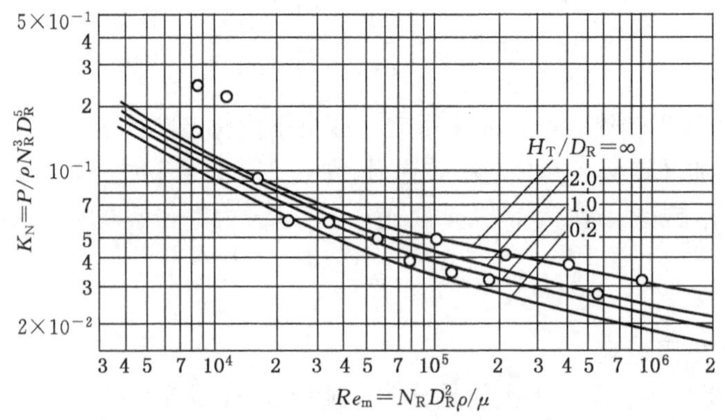

图 5-6 转盘搅拌的功率准数

体系物性对转盘塔的操作性能有明显的影响，特别是界面张力 σ 的影响很大。界面张力大的体系难以分散，单位体积液体所需输入的能量要大。对于这类体系，通常处理能力较大，但传质效率较低。界面张力小的体系容易分散，正常操作所需输入的能量低。对于这类体系，通常处理能力较小，但传质效率较高。图 5-7 为界面张力不同的体系，正常操作时单位体积液体所需输入的能量用功率因子 $N_R^3 D_R^5/(H_T D_T^2)$ 表示，可供设计参考。

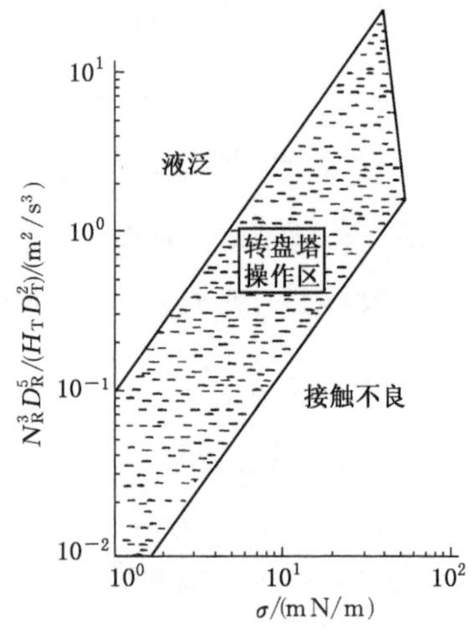

图 5-7 转盘塔的操作区

5.2.5 塔径的确定

若两相流比 L_R 已知，可由式 (5-12) 求出液泛滞留率 φ_{DF}，然后代入式 (5-10) 和式(5-11),分别计算两相极限表观速度 u_{CF}、u_{DF}。转盘塔的塔径按下式计算：

$$D_T = \sqrt{\frac{4(V_C + V_D)}{\pi f(u_{CF} + u_{DF})}} \tag{5-15}$$

式中，V_C 为连续相液体的体积流量，m^3/s；V_D 为分散相液体的体积流量，m^3/s；f 为系数，可取 0.5～0.7。

为计算塔径，必先求出特性速度 u_K，而且 u_K 的计算式含有转盘转速。通常有三种方法决定转盘的转数。

(1) 在小型实验塔内测取传质数据，设计时取大塔各主要尺寸的比例与实验塔相同，并按功率因子 $N_R^3 D_R^5/(H_T D_T^2)$ 相等的原则决定转盘的转数。此时系数 f 可取 0.6～0.7。

(2) 在缺乏实验数据时，可根据体系的界面张力由图 5-6 查得相应的功率因子，并由此决定转盘转速。

(3) 根据体系物性，由式 (5-8) 或式 (5-9) 先算出临界转速，然后求出临界转速下的特性速度 u_K，也就是层流操作的特性速度。由于此时的 u_K 较大，设计时系数 f 一般取 0.5。

由于特性速度 u_K 的关联式中还含有待求的塔径及其他结构尺寸，故必须试差计算。

所求出的塔径必须圆整至规范尺寸。

5.3　传质和塔高的计算

转盘塔的另一项主要技术性能是塔的传质速率，它决定塔的高度。传质速率通常用传质系数、传质面积和传质推动力这三者的乘积表示。本节先讨论相际传质面积和传质系数的求取，然后介绍转盘塔高度的计算方法。

5.3.1　相际传质面积和液滴平均直径

在转盘塔内，一相以液滴形式分散在另一相中。单位体积混合液体所具有的相际传质面积 a（比表面）取决于液滴平均直径 d_p（m）和分散相滞留率 φ_D，其间有如下关系

$$a = \frac{6\varphi_D}{d_p} \tag{5-16}$$

塔径和操作条件确定之后，操作条件下的分散相滞留率 φ_D 可用图解法（图 5-8）获得，也可以用试差法由式（5-4）求取。

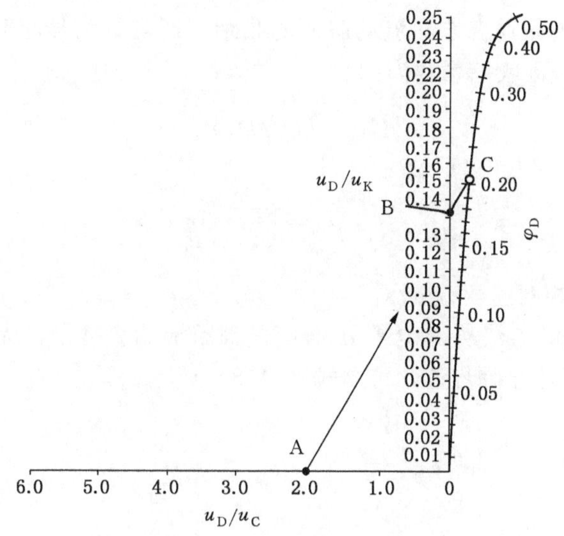

图 5-8　式（5-4）计算图

液滴平均直径通常用“体积-表面积”直径表示，其定义为

$$d_p = \frac{\sum_{i=1}^{N} d_{pi}^3}{\sum_{i=1}^{N} d_{pi}^2} \tag{5-17}$$

比表面与 d_p 成反比，液滴尺寸愈小，相际接触面积愈大，传质速率愈高。此外，当两相表观速度给定时，分散相滞留率也与液滴尺寸有关。d_p 愈小，特性速度愈小，滞留率 φ_D 愈大。由此可见液滴尺寸对传质速率的重要影响。针对这一重要参数已进行了大量研究工作。通常采用摄影法记录液滴直径，然后求其平均直径。文献［9］给出了一些计

算液滴直径的关联式，可供设计参考。然而应该注意的是，这些计算液滴平均直径的关联式大都是从有限的实验数据总结出来的，它们只能在一些特定的条件下应用。由于实验技术方面的困难，各种计算公式所求得的结果往往差别较大。因此，对设计计算比较实用的方法还有从液滴的自由沉降速度来计算相应的液滴平均直径。

Kleet 和 Treybal 的研究表明：液滴的自由沉降速度随液滴直径的变化可分为两个区域。在区域Ⅰ，沉降速度随液滴直径的增大而增大；在区域Ⅱ，随着液滴直径的增大，沉降速度基本不变。他们给出的计算式为：

$$u_{t\mathrm{I}} = 3.04\rho_C^{-0.45}\Delta\rho^{0.58}\mu_C^{-0.11}d_p^{0.70} \tag{5-18}$$

$$u_{t\mathrm{II}} = 4.96\rho_C^{-0.55}\Delta\rho^{0.28}\mu_C^{0.10}\sigma^{0.18} \tag{5-19}$$

从上面两式中消去沉降速度 u_t，可得临界液滴平均直径：

$$d_{pC} = 2.01\rho_C^{-0.14}\Delta\rho^{-0.43}\mu_C^{0.30}\sigma^{0.26} \tag{5-20}$$

上述三式中，u_t 为沉降速度，m/s；ρ_C 为连续相液体密度，kg/m^3；$\Delta\rho$ 为两相液体密度差，kg/m^3；μ_C 为连续相液体黏度，Pa·s；σ 为界面张力，N/m；d_p 为液滴直径，m。

在转盘塔内，考虑到垂直方向流动截面的收缩，通常认为最小截面处的液滴运动速度相当于沉降速度。截面收缩系数为：

$$C_R = (D_S/D_T)^2 \tag{5-21}$$

液滴的沉降速度为

$$u_t = \frac{u_S}{C_R} \tag{5-22}$$

式中，u_S 为两相相对速度，m/s。

利用 Kleet-Treybal 方法从 u_t 计算 d_p，应先判断液滴直径是否大于临界值。当 $u_t < u_{t\mathrm{II}}$ 时，液滴平均直径小于临界值，可用式 (5-18) 计算 d_p。

5.3.2 传质系数

5.3.2.1 滴内传质分系数

1) 停滞液滴的传质

液滴在连续相中运动，当直径很小、速度很低时 ($Re = d_p u_S \rho_C/\mu_C < 10$)，液滴内部处于停滞状态，犹如刚性球一般，滴内的传质全靠分子扩散。这种情况的传质可以看作和其他条件作比较时的极限情况。传质分系数 k_D 可按下式计算：

$$k_D = \frac{2\pi^2 D_D}{3d_p} \tag{5-23}$$

式中，k_D 为滴内传质分系数，m/s；D_D 为滴内分子扩散系数，m^2/s；d_p 为液滴直径，m。

2) 滞流内循环液滴的传质

当液滴较大时 ($Re > 10$)，液滴在连续相中运动，界面上的摩擦力会诱导出如图 5-9 (a)

所示的滴内环流。滞流内循环液滴的传质分系数可用下式近似计算

$$k_D = \frac{17.9D_D}{d_p} \tag{5-24}$$

式中符号与式（5-23）相同。

3）湍流内循环液滴的传质

湍流内循环的流型如图 5-9（b）所示。当运动速度大时（有人建议 $Re > 80$），液滴内不仅有切向作用力，还有径向作用力。后者使液滴变形产生摆动，即在圆球形与椭圆球形之间来回变化。由于液滴摆动所引起的界面拉伸和内部循环混合的联合作用，使得液滴的传质速率增高。在连续相阻力可以忽略时，滴内传质分系数可用下式计算：

$$k_D = \frac{0.00375u_S}{1+\frac{\mu_D}{\mu_C}} \tag{5-25}$$

式中，u_S 为两相相对速度，m/s；μ_D、μ_C 分别为分散相、连续相的黏度。

人们已对内循环液滴提出了多种模型，但由于问题复杂，研究还有待深入。

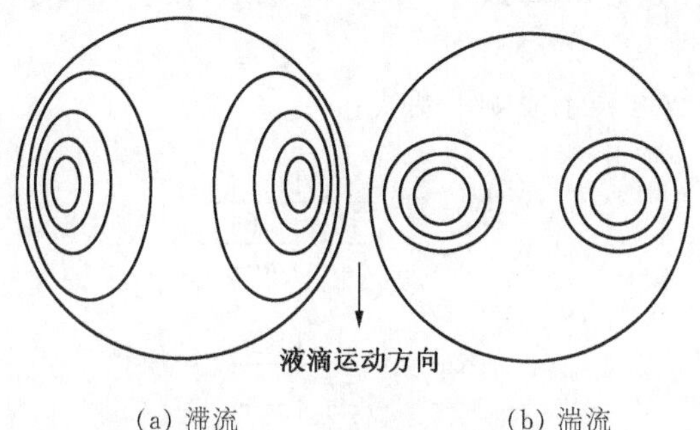

(a) 滞流　　(b) 湍流

图 5-9　液滴内循环的流型

5.3.2.2　滴外传质分系数

1）停滞液滴外侧的传质

对于停滞液滴，Treybal 提出的计算滴外传质分系数 k_C 的近似式为：

$$k_C = 0.001u_S \tag{5-26}$$

式中，u_S 为两相相对速度，m/s；k_C 为滴外传质分系数，m/s。

Calderbank 等人建议用下式计算：

$$\frac{k_C d_p}{D_C} = 0.42\left(\frac{\mu_C}{\rho_C D_C}\right)^{1/2}\left(\frac{g d_p^3 \Delta\rho\rho_C}{\mu_C^2}\right)^{1/3} \tag{5-27}$$

式中，D_C 为滴外分子扩散系数；g 为重力加速度。也有人认为此式也适用于循环液滴外侧的传质。

2）内循环液滴外侧的传质

液滴内循环可减少液滴外侧边界层的厚度，因而使传质系数增大，通常可采用下式估算内循环液滴外侧的传质分系数：

$$k_C = \sqrt{\frac{4D_C u_S}{\pi d_p}} \tag{5-28}$$

此式在计算黏度较大的液滴时误差较大，因此有人建议将上式修正为：

$$k_C = 0.6\sqrt{\frac{D_C u_S}{d_p}} \tag{5-29}$$

Calderbank 和 Moo-Young 提出，在有搅拌的情况下滴外传质分系数可用下式计算：

$$k_C = 0.13\left(\frac{P_V \mu_C}{\rho_C^2}\right)^{1/4}\left(\frac{\rho_C D_C}{\mu_C}\right)^{2/3} \tag{5-30}$$

式中，P_V 为单位体积液体的功耗，W。

5.3.2.3 *总传质系数*

设萃取相（溶剂）为分散相，萃余相（料液）为连续相，溶质在两相中的平衡关系为：

$$y = mx \tag{5-31}$$

式中，x 为萃余相浓度，kmol/m^3；y 为萃取相浓度，kmol/m^3；m 为溶质在两相间的分配系数。

按双膜理论，总传质系数可表示成如下两式：

$$K_{ox} = \frac{1}{\dfrac{1}{k_C} + \dfrac{1}{mk_D}} \tag{5-32}$$

$$K_{oy} = \frac{1}{\dfrac{m}{k_C} + \dfrac{1}{k_D}} \tag{5-33}$$

式中，K_{ox} 为以萃余相浓度差为推动力的总传质系数，m/s；K_{oy} 为以萃取相浓度差为推动力的总传质系数，m/s。

各种情况下的 k_D 和 k_C 可按式（5-23）～式（5-30）计算，然后根据式（5-32）或式（5-33）估算总传质系数。

当界面被少量杂质污染或存在表面活性物质时，界面扰动减弱，液滴内循环衰减甚至停止，因而使传质速率显著降低。这种现象在工程上是很重要的，设计时应予以考虑。必要时，应以实际物料进行中间试验。

关于转盘塔的传质特性研究很多，得出了许多传质系数的关联式[9]。Strand 等人曾对转盘塔的传质特性进行了研究和分析，他们考虑了返混的影响后，得到了真实的总传质系数的测量值，然后与从停滞液滴和湍流内循环液滴传质分系数求出的总传质系数进行了比较。对于停滞液滴，k_D 用式（5-23）计算，k_C 用式（5-26）计算；对于内循环液滴，k_D 用下式计算：

$$k_D = \frac{0.00375 u_S}{1 + \dfrac{\mu_D}{\mu_C}} + \frac{2\pi^2 D_D}{3d_p} \tag{5-34}$$

k_C 用式（5-28）计算。实验结果和计算结果用图 5-10 的方式进行比较。对于甲苯（分散相）-丙酮-水体系，当丙酮由分散相向连续相传质时，不同直径的转盘塔的实验数据处于停滞液滴和内循环液滴的计算值之间。其他的实验还表明，体系、传质方向和微量界面污物的存在都会影响实验结果。但是，塔径对结果并没有影响。因此，从小型实验塔求得的传质实验数据，按这种方式处理后，可以用来预测大型转盘塔的传质性能。

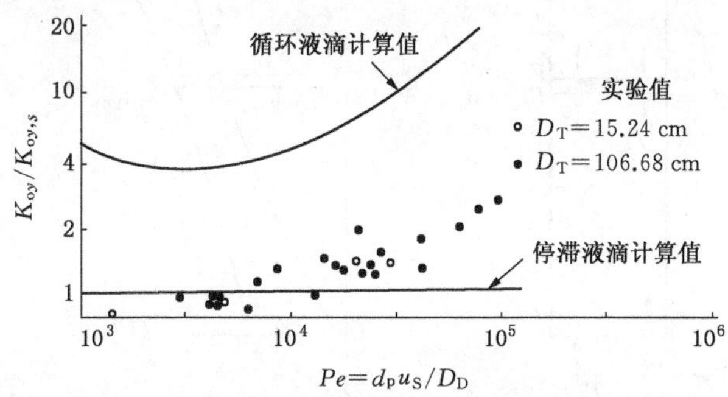

图 5-10　转盘塔的传质性能——测量值与计算值之比较

苏元复等人也对转盘塔的传质性能进行了系统研究。根据实验测定的返混和传质数据，求出真实总传质系数。把此值与按停滞液滴理论模型的预测值之比 $K_{oy}/K_{oy,s}$看作是液滴 Peclet 数（$Pe_{dr}=d_p u_S/D_D$）的函数，经过回归分析，得出如下关联式：

$$\frac{K_{oy}}{K_{oy,s}}=0.941+0.231(Pe_{dr}\times 10^{-4})+0.0132(Pe_{dr}\times 10^{-4})^2 \tag{5-35}$$

在进行转盘塔放大设计时，只要算出给定条件下的 $K_{oy,s}$和 Pe_{dr}，就可以从式（5-35）求出塔内真实的总传质系数（K_{oy}）。

5.3.3　用活塞流模型计算塔高

5.3.3.1　传质单元数和传质单元高度

影响传质速率的另一重要因素是传质推动力。当工艺条件一定时，与其他接触方式相比，两相逆流接触时的传质推动力最大。因此在转盘塔中，料液和萃取剂逆流流动，并在连续逆流过程中进行传质。图 5-11 是转盘塔物流的示意图。设萃余相的流量为 R（m^3/s），萃取相的流量为 E（m^3/s），萃余相和萃取相的浓度分别为 x 和 y（$kmol/m^3$）。

活塞流模型假定两相在塔内做活塞流流动，即每一相在塔内同一截面上，各处的流速都相等，就像活塞一样，平行有规则地向前推进。并假定溶质在两相间的传递仅发生在水平方向上，而在垂直方向上，每一相内都不发生传质。

以塔顶为基准面计算塔高 L。设塔内任意高度 Z 处的两相浓度分别为 x 和 y，在高度为 dZ 的微塔段内作物料衡算，被萃取组分在 dZ 内的传递速率为：

$$dN=R\,dx=E\,dy \tag{5-36}$$

根据传质速率方程式又可以得：

$$dN=K_{ox}aA(x-x_e)dZ=K_{oy}aA(y_e-y)dZ \tag{5-37}$$

式中，a 为传质比表面，m^2/m^3；A 为塔的横截面积，m^2；x_e 为与萃取相浓度 y 平衡的萃余相浓度；y_e 为与萃余相浓度 x 平衡的萃取相浓度。

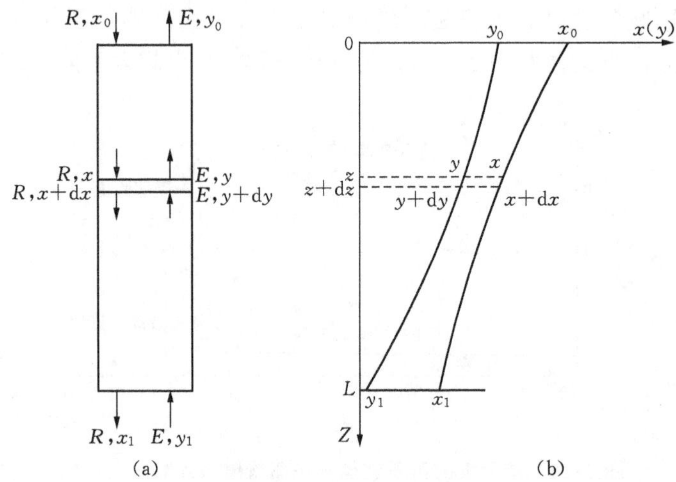

图 5-11　转盘塔的活塞流模型

对于定态传质过程，两相在塔内任意点的浓度保持恒定，因此从式（5-36）和式（5-37）可得：

$$R\mathrm{d}x = K_{ox}aA(x - x_e)\mathrm{d}Z \tag{5-38}$$

$$E\mathrm{d}y = K_{oy}aA(y_e - y)\mathrm{d}Z \tag{5-39}$$

即：

$$\mathrm{d}Z = \frac{R}{K_{ox}aA}\frac{\mathrm{d}x}{(x - x_e)} \tag{5-40}$$

$$\mathrm{d}Z = \frac{E}{K_{oy}aA}\frac{\mathrm{d}y}{(y_e - y)} \tag{5-41}$$

若萃余相的进口和出口浓度分别为 x_0 和 x_1，萃取相的进口和出口浓度分别为 y_1 和 y_0。为完成此分离任务所需要的塔高可以对上两式进行积分得到。对于两相互不相溶的稀溶液，R 和 E 可视为常数。假定全塔中 $K_{ox}a$ 和 $K_{oy}a$ 为常数，则塔高可分别用下列两式进行计算：

$$L = \frac{R}{K_{ox}aA}\int_{x_1}^{x_0}\frac{\mathrm{d}x}{(x - x_e)} \tag{5-42}$$

$$L = \frac{E}{K_{oy}aA}\int_{y_1}^{y_0}\frac{\mathrm{d}y}{(y_e - y)} \tag{5-43}$$

若令

$$(NTU)_{ox} = \int_{x_1}^{x_0}\frac{\mathrm{d}x}{(x - x_e)} \tag{5-44}$$

$$(NTU)_{oy} = \int_{y_1}^{y_0}\frac{\mathrm{d}y}{(y_e - y)} \tag{5-45}$$

$$(HTU)_{ox}=\frac{R}{K_{ox}aA} \tag{5-46}$$

$$(HTU)_{oy}=\frac{E}{K_{oy}aA} \tag{5-47}$$

则塔高可表示为：

$$L=(HTU)_{ox}\cdot(NTU)_{ox} \tag{5-48}$$

$$L=(HTU)_{oy}\cdot(NTU)_{oy} \tag{5-49}$$

以上各式中的 L 为塔高，$(HTU)_{ox}$和 $(HTU)_{oy}$称传质单元高度，是转盘塔分离效能高低的反映，具体数值须由实验测定；$(NTU)_{ox}$和 $(NTU)_{oy}$称传质单元数，反映了分离任务的难易。以下介绍传质单元数的计算方法。

5.3.3.2　**传质单元数的计算**

在两相不互溶或萃取过程中每一相体积流量无明显变化的情况下，R、E 可视为常数。此时 NTU 值的计算较为简单。

1) 平衡线为直线的情况

这是最简单的情况，根据平衡关系可写成：

$$x_e=\frac{y}{m} \tag{5-50}$$

根据物料衡量，可导出任一塔截面上两相浓度之间的关系，即操作线方程为：

$$y=\frac{R}{E}x-\left(\frac{R}{E}x_0-y_0\right) \tag{5-51}$$

将上面两式代入式 (5-44)，变换代数式并积分后可得

$$(NTU)_{ox}=\frac{1}{1-\dfrac{R}{mE}}\ln\frac{x_0-\dfrac{y_0}{m}}{x_1-\dfrac{y_1}{m}}=\frac{1}{1-\dfrac{R}{mE}}\ln\frac{x_0-x_{0e}}{x_1-x_{1e}} \tag{5-52}$$

考虑到 $\dfrac{R}{E}=\dfrac{y_0-y_1}{x_0-x_1}$ 及 $\dfrac{1}{m}=\dfrac{x_{0e}-x_{1e}}{y_0-y_1}$，可得

$$\frac{1}{1-\dfrac{R}{mE}}=\frac{1}{1-\dfrac{x_{0e}-x_{1e}}{x_0-x_1}}=\frac{x_0-x_1}{(x_0-x_{0e})-(x_1-x_{1e})}$$

因此可得出：

$$(NTU)_{ox}=\frac{x_0-x_1}{\Delta x_m} \tag{5-53a}$$

式中

$$\Delta x_m=\frac{(x_0-x_{0e})-(x_1-x_{1e})}{\ln\dfrac{x_0-x_{0e}}{x_1-x_{1e}}} \tag{5-53b}$$

称为对数平均浓度差，也就是转盘塔进、出口传质推动力的对数平均值。

对于萃取相，同样可以得到：

$$(NTU)_{oy} = \frac{y_0 - y_1}{\Delta y_m} \tag{5-54a}$$

式中

$$\Delta y_m = \frac{(y_{0e} - y_0) - (y_{1e} - y_1)}{\ln \dfrac{y_{0e} - y_0}{y_{1e} - y_1}} \tag{5-54b}$$

通过式 (5-53) 和式 (5-54)，还可加深对传质单元数物理意义的理解。从上述两式可以看出，NTU 在数值上等于萃取塔的浓度变化量相对于对数平均浓度差的倍数。若萃取塔进出口浓度变化 $(x_0 - x_1)$ 正好等于对数平均浓度差 Δx_m，那么这个萃取塔正好相当于一个传质单元。这个萃取塔的高度也就是一个传质单元高度（参看图 5-12）。

2) 平衡线为曲线的情况

在一般情况下，平衡线为曲线，$(x - x_e)$ 随萃余相浓度 x 变化的规律比较复杂。通常可以采用数值积分法或图解积分法求传质单元数，设计时可参阅文献 [1, 6]。

在两相部分互溶时，两相流量沿着塔高显著地发生变化。当料液浓度很高而萃取率也很高时，在萃取过程中，萃取相流量也有较大变化。在这些情况下，需要对传质单元数的计算方法做些修正。具体可参阅文献 [3]。

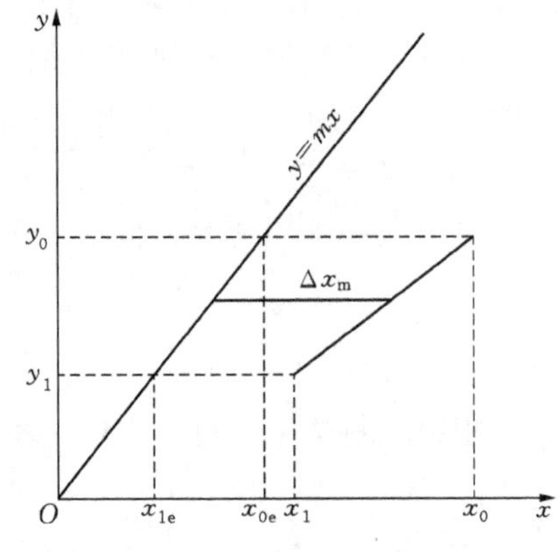

图 5-12　传质单元示意图

5.3.3.3　理论级和理论级当量高度

工程上也常采用理论级和理论级当量高度的方法来估算萃取塔的高度。转盘塔的高度 L 可以表示为：

$$L = N_T \cdot H_e \tag{5-55}$$

式中，N_T 为萃取过程所需的理论级数；H_e 为理论级当量高度，即 HETS，m。

理论级当量高度 H_e 的物理意义是：两相逆流流过这样高度的一段萃取塔后，其分离效果相当于一个理论级。其大小反映了萃取塔传质效率的高低。H_e 的数值与塔结构、物系性质及操作条件有关，需经实验测定。

与精馏过程类似，完成一定分离任务所需的理论级数可以用图解法或逐级计算法求得。但是，由于连续逆流传质过程和逐级接触萃取过程有本质上的差别，因此采用理论级和理论级当量高度的方法，往往很难进行可靠的放大设计。

5.3.4　用扩散模型计算塔高

活塞流模型为微分逆流萃取过程的设计提供了一种最简单的算法，长期以来在工程设计中得到广泛应用。但是这种模型对塔内两相流动的描述是近似的，计算结果往往与实际情况偏差很大。因此有必要对萃取塔内两相的流体力学和传质过程作进一步的分析研究，以便得出更为可靠的设计方法。

5.3.4.1　转盘塔内的轴向混合

在转盘塔内，两相逆流流动的情况是很复杂的。如果重相为连续相，轻相为分散相，轻相分散成液滴自下而上地与重相逆流流动。两相的实际流动状况与活塞流的假设有很大差别。例如：

(1) 连续相在垂直流动方向上的速度分布不均匀；

(2) 连续相内存在涡流，局部速度过大处可能夹带分散液滴，造成分散相的返混；

(3) 分散相液滴大小不均匀，因而它们上升的速度不相同，上升速度较大的那部分液滴造成分散相的前混；

(4) 当分散相液滴的运动速度较大时，也会引起对周围连续相的夹带，造成返混；

(5) 搅拌也会造成连续相的返混。

通常，把导致两相流动非理想性、并使两相流动形态偏离活塞流的各种现象统称为轴向混合，它包含返混、前混等各种现象。转盘塔是机械搅拌萃取塔，外界输入能量固然有破碎液滴和强化传质的作用，而当搅拌过度时，也会使轴向混合加剧，效能下降。

由于轴向混合，两相在入口处将发生浓度突跃。返混又使塔内的轴向浓度梯度减小，从而大大降低了塔内的传质推动力。图 5-13 (a) 示出了做理想的活塞流动及存在轴向混合时塔内浓度分布曲线；图 5-13 (b) 则表达了这两种情况下操作线的差异。通常把活塞流动下的传质推动力称为表观推动力。由图 5—13 (a) 可见，存在轴向混合时的“真实”推动力要比表观推动力小得多。

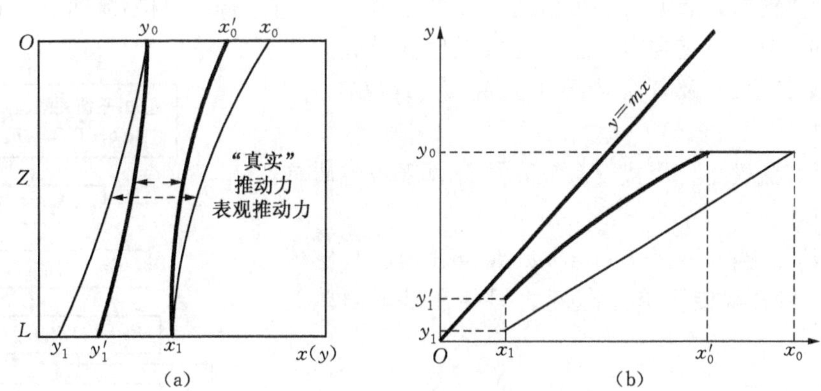

注：粗线为存在轴向混合时的浓度分布和操作线，细线为理想活塞流动时的浓度分布和操作线。

图 5-13　转盘塔内的轴向混合

此外，轴向混合还会降低萃取塔的处理能力。

轴向混合对萃取塔的传质性能产生不利影响。据报道，大型工业萃取塔，多达 90% 的塔高是用来补偿轴向混合的不利影响的。如果不考虑轴向混合，则在实验塔内测得的传质数据和生产装置中的实际情况将差别很大，就不能可靠地进行萃取塔的放大设计。

近 20 年来，人们对萃取塔内的轴向混合进行了大量的研究工作，发展了多种描述萃取塔的数学模型，如级模型、扩散模型、返流模型以及有前混的组合模型等。其中对扩散模型的研究更为成熟。据报道，考虑轴向混合的影响以后，已能使从直径 50 mm 模型转盘塔测得的传质数据，与直径 2 m 工业转盘塔的数据相符合。这样就能比较可靠地进行放大设计。

5.3.4.2　扩散模型的近似解法

轴向混合只影响推动力的大小，严格说来，只能改变传质单元数的数值。而在实用上，往往仍按理想的活塞流模型计算传质单元数，而将轴向混合的影响归入传质单元高度中，即在其他条件相同时，轴向混合愈严重，传质单元高度愈大。

Miyauchi 和 Vermeulen 发展了一种扩散模型的近似解法。他们把按活塞流模型计算得到的传质单元数称为表观传质单元数，用 $(NTU)_{oxp}$ 表示，把实际塔高除以表观传质单元数得到的传质单元高度称为表观传质单元高度，用 $(HTU)_{oxp}$ 表示，把扣除轴向混合影响计算得到的传质单元高度称为真实传质单元高度，用 $(HTU)_{ox}$ 表示，它可根据传质系数计算，即 $(HTU)_{ox}=u_x/K_{ox}a$，把由于轴向混合而增加的传质单元高度称为分散单元高度，用 $(HTU)_{oxD}$ 表示。上述各量之间有如下关系：

$$(HTU)_{oxp}=(HTU)_{ox}+(HTU)_{oxD} \tag{5-56}$$

$$L=(HTU)_{oxp}(NTU)_{oxp} \tag{5-57}$$

这样，先测定或计算扣除轴向混合影响的真实传质单元高度 $(HTU)_{ox}$，然后计算由于轴向混合所增加的分散单元高度 $(HTU)_{oxD}$，两者相加就可得到表观传质单元高度 $(HTU)_{oxp}$。乘以按活塞流模型计算的传质单元数 $(NTU)_{oxp}$，就可得到所需要的塔高。这就有可能比较可靠地解决转盘塔的放大设计问题。

上述近似解法的计算顺序如图 5-14 所示。有关步骤说明如下。

设计计算的原始数据除了两相进出口浓度 x_0、x_1、y_1、y_0，两相流速 u_x、u_y 和平衡关系 $y=mx$ 外，还需要有实验测定或关联式计算的轴向扩散系数 E_x、E_y 及真实传质单元高度 $(HTU)_{ox}=u_x/K_{ox}a$。

根据活塞流模型，用式 (5-53) 可计算表观传质单元数 $(NTU)_{oxp}$。

分析表明：当萃取因子 $\varepsilon=mE/R=1$ 时，真实传质单元高度和表观传质单元高度之间存在以下简单关系：

$$(HTU)_{oxp}=(HTU)_{ox}+\frac{E_x}{u_x}+\frac{E_y}{u_y} \tag{5-58}$$

这样，根据已知条件，可以估算出 $\varepsilon=1$ 时的表观传质单元高度的初值，并进而计算出萃取塔高的初值：

$$L_0=(HTU)_{oxp}(NTU)_{oxp} \tag{5-59}$$

真实的传质单元数可根据已知的真实传质单元高度和塔高求得：

$$(NTU)_{ox}=\frac{L_0}{(HTU)_{ox}} \tag{5-60}$$

分散单元高度可用下式求得：

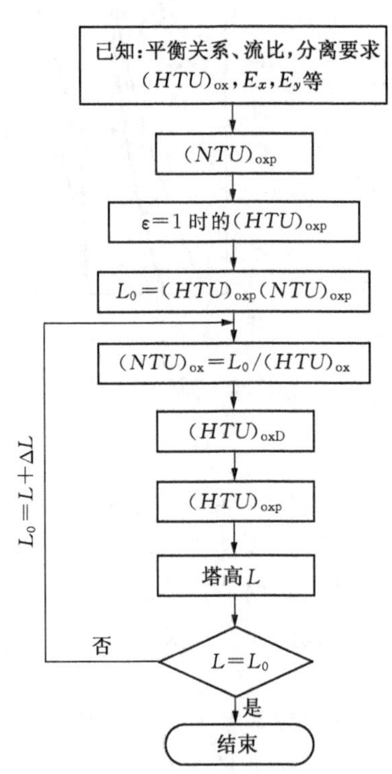

图 5-14　考虑轴向混合的塔高计算框图

$$(HTU)_{\text{oxD}} = \frac{L_0}{(Pe)_0 + \dfrac{\varphi \ln \varepsilon}{1 - \dfrac{1}{\varepsilon}}} \tag{5-61}$$

式中 $(Pe)_0$ 为综合考虑两相轴向混合程度的 Peclet 数，它与各相 Peclet 数之间的关系为：

$$\frac{1}{(Pe)_0} = \frac{1}{f_x Pe_x \varepsilon} + \frac{1}{f_y Pe_y} \tag{5-62}$$

式中，Pe_x 为萃余相的 Peclet 数，$Pe_x = u_x L / E_x$；Pe_y 为萃取相的 Peclet 数，$Pe_y = u_y L / E_y$。

而系数 f_x、f_y 与 φ 可分别按下列经验式计算：

$$f_x = \frac{(NTU)_{\text{ox}} + 6.8\varepsilon^{0.5}}{(NTU)_{\text{ox}} + 6.8\varepsilon^{1.5}} \tag{5-63}$$

$$f_y = \frac{(NTU)_{\text{ox}} + 6.8\varepsilon^{0.5}}{(NTU)_{\text{ox}} + 6.8\varepsilon^{-0.5}} \tag{5-64}$$

$$\varphi = 1 - \frac{0.05\varepsilon^{0.5}}{(NTU)_{\text{ox}}^{0.5} (Pe)_0^{0.25}} \tag{5-65}$$

计算出 $(HTU)_{\text{oxD}}$ 以后，根据式 (5-56) 可以求出 $(HTU)_{\text{oxp}}$ 的第一次试算值，再由式 (5-57) 可求得塔高的第一次试算值。与塔高的初值 L_0 比较，若两者相等，则计算结束，塔高的第一次试算值 L 即为所求的塔高；若两者相差较大，则令 $L_0 = L + \Delta L$，再回到式 (5-60)，重复以上的计算，直到 L 的计算值与初值 L_0 的误差在允许范围之内为止。

5.3.4.3　轴向扩散系数

轴向扩散系数常用示踪法测定。详细的测定和计算方法可参阅有关专著。人们对转盘塔的轴向混合已作了大量的研究工作，得出了许多计算连续相轴向扩散系数的关联式[9]，可供设计时选用。然而，由于实验技术方面的困难，计算分散相轴向扩散系数的关联式相对较少。下面介绍几种在转盘塔设计中常用的扩散系数关联式。

Strand 等人的研究表明，两相流动时的轴向扩散系数可分别用下面的公式计算。

$$\frac{E_{\text{C}}(1 - \varphi_{\text{D}})}{u_{\text{C}} H_{\text{T}}} = 0.5 + 0.09(1 - \varphi_{\text{D}}) \left(\frac{D_{\text{R}} N_{\text{R}}}{u_{\text{C}}}\right) \left(\frac{D_{\text{R}}}{D_{\text{T}}}\right)^2 \left[\left(\frac{D_{\text{S}}}{D_{\text{T}}}\right)^2 - \left(\frac{D_{\text{R}}}{D_{\text{T}}}\right)^2\right] \tag{5-66}$$

$$\frac{E_{\text{D}} \varphi_{\text{D}}}{u_{\text{D}} H_{\text{T}}} = 0.5 + 0.09\varphi_{\text{D}} \left(\frac{D_{\text{R}} N_{\text{R}}}{u_{\text{D}}}\right) \left(\frac{D_{\text{R}}}{D_{\text{T}}}\right)^2 \left[\left(\frac{D_{\text{S}}}{D_{\text{T}}}\right)^2 - \left(\frac{D_{\text{R}}}{D_{\text{T}}}\right)^2\right] \tag{5-67}$$

Stemerding 等人对转盘塔的轴向扩散系数进行了广泛研究。他们所用的实验塔的塔径范围很宽（0.064～2.18 m），因而数据较为可靠。根据实验数据关联得到：

$$\frac{E_{\text{C}}}{u_{\text{C}} H_{\text{T}}} = 0.5 + 0.012 \left(\frac{D_{\text{R}} N_{\text{R}}}{u_{\text{C}}}\right) \left(\frac{D_{\text{S}}}{D_{\text{T}}}\right)^2 \tag{5-68}$$

$$E_{\text{D}} = (1 \sim 3) E_{\text{C}} \tag{5-69}$$

苏元复等人的研究表明，连续相的轴向扩散还受到分散相流速的影响。他们给出的关联式为：

$$\frac{E_C}{u_C H_T}=0.5+0.0204\left(\frac{D_S}{D_T}\right)^{1.75}\left(\frac{D_T}{H_T}\right)^{0.5}\left(\frac{D_R N_R}{u_C}\right)^{0.74}\left(\frac{u_C+u_D}{u_C}\right)^{0.52} \tag{5-70}$$

他们认为分散相轴向扩散问题只部分得到解决，要获得精确的数据，还须开发更好的实验技术。

5.3.5 澄清段高度的计算

为使两相分离，萃取塔须设澄清段。连续相的澄清段是为了分离被连续相夹带的微小液滴。分散相的澄清段是为了使液滴在离开设备前能够凝聚分层。凝聚所需要的时间可按下式计算[12]：

$$\tau=1.32\times10^5\frac{\mu_C d_p}{\sigma}\left(\frac{L}{d_p}\right)^{0.18}\left(\frac{\Delta\rho g d_p^2}{\sigma}\right)^{0.32} \tag{5-71}$$

式中，L 为液滴在进入凝聚相界面之前的沉降高度，即萃取塔高度。用此式计算的凝聚时间 τ 只是近似值。在转盘塔内，考虑到搅拌作用引起的液滴强烈运动，设计时凝聚时间的取值应较上式的计算值为大。

对于分散相澄清段的计算，应考虑到澄清段体积的近一半已为凝聚了的液滴所占据，则澄清段的体积 V_S 为：

$$V_S=\frac{2V_D\tau}{\varphi_D} \tag{5-72}$$

相对来说，转盘塔操作时的相分散程度不是很高。因此澄清段直径一般不需扩大，其高度 H_S 可按下式计算：

$$H_S=\frac{4V_S}{\pi D_T^2} \tag{5-73}$$

连续相澄清段的高度一般取与分散相相同。

5.4 转盘塔的设计计算

在转盘塔的设计过程中，对于一定物系，通常要求根据给定的处理量和分离要求来计算转盘塔的直径和高度。

相对而言，转盘塔直径的计算方法比较成熟些。可参阅前面5.2节所介绍的方法，根据给定的处理量来计算所需的塔径。

转盘塔高度的计算比较困难。除了根据指定的分离要求确定所需的传质单元数或理论级数外，还必须确定传质单元高度或理论级当量高度。萃取设备中液滴群的行为相当复杂。体系物理性质、设备结构和操作条件等都对液滴平均直径和传质系数有明显的影响。特别是大型转盘塔内，轴向混合相当严重，因此使设计计算更加麻烦。由于真实的传质系数和轴向扩散系数等重要参数的实验数据仍比较缺乏，计算方法不够完善，往往给设计计算带来困难。因此实验仍在转盘塔设计中占有重要的地位。

5.4.1　实验在转盘塔设计中的作用

由于转盘塔两相流体力学和传质过程的复杂性，在进行一个新体系的大型转盘塔设计时，往往需要进行小型实验或中间实验，实验在转盘塔和其他类型萃取塔设计计算中的作用如图 5-15 所示。

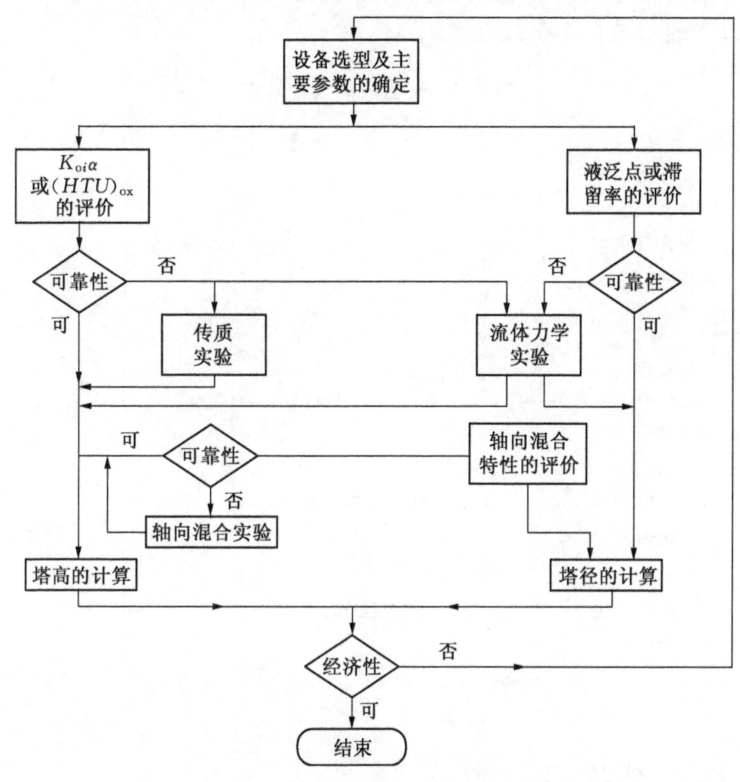

图 5-15　实验在萃取塔设计中的作用

工艺要求确定以后，根据已有的资料对如下三个方面进行评价、实验或计算。

(1) 液泛流速和分散相滞留率的测定或计算。

(2) 传质速率，即传质总系数或真实传质单元高度的测定或计算。

(3) 轴向混合特性的测定或计算。

如果有关的实验数据、生产数据和计算方法比较齐全，可以直接进行设计计算。如果资料不全或生产规模太大，则必须进行小型实验或中间工厂实验。在取得足够的实验数据之后，再进行设计计算。

5.4.2　转盘塔的设计步骤

转盘塔的设计计算方法大致可分为两类。一类是半经验的方法。当中间实验数据比较充分，或已有足够的同一体系的工业转盘塔的运行经验时，可参照中间试验或生产装置的经验来确定转盘塔的结构和操作条件，再根据操作条件来确定该转盘塔的液泛流速的传质效率。然后再根据处理能力要求和分离要求来计算所需的塔径和塔高。这种设计方法比较直接简单，但是局限性较大。

第二类方法是综合应用萃取热力学、动力学、流体力学和传质特性等方面的基本原理和基础研究结果来进行萃取塔的设计计算。这类设计计算方法比较复杂，涉及的基本概念和计算公式较多，计算工作量较大。但是所需要的实验数据比较小，中间试验的规模可以缩小，周期可以缩短，并且有可能逐步实现计算机辅助设计，这类方法被称为按基本原理设计萃取塔的方法，其设计顺序大致如表 5-3 所示。

具体的计算步骤将结合实例加以说明。

表 5-3　转盘塔的设计顺序

塔径计算顺序

流动特性、体系性质、操作条件 → [u_K, φ_{DF}] → u_{CF}、u_{DF}

u_{CF}、u_{DF}；物料处理量，流比 → 塔径 D_T

塔高计算顺序

操作条件、体系性质、设备结构 → d_p → [k_C、k_D、K_{ox}, a] → $(HTU)_{ox}$

操作条件、流动特性、设备结构 —— E_C、E_D

$(HTU)_{ox}$；E_C、E_D → $(HTU)_{oxp}$

平衡关系、萃取率、操作条件 —— $(NTU)_{oxp}$

$(HTU)_{oxp}$；$(NTU)_{oxp}$ → 塔高 L

5.5　转盘塔的结构设计

转盘塔由塔体、内件、附件和传动装置等组成。塔的内件有固定环、转盘、转轴、轴承及镇流件等。塔的附件是人孔、视孔、接管、支座等。

5.5.1　塔体

转盘塔的塔体，包括筒体和两端的封头。塔体上设置有人孔、视镜、工艺管道及仪表的接管和轴封。塔体的底部支承在裙式支座上，顶部设有传动装置的支座。

转盘塔操作时的相分散程度不是很高，澄清段直径不需扩大，因而塔体是一个等直径的圆筒。在这圆筒的中部装以固定环并插入转盘，成为塔的萃取段，它的两端是澄清段。转盘塔封头型式按受压情况选取。筒体与封头的连接取决于塔径、内件的结构和安装方式。如果固定环是整体的可拆结构，就必须在塔体顶部设置法兰，以便固定环可在开盖时装入或取出。如果固定环采用不可拆 构，则可在顶盖配以直径较小的法兰，只要能取出转盘即可。如果固定环不需拆卸或可分块，而转盘可拆卸成小件时，可用整体焊接的塔体，但必须设置一些人孔，供安装和卸运内件时应用。塔体装有底轴承、中间轴承和联轴器的部位，也必须设置人孔，以便安装检修。

5.5.2　内件

5.5.2.1　固定环

固定环的结构分为可拆与不可拆（如图 5-16 所示）两类。不可拆卸的固定环，结构很简单，可将固定环直接焊在塔壁上，也可先在塔壁上焊以角钢圈或扁钢圈，再焊上固定环。对于直径小于 600 mm 或有特殊要求的小塔，可采用组装的可拆结构。它是在固定环外侧钻几个均布的孔，穿上相间地套有定距管的拉杆，拉杆的两端用螺母锁紧，于是将固定环组合成串。成串的固定环固定在塔内的方式有两种：在较小的塔中，常用加大最上面一个固定环的外径，使之与法兰支承面相等或另加一个支承环，用以夹持在法兰中；在较大的塔中，则在塔体底部内壁焊上几个耳架，用以支撑成串的固定环，拉杆用螺母固定在耳架上。当塔内有防腐蚀的金属衬里或塑料涂层时，须用可拆结构，可用螺栓将固定环固定在塔圈上或采用卡子固定。

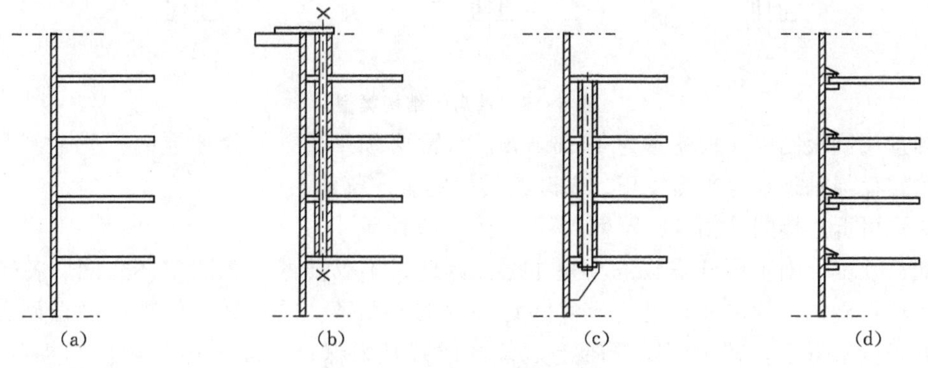

图 5-16　固定环的结构类型

固定环的厚度通常为 4～8 mm，随着塔径的增大，取用较厚的固定环。小塔的固定环用整块钢板割制，大塔则由几块拼焊而成。固定环的板面必须平整，开孔边缘必须清除毛刺。组装固定环用 3～8 根拉杆，塔径较大，环板较薄时，须用较多的拉杆。拉杆为 ϕ10～20 mm，定距管选用相应规格的管子。

可拆式固定环结构的示例尺寸如图 5-17 所示。

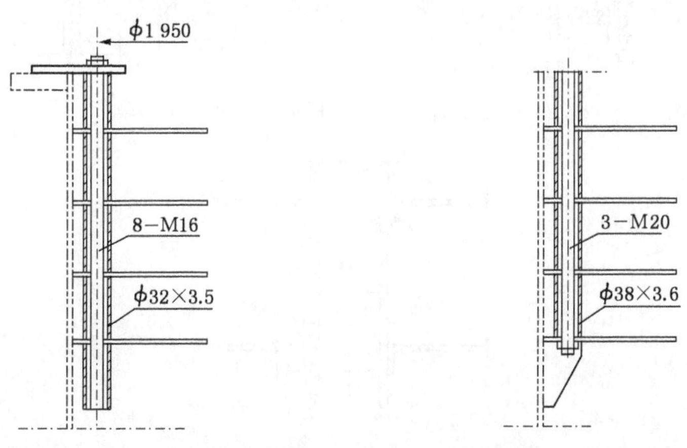

图 5-17　固定环结构的示例尺寸

5.5.2.2 转盘

转盘以固定与可拆方式连接于转轴上（如图 5-18 所示），只有小直径的转盘有时直接焊在无缝钢管制的空心轴上。一般的结构是转盘焊在毂上，毂套在轴上，然后用毂上的紧定螺钉固定在正确位置上，也有用毂的长度来保证转盘间距的。大型的转盘，可制成分块式，用螺栓固定在毂上，并相互连接。

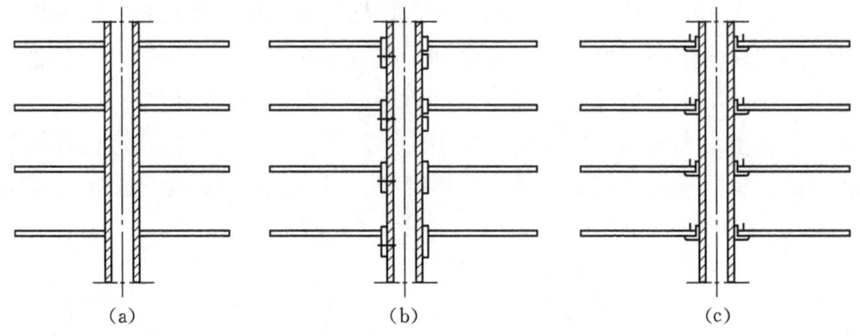

图 5-18 转盘的结构类型

转盘用钢板制成，板厚常为 4～6 mm。板面必须平整，外缘要光洁，无毛刺。组装完毕的转盘与轴须经静平衡校正，以改善转轴的工作条件。

转盘可拆连接的结构及其示例尺寸如图 5-19 所示。

转盘须位于固定环分隔成的小室中心。因此，不仅要保证各固定环之间、各转盘之间的距离正确，还要保证转盘与相邻固定环之间的距离。固定环的间距可由正确画线或定距管长度来保证，转轴间距靠轴上定位孔或毂长来保证，固定环与转盘的相对位置，则需用轴的结构尺寸、轴承位置的调节来保证。

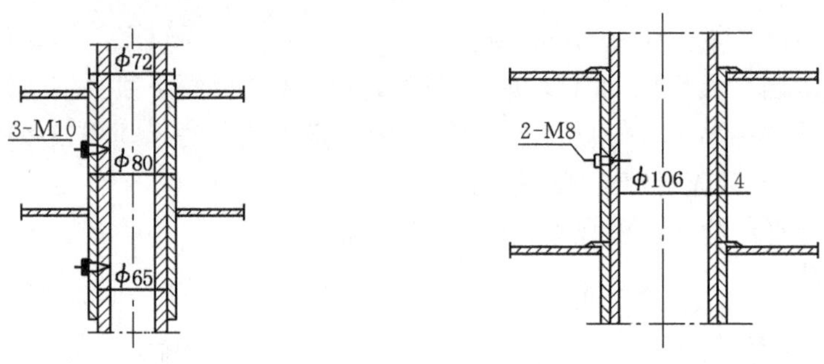

(a) $D_T = 800$, $D_S = 420$, $H_T = 100$, $\delta_R = 4$　(b) $D_T = 1\,600$, $D_S = 900$, $H_T = 160$, $\delta_R = 4$

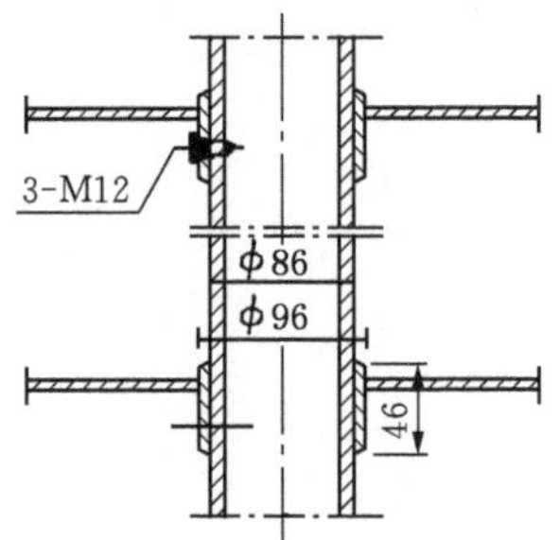

(c) $D_T = 2\,200$, $D_R = 1\,280$, $H_T = 220$, $\delta_R = 4$

图 5-19 转盘结构的示例尺寸

5.5.2.3　转轴与轴承

全塔所有的转盘，都安装在直立的转轴上，转盘塔的轴很长，在加工条件许可时，转轴最好不分段，对于必须分段的长轴，宜用刚性联轴器连成一体。转轴很长，要求刚性好、密度小，因此转轴的中段常用厚壁无缝钢管，仅在两端焊上实心的轴段，以便在此加工成轴颈或装配联轴节（如图 5-20 所示）。

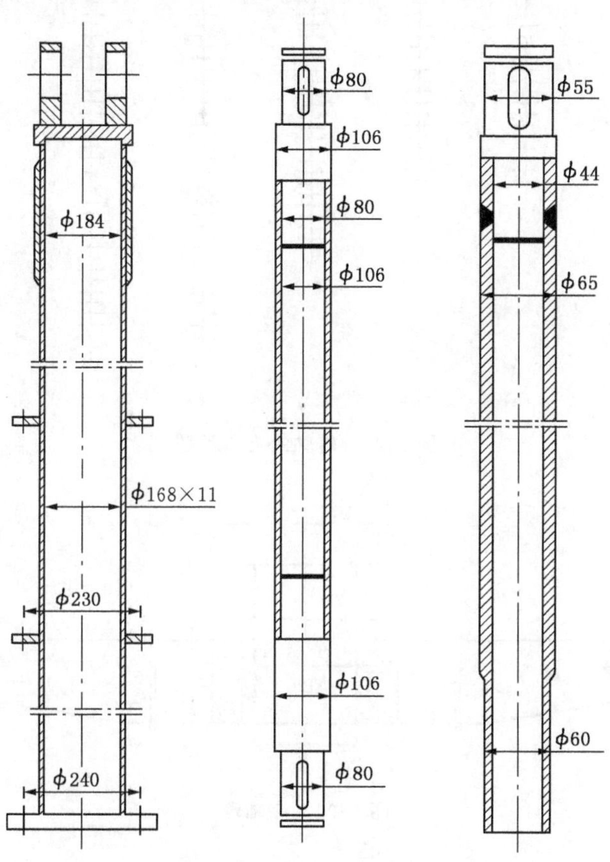

图 5-20　转轴的组合结构示例

在转轴的支承方式中，最简单的是两端支承［如图 5-21（a）所示］。这时上轴承安置在位于顶盖上的轴承座中，并兼作止推轴承，承受转轴和转盘的重力，以及传动件传来的轴向力；下轴承则位于塔内底部，浸没在液体中。悬挂式支承［如图 5-21（b）所示］是将一对轴承都安置在顶盖上的轴承座中，转轴悬挂在下方，为避免轴端晃动，常在塔底加一轴承［如图 5-21（c）所示］。对于分段的长轴［如图 5-21（d）（e）所示］，通常在分段附近加装中间轴承。

安装在塔顶的轴承座，与安装在搅拌反应器盖上的搅拌器轴承座，结构型式相同。安装在塔内的轴承，浸没于液体中，不能加润滑油，且受到料液的侵蚀。因此液下轴承都用滑动轴承，而且仅在塔内液体无腐蚀性并有润滑作用时，才可采用普通的轴承材料，其余都应采用耐腐蚀且具有自润滑作用的材料，例如氟塑料或尼龙等。在结构上，底轴承（如图 5-22 所示）须能允许转轴的轴向移动，而中间轴承（如图 5-23 所示）还要求能自位，因此宜用具有球面座的轴承，轴承座用 3～4 条支杆撑在塔壁上，支杆的长度应在安装时做仔细调整。

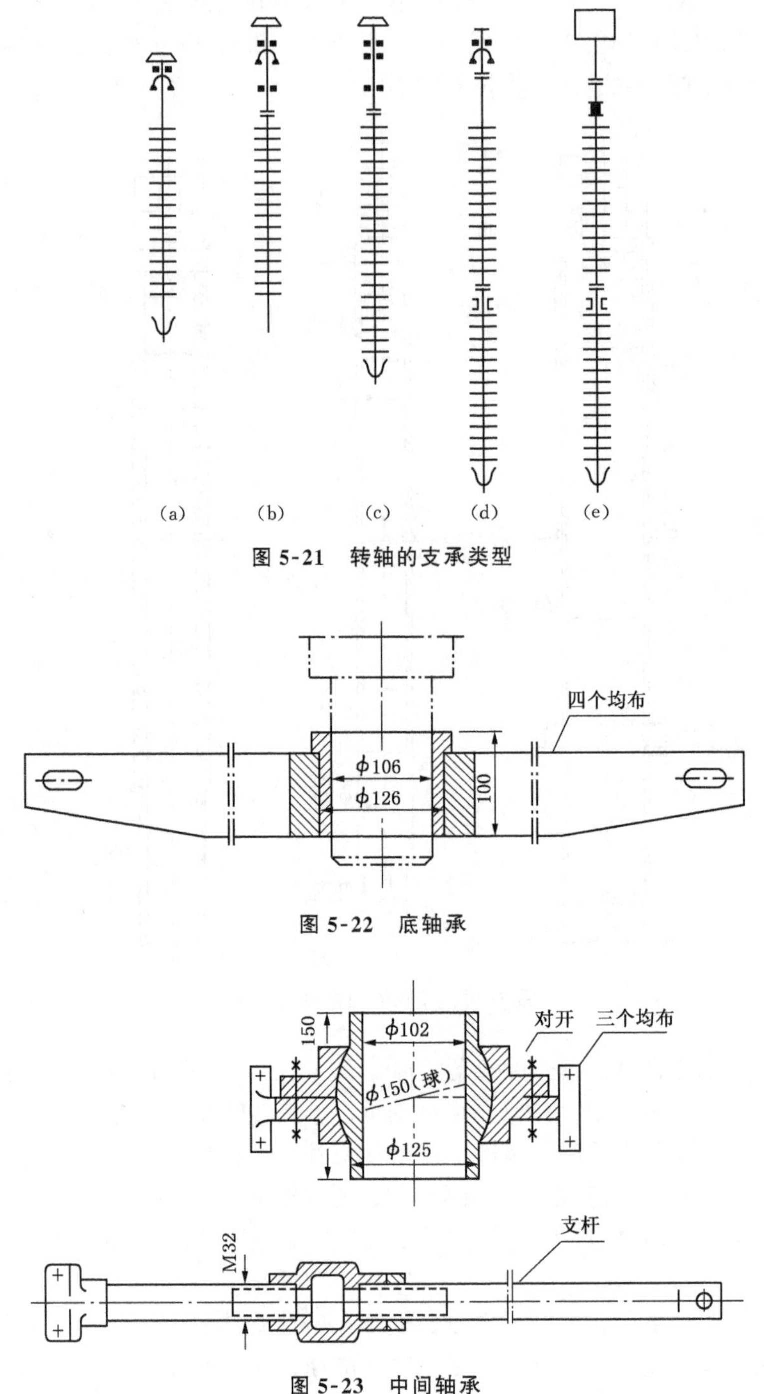

图 5-21　转轴的支承类型

图 5-22　底轴承

图 5-23　中间轴承

5.5.2.4　轴封

转盘塔大都用机械传动，转轴穿过塔顶封头伸进塔内。如果是加压萃取，则封头上必须有轴封装置，以阻止塔内物料的外漏。当塔的操作压力不是很高时，可用填料函密封；当操作压力较高或气密性要求较严时，须用机械密封。轴封的位置应尽量靠近某个主轴承，使轴封处轴的挠度最小，从而改善密封面的工作条件。

当加压萃取的萃取剂是液化了的气体时，若采用单级密封结构，可能从轴封处漏出汽化了的萃取剂，污染环境，引起危险，因此必须采用双级密封结构。密封工作液在稍高于塔内操作压力下送进轴封处，于是轴封处向塔内与塔外泄漏的只能是工作液，从而阻止了萃取剂的外漏。工作液的选择根据塔内的料液而定，可用料液、清水或油品等。

5.5.2.5　镇流件

在转盘塔的萃取段与两端的澄清段之间，各安装一镇流件。当液流通过镇流件进入澄清段时，可消除它在萃取段中获得的旋转动能，以利液滴在澄清段中的沉降分离或凝聚分层。常用作镇流件的有金属筛网、蜂窝板、大孔格栅或条栅。格栅的高度一般在 50 mm以上，用薄扁钢焊成 50 mm×50 mm 的方格。它的结构和安装方式如同填料塔的支承板。

5.5.3　附件

5.5.3.1　人孔

人孔是安装或检修人员进出塔的唯一通道。人孔的设置应便于人员进入塔的任一隔室。但由于设置人孔处的隔室高度增大，且人孔设置过多会使制造时塔体的弯曲度难以达到要求，所以一般每隔 5～10 m 塔段才设置一个人孔。但在料液进出口等须经常维修清理的部位，应增设人孔。塔径小于ϕ800 mm 时，不在塔体上开设人孔。在设置人孔处，隔室高度至少应比人孔尺寸大 150 mm，且不得小于 600 mm。

人孔的选择应考虑设计压力、试验条件、设计温度、物料特性及安装环境等因素。

人孔可按标准选择，超出标准范围或有特殊要求时，可自行设计。

5.5.3.2　接管

转盘塔的两相进料一般都不用分布器。进液管直接连接到萃取段两端的塔壁上，即重相进口接管位于最高一层固定环的上方，轻相进口接管位于最低一层固定环的下方。为避免进塔液流对萃取段内旋转液流的干扰，进料不宜径向加入，而应采用切向或斜向加入（如图 5-24 所示），且使液流的方向与转盘的旋转方向一致。在较大的塔内，采用两个或更多的切向或斜向进口，使液流尽量分布得均匀。

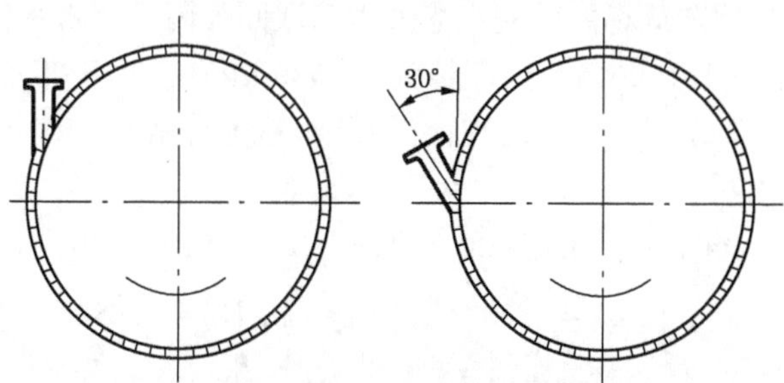

图 5-24　切向进口管与斜向进口管

两相的出塔接管，安装在塔的两端，以保证液体在澄清段中有充分的停留时间。对于操作中会产生界面污物的物系，在澄清段上还须设置排污接管，其位置在界面附近的原连续相一侧。

5.5.3.3 *裙座*

塔体常用裙座支承，因为裙座的结构性能好，连接处产生的局部应力也最小，所以它是塔体的常用支承型式。

由于裙座与料液不直接接触，也不承受容器内介质的压力，因此不受压力容器用材所限，可以选用较经济的碳素结构钢。裙座选材时还应考虑到载荷、塔的操作条件，以及塔体封头的材料等因素，对于室外操作的塔，还得考虑环境温度。

裙座往往有保温或防火层，这时裙座的选材应考虑到保温或防火层敷设的情况。

为方便检修，裙座上必须开设人孔。塔在运行中可能有挥发的气体逸出，会积聚在裙座与塔底封头之间的死区中；它们或者是可燃的，或者是腐蚀性的，并会危及进入裙座的检修人员，因此必须在裙座上部设置排气管或排气孔。

裙座的一般结构参见第3章，有关裙座的设计细节可参阅文献 [11]。

5.5.4 传动装置

转盘塔有机械传动和水力驱动两种传动方式。

机械传动是由电动机经减速装置带动转轴旋转。它和搅拌反应器的传动装置无甚差别，因此可直接选用适宜的型号。传动轴可从塔的顶部、底部或侧面伸入塔内。从顶部伸入时，传动装置位于塔顶，虽然安装不便，塔的机械负荷增大，但当轴封失效时引入的损失较小，所以，仍为普遍采用的传动方式。在某些设计中，转盘适宜的操作转速应根据工艺条件的改变去选择。这时传动装置中需采用调速电动机或无级变速机械传动。

水力驱动是利用进塔液体的能量，推动装在转轴上的水力涡轮，带动转盘旋转。水力涡轮是在一转盘外缘装以水斗或叶片，高压液体通过喷嘴高速流出，冲击叶片，使涡轮旋转。采用水力驱动，无须转轴穿过封头，可避免采用轴封，更不会有轴封的泄漏。然而水力涡轮所引起的液流强烈扰动，会影响转盘塔的操作，并且因转盘塔的转速与进塔液量直接有关，故使转盘塔的操作控制复杂化。

5.6 转盘塔设计计算举例

设计一转盘塔，用甲苯从稀的丙酮水溶液中萃取回收丙酮。水溶液中含丙酮8% (质量分数)，要求回收率不小于90%，处理量为14 500 kg/h。由于萃取剂循环使用，甲苯中含丙酮0.3% (质量分数)。小型实验时，甲苯溶液为分散相，确定的物性及有关数据如下：

水溶液 $\rho_C = 997\ \mathrm{kg/m^3}$，$\mu_C = 1.0\times10^{-3}\ \mathrm{Pa\cdot s}$，$D_C = 0.96\times10^{-9}\ \mathrm{m^2/s}$；

甲苯溶液 $\rho_D = 860\ \mathrm{kg/m^3}$，$\mu_D = 0.59\times10^{-3}\ \mathrm{Pa\cdot s}$，$D_D = 2.68\times10^{-9}\ \mathrm{m^2/s}$；

界面张力 $\sigma = 0.03\ \mathrm{N/m}$，两相流比 $L_R = 2.0$；

当浓度单位为 $\mathrm{kmol/m^3}$ 时，分配系数 $m = y/x = 0.72$。

试计算所需的塔径和塔高。

5.6.1　塔径的计算

假设塔径 $D_T = 1.40$ m，根据式（5-1）和式（5-2），取

$$D_R = 0.70 \text{ m}$$

$$H_T = 0.20 \text{ m}$$

$$D_S = 1.00 \text{ m}$$

根据体系界面张力 $\sigma = 0.030$ N/m，查图 5-7，取功率因子

$$N_R^3 D_R^5 / (H_T D_T^2) = 1.2$$

则
$$N_R = \sqrt[3]{\frac{1.2 H_T D_T^2}{D_R^5}} = \sqrt[3]{\frac{1.2 \times 0.20 \times 1.40^2}{0.70^5}} = 1.41(\text{r/s})$$

由式（5-5）得：
$$u_K = 0.012 \frac{\sigma}{\mu_C}\left(\frac{\Delta\rho}{\rho_C}\right)^{0.9}\left(\frac{D_S}{D_R}\right)^{2.3}\left(\frac{H_T}{D_R}\right)^{0.9}\left(\frac{D_R}{D_T}\right)^{2.7}\left(\frac{g}{D_R N_R^2}\right)^{1.0}$$

$$= 0.012 \times \frac{0.03}{1.0 \times 10^{-3}} \times \left(\frac{997 - 860}{997}\right)^{0.9}\left(\frac{1.00}{0.70}\right)^{2.3}$$

$$\times \left(\frac{0.20}{0.70}\right)^{0.9}\left(\frac{0.70}{1.40}\right)^{2.7}\left(\frac{9.81}{0.70 \times 1.41^2}\right)^{1.0}$$

$$= 0.0481(\text{m/s})$$

已知两相流比 $L_R = 2.0$，由式（5-12）得：

$$\varphi_{DF} = \frac{2}{3 + \sqrt{1 + \frac{8}{L_R}}} = \frac{2}{3 + \sqrt{1 + \frac{8}{2}}} = 0.382$$

由式（5-10）和式（5-11）得：

$$u_{CF} = u_K(1 - 2\varphi_{DF})(1 - \varphi_{DF})^2$$

$$= 0.0481 \times (1 - 2 \times 0.382)(1 - 0.382)^2 = 4.34 \times 10^{-3}(\text{m/s})$$

$$u_{DF} = 2u_K \varphi_{DF}^2 (1 - \varphi_{DF})$$

$$= 2 \times 0.0481 \times 0.382^2 \times (1 - 0.382) = 8.68 \times 10^{-3}(\text{m/s})$$

由已知条件得：

$$V_C = \frac{14\,500}{3\,600 \times 997} = 4.04 \times 10^{-3}(\text{m}^3/\text{s})$$

$$V_D = L_R V_C = 2 \times 4.04 \times 10^{-3} = 8.08 \times 10^{-3}(\text{m}^3/\text{s})$$

取 $f = 0.6$，由式（5-15）得：

$$D_T = \sqrt{\frac{4(V_C + V_D)}{\pi f(u_{CF} + u_{DF})}}$$

$$= \sqrt{\frac{4 \times (4.04 \times 10^{-3} + 8.08 \times 10^{-3})}{3.14 \times 0.6 \times (4.34 \times 10^{-3} + 8.68 \times 10^{-3})}} = 1.41(\text{m})$$

与假设基本相符，故取 $D_T = 1.40$ m，$D_R = 0.70$ m，$H_T = 0.20$ m，$D_S = 1.00$ m。

5.6.2 表观传质单元数的计算

因为是稀溶液，由已知条件得：

$$x_0 = \frac{\frac{8}{M}}{\frac{100}{\rho_C}} = \frac{\frac{8}{58}}{\frac{100}{997}} = 1.375(\text{kmol/m}^3)$$

$$x_1 = 1.375 \times (1 - 0.90) = 0.138 \text{ kmol/m}^3$$

$$y_1 = \frac{\frac{0.3}{M}}{\frac{100}{\rho_D}} = \frac{\frac{0.3}{58}}{\frac{100}{860}} = 0.0445 \text{ kmol/m}^3$$

由全塔物料衡算得：

$$y_0 = \frac{V_C}{V_D}(x_0 - x_1) + y_1 = \frac{1}{2} \times (1.375 - 0.138) + 0.0445 = 0.663(\text{kmol/m}^3)$$

由式（5-53b）得：

$$\Delta x_m = \frac{\left(x_0 - \frac{y_0}{m}\right) - \left(x_1 - \frac{y_1}{m}\right)}{\ln \frac{x_0 - \frac{y_0}{m}}{x_1 - \frac{y_1}{m}}} = \frac{\left(1.375 - \frac{0.663}{0.72}\right) - \left(0.138 - \frac{0.0445}{0.72}\right)}{\ln \frac{1.375 - \frac{0.663}{0.72}}{0.138 - \frac{0.0445}{0.72}}}$$

$$= 0.212$$

由式（5-53a）得：

$$(NTU)_{\text{oxp}} = \frac{x_0 - x_1}{\Delta x_m} = \frac{1.375 - 0.138}{0.212} = 5.83$$

5.6.3 操作条件下分散相滞留率的计算

由前面 5.6.1 中的计算可知，操作条件：$N_R = 1.41$ r/s

$$u_C = \frac{4V_C}{\pi D_T^2} = \frac{4.04 \times 10^{-3}}{0.785 \times 1.40^2} = 2.63 \times 10^{-3}(\text{m/s})$$

$$u_D = \frac{4V_D}{\pi D_T^2} = \frac{8.08 \times 10^{-3}}{0.785 \times 1.40^2} = 5.25 \times 10^{-3}(\text{m/s})$$

$u_K = 0.0481$ m/s，代入式（5-4）得：

$$\frac{5.25 \times 10^{-3}}{\varphi_D} + \frac{2.63 \times 10^{-3}}{1 - \varphi_D} = 0.0481 \times (1 - \varphi_D)$$

用试差法求得 $\varphi_D = 0.136$。

5.6.4　液滴平均直径和传质比表面的计算

由式（5-3）得：

$$u_S = \frac{u_D}{\varphi_D} + \frac{u_C}{1-\varphi_D} = \frac{5.25\times10^{-3}}{0.136} + \frac{2.63\times10^{-3}}{1-0.136} = 4.16\times10^{-2}(\mathrm{m/s})$$

由式（5-21）和式（5-22）得：

$$C_R = \left(\frac{D_S}{D_T}\right)^2 = \left(\frac{1.00}{1.40}\right)^2 = 0.510$$

$$u_t = \frac{u_S}{C_R} = \frac{4.16\times10^{-2}}{0.510} = 8.16\times10^{-2}(\mathrm{m/s})$$

利用 Klee-Treybal 方法由 u_t 计算 d_p，先判断液滴平均直径是否大于临界值。当 $d_p > d_{pc}$ 时，由式（5-19）得：

$$\begin{aligned} u_{t\mathrm{II}} &= \frac{4.96\Delta\rho^{0.28}\mu_C^{0.10}\sigma^{0.18}}{\rho_C^{0.55}} \\ &= \frac{4.96\times(997-860)^{0.28}\times0.001^{0.10}\times0.030^{0.18}}{997^{0.55}} \\ &= 0.118(\mathrm{m/s}) > 0.0816(\mathrm{m/s}) \end{aligned}$$

转盘塔在操作条件下，$u_t < u_{t\mathrm{II}}$，所以由式（5-18）计算 d_p。

$$\begin{aligned} d_p &= \left(\frac{u_t\rho_C^{0.45}\mu_C^{0.11}}{3.04\Delta\rho^{0.58}}\right)^{\frac{1}{0.70}} \\ &= \left[\frac{0.0816\times997^{0.45}\times0.001^{0.11}}{3.04\times(997-860)^{0.58}}\right]^{\frac{1}{0.70}} = 2.76\times10^{-3}(\mathrm{m}) \end{aligned}$$

由式（5-16）得传质比表面：

$$\alpha = \frac{6\varphi_D}{d_p} = \frac{6\times0.136}{2.76\times10^{-3}} = 2.96\times10^{2}(\mathrm{m^2/m^3})$$

5.6.5　传质系数和真实传质单元高度的计算

利用 Strand 等人的实验数据，先计算停滞液滴的总传质系数（$K_{oy,s}$），然后根据实验数据加以修正，以估算真实的总传质系数（K_{oy}）。对于停滞液滴，由式(5-23)和式（5-26）计算可得：

$$k_D = \frac{2\pi^2 D_D}{3d_p} = \frac{2\times3.14^2\times2.68\times10^{-9}}{3\times2.76\times10^{-3}} = 6.38\times10^{-6}(\mathrm{m/s})$$

$$k_C = 0.001u_S = 0.001\times4.16\times10^{-2} = 4.16\times10^{-5}(\mathrm{m/s})$$

由式（5-33）得：

$$K_{oy,s} = \left(\frac{1}{k_D} + \frac{m}{k_C}\right)^{-1} = \left(\frac{1}{6.38\times10^{-6}} + \frac{0.72}{4.16\times10^{-5}}\right)^{-1} = 5.75\times10^{-6}(\mathrm{m/s})$$

参考图 5-10 加以修正，操作条件下转盘塔内液滴群的 Peclet 准数为：

$$Pe = \frac{d_p u_S}{D_D} = \frac{2.76 \times 10^{-3} \times 4.16 \times 10^{-2}}{2.68 \times 10^{-9}} = 4.28 \times 10^4$$

忽略传质方向的影响，从图 5-10 可见，对于正常操作的转盘塔，

$$\frac{K_{oy}}{K_{oy,s}} = 1.5$$

因此，实际操作条件下，总传质系数为：

$$K_{oy} = 1.5K_{oy,s} = 1.5 \times 5.75 \times 10^{-6} = 8.63 \times 10^{-6}(\mathrm{m/s})$$

由式 (5-47) 得萃取相真实传质单元高度

$$(HTU)_{oy} = \frac{u_D}{K_{oy}a} = \frac{5.25 \times 10^{-3}}{8.63 \times 10^{-6} \times 2.96 \times 10^2} = 2.06(\mathrm{m})$$

萃取因子

$$\varepsilon = \frac{mu_D}{u_C} = \frac{0.72 \times 5.25 \times 10^{-3}}{2.63 \times 10^{-3}} = 1.44$$

萃余相真实传质单元高度

$$(HTU)_{ox} = \frac{1}{\varepsilon}(HTU)_{oy} = \frac{2.06}{1.44} = 1.43(\mathrm{m})$$

5.6.6 轴向扩散系数的计算

考虑到 Stemerding 的计算公式是根据各种塔径的实验数据关联出来的，因此采用这种公式计算。由式 (5-68) 得：

$$E_C = u_C H_T \left[0.5 + 0.012\left(\frac{D_R N_R}{u_C}\right)\left(\frac{D_S}{D_T}\right)^2\right]$$

$$= 2.63 \times 10^{-3} \times 0.20 \times \left[0.5 + 0.012 \times \left(\frac{0.70 \times 1.41}{2.63 \times 10^{-3}}\right)\left(\frac{1.00}{1.40}\right)^2\right]$$

$$= 1.47 \times 10^{-3}(\mathrm{m^2/s})$$

$$E_D = 3E_C = 3 \times 1.47 \times 10^{-3} = 4.41 \times 10^{-3}(\mathrm{m^2/s})$$

5.6.7 萃取段高度的计算

因为萃余相为连续相，萃取相为分散相，所以 $u_C = u_x$，$u_D = u_y$，$E_C = E_x$，$E_D = E_y$，先估算 $\varepsilon = 1$ 时，$(HTU)_{oxp}$的近似值。由式 (5-58) 得：

$$(HTU)_{oxp} = (HTU)_{ox} + \frac{E_x}{u_x} + \frac{E_y}{u_y}$$

$$= 1.43 + \frac{1.47 \times 10^{-3}}{2.63 \times 10^{-3}} + \frac{4.41 \times 10^{-3}}{5.25 \times 10^{-3}} = 2.83(\mathrm{m})$$

由式 (5-59) 得初值

$$L_0 = (HTU)_{oxp}(NTU)_{oxp} = 2.83 \times 5.83 = 16.50(\mathrm{m})$$

真实传质单元数为

$$(NTU)_{ox} = \frac{L_0}{(HTU)_{ox}} = \frac{16.50}{1.43} = 11.5$$

为计算分散单元高度，先计算有关中间变量。

$$f_x = \frac{(NTU)_{ox} + 6.8\varepsilon^{0.5}}{(NTU)_{ox} + 6.8\varepsilon^{1.5}} = \frac{11.5 + 6.8 \times 1.44^{0.5}}{11.5 + 6.8 \times 1.44^{1.5}} = 0.846$$

$$f_y = \frac{(NTU)_{ox} + 6.8\varepsilon^{0.5}}{(NTU)_{ox} + 6.8\varepsilon^{-0.5}} = \frac{11.5 + 6.8 \times 1.44^{0.5}}{11.5 + 6.8 \times 1.44^{-0.5}} = 1.145$$

$$Pe_x = \frac{u_x L_0}{E_x} = \frac{2.63 \times 10^{-3} \times 16.50}{1.47 \times 10^{-3}} = 29.52$$

$$Pe_y = \frac{u_y L_0}{E_y} = \frac{5.25 \times 10^{-3} \times 16.50}{4.41 \times 10^{-3}} = 19.64$$

$$\begin{aligned}(Pe)_0 &= \left(\frac{1}{f_x Pe_x \varepsilon} + \frac{1}{f_y Pe_y}\right)^{-1} \\ &= \left(\frac{1}{0.846 \times 29.52 \times 1.44} + \frac{1}{1.145 \times 19.64}\right)^{-1} = 13.8\end{aligned}$$

$$\varphi = 1 - \frac{0.05\varepsilon^{0.5}}{(NTU)_{ox}^{0.5}(Pe)_0^{0.25}} = 1 - \frac{0.05 \times 1.44^{0.5}}{11.5^{0.5} \times 13.8^{0.25}} = 0.991$$

由式 (5-61) 得分散单元高度

$$(HTU)_{oxD} = \frac{L_0}{(Pe)_0 + \dfrac{\varphi \ln \varepsilon}{\left(1 - \dfrac{1}{\varepsilon}\right)}} = \frac{16.50}{13.8 + \dfrac{0.991 \ln 1.44}{\left(1 - \dfrac{1}{1.44}\right)}} = 1.10(\mathrm{m})$$

由式 (5-56) 得表观传质单元高度

$$(HTU)_{oxp} = (HTU)_{ox} + (HTU)_{oxD} = 1.43 + 1.10 = 2.53(\mathrm{m})$$

由式 (5-57) 得 L 的第一次试算值

$$L = (HTU)_{oxp}(NTU)_{oxp} = 2.53 \times 5.83 = 14.75(\mathrm{m})$$

此值与 L_0 偏差较大，重复迭代两次，可得 $L_0 = 14.69$ m。故取萃取段高度 $L = 14.70$ m。

5.6.8 澄清段高度的估算

由式(5-71)得凝聚时间

$$\tau = 1.32 \times 10^5 \frac{\mu_C d_p}{\sigma}\left(\frac{L}{d_p}\right)^{0.18}\left(\frac{\Delta\rho g d_p^2}{\sigma}\right)^{0.32}$$

$$= 1.32 \times 10^5 \times \frac{1.0 \times 10^{-3} \times 2.76 \times 10^{-3}}{0.03} \times \left(\frac{14.70}{2.76 \times 10^{-3}}\right)^{0.18}$$

$$\times \left[\frac{(997-860) \times 9.81 \times (2.76 \times 10^{-3})^2}{0.03}\right]^{0.32} = 40.3(\mathrm{s})$$

考虑到转盘的搅拌作用，取实际凝聚时间 $\tau = 50$ s。由式(5-72)得分散相澄清段体积

$$V_S = \frac{2V_D \tau}{\varphi_D} = \frac{2 \times 8.08 \times 10^{-3} \times 50}{0.136} = 5.94(\mathrm{m}^3)$$

由式(5-73)得分散相澄清段高度

$$H_S = \frac{4V_S}{\pi D_T^2} = \frac{5.94}{0.785 \times 1.4^2} = 3.86(\mathrm{m})$$

连续相澄清段高度也可取为 3.86 m。

转盘塔总高

$$H = L + 2H_S = 14.7 + 2 \times 3.86 = 24.42(\mathrm{m})$$

圆整取 $H = 24.5$ m。

本章参考文献

[1] 陈敏恒，丛德滋，方图南，等. 化工原理（下册）. 4 版. 北京：化学工业出版社，2015.

[2] 匡国柱，史启才. 化工单元过程及设备课程设计. 北京：化学工业出版社，2002.

[3] Treybal R E. Liquid Extraction. 2nd ed. New York：McGrow-Hill，1963.

[4] Sherwood T K, et al. Mass Transfer. 2nd ed. New York：McGrow-Hill，1975.

[5] 王松汉. 石油化工设计手册. 北京：化学工业出版社，2002.

[6] 化学工程手册编委会. 化学工程手册. 北京：化学工业出版社，1989.

[7] 贾绍义，柴诚敬. 化工传质与分离过程. 北京：化学工业出版社，2001.

[8] 邓修，吴俊生. 化工分离工程. 北京：化学工业出版社，2000.

[9] 李洲，等. 液-液萃取过程和设备（下册）. 北京：原子能出版社，1985.

[10] 贺匡国. 化工容器及设备简明设计手册. 北京：化学工业出版社，2002.

[11] 张琨，等，译. 迪特尼奥尔斯科戈，化工基本过程与设备. 北京：化学工业出版社，1988.

第 6 章　喷雾干燥塔的设计

6.1　概述

干燥器的种类有很多，常见的几种干燥器的分类方法如下。

(1) 按操作压力可分为常压型和真空型干燥器。

(2) 按操作方式可分为连续式和间歇式干燥器。

(3) 按热量传递的方式可分为：

① 对流加热型干燥器，如喷雾干燥器、气流干燥器、流化床干燥器等；

② 传导加热型干燥器，如耙式真空干燥器、滚筒干燥器、冷冻干燥器等；

③ 辐射加热型干燥器，如红外线干燥器、远红外线干燥器等；

④ 介电加热型干燥器，如微波加热干燥器等。

在众多的干燥器中，对流加热型干燥器的应用最多。因此，本书主要讨论对流加热型的喷雾干燥器和流化床干燥器。本章先介绍喷雾干燥器的设计，下一章再介绍流化床干燥器的设计。

6.1.1　喷雾干燥的原理

将溶液、乳浊液、悬浮液或浆料在热风中喷雾成细小的液滴，在它下落的过程中，液滴中的水分被蒸发而形成粉末或颗粒状的产品，这样的过程称为喷雾干燥。

喷雾干燥的原理如图 6-1 所示。

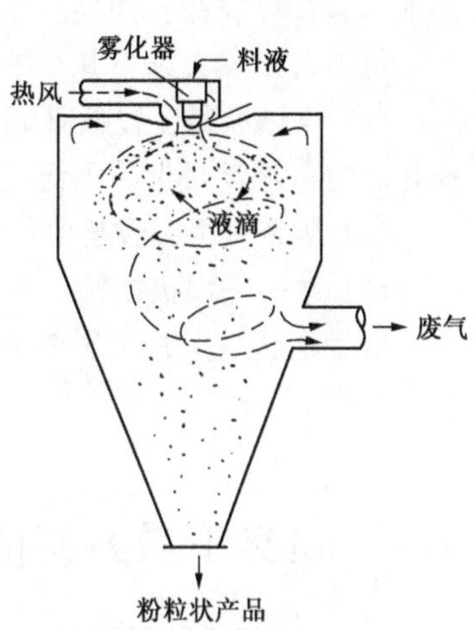

图 6-1　喷雾干燥示意图

在干燥塔顶部导入热风，同时用泵将料液送至塔顶，经过雾化器喷成雾状的液滴，这些液滴群的表面积很大，与高温热风接触后其中的水分蒸发，在极短的时间内便成为干燥产品，从干燥塔底部排出。热风与液滴接触后温度显著降低，湿度增大，它作为废气由排风机抽出。废气中夹带的微粉用分离装置回收。

物料干燥分等速阶段和降速阶段两个部分进行。在等速阶段，水分通过颗粒的扩散速度大于蒸发速度。水分蒸发是在液滴表面发生，蒸发速度由蒸气通过周围热风的扩散速度所控制。主要的推动力是周围热风和液滴的温度差，温差越大蒸发速度越快。当水分通过颗粒的扩散速度开始减慢时，干燥进入减速阶段。此时物料温度开始上升，干燥结束时物料的温度接近于周围空气的温度。

6.1.2 喷雾干燥的特点

喷雾干燥具有许多优点，主要的有以下几个方面。

(1) 干燥速度快。由于料液经喷雾后被雾化成几十微米大小的液滴，所以单位体积液滴具有的表面积很大，每升料液经喷雾后表面积可达 300 m^2 左右，因此传质、传热迅速，水分蒸发极快，干燥时间一般仅 5～40 s。

(2) 干燥过程中液滴的温度较低。喷雾干燥可以采用较高温度的载热体，但是干燥塔内的温度一般不会很高。在干燥初期，物料温度不超过周围热空气的湿球温度，干燥产品质量好，适合于热敏性物料的干燥。

(3) 产品具有良好的分散性和溶解性。根据工艺要求，选用适当的雾化器，可将料液喷成球状液滴，由于干燥过程是在空气中完成的，所得到的粉粒能保持与液滴相近似的球状，因此具有良好的疏松性、流动性、分散性和溶解性。

(4) 生产过程简化，操作控制方便。即使是含水量高达 90%的料液，不经浓缩，同样能一次获得均匀的产品。大部分产品干燥后不需粉碎和筛选，从而简化了生产工艺流程。对于产品粒径大小、松密度、含水量等质量指标，可改变操作条件进行调整，控制、管理都很方便。

(5) 产品纯度高，生产环境好。由于干燥是在密闭的容器内进行的，杂质不会混入产品，保证了产品纯度。对于有毒气和臭气的物料，可采用闭路循环系统的喷雾干燥设备，防止污染，改善环境。

(6) 适宜于连续化大规模生产。干燥后的产品经连续排料，在后处理上结合冷却器和风力输送，组成连续生产作业线，实现自动化大规模生产。

基于上述优点，喷雾干燥自 20 世纪 40 年代用于工业生产以来，已在化学工业、食品工业、医药、农药、陶瓷、水泥及冶金行业中获得了广泛的应用。

但喷雾干燥有以下几个缺点。

(1) 当热风温度较低（低于 150 ℃）时，传质速率较低，需要的设备体积大，且低温操作时空气消耗量大，因而动力消耗随之增大。

(2) 从废气中回收粉尘的分离设备要求高，附属装置结构复杂，费用较高。

(3) 对一些糊状物料，干燥时需加水稀释，增加了干燥设备的负荷。

但是这些缺点并不影响它的广泛应用，尤其是在大规模生产中，喷雾干燥的经济性极为突出。

6.2 喷雾干燥方案的选定

6.2.1 干燥装置流程

喷雾干燥获得的产品达数百种，因此，喷雾干燥的流程也是多种多样的。这里介绍的是基本类型。在实际生产中，可能多加几件或减少几件设备，构成生产流程，但离不开这种基本类型。

6.2.1.1 开放式喷雾干燥系统

该系统的特征是喷雾的料液全部是水溶液，干燥介质是来自大气的空气，空气通过干燥器及除尘系统后，再排放到大气中，不再循环使用，这是一种标准的流程。在工业生产中最为常见的是这种流程，如图 6-2 所示。

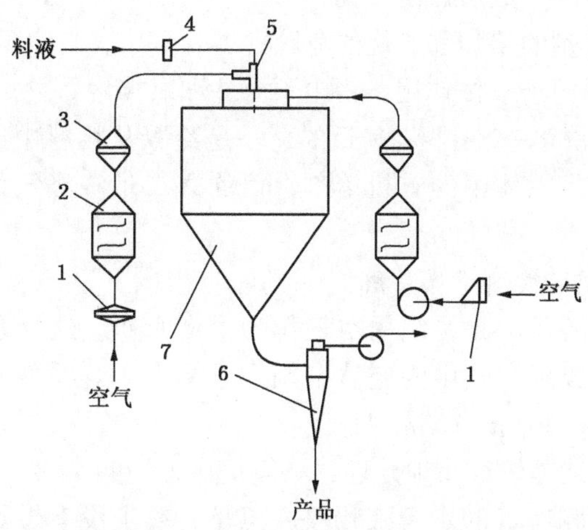

图 6-2　开放式喷雾干燥系统

1—空气过滤器；2—空气加热器；3—精过滤器；4—物料过滤器；5—气流式雾化器；6—旋风除尘器；7—干燥塔

开放式喷雾干燥系统流程比较简单，各种型式的雾化装置都能使用，该系统的缺点是载热体消耗量较大。

6.2.1.2　*闭路循环喷雾干燥系统*

闭路循环喷雾干燥系统，是基于干燥介质为惰性气体（例如氮气）的再循环和再利用。当然，特殊情况下也可以用空气（如空气-四氯化碳系统）。干燥系统部件间连接处要保证气密性密封，干燥室在低压 0．196 MPa（200 mmH_2O）下操作。其流程如图 6-3 所示。

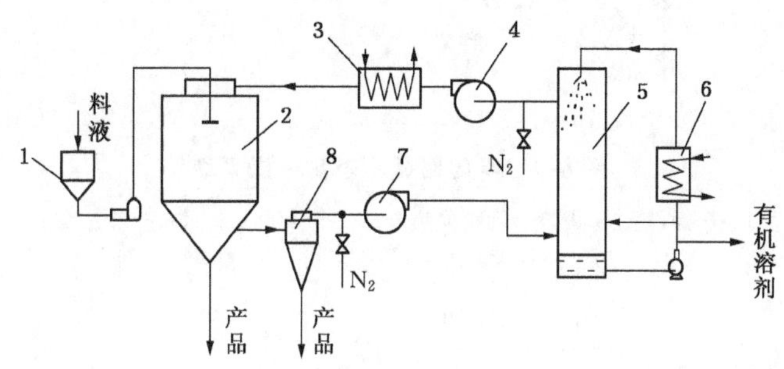

图 6-3　闭路循环喷雾干燥系统

1—贮料槽；2—干燥塔；3—加热器；4—鼓风机；5—洗涤-冷凝器；6—冷却器；7—引风机；8—旋风分离器

通常在下述情况下需选择闭路循环流程：

① 原料液由固体和有机溶剂组成；

② 要求有机溶剂全部回收；

③ 干燥有毒的固体粉粒状产品；

④ 不允许气味、溶剂蒸气和颗粒状物质的逸出，防止对环境大气造成污染；

⑤ 粉尘在空气中可能形成爆炸混合物；

⑥ 必须防止有机溶剂的爆炸和燃烧的危险；

⑦ 在干燥过程中，由于氧化作用，粉尘不允许和氧接触。

在流程中，设置的洗涤-冷凝器，其目的之一是冷凝从物料中出来的进入惰性气体中的有机蒸气，洗涤液就是固体中的有机溶剂；目的之二是洗涤气体中的粉尘，防止堵塞加热器。

6.2.1.3　半闭路循环喷雾干燥系统

这种流程如图 6-4 所示。此系统用空气作为干燥介质。这个系统的部件间的连接是非气密性的，由系统排放到大气中的空气量相当于漏入干燥系统的空气量。干燥器在微真空下操作，压力约为－30～－10 mmH_2O。

排放的少量气体，能够较容易地处理，一般用作燃烧的空气。

该系统用于有气味和有毒的水溶液物料。但是，粉尘没有爆炸和燃烧的危险。需要间接加热，以防止粉体（产品）同燃烧产物接触。含有毒性颗粒或气味的少量排放气体，通过燃烧室的火焰区域，将其惰性化（即氧化）或脱味，然后排放到大气中。

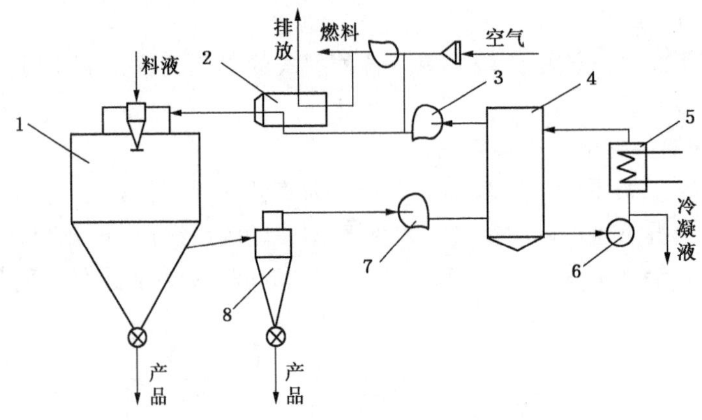

图 6-4　半闭路循环喷雾干燥系统

1—干燥塔；2—燃烧炉间接换热器；3—鼓风机；4—洗涤-冷凝器；
5—冷却器；6—循环泵；7—引风机；8—旋风分离器

6.2.1.4　自惰化（Self-inertizing）喷雾干燥系统

自惰化喷雾干燥系统也是一个半闭路循环系统，此流程如图 6-5 所示。自惰是指在系统中有一个自制惰性气体的装置。加热器采用直接燃烧，允许采用高的干燥空气入口温度，可以提高干燥器热效率。排放的气体量等于在燃烧室燃烧产生的气体体积量（大约为总气体量的 10%～15%）。如果排出的气体有臭味，还可以将此部分气体通入燃烧室进行燃烧，并回收这部分热量，如图 6-6 所示。

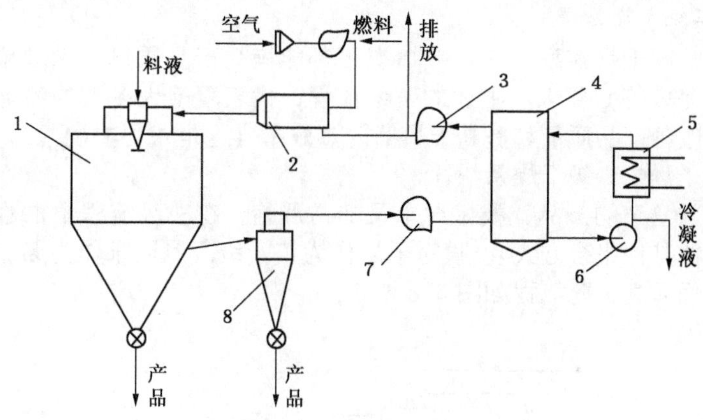

图 6-5　自惰化喷雾干燥系统

1—干燥器；2—直接燃烧加热器；3—鼓风机；4—洗涤-冷凝器；5—冷却器；6—循环泵；7—引风机；8—旋风分离器

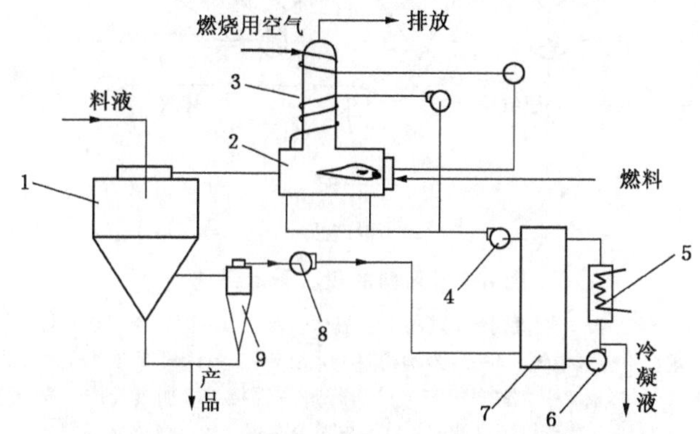

图 6-6　带有预热和燃烧的自惰化喷雾干燥系统

1—干燥塔；2—直接燃烧加热器；3—废气回收热交换器；4—鼓风机；
5—冷却器；6—循环泵；7—洗涤-冷凝器；8—引风机；9—旋风分离器

直接燃烧加热这样的流程，如果燃烧炉设计适宜，它通过获得完全燃烧的条件，采用非常少的过量燃烧空气操作，可以建立起自惰化系统。

该流程用于水溶液物料，干燥产品不能和空气及氧气接触，或有爆炸的危险，或通过氧化作用，破坏产品质量。

该系统的特征就是采用直接燃烧加热器，用燃烧气体更可取，容易控制燃烧。在燃烧室中，采用精确调节过剩燃烧用空气量，以得到低氧含量的循环干燥空气流。

一个自惰化系统，不需要氮气及其他惰性气体。系统不需要气密性密封。

干燥室在微真空下操作，在干燥器附近没有粉尘。

6.2.1.5　无菌的喷雾干燥系统

药品的喷雾干燥，要求生产得到的产品没有污染和外来的特殊物质，要求非常净化的条件，采用无菌的喷雾干燥流程能满足这些条件。

在无菌的流程中，设置高温高效颗粒空气过滤器和无菌液体过滤器，并结合无污染的雾化及粉体卸料系统。无菌系统主要用于制药工业。无菌的喷雾干燥流程如图 6-7 所示。

6.2.1.6　二级干燥系统

上述的全部喷雾干燥流程，在一般情况下都能满足产品质量（如颗粒尺寸分布、残余湿含量、体积密度等）要求。上述的一级流程，代表着绝大多数的喷雾干燥系统。但是，为了进一步改善产品质量和提高干燥器的热效率（这是永恒的要求），就需要增设喷雾干燥的流化床干燥的二级干燥系统。

对于干燥非常复杂的产品，技术要求又非常严格，在一级流程中很难完成时，就须采用二级流程（或其他组合方式）。喷雾干燥作为第一级，流化床作为第二级干燥器或冷却器，或两者兼而有之，此流程如图 6-8 所示。

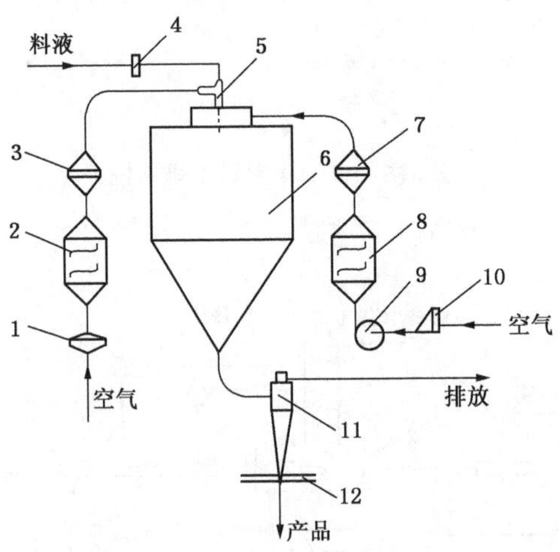

图 6-7　无菌的喷雾干燥系统

1—压缩空气预过滤器（只用于二流体喷嘴）；2—间接空气加热器；
3—高效颗粒空气过滤器；4—料液消毒过滤器；5—二流体喷嘴（或压力式喷嘴）；
6—喷雾干燥塔；7—高效颗粒空气过滤器；8—间接空气加热器；9—鼓风机；
10—干燥空气预过滤器；11—旋风分离器；12—净化室隔层

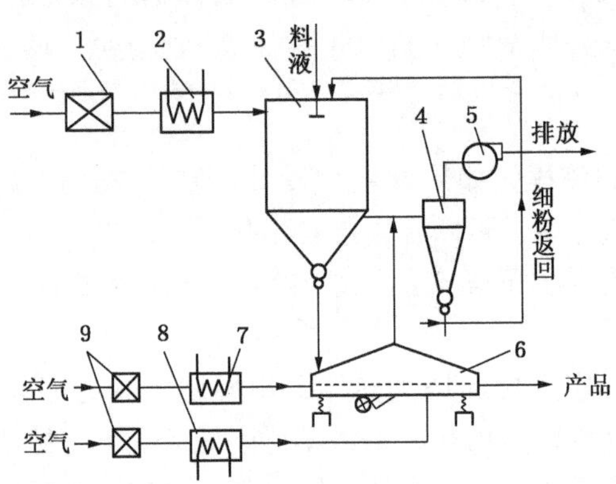

图 6-8　二级干燥流程

1—过滤器；2—加热器；3—干燥器；4—旋风分离器；5—引风机；
6—振动流化床；7—加热器；8—冷却器；9—过滤器

6.2.2　干燥器内热空气和雾滴的流动方向

在喷雾干燥塔内，气体和雾滴的运动方向和混合情况直接影响到干燥产品的性质和干燥时间，应根据具体的工艺要求，合理选择。

气体和雾滴的运动方向，取决于空气入口和雾化器的相对位置，据此可分为并流、逆流和混合流三大类。

6.2.2.1　*并流型喷雾干燥器*

在干燥室内，雾滴与热风呈同方向流动。这类干燥器的特点是被干燥物料允许在低温情况下进行干燥。由于热风进入干燥器内立即与雾滴接触，室内温度急降，不会使干燥物料受热过度，因此适用于热敏性物料的干燥。排出产品的温度取决于排风温度。

并流式喷雾干燥器是工业上常用的基本型式，如图 6-9 所示。图 6-9（a）（b）为垂直下降并流型，这种型式的塔壁粘粉较少，但由于喷嘴安装在塔顶部，检修和更换不方便。图 6-9（c）为垂直上升流型，这种型式要求干燥塔截面风速大于干燥物料的沉降速度，以保证干燥物料能被带走。由于细颗粒干燥时间短，粗颗粒干燥时间长，过大的颗粒或粘壁成块，或落入塔底（定期排出，一般另作处理，不作产品）。故产品干燥均匀，且喷嘴维修方便，但动力消耗较大。图 6-9（d）为水平并流式，热风在干燥室内运动的轨迹呈螺旋状，干燥产品绝大部分从空气中分离出来，落至室底，间歇或连续排出，小部分被气流夹带的产品经气固分离器加以回收。这种干燥器的优点是设备高度低，对厂房要求低。缺点是气流与雾滴混合效果较差，大颗粒可能未得到干燥即落入底面，从而影响产品质量。

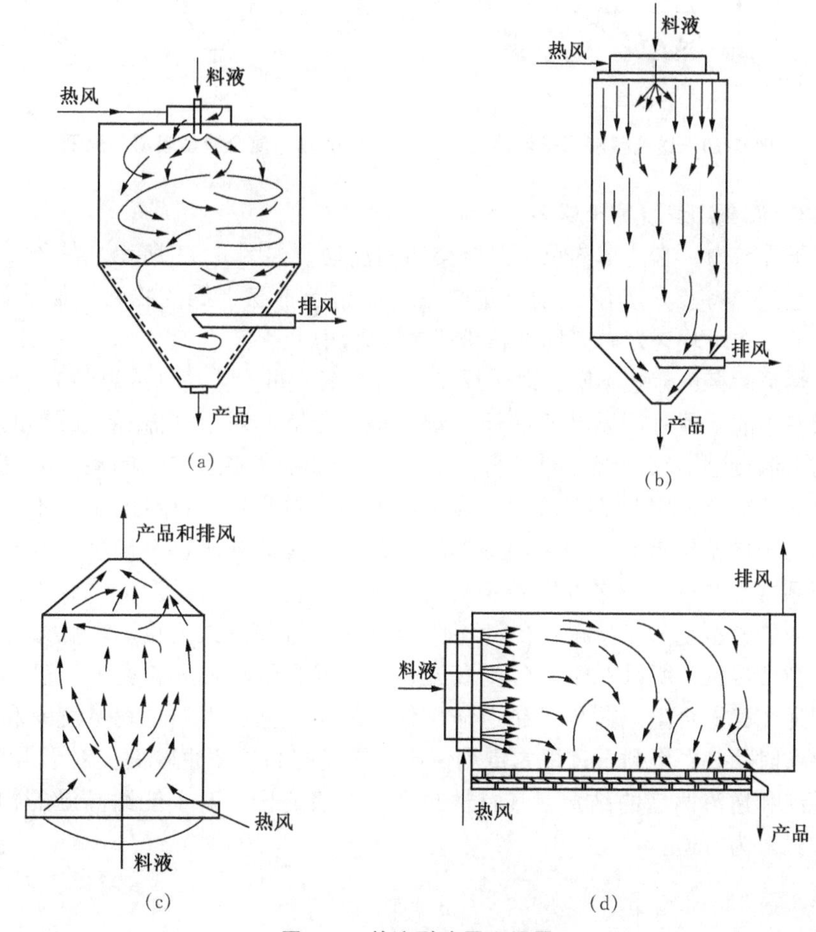

图 6-9　并流型喷雾干燥器

6.2.2.2 逆流型喷雾干燥器

在干燥室内，雾滴与热风呈反向流动。这类干燥器的特点是高温热风进入干燥室内首先与将要完成干燥的粒子接触，能最大限度地除掉产品中的水分，过程的传质传热推动力大，热利用率高。物料在干燥室内停留时间长，适用于含湿量较高物料的干燥。因产品与高温气体相接触，故对于热敏性物料一般不选用。设计时应注意塔内气流速度应小于成品粉粒的沉降速度，以免产品的夹带。这类干燥器常用于压力喷雾的场合，如图6-10所示。

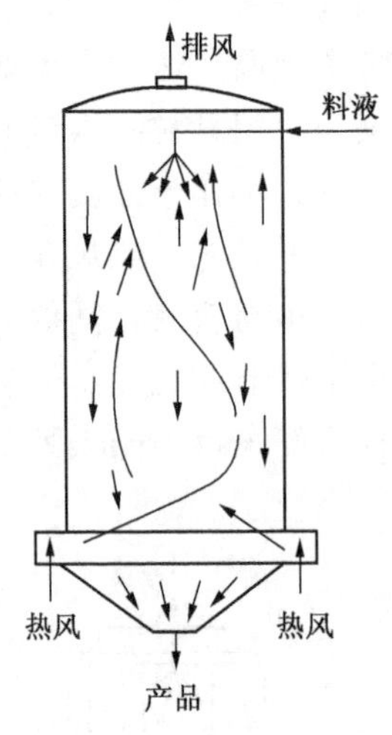

图6-10 逆流型喷雾干燥器

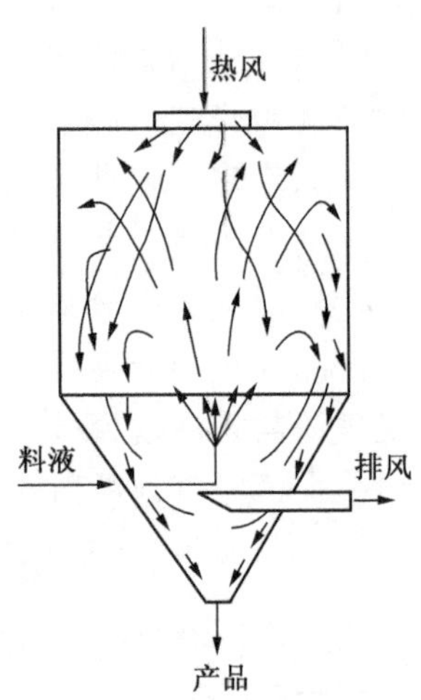

图6-11 混合流型喷雾干燥器

6.2.2.3 混合流型喷雾干燥器

在喷雾干燥室内，雾滴与热风呈混合交错的流动，如图6-11所示。其干燥性能介于并流和逆流之间，特点是雾滴运动轨迹较长，适用于不易干燥的物料。但若设计不当，则会造成气流分布不均匀，内壁局部粘粉严重等弊病。

雾滴和热风的接触方式不同，对干燥室内的温度分布、雾滴（或颗粒）的运动轨迹、物料在干燥室中的停留时间以及产品质量都有很大影响。对于并流式，最热的热风与湿含量最大的雾滴接触，因而湿分迅速蒸发，雾滴表面温度接近空气的湿球温度，同时热空气温度也显著降低，因此从雾滴到干燥成品的整个过程中，物料的温度不高，这对于热敏性物料的干燥特别有利。由于湿分的迅速蒸发，雾滴膨胀甚至破裂，因此并流式所得的干燥产品常为非球形的多孔颗粒，具有较低的松密度。对于逆流式，塔顶喷出的雾滴与塔底上来的较湿空气相接触，因此湿分蒸发速率较并流式为慢。塔底最热的干空气与最干的颗粒相接触，所以对于能经受高温、要求湿含量较低和松密度较高的非热敏性物料，采用逆流式最合适。此外，在逆流操作过程中，全过程的平均温度差和分压差较大，物料停留时间长，有利于过程的传热传质，热能的利用率也较高。对于混合流操作，实际上是并流和逆流两者的结合，其特性也介于两者之间。对于能耐高温的物料，采用这种操作方式最为合适。

6.2.3　操作条件

在设计喷雾干燥器时，首先必须确定设计参数，它包括以下内容：

① 要求获得的产品的性质，粗粒或是细粒，空心或是实心结构，松密度的高低等；

② 选用的雾化方法；

③ 进料的浓度；

④ 干燥介质温度，包括进气温度和排气温度；

⑤ 产品的排出方法及粉尘的回收形式；

⑥ 热源；

⑦ 对设备材料的要求。

6.2.4　雾化器型式

雾化器是喷雾干燥装置中的关键部件，它的设计直接影响到产品质量的技术经济指标。根据能量使用的不同，通常将雾化器分成气流式、旋转式及压力式三种。

6.2.4.1　气流式雾化器

气流式喷雾是利用蒸汽或压缩空气的高速运动（一般为 200～300 m/s），使料液在喷嘴出口处即产生液膜分裂并被雾化。由于料液速度不大（一般低于2 m/s），而气流速度很高，两种流体存在着相当高的相对速度，液膜被拉成丝状，然后分裂成细小的雾滴。气体压力一般为 0.3～0.7 MPa。

根据流体通道的多少将气流式喷嘴分为二流式、三流式及四流式几种。典型的气流式雾化器结构如图 6-12 所示。

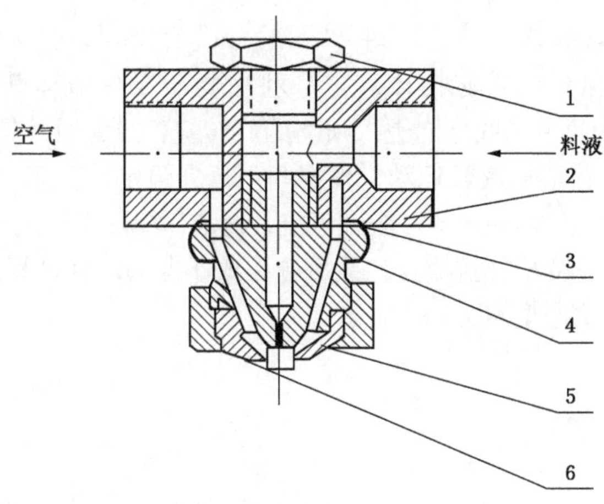

图 6-12　典型的气流式雾化器

1—锁紧帽；2—空气喷嘴；3—喷嘴；4—垫片；5—喷嘴本体；6—堵丝

6.2.4.2　旋转式雾化器

旋转式雾化器是将溶液供给到高速旋转的离心盘上，由于受到离心力及气液间的相对速度而产生的摩擦力的作用，液体被拉成薄膜，并以不断增长的速度由盘的边缘甩出而形成雾滴。

根据圆盘结构的不同，旋转式雾化器可分为光滑盘和非光滑盘式雾化器。典型的旋转式雾化器结构如图 6-13～图 6-15 所示。

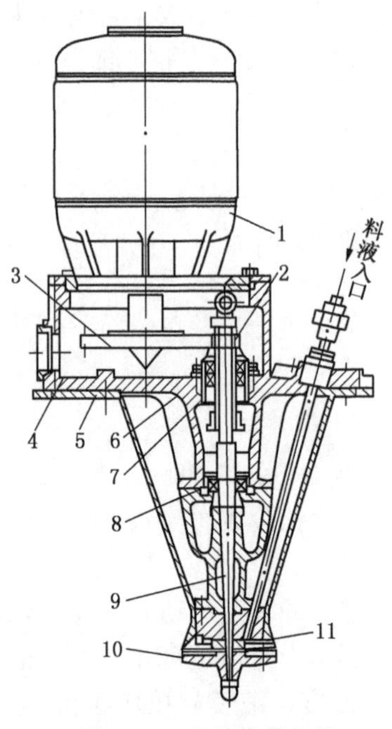

图 6-13 旋转式雾化器

1—电动机；2—小齿轮；3—大齿轮；4—机体；
5—底座；6、8—轴承；7—调节套筒；
9—主轴；10—雾化盘；11—分配器

6.2.4.3 压力式雾化器

压力式雾化器又称机械式雾化器，它是利用高压泵使液体获得很高的压力（2～20 MPa)，并以一定的速度沿切线方向进入喷嘴的旋转室，或者通过具有旋转槽的喷嘴心进入喷嘴的旋转室，使液体形成旋转运动，根据角动量守恒定律，愈靠近轴心，旋转速度愈大，其静压强愈小，在喷嘴中央形成一股空气流，而液体则形成绕空气心旋转的环形薄膜从喷嘴喷出，然后液膜伸长变薄并拉成丝，最后分裂成小雾滴，其过程如图 6-16 所示。压力式雾化器可分旋转型及离心型两类。

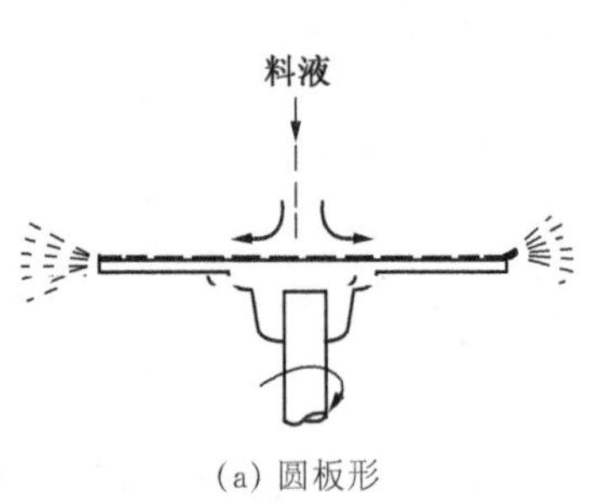

(a) 圆板形

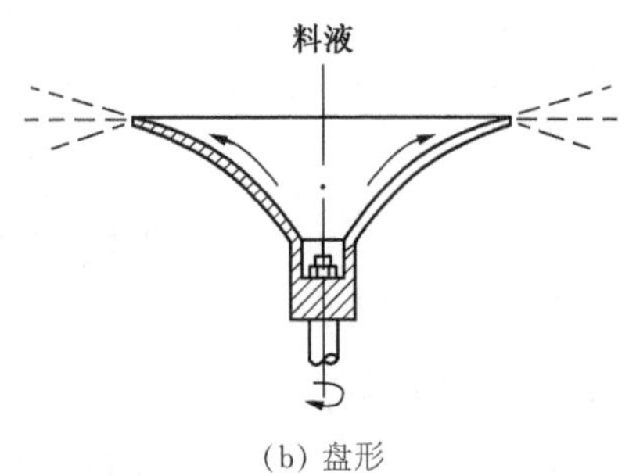

(b) 盘形

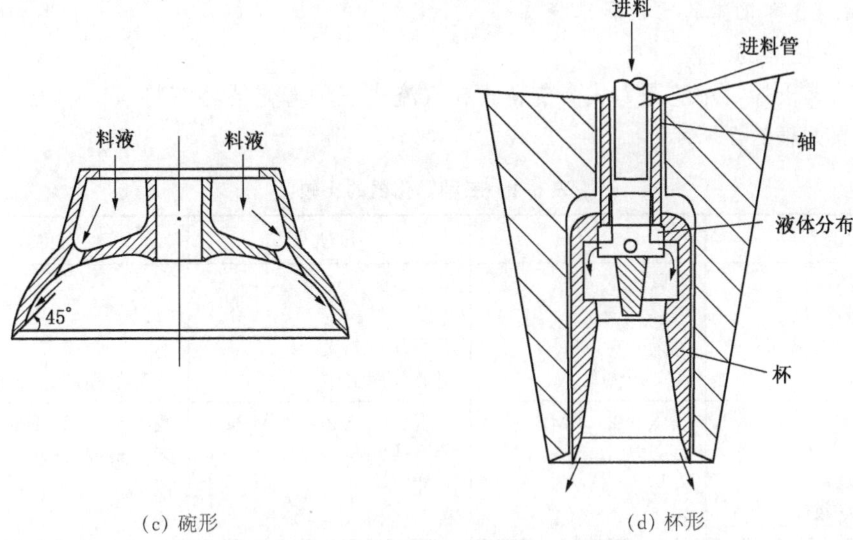

(c) 碗形　　　　(d) 杯形

图 6-14　光滑盘旋转雾化器的主要类型

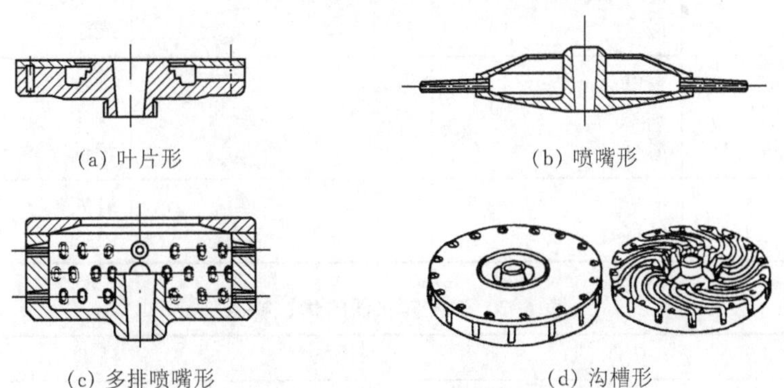

(a) 叶片形　　　　(b) 喷嘴形

(c) 多排喷嘴形　　　　(d) 沟槽形

图 6-15　非光滑盘式雾化器结构示意图

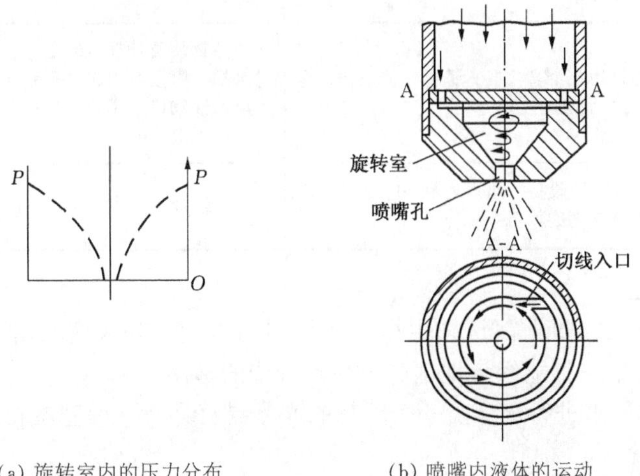

(a) 旋转室内的压力分布　　　　(b) 喷嘴内液体的运动

图 6-16　压力式喷嘴的工作原理示意图

6.2.4.4 雾化器的比较和选择

1) 雾化器的比较

工业喷雾干燥常用的压力式、旋转式和气流式三种雾化器各有特点，如表 6-1 所示，其优、缺点如表 6-2 所示。

表 6-1 三种雾化器的比较

比较的条件		气流式	压力式	旋转式
料液条件	一般溶液	可以	可以	可以
	悬浮液	可以	可以	可以
	膏糊状料液	可以	不可以	不可以
	处理量	调节范围较大	调节范围最窄	调节范围广，处理最大
加料方式	压力	低压～0.3 MPa	高压 1.0～20.0 MPa	低压～0.3 MPa
	泵	离心泵	多用柱塞泵	离心泵或其他
	泵的维修	容易	困难	容易
	泵的价格	低	高	低
雾化器	价格	低	低	高
	维修	最容易	容易	不容易
	动力消耗	最大	较小	最小
产品	颗粒粒度	较细	粗大	微细
	颗粒的均匀性	不均匀	均匀	均匀
	最终含水量	最低	较高	较低
塔	塔径	小	小	最大
	塔高	较低	最高	最低

表 6-2 三种雾化器的优、缺点

型式	优点	缺点
旋转式	操作简单，对物料适应性强，操作弹性大；可以同时雾化两种以上的料液；操作压力低；不易堵塞，腐蚀性小；产品粒度分布均匀	不适于逆流操作；雾化器及动力机械的造价高；不适于卧式干燥器，制备粗大颗粒时，设计上有上限
压力式	大型干燥塔可以用几个雾化器；适于逆流操作；雾化器造价便宜；产品颗粒粗大	料液物性及处理量改变时，操作弹性变化小；喷嘴易磨损，磨损后引起雾化性能变化；要有高压泵，对于腐蚀性物料要用特殊材料；要生产微细颗粒时，设计上有下限
气流式	适于小型生产或实验设备；可以得到 20 μm 以下的雾滴；能处理黏度较高的物料	动力消耗大

2) 雾化器的选择

对于任何雾化器的要求都是产生尽可能均匀的雾滴。如果有几种不同的雾化器可供选择时，就应考虑哪一种能经济地生产出性能最佳的雾滴。

(1) 根据基本要求进行选择。一个理想的雾化器应具有下列基本特征：

① 结构简单；

② 维修方便；

③ 大小型干燥器都可采用；

④ 可以通过调整雾化器的操作条件控制雾滴直径分布；

⑤ 可用泵输送设备、重力供料或虹吸进料操作；

⑥ 处理物料时无内部磨损。

有些雾化器虽然具有上述部分或全部特点，但由于出现下列不希望产生的情况也不应选用，如：雾化器操作方法与所需的供料系统不相匹配；雾化器产生的液滴特征与干燥室的结构不相适应；雾化器的安装空间不够。

(2) 根据雾滴要求进行选择。在适当的操作条件下，三种雾化器可以产生出粒度分布类似的料雾。在工业进料速率情况下，如果要求产生粗液滴时，一般都采用压力式喷嘴；如果要产生细液滴时，则采用旋转式雾化器。

(3) 选择的依据。若已确定某种物料适用于喷雾干燥法进行干燥，那么，接着要解决的问题是选择雾化器。在选择时，应考虑下列几个方面。

① 在雾化器进料范围内，能达到完全雾化。旋转式或喷嘴式雾化器（包括压力式和气流式）在低、中、高速的供料范围内，都能满足各种生产能力的要求。在高处理量情况下，尽管多喷嘴雾化器可以满足要求，但采用旋转式雾化器更有利。

② 料液完全雾化时，雾化器所需的功率（雾化器效率）问题。对于大多数喷雾干燥来说，各种雾化器所需的功率大致为同一数量级。在选择雾化器时，很少把所需功率作为一个重要问题来考虑。实际上，输入雾化器的能量远远超过理论上用于分裂液体为雾滴所需的能量，因此，其效率相当低。通常只要在额定容量下能够满足所要求的喷雾特性就可以了，而不考虑效率这一问题。例如三流体喷嘴的效率特别低，然而只有用这种雾化器才能使某种高黏度料液雾化时，效率问题也就无关紧要了。

③ 在相同进料速率条件下，滴径的分布情况。在低等和中等进料速率时，旋转式和喷嘴式雾化器得到的雾滴直径分布可以具有相同的特征。在高进料速率时，旋转式雾化器所产生的雾滴一般具有较高的均匀性。

④ 最大和最小滴径（雾滴的均匀性）的要求。最大、最小或平均滴径通常有一个范围，这个范围是产品特性所要求的。叶片式雾化轮、二流体喷嘴或旋转气流杯雾化器，有利于要产生细雾滴的情况。叶片式雾化轮或压力式喷嘴一般用于生产中等滴径的情况，而光滑盘雾化轮或压力式喷嘴适用于粗雾滴的生产。

⑤ 操作弹性问题。从运行的观点出发，旋转式雾化器比喷嘴式雾化器的操作弹性要大。旋转式雾化器可以在较宽的进料速率下操作，而不至于使产品粒度有明显的变化，干燥器的操作条件也不需改变雾化轮的转速。

对于给定的压力式喷嘴来说，要增加进料速率，就需增加雾化压力，同时滴径分布也就改变了。如果对雾滴特性有严格的要求，就需采用多个相同的喷嘴。如果雾化压力受到限制，而对雾滴特性的要求也不是很高时，只需改变喷嘴孔径就可以满足要求。

⑥ 干燥室的结构要适应于雾化器的操作。选择各种雾化器时，干燥室的结构起着重要作用。从这一观点出发，喷嘴型雾化器的适应性很强。喷嘴喷雾的狭长性质，能够使其被置于并流、逆流和混合流操作的干燥室中，热风分布器产生旋转的或平行的气流都可以，而旋转式雾化器一般需要配置旋转的热风流动方式。

⑦ 物料的性质要适应于雾化器的操作。对于低黏度、非腐蚀性、非磨蚀性的物料，旋转式和喷嘴式雾化器都适用，具有相同的功效。

雾化轮还适用于处理腐蚀性和磨蚀性的泥浆及各种粉末状物料，在高压下用泵输送有问题的产品，通常首先选用雾化轮（尽管气流式喷嘴也能处理这样的物料）。

气流式喷嘴是处理长分子链结构的料液（通常是高黏度及非牛顿型流体）的最好雾化设备。对于许多高黏度非牛顿型料液还可先预热以最大限度地降低黏度，然后再用旋转型或喷嘴型雾化器进行雾化。

每一种雾化器都可能有一些它不能适用的情况。例如含纤维质的料液不宜用压力式喷嘴进行雾化。如果料液不能经受撞击，或虽然能够满足喷料量的要求，但需要的雾化空气量太大，则气流式喷嘴不适合。如果料液是含有长链分子的聚合物，用叶轮式雾化器只能得到丝状产物而不是颗粒产品。

⑧ 有关该产品的雾化器实际运行经验。对于一套新的喷雾干燥装置，一般要根据该产品喷雾干燥的已有经验来选择雾化器。对于一个新产品，必须经过实验室试验及中间试验，然后根据试验结果选择最合适的雾化器。

6.3 工艺计算

6.3.1 物料衡算

喷雾干燥过程如图 6-17 所示。

根据物料衡算可得

$$G_c(X_1 - X_2) = V(H_2 - H_1) = V(H_2 - H_0) = W \tag{6-1}$$

因常压下温度为 t_0（℃）、湿度为 H_0（kg 水/kg 干气）的湿空气的比容 v_H（m^3/kg 干气）为

$$v_H = (2.83 \times 10^{-3} + 4.56 \times 10^{-3} H_0)(t_0 + 273) \tag{6-2}$$

所以需要空气的体积 V'（m^3/h）为

$$V' = V v_H , \tag{6-3}$$

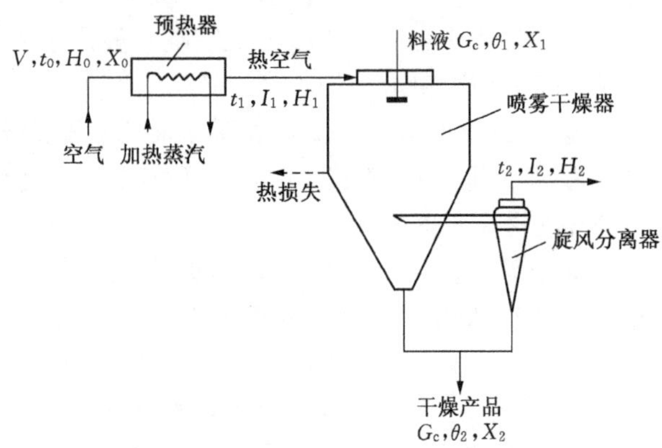

图 6-17 喷雾干燥流程图

式中和图中，V 为绝对干空气用量，kg/h；X_1，X_2 分别为物料进出干燥塔的自由含水量，kg 水/kg 干料；H_0，H_1，H_2 分别为空气在预热前后和离开系统时的湿度，kg 水/kg 干气；I_0，I_1，I_2 分别为空气在预热前后和离开系统时的热焓，kJ/kg 干气；t_0，t_1，t_2 分别为空气在预热前后和离开系统时的温度,℃；θ_1，θ_2 分别为物料进出干燥塔的温度,℃；c_{pg}，c_{pv}分别为干气与水蒸气的比热容，kJ/（kg·℃）；W 为水分蒸发量，kg/h；

G_c 为以绝对干物料计的处理量，kg/h。

6.3.2　热量衡算

6.3.2.1　加热蒸汽消耗量

对空气预热器作热量衡算得

$$Q = V(I_1 - I_0) = V(c_{pg} + c_{pv}H_1)(t_1 - t_0) \tag{6-4}$$

故蒸汽耗用量

$$D = \frac{Q}{r}(\text{kg/h}) \tag{6-5}$$

式中，r 为蒸汽压力下水的汽化热，kJ/kg。

6.3.1.2.2　干燥器的热量衡算

若以 Q_1 表示水分由进口状态加热汽化成废气出口状态的蒸汽所消耗的热量，Q_2 表示物料升温所带走的热量，Q_3 表示废气带走的热量，$Q_损$ 表示热损失，则根据热量衡算有

$$Q = Q_1 + Q_2 + Q_3 + Q_损 \tag{6-6}$$

式中

$$Q_1 = V(H_2 - H_1)(r_0 + c_{pV}t_2 - c_{pL}\theta_1)$$

$$Q_2 = G_c(\theta_2 - \theta_1)c_{pm2}$$

$$Q_3 = V(c_{pg} + c_{pV}H_1)(t_2 - t_0)$$

c_{pm2} 为物料在干燥器出口处的比热容［kJ/（kg 干料・℃）］,可由绝对干料的比热 c_{ps} 及液体比热 c_{pL} 按加和原则计算，即 $c_{pm2} = c_{ps} + c_{pL}X_2$。

$Q_损$ 一般可以 $10\%Q_1$ 计。

此外，干燥器的热量衡算还可以在 I-H 图中用图解法进行（如图 6-18 所示）。

根据热量衡算可以得出如下计算式：

$$\frac{I_2 - I_1}{H_2 - H_1} = -(q_m + q_1 - \theta_1 c_{pL}) \tag{6-7}$$

其中，$q_m = \dfrac{G_c c_{pm2}(\theta_2 - \theta_1)}{W}$ 表示使物料升温所需热量，kJ/kg 水；W 为水分蒸发量，kg/h；q_1 为每汽化 1 kg 水的热损失，kJ/kg 水。其他符号含义同前。

由该式可见，空气进干燥塔前的状态（H_1，I_1）和出口状态（H_2，I_2）之间的关系为一直线，其斜率为 $-(q_m + q_1 - \theta_1 c_{pL})$，如图 6-18 所示。为计算出口状态点，只需任取一湿度 H_e 值代入直线方程，求出 I_e，得到某状态点 E（H_e，I_e），连接 E 与进口状态点 B 的直线即表示空气进出干燥塔的状态变化关系，根据规定的等温线 t_2，即可得到交点 C, C 点即为出口状态点。

通过热量衡算能确定干燥塔出口条件是否符合设计要求，并及时加以调整。

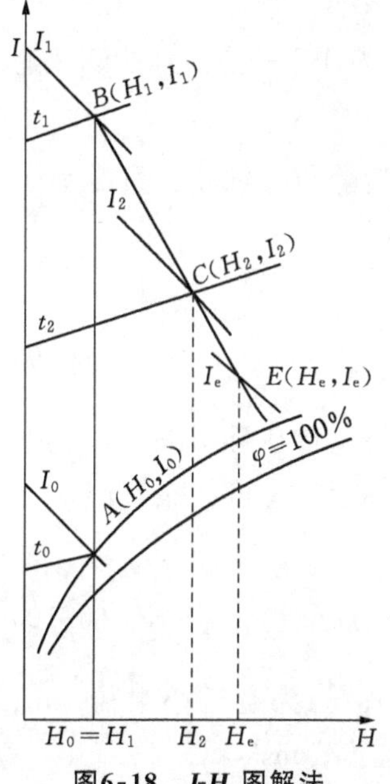

图6-18　I-H 图解法

6.4　喷雾干燥塔主要尺寸的设计

6.4.1　雾化器的主要尺寸计算

气流式雾化器的动力消耗较大，故一般不适用于大规模生产的需要，旋转式雾化器的型式虽然多样，但计算较为简单，在此着重介绍压力式雾化器的结构计算。

液体以切线方向进入喷嘴旋转室，如图 6-19 所示，形成厚度为 t 的环形液膜绕半径为 r_c 的空气心旋转而喷出，形成一个空心锥喷雾，其喷雾角为 θ。液膜是以 θ 角喷出的，液膜的平均速度 u_o（指液体体积流量被厚度为 t 的环形截面积除所得之速度）可分解为水平分速度 u_x 和轴向分速度 u_y，在确定干燥塔直径和高度时，有时要知道 u_x 和 u_y，因此，在喷嘴尺寸确定后，要估算出 u_x 和 u_y。

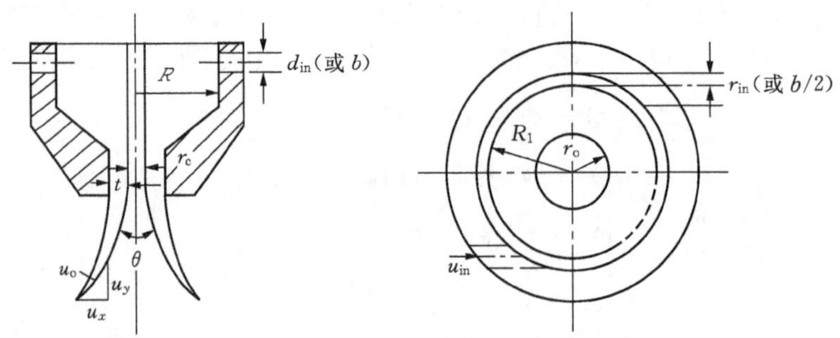

图 6-19　液体在喷嘴内流动示意图

推导流体在喷嘴内的流动方程式时，利用三个基本方程式，即角动量守恒方程式、伯努利方程式及连续性方程式。

按照角动量守恒方程式

$$u_{in}R = u_T r \tag{6-8}$$

式中，u_{in} 为切线入口速度，m/s；R 为旋转室半径，m；u_T 为任意一点液体的切线速度，m/s；r 为任意一点液体的旋转半径，m。

由式 (6-8) 可见，愈靠近轴心，r 愈小，旋转速度愈大，其静压亦愈小，直至等于空气心的压力——大气压。

按照伯努利方程式

$$Hg = \frac{p}{\rho} + \frac{u_T^2}{2} + \frac{(u_y')^2}{2} \tag{6-9}$$

式中，H 为液体总压头，m；g 为重力加速度，m/s^2；p 为液体静压强，Pa；u_T 为液体的切向速度分量，m/s；u_y' 为液体的轴向速度分量，m/s；ρ 为液体的密度，kg/m^3。

按照连续性方程式

$$q_V = \underset{\text{(排出流量)}}{\pi(r_o^2 - r_c^2)u_o} = \underset{\text{(进入流量)}}{\pi r_{in}^2 u_{in}} \tag{6-10}$$

式中，q_V 为液体的体积流量，m^3/s；r_o 为喷嘴孔半径，m；r_c 为空气心半径，m；$\pi(r_o^2 - r_c^2)$ 为环形液流通道截面积，m^2；u_o 为喷嘴处的平均液流速度，m/s。

联立式 (6-8) ～式 (6-10) 可解得：

$$q_V = \sqrt{\frac{1}{\frac{R^2 r_o^4}{r_{in}^4 r_c^2} + \frac{r_o^4}{(r_o^2 - r_c^2)^2}}} \sqrt{2gH} \pi r_o^2 \tag{6-11}$$

设
$$a = 1 - \frac{r_c^2}{r_o^2} \tag{6-12}$$

$$A = \frac{R r_o}{r_{in}^2} \tag{6-13}$$

则式 (6-11) 可以整理为：

$$q_V = \frac{a\sqrt{1-a}}{\sqrt{1-a+a^2A^2}} \pi r_o^2 \sqrt{2gH} \tag{6-14}$$

令
$$C_D = \frac{a\sqrt{1-a}}{\sqrt{1-a+a^2A^2}} \tag{6-15}$$

则
$$q_V = C_D \pi r_o^2 \sqrt{2gH} = C_D A_o \sqrt{2gH} \tag{6-16}$$

式中，C_D 为流量系数；A_o 为喷嘴孔截面积；H 为喷嘴孔处的压头，$H = \Delta p/(\rho g)$；$a = 1 - \frac{r_c^2}{r_o^2}$，表示液流截面积占整个孔截面积的分数，反映了空气心的大小，称为有效截面系数；$A = \frac{R r_o}{r_{in}^2}$，表示喷嘴主要尺寸之间的关系，称为几何特性系数。

式 (6-16) 为离心压力喷嘴的流量方程式，用来确定喷嘴孔的直径。

上述的推导都是以一个圆形入口通道（其半径为 r_{in}）为基准的。在实际生产中，一般采用两个或两个以上的圆形或矩形通道，这时 A 值要按下式计算：

$$A = \frac{\pi r_o R}{A_1} \tag{6-17}$$

式中，A_1 为全部入口通道的总横截面积。

当旋转室只有一个圆形入口，其半径为 r_{in} 时，则 $A_1 = \pi r_{in}^2$，此时 $A = \frac{\pi r_o R}{\pi r_{in}^2} = \frac{r_o R}{r_{in}^2}$。

当旋转室有两个圆形入口，其半径为 r_{in} 时，则 $A_1 = 2(\pi r_{in}^2)$，此时 $A = \frac{\pi r_o R}{2\pi r_{in}^2} = \frac{r_o R}{2 r_{in}^2}$。

当旋转室入口为两个矩形通道，其宽度和高度分别为 b 和 h 时，则 $A_1 = 2bh$，此时 $A = \frac{\pi r_o R}{2bh}$。

由式 (6-11) ～式 (6-15) 可见，流量系数 C_D、空气心半径 r_c 都是与喷嘴尺寸有关的。

考虑到喷嘴表面与液体层之间摩擦阻力的影响，将几何特性系数 A 乘以一个校正系数$\left(\frac{r_o}{R_1}\right)^{\frac{1}{2}}$，得

$$A' = A\left(\frac{r_o}{R_1}\right)^{\frac{1}{2}} \tag{6-18}$$

式中，$R_1 = R - r_{in}$，对矩形通道，$R_1 = R - \frac{b}{2}$。

如果按式（6-15），以 A' 对 C_D 作图，可以得到图 6-20。只要已知结构参数 A'，即可由此图查出流量系数 C_D。

为了计算液体从喷嘴喷出的平均速度 u_o，就需先求得空气心半径 r_c。如已知 a 和 r_o，即可由式（6-12）求得 r_c。而 a 也是与结构有关的参数，也可以作出 A 和 a 的关联图，如图 6-21 所示。利用图 6-21，可由 A 查出对应的 a，再由 $a = 1 - \frac{r_c^2}{r_o^2}$ 求得 r_c。

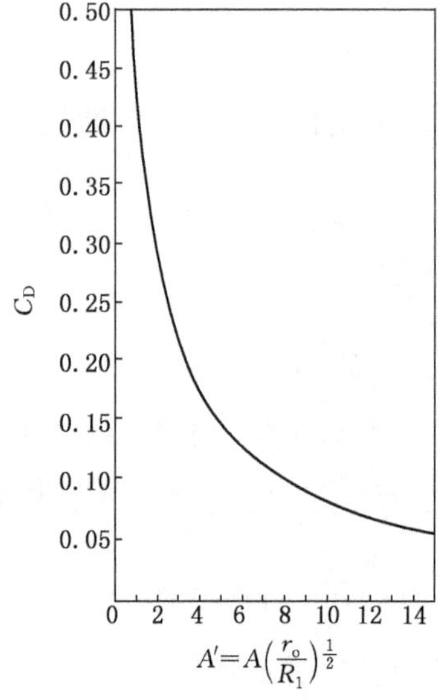

图 6-20　C_D 与 A' 的关联图

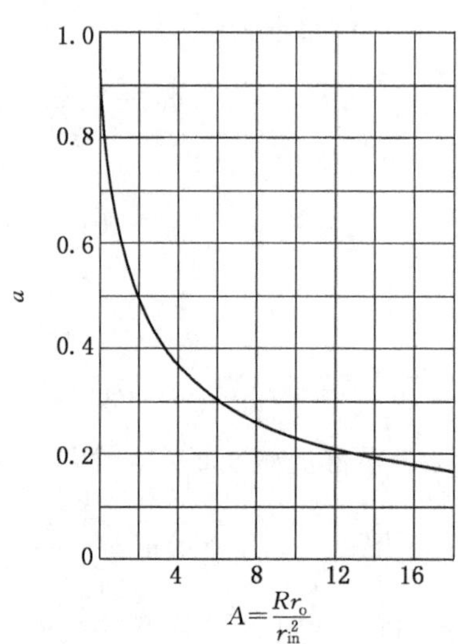

图 6-21　A 与 a 的关联图

至于雾化角 θ 可由雾滴在喷嘴孔处的切向速度 u_x 和轴向速度 u_y 之比来确定，即

$$\tan\frac{\theta}{2} = \frac{u_x}{u_y} \tag{6-19}$$

但切向和轴向速度也是喷嘴结构参数的函数，也有一些理论公式和经验式可用来计算雾化角。下面介绍一个半经验式，即

$$\theta = 43.5\lg\left[14\left(\frac{Rr_o}{r_{in}^2}\right)\left(\frac{r_o}{R_1}\right)^{\frac{1}{2}}\right] = 43.5\lg(14A') \tag{6-20}$$

将此式作图，可得到 A' 与 θ 的关联图，如图 6-22 所示。

根据上述基本关系即可进行喷嘴的计算，其步骤如下：

① 根据经验，选定雾化角 θ 及喷嘴切向入口断面形状；

② 利用图 6-22，由 θ 求得喷嘴结构参数 A'；

③ 利用图 6-20，由 A' 得到流量系数 C_D，并由此求出喷嘴孔径 d_o，并加以圆整；

④ 喷嘴旋转室尺寸的确定：对于矩形入口，一般 $h/b = 1.3 \sim 3.0$，$2R/b = 6 \sim 30$，对于圆形入口一般 $2R/d_o = 6 \sim 30$，由 $A' = \left(\frac{\pi r_o R}{A_1}\right)\left(\frac{r_o}{R_1}\right)^{\frac{1}{2}}$ 求出 A' 值，若为两个矩形入口，$A_1 = 2bh$，b 值选定，则可求出 h，然后圆整；

⑤ 圆整 d_o、h 之后，核算生产能力，如不满足要求则重新调整；

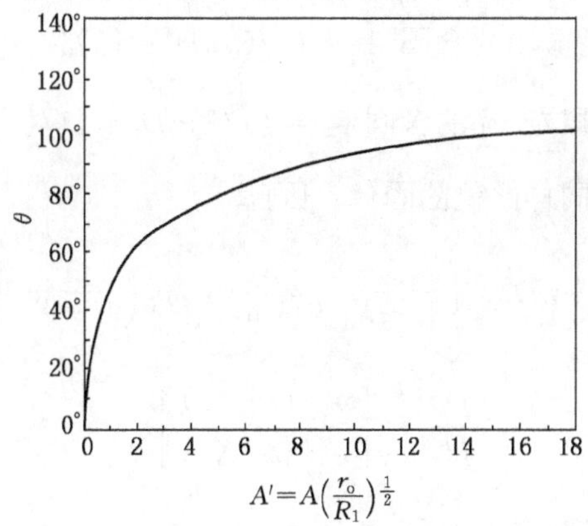

图 6-22　A'与 θ 的关联图

⑥ 计算 r_c 值；

⑦ 计算液膜平均速度 u_o 及其分速度 u_x、u_y。

6.4.2　雾滴干燥时间

为了完成满足产品指标要求的干燥操作，有足够的停留时间是十分重要的。热量衡算及物料衡算可提供关于需要多少热空气量通过干燥塔的资料，而停留时间则确定所需的干燥室尺寸。为保证使雾滴干燥成含水量符合要求的产品，应使雾滴在塔内的停留时间大于干燥过程所需要的时间。以下介绍干燥时间的计算过程。

6.4.2.1　雾滴大小的估算

影响雾滴直径的因素很多，也很复杂，不同类型的雾化器用来估算的经验式也都不同，在此仅以压力式雾化器为例加以介绍。

对于旋转型喷嘴，比较通用的关联式如下：

$$D_{vs} = 1.014(d_o^{1.589})(\sigma^{0.549})(\mu_L^{0.220})(q_V^{-0.537}) \tag{6-21}$$

对于离心型压力喷嘴有：

$$D_{vs} = 0.7926(d_o^{1.52})(\sigma^{0.71})(\mu_L^{0.16})(q_V^{-0.44}) \tag{6-22}$$

以上两式的应用范围为：

D_{vs}——雾滴直径，μm；

d_o——喷嘴直径，1.4～2.03 mm；

σ——液体表面张力，26～34 mN/m；

q_V——进料量，0.004～0.12 m^3/s；

μ_L——液体黏度，0.9～2.03 mPa·s；

ρ——液体密度，1 024～1 073 kg/m^3。

6.4.2.2　雾滴直径在干燥过程中的变化

在水分蒸发过程中，雾滴直径的变化可根据溶质的质量平衡关系求出，若设初始雾滴的平均直径为 D_w，液体密度为 ρ_w，溶液每千克干固体的含湿量为 X_1，干产品的平均直径为

D_D，干产品的密度为 ρ_D，干产品每千克固体的含湿量为 X_2，则

$$\text{每一初始雾滴的含固量} = (1/6)\pi D_w^3\rho_w[1/(1+X_1)]$$

$$\text{每一干颗粒产品的含固量} = (1/6)\pi D_D^3\rho_D[1/(1+X_2)]$$

假定所有的雾滴均含同样比例的固体，因此

$$\frac{1}{6}\pi D_w^3\rho_w\left(\frac{1}{1+X_1}\right) = \frac{1}{6}\pi D_D^3\rho_D\left(\frac{1}{1+X_2}\right)$$

$$\frac{D_D}{D_w} = \left[\frac{\rho_w(1+X_2)}{\rho_D(1+X_1)}\right]^{1/3} \tag{6-23}$$

6.4.2.3　干燥时间的计算

雾滴的干燥过程可分成两个阶段，即恒速干燥阶段和降速干燥阶段。在恒速阶段，蒸发速度保持不变。雾滴中大部分水分在此阶段蒸发掉，水分由雾滴内部很快补充到雾滴表面，保持表面饱和，雾滴温度为空气的湿球温度。当物料含湿量降至临界含湿量时，水分移向表面的速度开始小于表面汽化速度，表面不再保持湿润，干燥速度不断下降，直到完成干燥为止。

在雾滴的喷雾干燥计算时，通常要作如下假定：

① 热风的运动速度很小，可忽略不计；

② 雾滴（或颗粒）为球形；

③ 雾滴在恒速干燥阶段缩小的体积等于蒸发掉的水分体积，在降速干燥阶段，雾滴(或颗粒）直径的变化可以忽略不计；

④ 雾滴群的干燥特性可以用单个雾滴的干燥行为来描述。

在恒速干燥阶段，根据热量衡算，热空气以对流方式传递给雾滴的显热等于雾滴汽化所需的潜热，即

$$\frac{dQ}{d\tau} = \alpha A\Delta t_m = -r\left(\frac{dW}{d\tau}\right) \tag{6-24}$$

式中，Q 为传热量，J；τ 为传热时间，s；α 为对流传热膜系数，W/（m^2·℃）；A 为传热面积，m^2；Δt_m 为雾滴表面和周围空气之间在蒸发开始和终了时的对数平均温度差,℃；W 为水分蒸发量，kg；r 为水的汽化潜热，J/kg。

对于球形雾滴，$A=\pi D^2$（D 为雾滴直径，m），$W=\frac{\pi}{6}D^3\rho_L$（ρ_L 为雾滴密度，kg/m^3）。根据实验结果，$Nu=2.0$ $\left[Nu=\frac{\alpha D}{\lambda}\right.$，$Nu$ 为 Nusselt 数，λ 为干燥介质的平均导热系数，$\left.\text{W/(m·℃)}\right]$，即 $\alpha=\frac{2\lambda}{D}$。因此，式（6-24）变成

$$d\tau = \frac{r\rho_L D}{4\lambda\Delta t_m}dD \tag{6-25}$$

在雾滴蒸发过程中，雾滴直径由 D_w 变化到 D_c 所需的时间 τ_1 可通过对上式进行积分得到，即

$$\tau_1 = \frac{r\rho_L(D_w^2 - D_c^2)}{8\lambda\Delta t_{m1}} \tag{6-26}$$

当雾滴含湿量降到临界含湿量时，在雾滴表面开始形成固相，于是进入第二阶段即降速干燥阶段。降速阶段的平均蒸发速率 $(dW/d\tau)_2$ 可按下式计算

$$(dW/d\tau)_2 = (dX/d\tau) \times \text{干燥固体质量} \tag{6-27}$$

式中，$dX/d\tau = -\frac{12\lambda\Delta t_m}{rD_c^2\rho_D}$，kg 水/（kg 干固体 · h）；$D_c$ 为在临界湿含量状态下的雾滴直径；ρ_D 为干燥物料的密度。

负号表示在降速阶段蒸发量随时间增加而降低。

将上述微分式积分可得到降速干燥阶段所需的时间 τ_2 为

$$\tau_2 = \frac{r\rho_D D_c^2(X_c - X_2)}{12\lambda\Delta t_{m2}} \tag{6-28}$$

雾滴干燥成产品所需的总时间 τ 为

$$\tau = \tau_1 + \tau_2 = \frac{r\rho_w(D_w^2 - D_c^2)}{8\lambda\Delta t_{m1}} + \frac{r\rho_D D_c^2(X_c - X_2)}{12\lambda\Delta t_{m2}} \tag{6-29}$$

式中，ρ_w，ρ_D 分别为料液及干燥产品的密度，kg/m^3；D_w，D_c 为雾滴的初始及临界直径，m；X_c，X_2 分别为料液的临界及干燥产品的干基湿含量（质量分数）；Δt_{m1}，Δt_{m2} 分别为恒速及降速干燥阶段介质与雾滴之间的对数平均温度差，℃。

在应用上述方程时，气体导热系数按蒸发雾滴周围的平均气膜温度计算，气膜温度可取排出的干燥空气温度和雾滴表面温度的平均值。恒速阶段的 Δt_m 可取进口空气温度和料液温度差与临界点处空气温度和雾滴表面温差的对数平均值。降速阶段的 Δt_m 可取空气出口温度和产品温度之差与临界点处空气温度和雾滴表面温差的对数平均值。

临界点处的雾滴直径 D_c 通常是未知的，理论上能从雾滴悬浮液的蒸发特性得到雾滴粒度改变的数据，若缺乏这些数据，可按上述降速阶段的内容加以计算。雾滴在降速阶段的粒径变化可忽略不计，即临界雾滴直径 D_c 近似等于产品粒径 D_D。

6.4.3　塔径的计算

在喷雾干燥塔的设计中，塔径的设计应使湿雾滴不黏附到塔壁上。

由雾化器产生的雾滴以很高的速度从喷嘴喷出，雾滴受重力的影响可以忽略。对旋转式雾化器，雾滴仅有水平速度，而对于压力式和气流式喷嘴，雾滴以某一锥角喷出，其速度可分解为水平速度 u_x 与垂直速度 u_y。雾滴的运动时间与其速度的关系均可用下式描述。

$$\frac{du_x}{d\tau} = -\left(\frac{3\rho}{4\rho_w D_w}\right)\zeta_x u_x^2 \tag{6-30}$$

$$\frac{du_y}{d\tau} = g\left(\frac{\rho_w - \rho}{\rho_w}\right) - \left(\frac{3\rho}{4\rho_w D_w}\right)\zeta_y u_y^2 \tag{6-31}$$

式中，u_x，u_y 分别为雾滴速度 u 在水平及垂直方向上的分量；ρ_w，ρ 分别为雾滴和空

气的密度；τ 为雾滴运动的时间；D_w 为雾滴直径（设为球形）；ζ 为阻力系数。

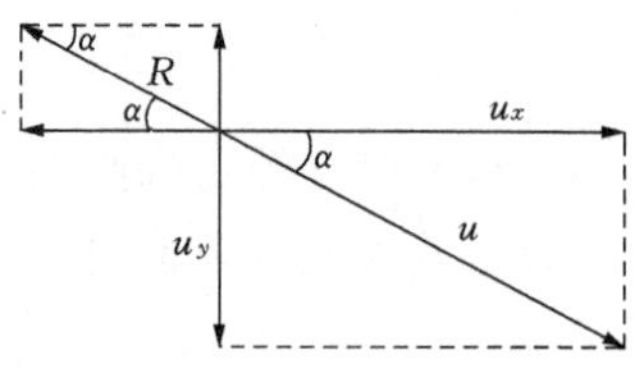

图 6-23 雾滴在重力场下的运动分析

阻力系数 ζ 为雷诺数 Re 的函数，如图 6-24 所示。由图 6-24 得到 Re 和 ζ 的近似关系如下：

$Re < 0.1$，$\zeta = \dfrac{24}{Re}$，层流；

$0.1 < Re < 500$，$\zeta = 18.5/Re^{3/5}$，过渡流；

$500 < Re < 2\times10^5$，$\zeta = 0.44$，湍流。

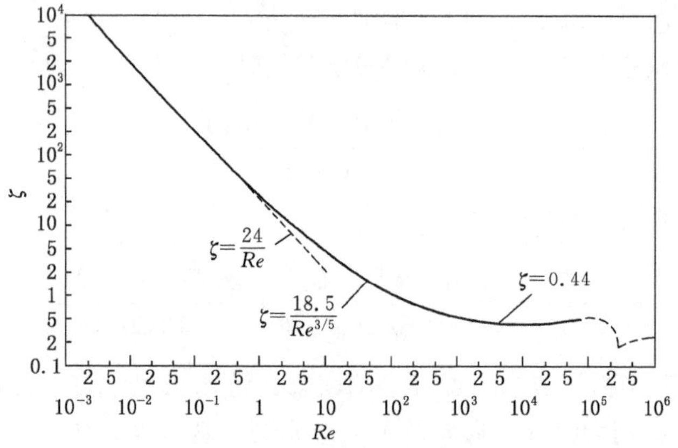

图 6-24 Re 和 ζ 的关系曲线

当雾化器产生的雾滴，以高速水平方向喷射时，重力作用的影响可以忽略，这时 $u_x = u$，由此水平速度，可近似地计算雾滴水平运动的距离。用式（6-30）求速度与时间的关系，即

$$\frac{du}{d\tau} = -\left(\frac{3\rho}{4\rho_w D_w}\right)\zeta u^2 \tag{6-32}$$

因 $Re = \dfrac{D_w u\rho}{\mu}$，故 $u = \dfrac{Re\mu}{D_w\rho}$，代入式（6-32）得：

$\dfrac{dRe}{d\tau} = -\dfrac{3\mu}{4D_w^2\rho_w}\zeta Re^2$，将此式积分得：

$$\frac{3\mu}{4D_w^2\rho_w}\tau = -\int_{Re_0}^{Re}\frac{dRe}{\zeta Re^2} = \int_{Re}^{Re_0}\frac{dRe}{\zeta Re^2} = \int_{Re}^{2\times10^5}\frac{dRe}{\zeta Re^2} - \int_{Re_0}^{2\times10^5}\frac{dRe}{\zeta Re^2} \tag{6-33}$$

式中，Re_0 为在时间 $\tau = 0$ 时，由雾滴初始速度 u_0 算出的雷诺数；Re 为经过时间 τ，雾滴速度为 u 时的雷诺数。

当流动状态为层流时，以 $\zeta Re = 24$ 代入式（6-33）积分后得：

$$\tau = \frac{\rho_w D_w^2}{18\mu}\ln\frac{u_0}{u} \tag{6-34}$$

式中，u_0 为雾滴的初始速度；u 为经过时间 τ 的雾滴速度。

当流动状态为湍流时，以 $\zeta = 0.44$ 代入式（6-33），积分后得：

$$\tau = \frac{3.03\rho_w D_w}{\rho}\left(\frac{1}{u} - \frac{1}{u_0}\right) \tag{6-35}$$

当流动情况为过渡流时，可按下式计算：

$$\tau = \frac{4D_w^2\rho_w}{3\mu}\left[\int_{Re}^{2\times10^5}\frac{\mathrm{d}Re}{\zeta Re^2} - \int_{Re_0}^{2\times10^5}\frac{\mathrm{d}Re}{\zeta Re^2}\right] \tag{6-36}$$

因为 ζ 为 Re 的函数，故 ζRe^2，$\int_{Re}^{2\times10^5}\frac{\mathrm{d}Re}{\zeta Re^2}$，$\int_{Re_0}^{2\times10^5}\frac{\mathrm{d}Re}{\zeta Re^2}$ 也均为 Re 的函数。为便于应用，将上述关系作成列线图，如图 6-25 所示。可以利用此列线图，很方便地计算雾滴或颗粒的运动时间 τ。

将雾滴自很高的初速度降至很低值（如当 $Re = 0.5$ 时）的过程中的不同时刻 τ 与其速度 u_x 的关系作图，用图解积分或数值积分求出雾滴沿半径方向的飞行距离即 $s_x = \int u_x \mathrm{d}\tau$。所设计的喷雾干燥塔的直径 D 应大于 $2s_x$。

6.4.4　塔高的计算

喷雾干燥塔塔高的设计应使颗粒在塔内的停留时间大于传热所需时间，以保证产品的含水率达到要求。

在垂直方向的运动中，雾滴先以某一初速度喷出，由于阻力的作用，逐渐减速，该阶段称减速阶段，当颗粒的重力与所受阻力相等时，颗粒由减速运动变为等速向下运动，直至产品出口。颗粒在塔内的停留时间为减速运动与等速运动的时间之和。

6.4.4.1　等速沉降阶段

当重力等于阻力时，颗粒变为等速运动，此时式（6-31）左端等于零，即 $\mathrm{d}u/\mathrm{d}\tau = 0$。设等速运动时的沉降速度为 u_f，由式（6-31）可得：

$$\frac{3\rho}{4\rho_w D_w}\zeta_f u_f^2 = g\left(\frac{\rho_w - \rho}{\rho_w}\right)$$

故

$$u_f = \sqrt{\frac{4gD_w(\rho_w - \rho)}{3\rho\zeta_f}} \tag{6-37}$$

式中，u_f 为颗粒的沉降速度，m/s；ζ_f 为等速沉降时的阻力系数。

在层流区，$Re < 0.1$，以 $\zeta_f = \frac{24}{Re}$ 代入式（6-37）得：

$$u_f = \frac{D_p^2(\rho_w - \rho)}{18\mu} \tag{6-38}$$

此即斯托克斯定律。

在湍流区，$500 < Re < 2\times10^5$，$\zeta \approx 0.44$，代入式（6-37）得：

$$u_f = 1.74\sqrt{\frac{D_w g(\rho_w - \rho)}{\rho}} \tag{6-39}$$

一般情况，将式（6-37）改写一下，变为：

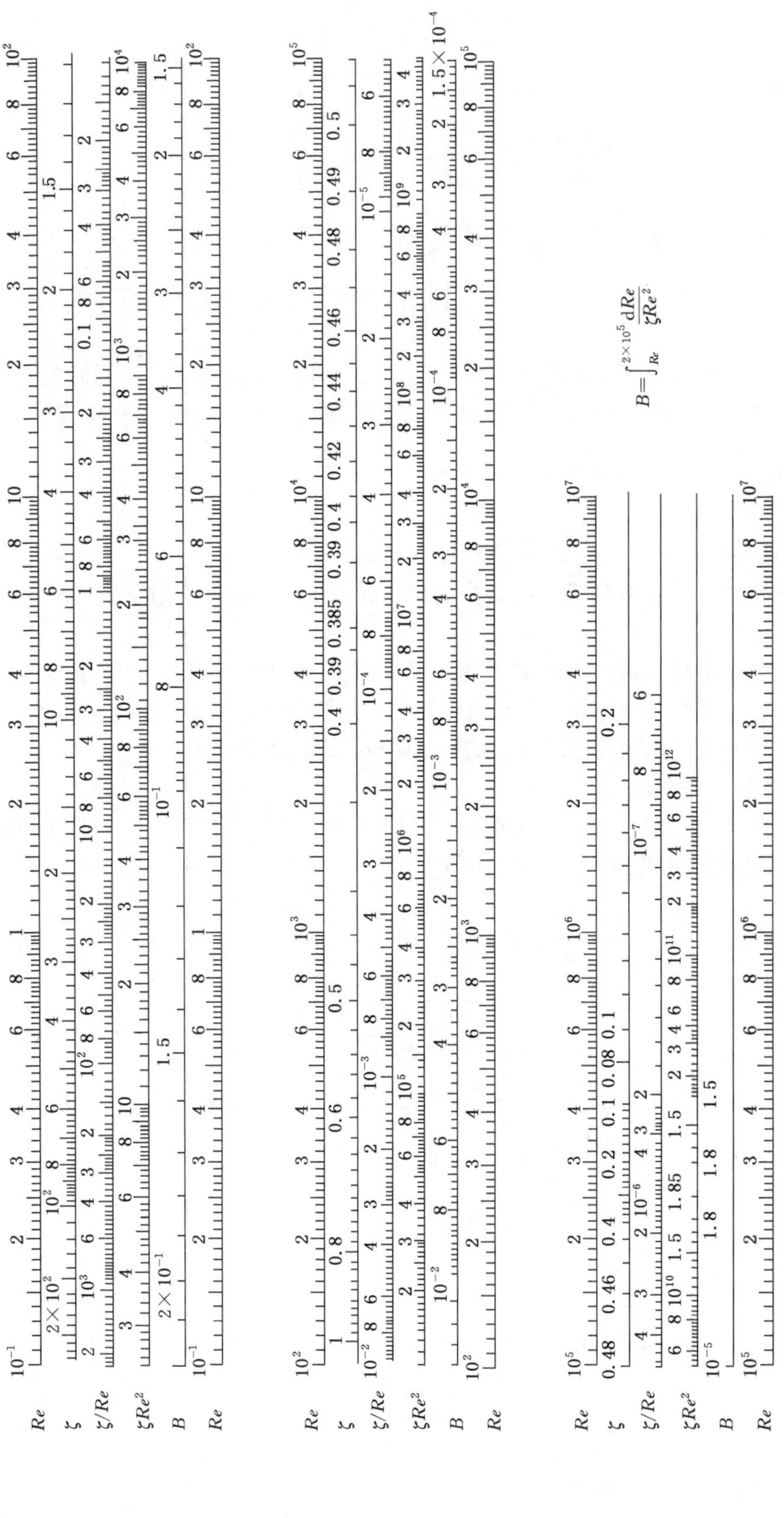

$$B=\int_{Re}^{2\times10^5}\frac{\mathrm{d}Re}{\zeta Re^2}$$

图 6-25 Re 与 ζ、ζRe^2、ζ/Re、$\int_{Re}^{2\times10^5}\frac{\mathrm{d}Re}{\zeta Re^2}$ 的列线图

$$\zeta_f = \frac{4gD_w(\rho_w - \rho)}{3\rho u_f^2} \tag{6-40}$$

式（6-40）包含 D_w 及 u_f^2；而 $Re_f = \dfrac{D_w u_f \rho}{\mu}$ 也包含 D_w 及 u_f，如果将 ζ_f 乘以 Re_f^2，则可消去 u_f，得

$$\zeta_f Re_f^2 = \frac{4gD_w^3\rho(\rho_w - \rho)}{3\mu^2} \tag{6-41}$$

如果将 ζ_f 除以 Re_f，则可消去 D_w，得

$$\zeta_f / Re_f = \frac{4g\mu(\rho_w - \rho)}{3\rho^2 u_f^3} \tag{6-42}$$

将 ζRe^2、ζ/Re 作为 Re 数的函数，标绘成列线图，如图 6-25 所示。利用式(6-41) 及式(6-42)，借助于列线图，计算沉降速度 u_f 或颗粒直径 D_w 是很方便的。

由式（6-41）计算沉降速度的步骤如下：先用式（6-41）算出 ζRe^2 值；再用图 6-25 的列线图，查出与 ζRe^2 相应的 Re_f 值；最后由 $u_f = Re_f \dfrac{\mu}{D_w\rho}$ 算出沉降速度。

若已知干燥所需时间 τ' 和降速沉降时间 τ，则可由沉降速度 u_f 求出在等速沉降阶段颗粒的飞翔距离 $s_y = (\tau' - \tau)u_f$。

6.4.4.2　降速沉降阶段

颗粒减速运动到沉降速度前的时间，可应用式（6-31）推导其计算公式。由于不等速运动时间很短，一般用接近于到达沉降速度的时间作为不等速运动的时间，其误差影响不大。

将 $u = Re \dfrac{\mu}{\rho D_w}$ 代入式（6-31），整理后得：

$$\frac{3\mu}{4D_w^2\rho_w} d\tau = \frac{dRe}{\phi - \zeta Re^2} \tag{6-43}$$

式中
$$\phi = \frac{4D_w^3 g\rho(\rho_w - \rho)}{3\mu^2} = \zeta_f Re_f^2$$

积分式（6-43）得

$$\tau = \frac{4D_w^2\rho_w}{3\mu}\int_{Re_0}^{Re} \frac{dRe}{\phi - \zeta Re^2} = \frac{4D_w^2\rho_w}{3\mu}\int_{Re}^{Re_0} \frac{dRe}{\zeta Re^2 - \phi} \tag{6-44}$$

在层流区，$\zeta = \dfrac{24}{Re}$，代入式（6-44）积分得

$$\tau = \frac{4D_w^2\rho_w}{3\mu}\int_{Re}^{Re_0} \frac{dRe}{24Re - \phi} = \frac{D_p^2\rho_p}{18\mu}\ln\frac{24Re_0 - \phi}{24Re - \phi}（层流时，\phi = 24Re_f）$$

$$= \frac{D_w^2\rho_w}{18\mu}\ln\frac{u_0 - u_f}{u - u_f}$$

在湍流区，阻力系数 $\zeta = 0.44$，代入式（6-44），积分得：

$$\tau = \frac{4D_w^2\rho_w}{3\mu} \cdot \frac{1}{2\sqrt{0.44\phi}} \ln\left[\frac{(\sqrt{0.44}Re_0 - \sqrt{\phi})(\sqrt{0.44}Re + \sqrt{\phi})}{(\sqrt{0.44}Re_0 + \sqrt{\phi})(\sqrt{0.44}Re - \sqrt{\phi})}\right]$$

$$= \frac{D_w^2\rho_w}{\mu\sqrt{\phi}} \ln\left[\frac{(0.664Re_0 - \sqrt{\phi})(0.664Re + \sqrt{\phi})}{(0.664Re_0 + \sqrt{\phi})(0.664Re - \sqrt{\phi})}\right]$$

在过渡区，按式（6-44）用图解积分法求停留时间 τ。即以 $\frac{1}{\zeta Re^2 - \phi}$ 为纵坐标，Re 为横坐标，描绘曲线 AB，如图 6-26 所示。在 Re_0 与 Re 之间。曲线 AB 所包围的面积乘以 $\frac{4D_w^2\rho_w}{3\mu}$ 就是时间 τ。

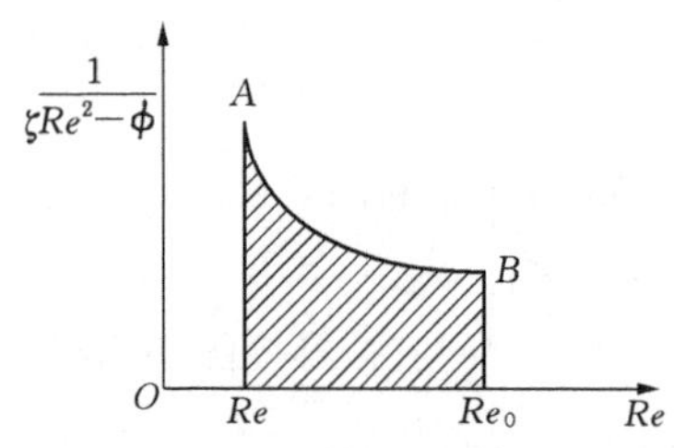

图6-26　式（6-44）的图解积分示意图

利用图解积分或近似计算便可求出颗粒从雷诺数 Re_0 开始下降至不同 Re 值所需要的时间，最后由图解积分便可求出在降速阶段颗粒的飞翔距离 $s'_y = \int u_y \mathrm{d}\tau$。

喷雾干燥塔塔高为颗粒在降速阶段和等速阶段飞翔距离之和，即 $H = s_y + s'_y$。必须指出，以上经图解积分计算得到的塔径与塔高值必须结合工厂现有的实际经验与中间试验的数据加以修正后方能作为设计依据使用，以减少误差。

6.4.5　用干燥强度法估算干燥器容积

干燥强度的定义是单位干燥器容积、单位时间内的蒸发能力，用 q_A 表示。于是干燥器的容积可用下式计算。

$$V_{器} = \frac{W}{q_A} \tag{6-45}$$

式中，$V_{器}$ 为干燥器容积，m^3；W 为水分蒸发量，kg/h；q_A 为干燥强度，kg/（m^3 · h）。q_A 为经验数据。在无数据时，可参考表 6-3 进行选用。

表 6-3（a）　q_A 值与进、出口温度关系

出口温度/℃	进口温度/℃					
	150	200	250	300	350	400
70	3.58	5.72	7.63	9.49	11.20	12.74
80	3.03	5.18	7.07	8.93		
100	1.92	4.09	5.96	7.80	9.33	11.11

表 6-3（b）　q_A 值与进口温度关系

热风入口温度/℃	q_A/［kg/（m^3 · h）］
130～150	2～4
300～400	6～12
500～700	15～25

例如，对于牛奶，入口温度为 130～150 ℃时，$q_A = 2 \sim 4$ kg/(m^3 · h)。

$V_{器}$ 值求出以后，先选定直径，然后求出圆柱体高度（直径和高度要符合比例关系）。干燥强度经常作为干燥器干燥能力的比较数据，故此值愈大愈好。

6.4.6　用体积给热系数法估算干燥器容积

按照传热方程式

$$Q = \alpha_V V_{器} \Delta t_m \tag{6-46}$$

式中，Q 为干燥所需的热量，W；α_V 为体积给热系数，W/（m³·℃），喷雾干燥时，$\alpha_V = 10$(大粒) ~ 30(微粉)W/(m³·℃)；Δt_m 为对数平均温度差,℃。

求得干燥器容积后，可由圆柱体高度 H 和干燥器直径 D 的比值的经验数据（见表 6-4）确定塔径和塔高。

表 6-4　雾化器类型与流向组合和 $H:D$ 关系

雾化器的类型及热风流向的组合	$H:D$ 的范围
旋转雾化器，并流	(0.6∶1) ~ (1∶1)
喷嘴雾化器，并流	(3∶1) ~ (4∶1)
喷嘴雾化器，逆流	(3∶1) ~ (5∶1)
喷嘴雾化器，混合流（喷泉式）	(1∶1) ~ (1.5∶1)
喷嘴雾化器，混合流（内置流化床）	(0.15∶1) ~ (0.4∶1)

6.5　附属设备的设计和选型

在喷雾干燥系统中，主要的附属设备有空气加热器、风机、气固分离设备、热风进口分布装置及排料装置，以下分别加以简要介绍。

6.5.1　空气加热器

适用于喷雾干燥的空气加热器有五种类型：

① 蒸汽间接加热器；

② 燃油或煤气间接加热器；

③ 燃油或煤气直接加热器；

④ 电加热器；

⑤ 液相加热器。

允许被喷雾干燥的物料与燃烧产物接触时用空气直接加热器，不允许接触时用间接加热器。

在热空气温度要求不高的情况下（低于 160 ℃），蒸汽间接加热器受到广泛应用。它具有卫生条件好，能保证产品质量的优点，且以翅片式换热器的应用为最多。当空气速度为 5 m/s 时，传热系数约为 55. 6 W/（m²·℃）。当温度要求较高时，可采用其他型式的加热器，详细内容可参考文献［1，8］

6.5.2 风机

喷雾干燥系统中采用的风机一般均为离心式通风机，其风压一般为1～15kPa。风机在干燥系统中主要有两种布置方式：即单台引风机和双台鼓-引风机结合的方式。如图6-27所示，单台引风机放置在粉尘回收装置之后，使干燥器处于负压操作。这种系统的优点是粉尘及有害气体不会泄漏至大气环境中，但由于干燥器内的负压较高，风机频繁启动和停止会引起器内局部失稳以及外部空气漏入塔内。因此，单台引风方式仅适用于小型喷雾干燥系统。对于大型喷雾干燥系统，主要采用两台风机，一台作为鼓风机，另一台作为引风机。这种系统具有很大的灵活性，可以通过调节管路压力分布，改善干燥器的操作条件，使之处于接近大气压的微负压下操作。这既兼顾了负压操作的优点，又避免了由于大的负压操作使空气漏入系统中，造成干燥效率降低的缺点，同时，微负压操作又可保证粉尘回收装置具有最高的回收率。

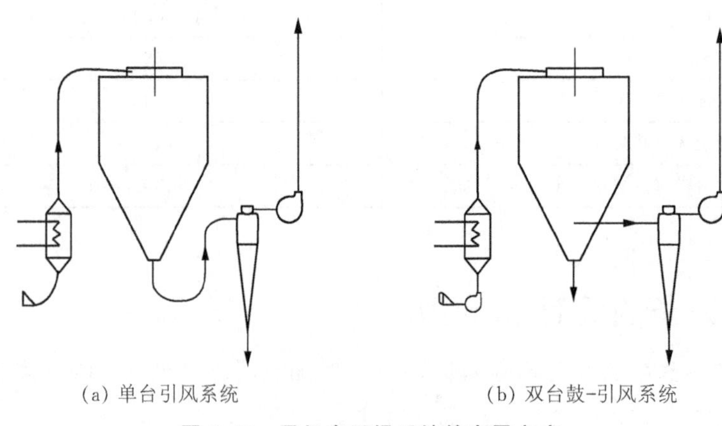

(a) 单台引风系统　　(b) 双台鼓-引风系统

图6-27 风机在干燥系统的布置方式

在选择通风机时应注意以下几点：

① 首先应根据排、送空气的不同性质，如清洁空气，含有易燃、易爆、易腐蚀性气体及含尘或高温气体，选择不同类型的通风机；

② 根据计算所需的风量、风压及已确定采用的风机类型，由通风机产品样本的性能曲线或性能选择表，选取风机型号；

③ 由于系统难以保证绝对密封，故对计算的空气量，应考虑必要的安全系数，一般取附加量为10%～15%；

④ 为保证干燥塔内处于一定的负压（一般为100～300 Pa），设计时分别用进风和排风两台风机串联使用，排风机风量和风压都要大于进风机。

6.5.3 气固分离器

料液经喷雾干燥之后，大部分颗粒较大的产品落到干燥室底部排出，还有一部分细颗粒产品需由气固分离装置加以回收，通常采用分离器、袋滤器及湿式除尘器。电除尘器虽具有效率高、占地面积小、操作自动化等优点，但需用很高的电压，设备费用高，喷雾干燥过程中一般不用。

分离装置的选择，应按喷雾干燥的不同操作条件、卸料方法、物料性质等进行合理的选择。通常在喷雾干燥过程中，采用二级净制回收系统，如先经过旋风分离器再经过袋滤器，或先通过旋风分离器再用湿法洗涤器作为二级净制。

表 6-5 列出了常用分离装置的性能比较。

表 6-5 喷雾干燥常用分离装置性能比较

型式	名称	分离力	容量/(m^3/min)	风速/(m/s)	压力损失/Pa	最佳含尘量/(g/m^3)	近似效率(质量分数)/%			耐热耐蚀性	备注
							<1 μ	1～5 μ	5～10 μ		
干式	旋风分离器	离心力	1～300	10～20	150～200	1～30	<10	<10	40～99	可能	多台并联气流分布不均
干式	袋滤器	惯性	20～150	0.02～0.2	500～2 000	0.7～70	90～99	95～99	95～99 以上	由材质确定<150	分离效率可靠
湿式	喷淋洗涤	碰撞	10～300	1～3	20～50	<2	<10	10～20	20～60	可能、耐蚀冷却	要处理回收液
湿式	旋风器	碰撞、离心	10～150	10～20	300～1 500	2～20	<20	10～60	60～99	可能、耐蚀冷却	要处理回收液
湿式	文丘里管	扩散、碰撞	10～150	60～100	2 000～4 000	<2	80～99	99	99 以上	可能、耐蚀冷却	要处理回收液

6.5.3.1 *旋风分离器*

旋风分离器是利用含尘气体在器内旋转时产生的离心力使尘粒向壁移动，从而达到气固分离的要求。旋风分离器的种类繁多，分类也各有不同，但其技术性能均可以处理量、压力损失和除尘效率三个指标加以衡量。

各种旋风分离器的压降 Δp 可用下式进行计算。

$$\Delta p = \zeta \frac{u_i^2}{2} \rho$$

式中，ζ 为阻力系数，不同型式的旋风分离器 ζ 值不同，可查文献 [4] 得；ρ 为气体密度，kg/m^3；u_i 为含尘气体在旋风分离器进口的速度，m/s，通常为 10～25 m/s。

旋风分离的总效率 η，可根据粒径为 x 的颗粒质量分数 f 与操作条件下该颗粒的分离效率 η_x 按下式进行计算：

$$\eta = \sum_{x_{min}}^{x_{max}} \eta_x \cdot f$$

式中，$\eta_x = 1 - \exp[-2(C\Psi)^{1/2n+2}]$；$C$ 为旋风分离器的尺寸函数；Ψ 为修正的惯性参数；n 为速度分布指数。C、Ψ、n 的计算可参阅文献 [4]。

表 6-6 列出了各种工业用旋风分离器的尺寸比例，以供计算选择。

表 6-6　各种型式旋风分离器的尺寸比例表

序号	旋风分离器型式	含尘气体进口型式	圆柱体直径 D	圆柱体高度 L_1	圆锥体高度 L_2	进口宽度 b	进口高度 a	排气管		排尘管直径 d'	备注
								直径 d	深度 l		
1	应用于喷雾干燥的旋风分离器	标准切线进口	D	D	$1.8D$	$0.2D$	$0.4D$	$0.3D$	$0.8D$	$0.1D$	中等、高处理量
2		蜗卷式进口	a、D	$0.8D$	$1.85\sim2.25D$	$0.225D$	$0.3D$	$0.35D$	$0.7D$	$0.2\sim0.35D$	中等处理量
			b、D	$0.9D$	$2.5D$	$0.235D$	$0.23D$	$0.35D$	$0.7D$	$0.07\sim0.1D$	高处理量
3	CLT 型	切线进口	D	$2.26D$	$2.0D$	$0.26D$	$0.65D$	$0.6D$	$1.5D$	$0.3D$	
4	长锥体旋风分离器	下倾式螺旋顶盖	D	$0.33D$	$2.5D$	$(0.25\sim0.255)D$	$a=(2.0\sim2.1)b$	$0.55D$	$0.43D$	$(0.265\sim0.275)D$	
5	LIH-15 型	进气管和螺旋面的倾斜角 15	D	$2.26D$	$2.0D$	$0.26D$	$0.65D$	$0.6D$	$1.34D$	$(0.3\sim0.4)D$	НИОГ-А3 型中的I型
6	V 型①	切线进口	$3d$	$3d$	$5.5d$	$0.71d$	d②		$1.5d$	$0.7d$	
7	Perry 型	标准切线进口	D	$2.0D$	$2.0D$	$0.25D$	$0.5D$	$0.5D$	$0.625D$	$0.25D$	第四版 Perry 化工手册，处理风量大
8	标准设计型	标准切线进口	a、D	$1.5D$	$2.5D$	$0.2D$	$0.5D$	$0.5D$	$0.5D$	$0.375D$	处理风量大
		蜗卷式进口	b、D	$1.5D$	$2.5D$	$0.375D$	$0.75D$	$0.75D$	$0.875D$	$0.375D$	

注：① 据报道，V 型分离最小粒径为 1．27～3．51 μm，且处理风量大。

② 圆形进口管，处理风量 = 15 ～ 1 000 m^3/min。

6.5.3.2　袋滤器

袋滤器也是一种有效的分离装置，颗粒的回收率较高。它主要是由许多个细长的滤袋垂直安装于外壳内组成，滤袋是由天然纤维或合成纤维为原料的纺织品制成的。附有机械振动和空气倒吹装置的袋滤器能进行连续操作。常用袋滤器的类型及适用范围参见文献［1，4，5］。

袋滤器的设计可按如下的原则进行。

(1) 负荷的选择。在颗粒浓度为 4 g/m^3 以下时，过滤负荷选取范围为 10～45 $m^3/(h\cdot m^2)$。对一般棉布、绒布取 10～20 $m^3/(h\cdot m^2)$，毛呢布可取 20～45 $m^3/(h\cdot m^2)$。

(2) 过滤面积的确定。可按下式进行计算：

$$A=\frac{V}{q}$$

式中，A 为过滤面积，m^2；q 为负荷，每小时平方米滤布处理的气体量，$m^3/(h\cdot m^2)$；V 为处理气体量，m^3。

(3) 滤袋数目的确定。可按下式进行计算：

$$n=\frac{A}{\pi DL}$$

式中，n 为滤袋个数；A 为过滤面积，m^2；D 为单个滤袋直径，m，常用的为 0.2～0.3 m；L 为单个滤袋长度，m，一般取 3～5 m。

(4) 滤袋的排列和间距的确定。滤袋的排列方式有三角形排列和正方形排列，为检修方便和空气通畅，一般采用正方形排列。

(5) 气体分配室的确定。为保证气体均匀地分配给各个滤袋，气体分配室应有足够的空间，净空高度应不小于 1 000～1 200 mm。其截面积可按下式计算

$$A=\frac{V}{3\,600u}$$

式中，A 为气体分配室截面积，m^2；V 为气体处理量，m^3/h；u 为气体分配室进口速度，一般取 1.5～2.0 m/s。

(6) 排气管直径和灰斗高度应根据粉尘性质，选取合适的灰斗倾角加以确定。

6.5.4　湿法除尘

湿法除尘是用水或产品的稀溶液从含尘空气中除去粉尘。粉尘与液体之间的接触有三种方式，即：①含尘气体通过雾状的液滴区从而将其夹带的粉尘湿润，被液滴带走(喷雾型)；②含尘气体通过一块筛板或填料层，其上面保持一定高度的液体层，将粉尘拦截下来（撞击型)；③含尘气体通过一个文丘里管，洗涤液从文丘里管的喉部以切线方式喷射进入，与气体一起上升，并在管子内壁形成液膜，与含尘气体充分接触，而将粉尘湿润捕集下来（文丘里型)。

在喷雾干燥系统中，湿法除尘器总是作为二次回收粉尘的装置，以回收经初级回收装置(旋风分离器）所没有除尽的少量粉尘。因此，安装湿式除尘器的主要目的在于净化含尘气体，以免产品排至大气中使大气污染，同时也回收了产品。

湿法除尘器一般有三种形式，即喷雾型、撞击型和文丘里型。各种型式的结构特点及性能详见文献 [1，4，5]。

6.5.5　热风进口分布装置

喷雾干燥设备热空气分布器设计的好坏，将直接影响到产品的质量。为使热风分布均匀地送入干燥塔内与雾滴混合接触，防止气流在塔内造成涡流，导致粘壁焦化现象，各种型式的喷雾装置都设有其特殊的热风分布器。

喷嘴雾化器的干燥器的热风分布器可概括地分为三大类，即垂直向下型、旋转型及垂直-旋转组合型。

6.5.5.1　垂直向下型

这种结构的主要目的是控制空气流垂直向下流动，防止雾滴飞行到壁上，产生粘壁现象。

如图 6-28 所示是多孔板和垂直叶片型空气分布器。

如图 6-29 所示为由四块多孔板组成的空气分布器，保持空气流垂直向下流动。多孔板厚 2 mm，孔径ϕ2 mm，孔间距 4 mm，正三角形排列，开孔率为22.6%。压力损失为每块板 150 Pa。四块板的间距见图 6-29 (b)。

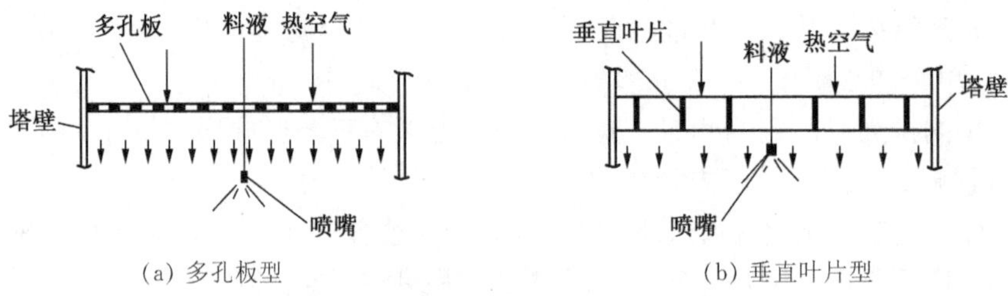

(a) 多孔板型　　(b) 垂直叶片型

图 6-28　多孔板和垂直叶片型空气分布器

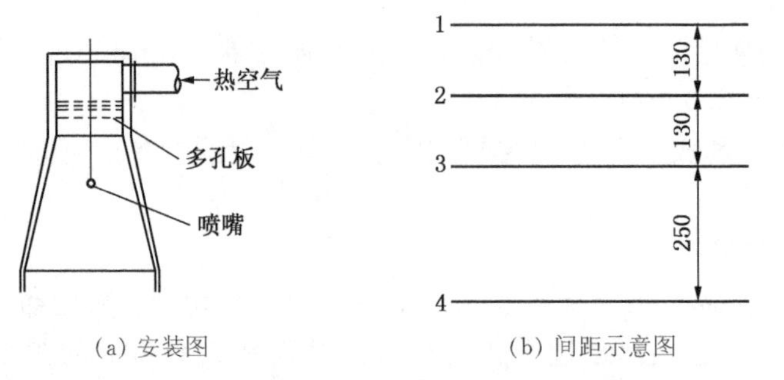

(a) 安装图　　(b) 间距示意图

图 6-29　四块多孔板组成的空气分布器

6.5.5.2　气流旋转型

此型的特点是热空气旋转地进入干燥室，热空气和雾滴在旋转流中进行热量和质量交换，效果较好。雾滴在塔中的停留时间较长（和并流垂直向下比较）。图 6-30 所示为导向叶片型空气分布器，如图 6-31 所示为以切线或螺旋线方式通过室壁进入干燥器中。应注意旋转直径大小的选择，不要产生严重的半湿物料粘壁现象。

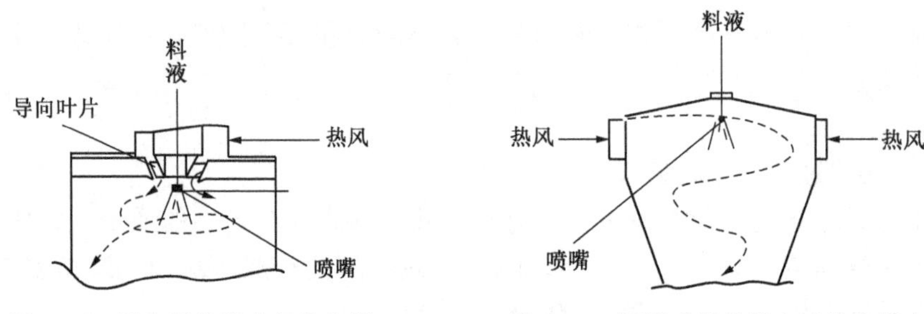

图 6-30　导向叶片型空气分布器　　图 6-31　切线或螺旋线方式进入塔内

6.5.5.3　垂直向下和旋转气流结合型

这是较好的一种设计，既考虑到气流旋转，延长颗粒在器内的停留时间，又采用了垂直流，防止粘壁。如图 6-32 所示为中心热风垂直向下流动与环隙热风旋转运动的组合方式。中心热风也可以采用高温瞬间干燥，以减少粘壁现象。

6.5.6　排料装置

喷雾干燥器的产品通常由室底部排出，一部分细粉则在旋风分离器排料口处排出。干燥室和旋风分离器一般在负压下操作，排料入库或包装在常压下进行。因此，排料装置应该尽可能地避免空气漏入干燥室和旋风分离器中，否则将会严重影响干燥效率和旋风分离器的分离效率。下面介绍几种常见的排料装置。

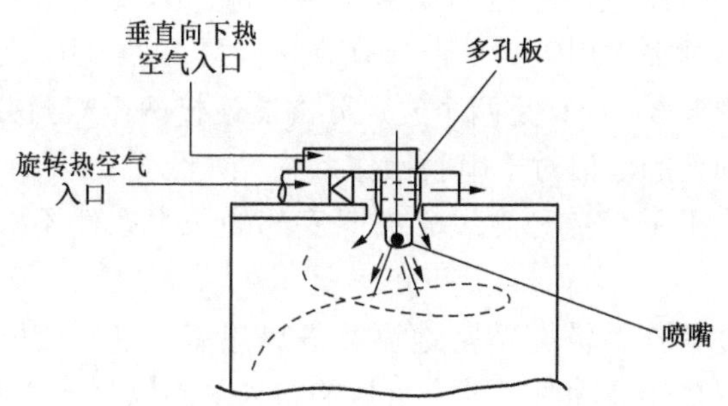

图 6-32　中心热风垂直向下流动及环隙热风旋转运动的组合方式

6.5.6.1　间歇排料阀

间歇排料阀主要有手动蝶形阀、手动滑阀（或推拉阀）、自动衡重阀、机械操作的单板阀和双板阀。详细内容可参阅文献 [1]。

6.5.6.2　连续排料阀

用得最为普遍的连续排料阀是旋转阀，常称为星形阀，如图 6-33 所示。外壳内有一旋转的叶轮，由 6～8 个叶片组成，轴和轴承都是密封防尘的，带动叶轮旋转的电动机在旋转阀体的外面，因而消除了润滑油脂被粉尘污染的机会。这种阀可以处理很多喷雾干燥产品，如产品有黏性，可在阀的上方装设电锤，即可震落成品，顺利进行操作。在转动的叶轮和固定的外壳之间应保持很小的间隙，以保证较好的气密性，一般不应超过 0.05 mm。为了防止漏气，也有在每个叶片端部装有聚四氟乙烯板或橡胶板，使叶轮与外壳保持接触，因而使漏气量减少到最低程度。由于聚四氟乙烯的摩擦系数小，橡胶具有弹性，所以叶轮工作时与外壳保持擦动状态，而不过分增大功率消耗。这种结构适合于旋转阀的进出口端压差大的场合。

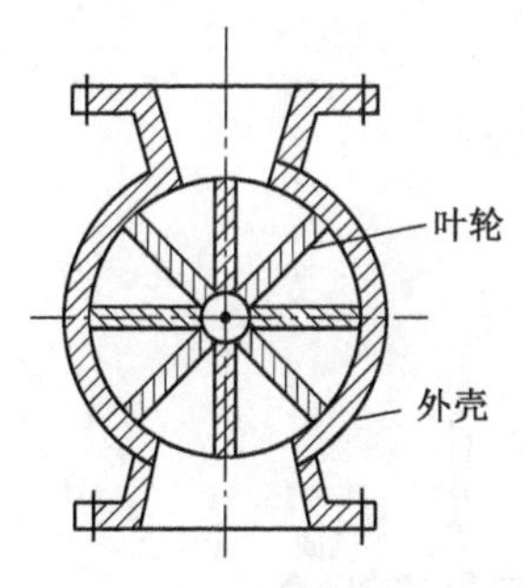

图 6-33　旋转阀

此外，当叶轮转动时，每两片叶轮之间的空气也会在进料口处泄漏到旋风分离器底部，这部分冷空气会引起水蒸气在金属面上冷凝，使产品变湿而粘在叶轮上。为此，可在外壳上开孔（位于进料口之前）接一支管，将这一部分空气排放出去。

当旋转阀的叶轮转速不高时，排料量与转速大致成正比。转速过大时，排料量反而降低。这是由于转速高时产生的离心力使供料不能充分落入叶片之间，已经落入叶片之间的物料也往往来不及排尽，又被叶片带上去。通常叶轮的转速不大于 30 r/min，相应的圆周速度约为 0.3～0.6 m/s。

6.5.6.3　涡旋气封（Vortex air-lock）

涡旋气封是一种连续的气流输送装置，其结构如图 6-34 所示。气封安装在旋风分离器或干燥室的底部，其形状为高度较小的空心圆柱体，其顶部开口与旋风分离器底相连接，底面没有开口。空气以切线方向进入气封圆柱体的上部，又从气封圆柱体下部以切线方向排出，因与旋风分离器中的旋流以相同的方向做涡旋旋转，所以在涡旋中心所产生的真空度与旋风分离器底的真空度相同，于是粉末借助于重力连续地从旋风分离器底流入气封中，含粉末的气体就由气封圆柱体的下部以切线方向排出去。这种装置结构简单，制造方便，适用于可以气流输送的喷雾干燥产品。只要调节好进风速率，使在气封内达到所需的真空度，那么采用气封是十分有效的。图 6-34 (b) 是一个旋风分离器连接一个气封单独操作，图 6-34 (c) 是两个旋风分离器连接两个气封并联操作，调节气速以达到正常操作都是很简便的。但对于串联操作系统 [如图 6-34 (d) 所示] 要达到正常操作却是困难的，这是由于干燥室和旋风分离器底部的压力条件不同而产生的困难，不如分别使用易调节。

为了使气封有效地操作，需要精密地调节进风速率，以平衡所需压力，这成为这一系统的主要缺点。气封操作波动时，就有大量的粉末从旋风分离器逸出。

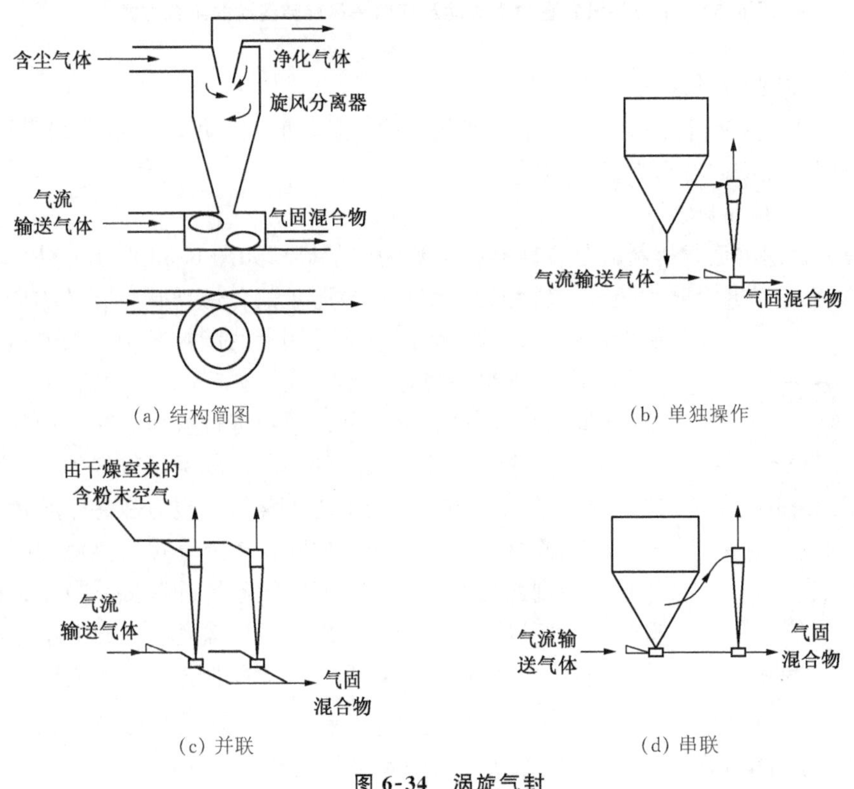

图 6-34 涡旋气封

6.6 喷雾干燥塔的设计计算示例

采用压力式喷嘴喷雾干燥某水溶液，溶液处理量为 400 kg/h。溶液密度 $\rho = 1\,100\ kg/m^3$。雾化压力为 3.924 MPa (表压)。湿料含水 80%，产品含水 2% (均为质量分数，湿基)。并已知平均雾滴直径 $D_w = 200\ \mu m$，产品的平均比热容为 2.5 kJ/ (kg · ℃)，产品密度 $\rho_D = 900\ kg/m^3$。

选用气-液向下并流操作。空气入塔温度为 300 ℃，出塔温度为 100 ℃。

试计算：

(1) 压力喷嘴尺寸；

(2) 干燥空气用量；

(3) 雾滴干燥所需时间；

(4) 塔径；

(5) 塔高。

6.6.1　压力喷嘴尺寸的确定

已知喷嘴进料量 400 kg/h，密度 $\rho = 1\,100\ \text{kg/m}^3$，喷嘴压差 $\Delta p = 3.924\ \text{MPa}$。

(1) 为了使塔径不致过大，根据经验，选用喷雾角 $\theta = 49°$。

(2) $\theta = 49°$ 时，查图 6-22，可得 $A' = 1.0$。

(3) 利用图 6-20，由 $A' = 1.0$，查得 $C_D = 0.45$。

(4) 根据流量系数 C_D 值，可计算出口喷孔直径 d_o。

因流量 $q_V = A_o C_D \sqrt{2\dfrac{\Delta p}{\rho}}$，故

$$A_o = \frac{q_V}{C_D\sqrt{2\dfrac{\Delta p}{\rho}}} = \frac{400/(1\,100 \times 3\,600)}{0.45 \times \sqrt{\dfrac{2 \times 3.924 \times 10^6}{1\,100}}} = 2.66 \times 10^{-6}\ (\text{m}^2)$$

$$A_o = \frac{\pi}{4}d_o^2,\ \text{所以}\ d_o = \sqrt{\frac{2.66 \times 10^{-6}}{\pi/4}} = 1.84 \times 10^{-3}(\text{m})$$

圆整，取 $d_o = 2\ \text{mm}$。

(5) 喷嘴旋转室尺寸的确定

$A' = (\pi r_o R/A_1)(r_o/R_1)^{1/2} = 1.0$，其中 $r_o = 1\ \text{mm}$，选用矩形切向通道，选切向通道宽度 $b = 1.2\ \text{mm}$，旋转室直径为 10 mm，即 $R = 5\ \text{mm}$。

$$R_1 = R - b/2 = 5 - 0.6 = 4.4(\text{mm})$$

$$A_1 = 2bh$$

而 $A' = \left(\dfrac{\pi r_o R}{A_1}\right)\left(\dfrac{r_o}{R_1}\right)^{1/2} = \left(\dfrac{\pi r_o R}{2bh}\right)\left(\dfrac{r_o}{R_1}\right)^{1/2}$，由此可解得

$h = \left(\dfrac{\pi r_o R}{2bA'}\right)\left(\dfrac{r_o}{R_1}\right)^{1/2} = \left(\dfrac{\pi \times 1 \times 5}{2 \times 1.2 \times 1}\right)\left(\dfrac{1}{4.4}\right)^{1/2} = 6.55 \times 0.478 = 3.13(\text{mm})$，取 $h = 3.0\ \text{mm}$。

(6) 校核该喷嘴的生产能力

因 d_o 和 h 经圆整后，影响 C_D 的主要因素 A' 要发生变化，进而影响到流量。

圆整后 $A' = \left(\dfrac{\pi r_o R}{2bh}\right)\left(\dfrac{r_o}{R_1}\right)^{1/2} = \left(\dfrac{\pi \times 1 \times 5}{2 \times 1.2 \times 3.0}\right)\left(\dfrac{1}{4.4}\right)^{1/2} = 1.04$

与原 $A' = 1$ 很接近，不必复算，能满足设计要求。

(7) 空气心半径 r_c

已知 $A = \dfrac{\pi r_o R}{2bh} = \dfrac{\pi \times 1 \times 5}{2 \times 1.2 \times 3} = 2.18$，由图 6-21 查得 $a = 0.47$，于是由 $a = 1 - \dfrac{r_c^2}{r_o^2}$

可得

$$r_c = r_o\sqrt{1-a} = \sqrt{1-0.47}\times 1 = 0.725(\mathrm{mm})$$

(8) 在喷嘴处的液膜平均速度 u_o 及其分速度 u_x、u_y

已知 $r_o = 1\ \mathrm{mm}$, $r_c = 0.728\ \mathrm{mm}$, 则

$$u_o = \frac{q_V}{\pi(r_o^2 - r_c^2)} = \frac{400/(3\,600\times 1\,100)}{\pi(0.001^2 - 0.000\,728^2)} = 68.5(\mathrm{m/s})$$

液膜是与轴线成 $\theta/2$ 角喷出，因此 u_o 可分解成径向速度 u_x 和轴向速度 u_y。

$$u_x = u_o\sin(\theta/2) = 68.5\times\sin(49°/2) = 28.4(\mathrm{m/s})$$

$$u_y = u_o\cos(\theta/2) = 68.5\times\cos(49°/2) = 62.3(\mathrm{m/s})$$

6.6.2 干燥空气用量的计算

(1) 干燥产品量 G_2

$$G_2 = G_1\frac{100-w_1}{100-w_2} = 400\times\frac{100-80}{100-2} = 81.6(\mathrm{kg/h})$$

绝对干物料 G_c=400× (1−0.8) =80 (kg 干料/h)

水分蒸发量

$$W = G_1 - G_2 = 400 - 81.6 = 318.4(\mathrm{kg/h})$$

(2) 空气用量

取 $\theta_2 = 90$ ℃, $\theta_1 = 20$ ℃, $t_0 = 20$ ℃, $H_0 = H_1 = 0.02$ kg 水/kg 干空气

$$\begin{aligned} Q &= V(c_{pg} + c_{pv}H_1)(t_1 - t_0) \\ &= V(1.01 + 1.88\times 0.02)\times(300-20) = 293.3V(\mathrm{kJ/h}) \end{aligned}$$

$$\begin{aligned} Q_1 &= V(H_2 - H_1)(r_o + c_{pv}t_2 - c_{pL}\theta_1) \\ &= W(r_o + c_{pv}t_2 - c_{pL}\theta_1) \\ &= 318.4\times(2\,500 + 1.88\times 100 - 4.18\times 20) \\ &= 8.29\times 10^5(\mathrm{kJ/h}) \end{aligned}$$

$$\begin{aligned} Q_2 &= G_c(\theta_2 - \theta_1)c_{pm2} \\ &= 80\times(90-20)\times 2.5 \\ &= 14\,000(\mathrm{kJ/h}) \end{aligned}$$

$$\begin{aligned} Q_3 &= V(c_{pg} + c_{pv}H_1)(t_2 - t_0) \\ &= V(1.01 + 1.88\times 0.02)\times(100-20) \\ &= 83.8V(\mathrm{kJ/h}) \end{aligned}$$

由 $Q = Q_1 + Q_2 + Q_3 + Q_{损} = Q_1 + Q_2 + Q_3 + 0.1Q_1$

得　$293.3V = 8.29 \times 10^5 + 14\,000 + 83.8V + 8.29 \times 10^4$。

干空气消耗量 $V = 4\,419.6$ kg 干空气 /h。

由 $W=V\ (H_2-H_1)$

得 $H_2=H_1+W/V=0.02+318.4/4\,419.6=0.092$ (kg 水/kg 干空气)

因湿气比容 $v = (2.83\times10^{-3}+4.56\times10^{-3}H_0)\ (t_0+273)$

$= (2.83\times10^{-3}+4.56\times10^{-3}\times0.02)\ (20+273)$

$=0.856$ (m^3湿空气/kg 干空气)

故所需湿空气体积 $V=4\,419.6\times0.856=3\,783$ (m^3/h)。

(3) 临界点处几个参数

在计算雾滴完成干燥所需时间时，需已知干燥第一阶段物料表面的温度，即空气的绝热饱和温度，亦即空气的湿球温度 t_θ，在 $I-H$ 图中可查得 $t_\theta = 55.3$ ℃。

以下计算物料的临界湿含量。

已知 $\rho_w = 1\,100\ kg/m^3$，$\rho_D = 900\ kg/m^3$，$\rho_{H_2O} = 1\,000\ kg/m^3$

物料的干基湿含量为

$X_1 = \frac{80}{20} = 4$(kg 水 /kg 干料)　　$X_2 = \frac{2}{98} = 0.020\,4$(kg 水 /kg 干料)

故 $\frac{D_D}{D_w} = \left[\frac{\rho_w}{\rho_D} \times \frac{(1+X_2)}{(1+X_1)}\right]^{1/3} = \left[\frac{1\,100}{900} \times \frac{1+0.020\,4}{1+4}\right]^{1/3} = 0.63$

即雾滴尺寸收缩了 37%。

由于收缩而减小的值 $= \frac{\pi}{6}[D_w^3 - (0.63D_w)^3] = 0.75\,\frac{\pi D_w^3}{6}$

除去的水分 $= 0.75\left(\frac{\pi D_w^3}{6}\right)\rho_{H_2O}$

剩下的水分 $= \frac{\pi D_w^3}{6}(0.8\rho_w - 0.75\rho_{H_2O})$

临界湿含量 $X_c = \frac{(\pi D_w^3/6)(0.8\rho_w - 0.75\rho_{H_2O})}{(\pi D_w^3/6)0.2\rho_w} = 4 - \frac{0.75\rho_{H_2O}}{0.2\rho_w}$

$$= 4 - \frac{0.75 \times 1\,000}{0.2 \times 1\,100} = 0.59(\text{kg 水 /kg 干料})$$

换算成湿基为 $w_c = \frac{0.59}{1+0.59} = 0.371$，即含水质量分数为 37.1%。

以下计算临界点处空气的温度 t_c。

干燥第一阶段水分蒸发量为

$$W_1 = 400 \times 0.2 \times \left(\frac{80}{20} - 0.59\right) = 273(\text{kg/h})$$

此时空气的湿含量 $H_c = 0.02 + \frac{273}{4\,419.6} = 0.082$ (kg 水 /kg 干空气)

根据热量衡算有 $\frac{I_2-I_1}{H_2-H_1}=\frac{I-I_1}{H-H_1}=\frac{-(q_1+q_m)}{4.18}+\theta_1 c_{pL}$，$I-H$ 为一直线方程。

$I_1=(1.01+1.88H_1)t_1+2\ 500H_1$

$=(1.01+1.88\times0.02)\times300+2\ 500\times0.02=364$ (kJ/kg 干空气)

$I_2=(1.01+1.88H_2)t_2+2\ 500H_2$

$=(1.01+1.88\times0.092)\times100+2\ 500\times0.092=348$ (kJ/kg 干空气)

$I-H$ 直线方程的斜率为 $\frac{I_2-I_1}{H_2-H_1}=\frac{348-364}{0.092-0.02}=-222$ (kJ/kg 水)，

或 $q_1=Q_{损}/W=8.29\times10^4/318.4=260.4$ (kJ/kg 水)

$q_m=\frac{G_c c_{pm2}(\theta_2-\theta_1)}{W}=\frac{80\times2.5\times(90-20)}{318.4}=44.0$ (kJ/kg 水)

$-(q_1+q_m)+\theta_1\cdot c_{pL}=-(260.4+44)+20\times4.18=-221$ (kJ/kg 水)

当 $H_C=0.082$ kg 水/kg 干空气时，

$I_C=I_1-222\times(H_C-H_1)=364-222\times(0.082-0.02)=350$(kJ/kg 干空气)

得 $t_c=(I_C-2\ 500H_C)/(1.01+1.88H_C)$

$=(350-2500\times0.082)/(1.01+1.88\times0.082)=124$(℃)

6.6.3 计算干燥所需时间

(1) 雾滴周围气膜的平均导热系数 λ

气膜温度取出塔空气温度和干燥第一阶段物料表面温度的平均值，即 $0.5(100+55.3)=77.6$(℃)，根据手册查得该温度下空气的导热系数 $\lambda=0.109$ kJ/(m·h·℃)

(2) 雾滴干燥前后的尺寸变化

已知平均雾滴直径 $D_w=200\ \mu m$，$D_D/D_w=0.63$，

所以 $D_D=200\times0.63=126(\mu m)$。

可以认为临界液滴直径 D_c 近似等于产品颗粒直径 D_D，故 $D_c=D_D=126\ \mu m$。

(3) 干燥第一阶段所需时间 τ_1

第一阶段平均推动力的计算：

空气温度 300 ℃→124 ℃，

雾滴温度 20 ℃→55.3 ℃，

$$\Delta t_{m1}=\frac{(300-20)-(124-55.3)}{\ln\frac{300-20}{124-55.3}}=150(℃),$$

水的汽化潜热 $r=2\ 257$ kJ/kg。

$$故\ \tau_1=\frac{r\rho_w(D_w^2-D_c^2)}{8\lambda\Delta t_{m1}}$$

$$=\frac{2\ 257\times1\ 100\times[(2\times10^{-4})^2-(1.26\times10^{-4})^2]}{8\times0.109\times150}=4.58\times10^{-4}(h)=1.65(s),$$

(4) 干燥第二阶段所需时间 τ_2

已知物料临界含湿量 $X_c=0.59$ kg 水 /kg 干料。

该阶段，空气从 124 ℃→100 ℃，

物料从 55.3 ℃→90 ℃，

故
$$\Delta t_{m2}=\frac{(124-55.3)-(100-90)}{\ln\frac{124-55.3}{100-90}}=30.5(℃)$$

$$\tau_2=\frac{rD_c^2\rho_D(X_c-X_2)}{12\lambda\Delta t_{m2}}$$

$$=\frac{2\ 257\times(1.26\times10^{-4})^2\times900\times(0.59-0.020\ 4)}{12\times0.109\times30.5}=4.62\times10^{-4}(h)=1.66(s),$$

(5) 雾滴干燥所需时间

$$\tau=\tau_1+\tau_2=1.65+1.66=3.31(s)$$

6.6.4 塔径的计算

已知雾滴初始水平分速度 $u_x=28.4\ m/s$。塔内平均空气温度 $t=0.5\times(300+100)=200(℃)$，压力按常压计。

可查得空气黏度 $\mu=0.026\ mPa\cdot s$，

$$\rho=\frac{29}{22.4}\times\frac{273}{473}=0.75(kg/m^3)$$

(1) $u_x=28.4\ m/s$，则

$$Re=\frac{D_w u_x\rho}{\mu}=\frac{2\times10^{-4}\times28.4\times0.75}{0.026\times10^{-3}}=164$$

根据 $\tau=\frac{4D_w^2\rho_w}{3\mu}\left(\int_{Re}^{2\times10^5}\frac{dRe}{\zeta Re^2}-\int_{Re_0}^{2\times10^5}\frac{dRe}{\zeta Re^2}\right)$ 计算停留时间。

(2) $Re=Re_0$ 时，$u_x=28.4\ m/s$，$Re_0=164$，$\tau=0$。

以下取一系列 Re，求出相应的停留时间 τ 和雾滴水平飞行速度 u_x，从而得到 τ-u_x 关系曲线，$s_x=\int_0^{\tau}u_x d\tau$ 即为雾滴水平飞行距离，从而可确定塔径。

取 $Re=100$，查图 6-25 得

$$\int_{100}^{2\times10^5}\frac{dRe}{\zeta Re}-\int_{164}^{2\times10^5}\frac{dRe}{\zeta Re}=1.45\times10^{-2}-1.00\times10^{-2}=0.45\times10^{-2}$$

$$\tau=\frac{4D_w^2\rho_w}{3\mu}\times(0.45\times10^{-2})=\frac{4\times(2\times10^{-4})^2\times1\ 100}{3\times0.026\times10^{-3}}\times(0.45\times10^{-2})$$

$$=1.02\times10^{-2}(s)$$

与 $Re=100$ 对应的雾滴水平飞行速度为

$$u_x=Re\frac{\mu}{D_w\rho}=Re\cdot\frac{0.026\times10^{-3}}{(2\times10^{-4})\times0.75}=0.173Re=17.3(m/s)$$

依此类推，将其计算值列于表 6-7。

以 τ 为横坐标，u_x 为纵坐标作 $\tau - u_x$ 图，用图解积分（或用数值积分）可得

$$s_x = \int_0^{0.32} u_x \mathrm{d}\tau = 0.862 \text{ m}$$

即雾滴由塔中线沿径向运动的半径距离为 0.862 m，因而塔直径 $D = 2 \times 0.862 = 1.724(\text{m})$，圆整后取 $D = 1.8$ m。

表 6-7　停留时间 τ 与雾滴水平速度 u_x 的关系

Re	$\int_{Re}^{2\times10^5} \frac{\mathrm{d}Re}{\zeta Re^2} - \int_{Re0}^{2\times10^5} \frac{\mathrm{d}Re}{\zeta Re^2}$	τ/s	$u_x = Re \frac{\mu}{D_w \rho} = 0.173Re/(\text{m/s})$
164	$(1.00-1.00)\times10^{-2}=0$	0	28.4
100	$(1.45-1.00)\times10^{-2}=0.45\times10^{-2}$	0.010 2	17.3
50	$(2.22-1.00)\times10^{-2}=1.22\times10^{-2}$	0.027 6	8.65
25	$(3.24-1.00)\times10^{-2}=2.24\times10^{-2}$	0.050 6	4.33
15	$(4.35-1.00)\times10^{-2}=3.35\times10^{-2}$	0.075 7	2.60
10	$(5.25-1.00)\times10^{-2}=4.25\times10^{-2}$	0.096 1	1.73
8	$(5.76-1.00)\times10^{-2}=4.76\times10^{-2}$	0.108	1.38
6	$(6.57-1.00)\times10^{-2}=5.57\times10^{-2}$	0.126	1.04
4	$(7.70-1.00)\times10^{-2}=6.70\times10^{-2}$	0.151	0.692
2	$(10.20-1.00)\times10^{-2}=9.20\times10^{-2}$	0.208	0.346
1	$(12.4-1.00)\times10^{-2}=11.4\times10^{-2}$	0.258	0.173
0.5	$(15.2-1.00)\times10^{-2}=14.2\times10^{-2}$	0.321	0.086 5

6.6.5　塔高的计算

(1) 雾滴沉降速度

$$\zeta_f Re_f^2 = \frac{4D_w^3 \rho(\rho_w - \rho) g}{3\mu^2} = \frac{4\times(2\times10^{-4})^3\times0.75\times(1\,100-0.75)\times9.81}{3\times(0.026\times10^{-3})^2}$$

$$= 127.7$$

查图 6-25 得 $Re_f = 3.9$

$$u_f = Re_f \frac{\mu}{D_w \rho} = 3.9 \times \frac{0.026\times10^{-3}}{(2\times10^{-4})\times0.75} = 0.676(\text{m/s})$$

(2) 雾滴减速运动所需时间

已知 $u_y = 62.3$ m/s

$$Re_0 = \frac{D_w u_y \rho}{\mu} = \frac{2\times10^{-4}\times62.3\times0.75}{0.026\times10^{-3}} = 359$$

$$\phi = \frac{4D_w^3(\rho_w - \rho) g \rho}{3\mu^2} = \zeta_f Re_f^2 = 127.7$$

利用 $\tau = \frac{4D_w^2 \rho_w}{3\mu} \int_{Re}^{Re_0} \frac{\mathrm{d}Re}{\zeta Re^2 - \phi}$ 计算时间。

同样取一系列 Re 值，查得相应 ζRe^2，以 Re 为横轴，以 $1/(\zeta Re^2-\phi)$ 为纵轴作图，用图解积分法求 $\int_{Re}^{Re_0}\frac{\mathrm{d}Re}{\zeta Re^2-\phi}$，或用近似解法计算，结果可见表 6-8。

可见雾滴减速运动所需时间为 0.527 s。

表 6-8　Re 与 $\frac{1}{\zeta Re^2-\phi}$ 的关系（$\phi=127.7$）

Re	ζRe^2	$\frac{1}{\zeta Re^2-\phi}$	$u_y=Re\frac{\mu}{D_w\rho}=0.173Re/(\mathrm{m/s})$	τ/s
359	7.8×10^4	0.0128×10^{-3}	62.3	0
300	5.85×10^4	0.0175×10^{-3}	51.9	2.02×10^{-3}
200	3.08×10^4	0.0326×10^{-3}	34.6	7.67×10^{-3}
100	1.07×10^4	0.0944×10^{-3}	17.3	2.21×10^{-2}
50	3.75×10^3	0.276×10^{-3}	8.65	4.30×10^{-2}
20	1.02×10^3	1.12×10^{-3}	3.46	9.03×10^{-2}
10	4.1×10^2	3.55×10^{-3}	1.73	1.43×10^{-1}
5	1.73×10^2	22.1×10^{-3}	0.865	2.88×10^{-1}
4	1.33×10^2	189×10^{-3}	0.692	0.527
3.9	1.27×10^2	∞	0.676	—

（3）减速运动时间内雾滴下降的距离

由表 6-8 中的数据，作 $u_y-\tau$ 曲线，按 $s_y=\int_0^{0.527}u_y\mathrm{d}\tau$，用图解积分法可得到雾滴减速下降的距离为 1.21 m。

因干燥所需时间为 3.31 s，扣除减速运动所需时间 0.527 s，即为等速下降所需时间 $3.31-0.527=2.78$ s，考虑安全系数，取等速下降时间为 5 s。已知 $u_f=0.676$ m/s，故等速下降距离 $0.676\times5=3.38$(m)，加上降速运动距离1.21 (m)，喷雾干燥塔的有效高度 $H=3.38+1.21=4.59$(m)，实际塔高尚需考虑塔内其他装置所需高度。

本章参考文献

[1]　王喜忠，于才渊，周才君. 喷雾干燥. 2 版. 北京：化学工业出版社，2003.

[2]　匡国柱，史柱才. 化工单元过程及设备课程设计. 北京：化学工业出版社，2002.

[3]　化工设备设计全书编委会. 干燥设备. 北京：化学工业出版社，2002.

[4]　化工设备设计全书编委会. 除尘设备. 北京：化学工业出版社，2002.

[5]　潘永康. 现代干燥技术. 2 版. 北京：化学工业出版社，2007.

[6]　国家医药管理局上海医药设计院. 化工工艺设计手册. 北京：化学工业出版社，1996.

[7]　化学工程手册编委会. 化学工程手册. 北京：化学工业出版社，1989.

[8]　李功样，陈兰英，崔英德. 常用化工单元设备设计. 2 版. 广州：华南理工大学出版社，2009.

第 7 章 流化床干燥器的设计

7.1 概述

将大量固体颗粒悬浮于运动着的流体之中，从而使颗粒具有类似于流体的某些表观特性，这种流固接触状态称为固体流态化。流化床干燥器就是将流态化技术应用于固体颗粒干燥的一种工业设备，目前在化工、轻工、医学、食品以及建材工业中都得到了广泛的应用。

7.1.1 流态化干燥的特征

流态化干燥的特征有如下几个方面。

① 颗粒与热干燥介质在湍流喷射状态下进行充分的混合和分散，故气、固相间传热、传质系数及相应的表面积均较大；

② 由于气、固相间激烈的混合和分散以及两者间快速地给热，使物料床层温度均一且易于调节，为得到干燥均一的产品提供了良好的外部条件；

③ 物料在床层内的停留时间一般在数分钟至数小时之间，可任意调节，故对难干燥或要求干燥产品湿含量低的过程特别适用；

④ 由于体积给热系数大，故在小装置中可处理大量的物料；

⑤ 结构简单，造价低廉，可动部分少，物料由于流化而输送简便，维修费用较低；

⑥ 不适用于易黏结或结块的物料。

7.1.2 流化床干燥器的类型

目前，国内流化床干燥装置，从被干燥的物料来分，大多数的产品为粉状、颗粒状和晶状，物料颗粒在 120 目以内；从干燥器结构上来分，大体上可分为：单层圆筒型、多层圆筒型、卧式多室型、喷雾型、惰性粒子式、振动型和喷动型等。

7.1.2.1 单层圆筒型流化床干燥器

图 7-1 所示为单层圆筒型流化床干燥器。单层圆筒型的装置可用于处理量较大的比较粗糙的物料的干燥，特别适用于表面水分的干燥。如果仅就处理量而言，它是所有干燥器中单位床层面积处理量最大的装置。对于这种处理量，最主要的问题是如何获得均匀的流态化床层。但是，如果在完全混合的流化床中，限制未干燥物料的带出量在 0.1% 范围内时，物料在流化床中平均停留时间应为单个颗粒干燥时间的 250 倍；而带出量为 1%时，则需要 25 倍。因而，需要很高的流化床层，以致造成很大的压降。此外，在降速干燥时，从流化床排出的气体温度较高，被干燥物料带出的显热也较大，故干燥器的热效率很低。

基于上述两点，采用多室或多层的流化床是大势所趋的。

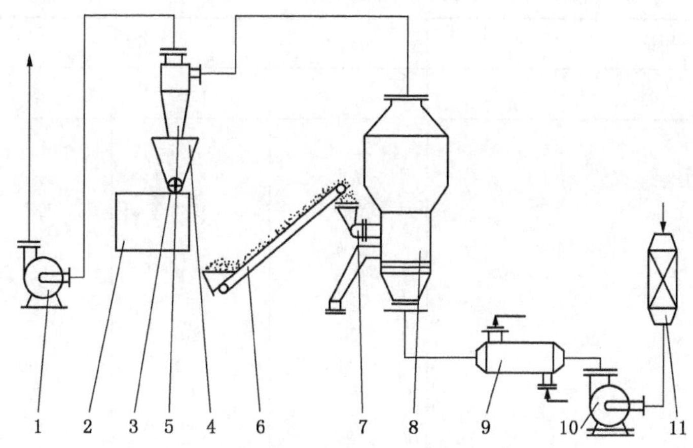

图 7-1　单层圆筒型流化床干燥流程图

1—抽风机；2—料仓；3—星型卸料器；4—集灰斗；5—旋风分离器；6—皮带输送机；7—抛料机；8—流化床；9—换热器；10—鼓风机；11—空气过滤器

7.1.2.2　连续多层流化床干燥器

连续多层流化床干燥器的结构，类似于气-液传质设备中的板式塔，可分为溢流管式和多孔板式。

溢流管式多层流化床干燥器的关键是溢流管的设计和操作。如果设计不当，或操作不妥，很容易造成物料堵塞或气体穿孔，从而使下料不稳定，破坏流化状态。故一般溢流管下面均装有调节装置，采用人工或自动调控。溢流管多层流化床干燥器的特点是结构复杂，特别是溢流管的设计和操作不易掌握。

图 7-2 所示为多孔板式连续多层流化床干燥器。湿物料从顶部加入，逐渐向下移动，由底部排出。热空气由底部通入，向上通过各层，从顶部排出。物料与气体成逆流流动。由于物料从上到下有规则地移动，所以停留时间分布均匀，物料的干燥程度均匀，易于控制产品质量。又由于气体与物料多次接触，所以废气的水蒸气饱和度提高，热利用率较高。此种干燥器，适用于干燥降速阶段的物料或产品要求含水量很低的物料。同时，由于没有溢流管，物料直接通过筛孔从上到下流下来，气体同时通过筛孔由下向上运动，在每一块筛板上形成沸腾床，所以结构比溢流管式简单。当颗粒的粒径在 0.5～5 mm范围内时，这种干燥器具有很高的生产能力，一般每平方米床层截面可达到 1 000～10 000 kg/h。但操作控制要求较严，不然在各层上不易形成稳定的沸腾床，物料也不能有控制地由上层定量流至下层。表 7-1 所列数据为此种干燥器的工业应用的实例。

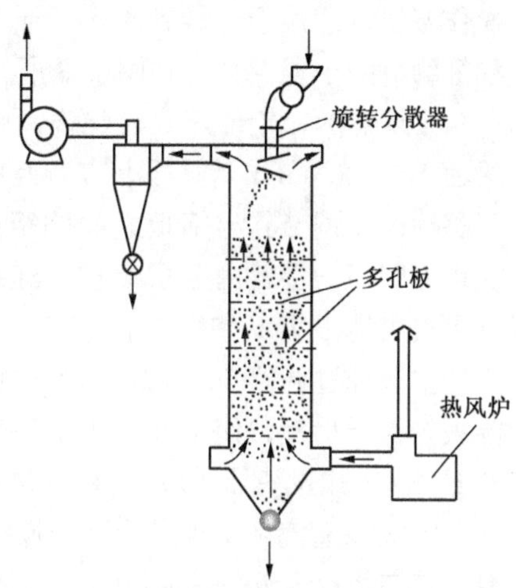

图 7-2　多孔板式连续多层流化床干燥器

表 7-1　多孔板式多层流化床工业应用实例

用途	加热器	冷却器		干燥器
物料	麦粒	麦粒	石英砂	矿渣
颗粒直径/mm	5×3	5×3	1.4	0.95
加料速度/（$t\cdot h^{-1}$）	1.5	1.5	4.0	7.0
塔径/m	0.9	0.83	1.70	1.60
孔径/mm	20	20	20	20；10
开孔率	0.4	0.4	0.4	0.4；0.4
板数	10	6	20	1；2
板间距/cm	20	20	15	25；40
流化床总压降/Pa	1 110	630	390	690
物料在板上阻力/Pa	76	90	18	196；98
进气温度/℃	265	38	20	300
进气速度/（$m\cdot s^{-1}$）	8.02	3.22	0.74	4.60
进料温度/℃	68	175	350	20
出料温度/℃	175	54	22	170
物料湿含量（质量分数）/（湿基）%				
初始	25	—	—	8
终了	2.8	—	—	0.5
风机				
风压/Pa	4 410			
风量/（$m^3\cdot min^{-1}$）	180（80 ℃）	130（50 ℃）	100（30 ℃）	360（70 ℃）
功率/kW	37	15	5.5	5.5

7.1.2.3　卧式多室流化床干燥器

为了克服多层流化床干燥器的结构复杂、床层阻力大、操作不易控制等缺点，以及保证干燥后产品的质量，后来又开发出一种卧式多室流化床干燥器。这种设备结构简单、操作方便，适用于干燥各种难于干燥的粒状物料和热敏性物料，并逐渐推广到粉状、片状等物料的干燥领域。如图 7-3 所示为用于干燥多种药物的卧式多室流化床干燥器。

干燥器为一矩形箱式流化床，底部为多孔筛板，其开孔率一般为 4%～13%，孔径一般为 1.5～2.0 mm。筛板上方有竖向挡板，将流化床分隔成 8 个小室。每块挡板均可上下移动，以调节其与筛板之间的距离。每一小室下部有一进气支管，支管上有调节气体流量的阀门。湿料由摇摆颗粒机连续加入干燥器的第一室，由于物料处于流化状态，所以可自由地由第 1 室移向第 8 室，干燥后的物料则由第 8 室之卸料口卸出。

空气经过滤器 5，经加热器 6 加热后，由 8 个支管分别送入 8 个室的底部，通过多孔筛板进入干燥室，使多孔板上的物料进行流化干燥，废气由干燥室顶部出来，经旋风分离器 9，袋式过滤器 10 后，由抽风机 11 排出。

卧式多室流化床干燥器所干燥的物料，大部分是经造粒机预制成 4～14 目的散粒状物料，其初始湿含量一般为 10%～30%，终了湿含量约为 0.02%～0.3%，由于物料在流化床中摩擦碰撞，干燥后物料粒度变小（12 目的为 20%～30%；40～60 目的为 20%～40%；60～80 目的为 20%～30%）。当物料的粒度分布在 80～100 目或更细小时，干燥器上部需设置扩大段，以减少细粉的夹带损失。同时，分布板的孔径及开孔率也应缩小，以改善其流化质量。

卧式多室流化床干燥器的优、缺点如下。

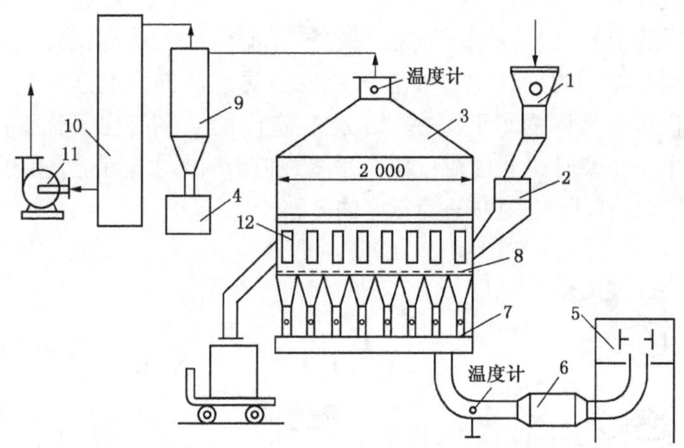

图 7-3　卧式多室流化床干燥流程示意图

1—摇摆颗粒机；2—加料斗；3—流化干燥室；4—干品贮槽；5—空气过滤器；6—翅片加热器；7—进气支管；8—多孔板；9—旋风分离器；10—袋式过滤器；11—抽风机；12—视镜

优点：(a) 结构简单，制造方便，没有任何运动部件；(b) 占地面积小，卸料方便，容易操作；(c) 干燥速度快，处理量幅度宽；(d) 对热敏性物料，可使用较低温度进行干燥，颗粒不会被破坏。

缺点：(a) 热效率与其他类型流化床干燥器相比较低；(b) 对于多品种小产量物料的适应性较差。

7.1.2.4　塞流式流化床干燥器

为了克服全混式流化床干燥器的缺点，可采用具有控制颗粒停留时间的塞流式流化床干燥器，如图 7-4 所示。这里，给料必须是完全可流化的，物料从流化床中心输入，而流化的颗粒被强制沿着一条长的窄道流动（沿着一螺旋形折流板）一直到达流化床的周边，干的产品由此越过溢流堰卸出，在这里颗粒的停留时间得到很好的控制，而卸出的产品与热的干燥气体接近平衡；产品湿含量可以达到很低，而物料无过热。

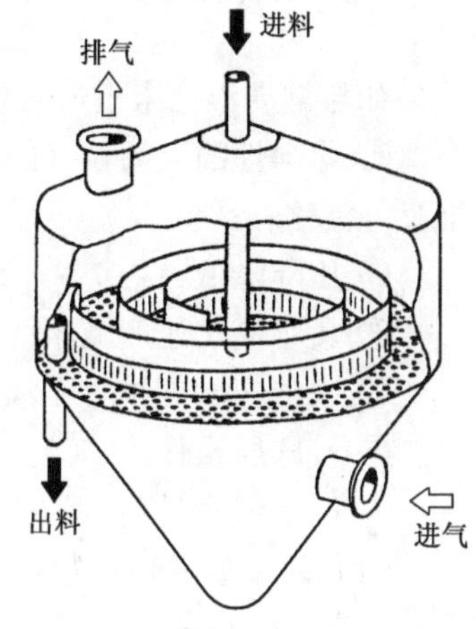

图 7-4　塞流式流化床干燥器

在工业生产中湿物料在瞬间干燥器中进行预干燥后，然后在塞流式流化床干燥器中进行最终干燥。

如图 7-5 所示的双级流化床是一种更加紧凑的干燥设备，它是通过采用混式流化床作为预干燥器，以取代瞬间干燥器设计而成的。在塞流式流化床的顶部安装了全混式流化床，产品与干燥气流反向流动；因此，空间需求量、安装成本费以及热消耗量都降低了。

7.1.2.5　脉冲式流化床干燥器

脉冲流化床 (PFB) 是流化床技术的一种改型，其流化气体按周期性方式输入。在一大的矩形床内，脉冲流化区可以随着气流的周期性易位而在某有利条件范围内进行变化，虽然通过将气体“易位”来消除细颗粒流化床中沟流的想法早在 30 年以前就已提出，但它始终未得到广泛的应用。

如图 7-6 所示为周期性地改换气流位置的脉冲流化床干燥的工作原理。热空气流过旋转阀分布器，而分布器周期性地遮断空气流并引导它流向强制送风室的各个区段，送风室位于常规流化床支承网的下面，在“活化”室内的空气流化了位于活化室上的床层段。当气体朝着下一个室时，床层流化段几乎变成停滞状态。实际上，由于气体的压缩性和床层的惯性，整个床层在活化区还能进行很好的流化。

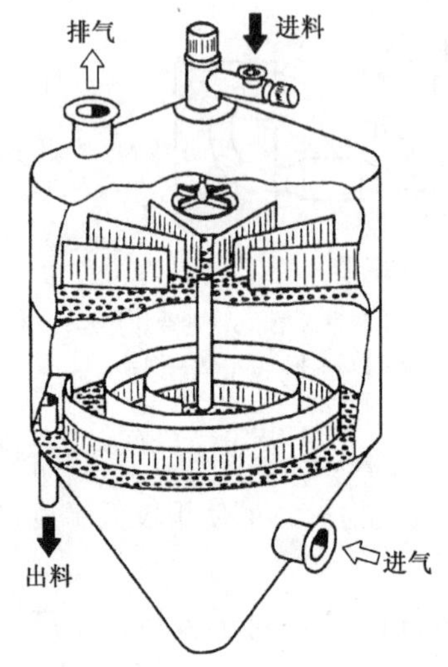

图 7-5 双级塞流式流化床干燥器

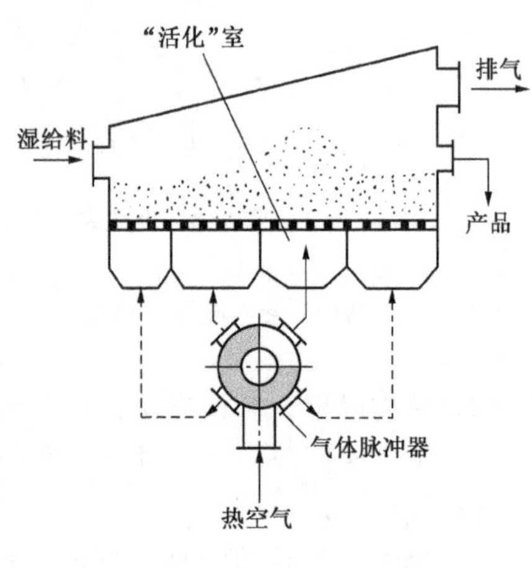

图 7-6 周期性变换气流位置的脉冲流化床干燥器

如与常规流化床干燥器相比，具有“易位”气流的脉冲流化床具有如下优点：

① 异向性的大颗粒（例如直径为 20～30 mm，厚度为 1.5～3.5 mm 的蔬菜薄片）也能良好流化；

② 压降降低（约 7%～12%）；

③ 最小流化速度减小（约 8%～25%）；

④ 改善床层结构（无沟流，较好的颗粒混合）；

⑤ 浅床层操作；

⑥ 能量节省最高达 50%。

PFB 的主要操作参数：

床高　0.1～0.4 m　　　　压降　300～1 800 Pa

气速　0.3～1.8 m/s（与颗粒特性有关）　　气体脉冲频率　4～16 Hz

PFB 干燥器曾成功地用来干燥谷物、种子（如豌豆、黄豆）、切片的和切割成小块的蔬菜，以及干燥结晶和粉状物料，如糖、葡萄糖酸钙、季戊四醇等。

7.1.2.6　喷气层流化床干燥器

如图 7-7 所示为喷气层流化床干燥器，此床特点是采用了一连串空气喷嘴把热空气导向无孔带式输送机器的表面上，或振动的硬板上。热空气由加压气室通过一连串喷嘴进入振动输送机的面上，因此在颗粒群的下面和四周形成了“空气床”。当散粒状物料经过干燥器时，空气射流也就缓慢地流化悬浮在“反射”空气床上的颗粒，空气流垂直地从输送机喷嘴周围升起并且携带物料进入旋风分离器，在这里悬浮于空气中的颗粒被分离。对整个空气流速进行适当控制，使得在干燥器任何区段均可建立起良好的流化状态，因此确保了全部颗粒都能均匀地“暴露”在干燥介质中。干燥器也可分隔成许多不同空气温度的区域以作为过程控制。喷气层流化床干燥器的主要优点是：①可均匀控制干燥过程；②良好的清洁度；③较少的运动部件；④可快速更换产品。

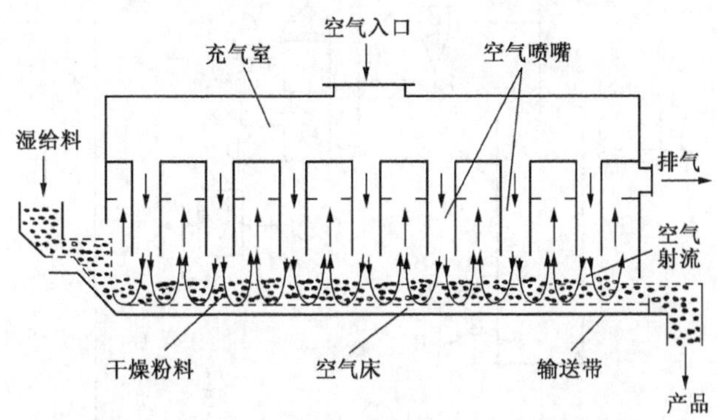

图 7-7　喷气层流化床干燥器（美国马萨诸塞沃尔弗莱因公司开发）

喷气层流化床干燥器能够处理一些颗粒尺寸、形状以及密度很不一样的物料，这些物料包括磨料颗粒、切割薄片、硅藻土、纤维质食品和做成丸状的食品、锯屑、小食品、小木片等。此干燥器的操作范围为：温度极限为 400 ℃，输送机速度为 0.3 m/s，空气喷射速度为 70 m/s，空气通过颗粒床层的速度为 2 m/s，单机生产量为 90～41 000 kg/h。

7.1.2.7　机动式流化床干燥器

对不流化的糊状固体，在热气流中用机械方法将其分散后是可以干燥的。在这种干燥器中空气压降比在常规的流化床中要低。福伯格（Forberg）干燥器是这种型式的工业用干燥设备的著名实例，如图 7-8 所示。此处，基本上为零重力的流化床是由同步进行的逆转动搅拌桨产生的，热空气在桨叶转动方向输入室内。流化作用与粒子尺寸无关，因为它的实现与其说是用气动，不如说是用机械方法驱动的。福伯格干燥器的装料容量是 0.02～10 m^3，装料量增加到额定量的 50%时，干燥时间要增加。最小混合容量约为 50%，因为要考虑到气流。制造厂家声称本干燥器效率可达 80%。这种干燥系统可以连续重复使用惰性气体流，即可按封闭循环进行操作。

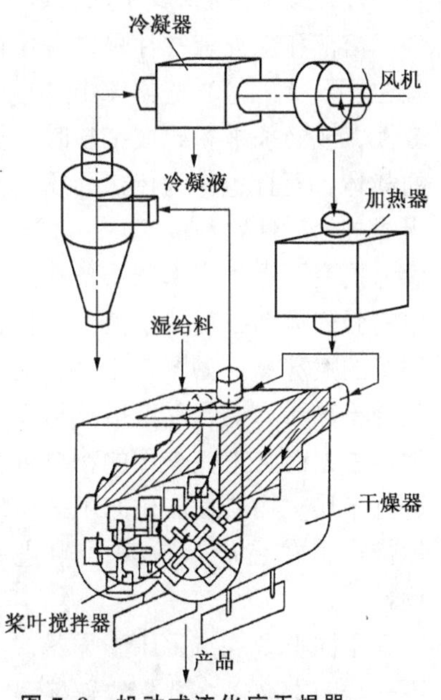

图 7-8　机动式流化床干燥器
（美国新泽西保罗·向奥–艾比公司开发）

7.1.2.8　闭路循环流化床干燥器

闭路循环干燥方法是由格鲁斯曼首先提出，曾应用过热蒸气作为干燥介质，以闭路循环操作来干燥带臭味的物料。另外，它可以节约能耗，对高温条件下的一些易氧化物料的干燥有利。美国贝塔等人在美国化学工程师协会第 58 届年会上曾宣布：含有机溶剂的物料干燥可采用封闭式循环干燥法，以便溶剂得以回收。丹麦 Nero 公司在 1992 年 ACHEMA 展览上曾展出可用来干燥溶液、悬浮液、膏状物料等的闭路循环干燥器。

在闭路循环干燥器中，除了采用过热蒸气外，一般是应用惰性气体如氮气作为干燥介质，如图 7-9 所示为一台闭路循环流化床干燥装置。

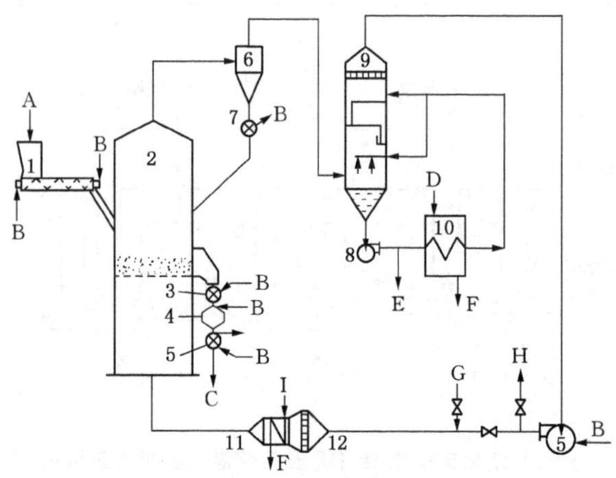

图 7-9 闭路循环流化床干燥装置

1—螺旋供料器；2—流化床干燥器；3，7—排出阀；4—料斗；5—风机；6—旋风分离机；8—循环液泵；9—冷凝器；10—冷却器；11—加热器；12—过滤器；A—湿物料；B—氮气；C—干燥产品；D—冷却水；E—冷凝液；F—排气；G—氮气（溶剂气体）；H—去出口集管；I—蒸汽

氮气闭路循环干燥器的计算法基本上与一般干燥器相同，唯一的差别是原来用空气和水的物性参数，现改用氮气和有机溶剂。它与一般干燥器最大的不同是：①整个系统全封闭；②需要有脱湿设备；③要有性能良好的循环风机。

7.1.2.9 惰性粒子流化床干燥器

溶液和悬浮液往往可以在惰性粒子（例如聚四氟乙烯颗粒、石英砂等）流化床中进行干燥，特别是当物料是热敏性，或必须被粉碎成细粉时。惰性材料不仅作为液体膜的载体，而且也作为传热介质。惰性粒子的大小可以是被干燥的分散性物料的 20～40 倍，这便于采用高气速，从而为提高干燥生产率创造条件。另外，惰性粒子在流化床中的强烈运动，促使了液体供料的良好分散，因此可以使用粗的喷雾嘴。如图 7-10 所示是一个带有逆向喷射流的联合干燥器。当悬浮液射流与空气流相遇时，部分湿分即被除去，而且未完全干的物料可在惰性粒子流化床中继续进行干燥。物料在流化床中边粉碎边进行干燥，然后由气体带出，并在旋风分离器中进行气固分离，以得到干物料。

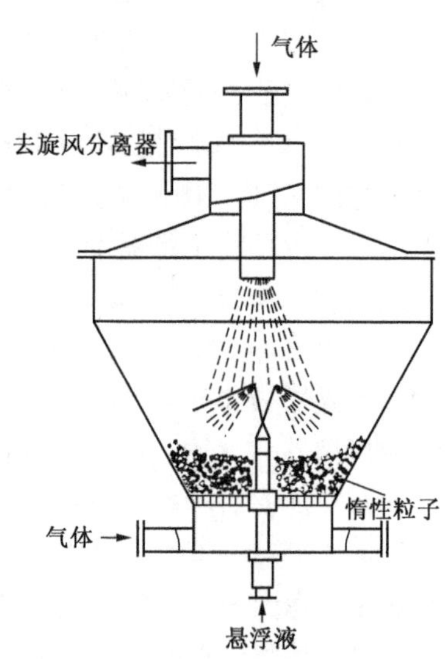

图 7-10 带有惰性粒子的流化床干燥器

不同类型的流化床干燥器，其特点不同，适用场合也不一样。本文以多孔板式连续多层流化床干燥器为例，进行流化床干燥器的设计介绍。对于其他类型的流化床干燥

器，其设计思路是一致的，具体方法可参阅文献 [1-6]。

7.2　多层流化床干燥过程的数学描述

7.2.1　计算模型

对应于如图 7-2 所示的多孔板式连续多层流化床干燥器，其计算模型如图 7-11 所示。

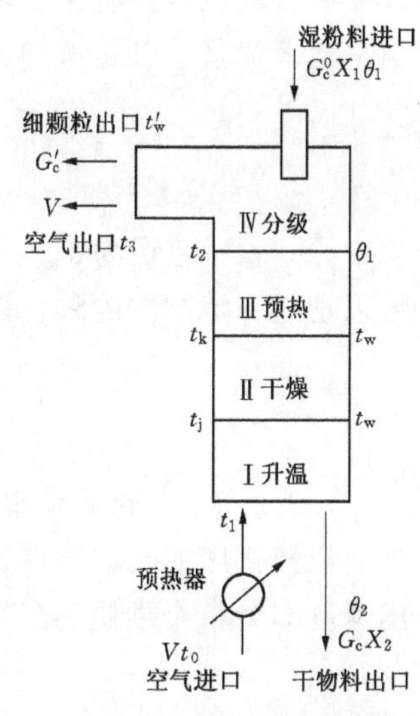

图 7-11　计算模型

粒状物料在多层流化床干燥过程中经历四个阶段，即可将设备分成四个区：分级区（Ⅳ），预热区（Ⅲ），干燥区（Ⅱ）和升温区（Ⅰ）。最上层为分级区，加入分级区（Ⅳ）的绝对干物料量为 G_c^0，在上升空气的分级下，粗颗粒 G_c 直接加到多孔板上，小颗粒 G'_c 则被气体带入旋风分离器。

在分级区（Ⅳ）中，小颗粒 G'_c 被加热到气体的湿球温度 t'_w，粗颗粒则不被加热；在预热区（Ⅲ）中，粗颗粒 G_c 从进口温度 θ_1 被预热到气体的湿球温度 t_w；在干燥区（Ⅱ）中，物料处于表面湿分的汽化阶段，物料温度维持 t_w 不变，可认为高于临界含湿量的湿分都是在表面汽化阶段除去的；在升温区（Ⅰ）中，粗颗粒 G_c 从 t_w 被加热到出口温度 θ_2，同时继续从临界含湿量干燥至出口含湿量。干燥器内气、固两相温度的变化如图 7-12 所示。

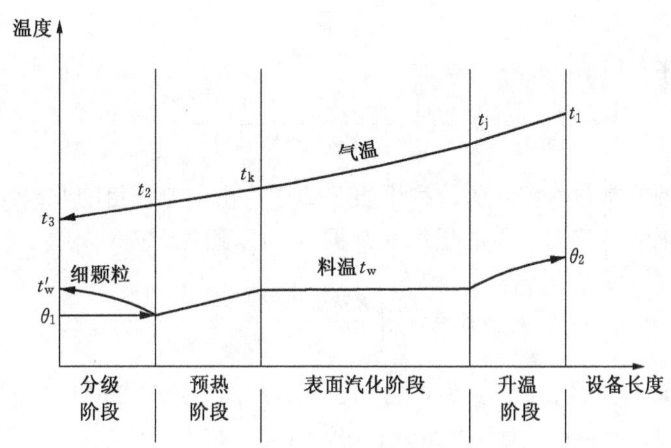

图 7-12　干燥器内气、固两相温度的变化

7.2.2　颗粒群的平均直径与带出速度

在任何颗粒群中，各单颗粒的尺寸都不可能完全一样，从而形成一定的尺寸（粒度）分布；同时，不同粒度的颗粒在一定的空气条件下的沉降速度也不相同。在分级区中，气速的大小决定着被气体带入旋风分离器中小颗粒的量 G'_c 与直接加到多孔板上粗颗粒的量 G_c 的比例。这是一个重要的设计参数。

7.2.2.1 颗粒群的调和平均直径

尽管颗粒群具有某种粒度分布，但为简便起见，在许多情况下希望用某个平均值或当量值来代替。颗粒群的调和平均直径定义为

$$\frac{1}{d_{\mathrm{m}}} = \sum_{i=1}^{n} \frac{x_i}{d_{\mathrm{p}i}} \tag{7-1}$$

式中，x_i 表示直径为 $d_{\mathrm{p}i-1} \sim d_{\mathrm{p}i}$ 的颗粒占全部颗粒的质量分数，若 $d_{\mathrm{p}i-1}$ 与 $d_{\mathrm{p}i}$ 相差不大，可以把这一范围内的颗粒视为具有相同直径的均匀颗粒，取

$$d_{\mathrm{p}i} = \frac{1}{2}(d_{\mathrm{p}i-1} + d_{\mathrm{p}i}) \tag{7-2}$$

7.2.2.2 颗粒的带出速度

当流化床的表观气速达到颗粒的沉降速度时，颗粒被气流带出器外，故流化床的带出速度即为单个颗粒的沉降速度 u_{t}。沉降速度 u_{t} 可由方程组

$$\begin{cases} u_{\mathrm{t}} = \sqrt{\dfrac{4g(\rho_{\mathrm{p}} - \rho)d_{\mathrm{p}}}{3\rho\zeta}} & (7\text{-}3) \\ \zeta = \phi\left(\dfrac{d_{\mathrm{p}}\rho u_{\mathrm{t}}}{\mu}\right) & (7\text{-}4) \end{cases}$$

计算，也可将曳力系数 ζ 写成如下的一般式

$$\zeta = \frac{b}{Re_{\mathrm{p}}^{n}} \tag{7-5}$$

代入式 (7-3)，于是

$$u_{\mathrm{t}} = \left[\frac{4gd_{\mathrm{p}}^{1+n}(\rho_{\mathrm{p}} - \rho)}{3b\mu^{n}\rho^{1-n}}\right]^{\frac{1}{2-n}} \tag{7-6}$$

不同 Re_{p} 范围的常数 b 和 n 的值列于表 7-2 中。由于方程组的非线性，此方程组原则上需要用试差法求解。使用以下的量纲一判据 K 可以避免试差：

$$K = d_{\mathrm{p}}\left[\frac{g\rho(\rho_{\mathrm{p}} - \rho)}{\mu^{2}}\right]^{1/3} \tag{7-7}$$

式中，d_{p} 为颗粒直径，m；g 为重力加速度；ρ_{p}，ρ 为颗粒和气体的密度，kg/m^3；u_{t} 为颗粒的沉降速度，m/s；ζ 为曳力系数；μ 为气体的黏度，Pa·s。

表 7-2 常数 b 和 n 的值

区域	Re_{p}	K	b	n
斯托克斯区	小于 2	小于 3.3	24	1
阿仑区	2～500	3.3～43.6	18.5	0.6
牛顿区	$500 \sim 2\times10^{5}$	大于 43.6	0.44	0

7.2.3 物料衡算和热量衡算

多层流化床干燥器中，真正实施流态化干燥的区域是指由预热区、干燥区和升温区

所组成的实体部分。

7.2.3.1　物料衡算

如图 7-11 所示，以预热、干燥、升温三个区为控制体，对湿分作物料衡算，可得

$$W = G_c(X_1 - X_2) = V(H_2 - H_1) \tag{7-8}$$

式中，W 为在干燥过程中被除掉的湿分，kg/s；G_c 为以绝对干物料计的处理量，kg 干料/s；V 为以绝对干空气计的空气流量，kg 干气/s；X_1，X_2 分别为物料进、出干燥器的自由含湿量，kg 湿分/kg 干料；H_1，H_2 分别为空气进、出控制体的湿度，kg 湿分/kg 干气。

7.2.3.2　热量衡算

(1) 预热器

以图 7-11 中的预热器为控制体作热量衡算可得

$$Q = V(I_1 - I_0) = V(c_{pg} + c_{pv}H_1)(t_1 - t_0) \tag{7-9}$$

式中，Q 为空气在预热器中所获得的热量，J/s；I_0，I_1 分别为空气进、出预热器的焓，J/kg 干气；t_0，t_1 分别为空气进、出预热器的温度,℃；c_{pg} 为干气比热容，空气为 1.01×10^3 J/(kg·℃)；c_{pv} 为湿分蒸气的比热容，J/（kg·℃)。

(2) 预热、干燥升温区

对图 7-11 中预热、干燥、升温三个区组成的控制体作热量衡算可得

$$VI_1 = VI_2 - Wc_{pL}\theta_1 + G_c c_{pm2}(\theta_2 - \theta_1) + Q_L \tag{7-10}$$

或

$$V(c_{pg} + c_{pv}H_1)(t_1 - t_2) = V(H_2 - H_1)(\gamma_0 + c_{pv}t_2 - c_{p_L}\theta_1) + G_c c_{pm2}(\theta_2 - \theta_1) + Q_L \tag{7-11}$$

式中　I_2——空气在控制体出口处的热焓，J/kg 干气；

θ_1，θ_2——物料进、出干燥器的温度,℃；

c_{pm2}——物料在干燥器出口处的比热容［J/（kg 干料,℃)］，可由绝对干物料的比热容 c_{ps} 及液体比热容 c_{pL}［水为 4.19×10^3 J/(kg·℃)］按加和原则计算，即

$$c_{pm2} = c_{ps} + c_{pL}X_2 \tag{7-12}$$

Q_L——控制体的热损失，J/s；

γ_0——0 ℃时湿分的汽化热，J/kg。

7.2.3.3　物料的出口温度 θ_2

不论干燥器内发生怎样的变化，干燥过程的最终结果必须使物料衡算式(7-8)与热量衡算式（7-11）同时得到满足。

在实际干燥过程中，物料的出口温度 θ_2 是干燥末期气固两相间及物料内部传热、传质过程的综合结果，不能任意给定。因此，物料出口温度一般应由实验测定。但对于松散的细颗粒物料，θ_2 可近似由定态空气条件推导而得。

$$t_1 - \theta_2 = (t_1 - t_{w1})\frac{\gamma_w X_2 - c_{pm}(t_1 - t_{w1})\left(\dfrac{X_2}{X_c}\right)\dfrac{X_c\gamma_w}{c_{pm}(t_1 - t_{w1})}}{\gamma_w X_c - c_{pm}(t_1 - t_{w1})} \tag{7-13}$$

式中，t_{w1}为干燥器进口气体的湿球温度，其中湿分的汽化热γ_w可取t_{w1}下的值，物料比热容c_{pm}也可取绝对干物料的比热容。

7.2.4 物料床的压降

气体通过流化床的压降Δp由分布板压降Δp_D和床层压降Δp_B两部分组成，即

$$\Delta p = \Delta p_D + \Delta p_B \tag{7-14}$$

床层压降Δp_B等于单位截面床内固体的表观重量，它与气速无关而始终保持定值，而气体通过分布板的压降Δp_D则与气速的平方成正比，即流速的较小变化要引起Δp_D的较大变化。因此，对气流分布的均匀性而言，分布板压降是一个有利因素。如果分布板的阻力系数很大，即分布板压降Δp_D远大于床层压降Δp_B，则由床层空穴造成的床层压降Δp_B的局部变化对于气流分布的影响就小。也就是说，分布板阻力越大，抑制床层内生不稳定性的能力就越大，气流分布也就越均匀。

分布板的压降主要取决于开孔率。大开孔率低压降的分布板流化稳定性差，而低开孔率、高压降的分布板有利于建立良好的流化条件，但动力消耗大。因此必须使开孔率大小适当，既满足流化质量的要求，又较经济合理。

多孔板式多层流化床干燥器的物料层压降Δp可根据下列各式计算

$$\Delta p = \rho_s d_p \sqrt{64\cos^2\phi + \frac{841(u_o - u_t)^2}{u_t^2 \tan^2\phi}} \tag{7-15}$$

$$\phi = \frac{30-\eta}{60} \cdot \pi \tag{7-16}$$

当$\left(\dfrac{d_p}{d_o \varphi_m}\right) < 0.18$，$1.0 < \dfrac{u_o}{u_t} < 2.0$时，

$$\eta = 470\left(\frac{d_p}{d_o}\right)^{0.6}\left(\frac{G_{cg}}{\varphi_m \rho_s \sqrt{g d_o}}\right)^{0.6} \tag{7-17}$$

当$\left(\dfrac{d_p}{d_o \varphi_m}\right) < 0.18$，$0 < \dfrac{u_o}{u_t} < 1.4$时，

$$\eta = (1.15 \times 10^{18})(e^{-4.9\varphi_m} d_p^6 / d_o^2)\left(-\frac{G_{cg}}{\varphi_m \rho_s \sqrt{g d_o}}\right)^{1.8} \tag{7-18}$$

式中，Δp为物料床层的压降，mH_2O；ρ_s为绝对干物料密度，kg/m^3；d_p为颗粒直径，m（上式适用的粒径范围为$0.6\times10^{-3}m < d_p < 1.4\times10^{-3}$ m)；u_o为通过孔的气体速度，m/s；u_t为颗粒的沉降速度，m/s；d_o为多孔板孔径，m；φ_m为多孔板开孔率；G_{cg}为以干物料计的物料供给质量流速，kg 干料/（$m^2 \cdot s$）。

7.2.5 热容量系数与流化床的层数

7.2.5.1 热容量系数

在干燥过程的计算中，采用传热或传质速率积分式均可以求出所需的设备容积，然而，考虑到传热系数比传质系数更容易获得，而且精度也更高，故往往采用传热速率式

进行计算。多层流化床中的传热速率式可写为

$$Q = KA\Delta t_m \tag{7-19}$$

式中，Q 为传热速率，W；A 为流化床截面积，m^2；Δt_m 为物料与气体之间的对数平均温差,℃；K 为流体与颗粒间的传热系数，W/（m^2 · ℃）。

在流化床计算中，K 一般表示为以流化床颗粒质量为基准的传热系数，称为热容量系数，并可表示为

$$K = \alpha a h_0 \tag{7-20}$$

式中，α 为流体与颗粒间的给热系数，W/（m^2 · ℃）；a 为单位质量颗粒的有效传热面积，m^2/kg；h_0 为多层流化床物料存留量，kg/m^2 床截面。

在求取热容量系数的过程中，对于流化床中流体与颗粒间的传热机理，曾提出了各种不同的模型来加以说明，其中如 Zabrod-sky 的"微隙模型"（Microbreak Model），此模型认为过剩气体（超过临界流化需要量的气体）短路通过一排或数排固体颗粒，然后再与渗过颗粒层的气体完全混合，此过程一再重复通过整个床层。Kunii Levenspiel 提出了"鼓泡床模型"（Bubbles Bed Model）来预测流化床中气体与颗粒间的传热系数。根据此模型，气体与颗粒间的传热分成两部分进行：一部分是在气泡内由气体将热量传递给颗粒，另一部分是由气体在气泡和气泡晕间的交换而将热量由气泡传递给气泡晕。Kato 和 Wen 则提出了"气泡汇合模型"（Bubble Assemblage Model）。此模型把流化床沿高度分成若干段，每一段的高度相当于在此段中的气泡大小，然后逐段计算。

这些模型都有一定的局限性。实际上，流化床中流体与颗粒间的传热是很复杂的，特别是如果还伴有内部热阻、化学反应，或存在着对床的辐射热流时，情况更为复杂。所以难以给出过程的数学描述。为此，许多研究者大抵应用下列两种方法之一。

(1) 往往用量纲一的数群来整理实验结果而不将其归结到任一特定的物理模型。

(2) 确定模型，并由此整理实验结果。这种选择的准确性决定于实验条件下模型本身的真实程度。

对于砂子、矾土、炭粉和矿渣等物料，用多孔板多层流化床进行表面蒸发期间的干燥实验所获得的热容量系数经验式可表示为：

$$\alpha a h_0 = 557.87\left(\frac{\Delta p}{\rho_s d_p}\right)^{0.75}\left(\frac{u_o}{u_t}\right)^{1.5} \tag{7-21}$$

上式适用范围为：

$$0.6\ \text{mm} < d_p < 1.4\ \text{mm}$$

$$1.0 < u_o/u_t < 2.2$$

$$\left(\frac{\Delta p}{\rho_s d_p}\right) < 70$$

需要指出的是，不同研究者所得出的传热系数间差别是很大的，即使对于同一个 Re，也可能存在数十倍之差。因此，应该特别注意的是，某一关联式往往只对同一种型式的设备才是适用的。

7.2.5.2 流化床的层数

1) 干燥区间

在此期间物料温度等于与之接触的热风的湿球温度 t_w，且为一定值。在略去热损失的条件下，热风所给出的热量全部用于物料水分在湿球温度下的蒸发。

如图 7-13 所示，设干燥区间有 n 层，进入 n 层的热风温度为t_n，进入（$n-1$）层的热风温度为 t_{n-1}，则第 n 层的传热量Q_n 为

$$Q_n = Vc_{pH}(t_n - t_{n-1}) \tag{7-22}$$

式中，c_{pH}为湿空气的比热容，$c_{pH} = c_{pg} + c_{pv}H$，J/（kg 干气，℃）。

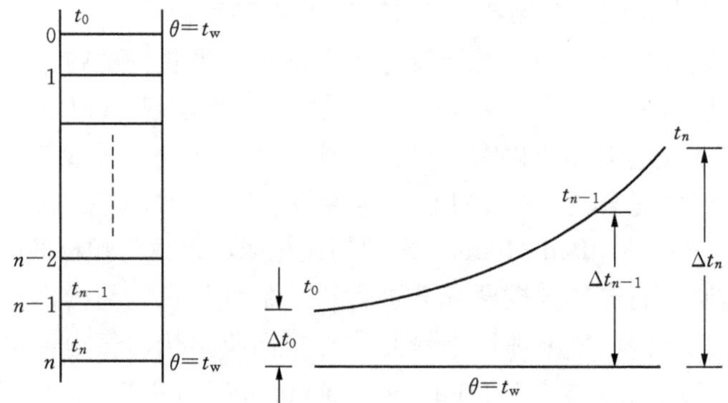

图 7-13 干燥区间温度分布

其传热速率式为：

$$Q_n = \alpha a h_0 A \Delta t_{m,n} = \alpha a h_0 A \frac{t_n - t_{n-1}}{\ln \dfrac{t_n - t_w}{t_{n-1} - t_w}} \tag{7-23}$$

合并式（7-22)、式（7-23）得：

$$\frac{t_n - t_w}{t_{n-1} - t_w} = \exp\left(\frac{\alpha a h_0 A}{Vc_{pH}}\right) \tag{7-24}$$

令 $t_n - t_w = \Delta t_n, t_{n-1} - t_w = \Delta t_{n-1}$,

由于在一定的操作条件下，α，a，h_0，A，V，c_{pH}均为定值，即

$$\exp\left(\frac{\alpha a h_0 A}{Vc_{pH}}\right) = K_1 \tag{7-25}$$

则式（7-24）可写成

$$\Delta t_n / \Delta t_{n-1} = K_1$$

同理，对 $(n-1)$ 层作热平衡及给热速率关联，可得：

$$\Delta t_{n-1} / \Delta t_{n-2} = K_1$$

依此类推，最后一层

$$\Delta t_1 / \Delta t_0 = K_1$$

将上述各关系式的左、右两边数值各自相乘可得

$$\Delta t_n / \Delta t_0 = K_1^n \tag{7-26}$$

将式（7-25）代回式（7-26）并将式两边各取对数，得

$$\ln \frac{t_n - t_w}{t_0 - t_w} = n \frac{\alpha a h_0 A}{V c_{pH}} \tag{7-27}$$

整理得

$$n = \frac{V c_{pH}}{\alpha a h_0 A} \ln \frac{t_n - t_w}{t_0 - t_w} \tag{7-28}$$

由上式可根据热容量系数求得干燥区间所需要的流化床层数。

2）物料预热或升温区间

在预热阶段，热风所提供的热量是用于对物料加热，使之由进口温度 θ_1 预热至 t_w。

而在升温阶段，考虑到物料分散悬浮时其临界湿含量 X_c 一般均较小，因此忽略水分在升温阶段的蒸发潜热，同样可认为热风所提供的热量完全用于使物料由 t_w 升温到物料的出口温度 θ_2。

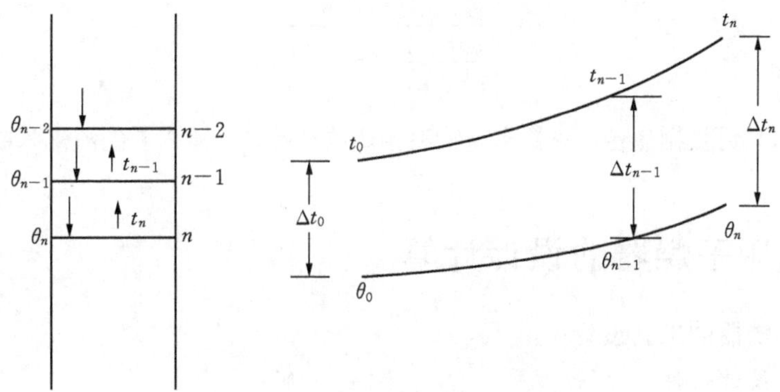

图 7-14　物料预热或升温区间的温度分布

如图 7-14 所示，对第 n 层作热量衡算

$$Q_n = V c_{pH} (t_n - t_{n-1}) = G_c c_{pm} (\theta_n - \theta_{n-1}) \tag{7-29}$$

其传热速率式为：

$$Q_n = \alpha a h_0 A \Delta t_{m,n} = \alpha a h_0 A \frac{(t_n - \theta_n) - (t_{n-1} - \theta_{n-1})}{\ln \dfrac{t_n - \theta_n}{t_{n-1} - \theta_{n-1}}} \tag{7-30}$$

令

$$t_n - \theta_n = \Delta t_n$$

$$t_{n-1} - \theta_{n-1} = \Delta t_{n-1}$$

合并式（7-29）、式（7-30）可得：

$$\frac{\alpha a h_0 A}{V c_{pH}} = \frac{t_n - t_{n-1}}{\Delta t_{m,n}} \tag{7-31}$$

$$\frac{\alpha a h_0 A}{G_c c_{pm}} = \frac{\theta_n - \theta_{n-1}}{\Delta t_{m,n}} \tag{7-32}$$

将式 (7-31)、式 (7-32) 等号两边相减,

$$\frac{\alpha a h_0 A}{V c_{pH}} - \frac{\alpha a h_0 A}{G_c c_{pm}} = \frac{(t_n - \theta_n) - (t_{n-1} - \theta_{n-1})}{\Delta t_{m,n}} = \ln \frac{t_n - \theta_n}{t_{n-1} - \theta_{n-1}} \tag{7-33}$$

所以

$$\frac{\Delta t_n}{\Delta t_{n-1}} = \exp\left(\frac{\alpha a h_0 A}{V c_{pH}} - \frac{\alpha a h_0 A}{G_c c_{pm}}\right) \tag{7-34}$$

令

$$\exp\left(\frac{\alpha a h_0 A}{V c_{pH}} - \frac{\alpha a h_0 A}{G_c c_{pm}}\right) = K_2 \tag{7-35}$$

则

$$\Delta t_n / \Delta t_{n-1} = K_2,\ \Delta t_{n-1} / \Delta t_{n-2} = K_2,\ \cdots,\ \Delta t_1 / \Delta t_0 = K_2$$

将上述关系式的左、右两边各项各自相乘可得

$$\Delta t_n / \Delta t_0 = K_2^n \tag{7-36}$$

将式 (7-35) 的 K_2 值代回式 (7-36) 并各取对数得:

$$n = \frac{\ln \dfrac{t_n - \theta_n}{t_0 - \theta_0}}{\dfrac{\alpha a h_0 A}{V c_{pH}}\left(1 - \dfrac{V c_{pH}}{G_c c_{pm}}\right)} \tag{7-37}$$

由式 (7-37) 可根据热容量系数求得物料预热或升温区间所需要的流化床层数。

7.3 流化床干燥器的设计计算

7.3.1 干燥器的工艺设计

7.3.1.1 设计条件

① 被干燥物料的处理量,干燥前、后物料的含水量;

② 干物料的比热容数据以及干、湿物料的密度数据;

③ 同一空气条件下实验测得物料的平衡含水量和临界含水量;

④ 物料的粒度分布;

⑤ 其他与设计有关的空气或物料的性质,如是否为热敏性物料以及对加热空气的特殊要求等。

7.3.1.2 多孔板的确定

多孔板的确定包括多孔板孔径 d_o 与开孔率 φ_m 的选择。

在一般情况下,无论是潮湿物料还是干燥物料,多孔板开孔率为 40%左右是适宜的。实际开孔率可在 30%~45%的范围内选取。可以认为,预热区 (Ⅲ) 及干燥区 (Ⅱ) 中的物料是潮湿的,易于黏附成团,而升温区 (Ⅰ) 中的物料是干燥的,因此各区多孔板的孔径应有所不同。若选取开孔率 $\varphi_m = 0.40$ 的多孔板,则升温区 (Ⅰ) 采用的多孔板孔径可取物料累积质量为 50%时的颗粒直径的 15 倍,而预热区 (Ⅲ) 和干燥区 (Ⅱ) 则采用比升温区 (Ⅰ) 数量稍少而直径较大的孔。

7.3.1.3　塔顶空气速度的确定

在确定塔内空气速度时，要以塔顶的空气速度为基准。

(1) 以物料累积质量 50%时的颗粒的沉降速度，取该沉降速度的 0.04～0.50作为塔顶分级区（Ⅳ）的空气速度 u_{Air}，相应多孔板小孔中的孔速 u_o 为

$$u_o = \frac{u_{Air}}{\varphi_m} \tag{7-38}$$

(2) 在塔顶空气速度 u_{Air} 下，分别计算被空气流带走的小颗粒量 G_c' 以及进入多孔板的物料量 G_c。

(3) 计算 G_c 物料的调和平均直径 d_m，并计算该粒径的颗粒沉降速度 u_{tm}，若满足

$$\frac{u_o}{u_{tm}} = 1.15 \sim 1.30 \tag{7-39}$$

则可获得良好的流态化床层。否则应适当改变 u_{Air} 或 φ_m，再重复上述计算，直至最终满足式（7-39）。

(4) 分级区（Ⅳ）中直接被空气带走的小颗粒 G_c'进入与之串联的气流干燥管。若适当选择气流干燥管的废气出口温度 t_{wa}，则离开流化床干燥器预热段的空气温度 t_2 可相应确定。

$$\frac{t_2 - t_{wa}}{t_1 - t_{wa}} = \text{被空气带出分级区的小颗粒百分数} = \frac{G_c'}{G_c} \tag{7-40}$$

须注意，废气出口温度 t_{wa}不能过低，否则气流干燥管的出口气流会因散热而析出水滴。通常为安全起见，废气出口温度须比进干燥器气体的湿球温度高出20～50 ℃。

7.3.2　干燥器的结构设计

7.3.2.1　塔径的计算

根据前面 7.3.1.1 所述的设计条件，首先由式（7-13）计算物料的出口温度 θ_2，再由物料与热量衡算式即式（7-8）及式（7-11）计算干燥过程中被除掉的水分量 W 以及所需湿空气的体积流量 V_{Air}，考虑到装置的散热损失，增加 10%的空气量作补偿。根据 V_{Air} 及塔顶空气速度 u_{Air}，干燥塔的直径 D_T（单位：m）可按式（7-41）计算。

$$D_T = \sqrt{\frac{V_{Air}}{\frac{\pi}{4} u_{Air}}} \tag{7-41}$$

7.3.2.2　物料层压降校核

利用式（7-15）进行物料层压降校核时，应根据预热、干燥、升温各区的平均温度计算 u_o/u_t。

(1) 温度分布

分别列出各区的热量衡算式，有

分级区　$$V(c_{pg} + c_{pv}H_2)(t_2 - t_3) = G_c'(c_{ps} + c_{pL}X_1)(t_w' - \theta_1) \tag{7-42}$$

预热区　$$V(c_{pg} + c_{pv}H_2)(t_k - t_2) = G_c(c_{ps} + c_{pL}X_1)(t_w - \theta_1) \tag{7-43}$$

干燥区
$$I_j = I_k \tag{7-44}$$

升温区
$$V(H_j - H_1) = G_c(X_c - X_2) \tag{7-45a}$$

$$I_1 = I_j - G_c(X_c - X_2)c_{pL}t_w + G_c c_{pm2}(\theta_2 - t_w) \tag{7-45b}$$

联立求解式（7-42）～式（7-45），即可作出如图 7-12 所示的温度分布（见 7.2.1 节）。

(2) 压降限定值

由式（7-15）计算的压降 Δp 对升温区（Ⅰ）是适用的，然而对预热区（Ⅲ）和干燥区（Ⅱ），由于物料是潮湿的，故实际压降应取为计算值的 2 倍。各区的压降值应在 30～100 Pa 范围内，否则应重新确定多孔板。

7.3.2.3 塔高的计算

由式（7-21）计算热容量系数 $\alpha a h_0$ 后分别代入式（7-28）和式（7-37）计算预热、干燥、升温区间所需的层数（n_{ph}，n_d，n_{rt}）。分级区一般取一层。

总流床层数 N 为

$$N = 1 + (n_{ph} + 2) + (n_d + 2) + n_{rt} \tag{7-46}$$

其中，预热区和干燥区由于物料的潮湿均考虑 2 层的裕量。塔高 H_T 等于总层数 N 乘以板间距 H_t，即

$$H_T = NH_t \tag{7-47}$$

其中板间距为 0.15～0.40 m，一般可采用 0.20 m 或 0.25 m。

7.3.2.4 气体分布板的计算

对于多孔板式连续多层流化床干燥器，就其主体结构而言，主要是气体分布板的设计。

分布板主要有以下作用：①支承固体颗粒物料；②使气体通过分布板时能得到均匀分布；③分散气流，在分布板上方产生较小的气泡。

如图 7-15 所示是几种工业上采用的直流型多孔板，它是一种普通的多孔筛板，结构简单，制造方便。因为多孔板作为气体分布装置是保证流化床具有良好而稳定的流化状态的重要构件，特别是对于气-固流化床，由于其固有的不均匀性和不稳定性，故合理设计分布板显得尤为重要。

气体分布板，与许多并联的管路相当，要使气流分布均匀，就必须使各孔道两端压降一样，但实际生产中有许多因素使它们不相等，主要是：

① 入口流体的动压头在分布板下面各处不同，正对气体入口处流速较高，所以产生动压头较大，因而分布板中央部分的孔速较高；

② 床层的剧烈波动，使分布板上各点的静压头也不一样。

因此，必须使流体通过孔道的压降大大超过上述诸因素所引起的偏差，使后者可以忽略，从而使各孔道的流速基本一致，即气流的分布均匀。流体通过孔道的阻力，取决于孔道与容器的截面之比和孔内气体流速，而这些又取决于分布板孔道面积与分布板总面积之比，即开孔率 φ_m。前已述及，对于一般流化床干燥器，开孔率愈大，其流化质量愈差，减小开孔率，会改善流化质量，但开孔率过小时，将使设备阻力过大，消耗动力过多。分布板开孔率的计算，目前还没有可靠的通用公式，尤其对多孔板多层流化床干燥器，既要考虑气体的均匀分布，又要使颗粒从板上顺利通过，因此到目前为止主要依

靠经验。对多层流化床干燥器，φ_m 一般取 30%～50%，多孔板厚度一般为 10～20 mm。

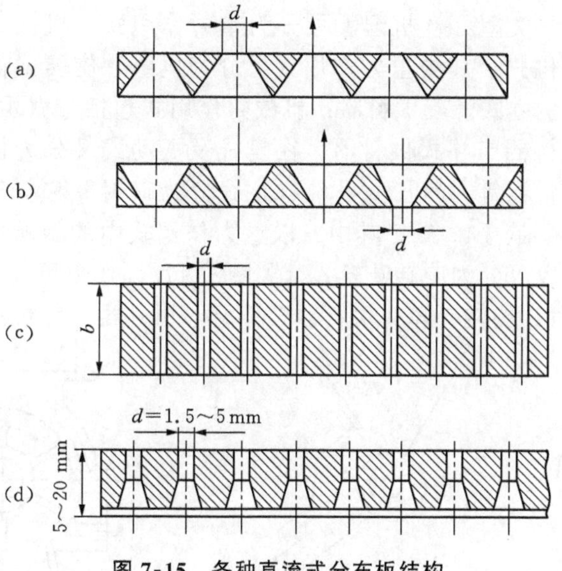

图 7-15　各种直流式分布板结构

分布板开孔率一旦确定，根据小孔排列的几何关系，其他参数均可算出。若小孔呈三角形排列（如图 7-16 所示），令小孔直径为 d_o，流化床塔为 D_T，小孔个数为 N_h，分布板开孔率为 φ_m，则有

$$\varphi_m = N_h\left(\frac{d_o}{D_T}\right)^2 \tag{7-48}$$

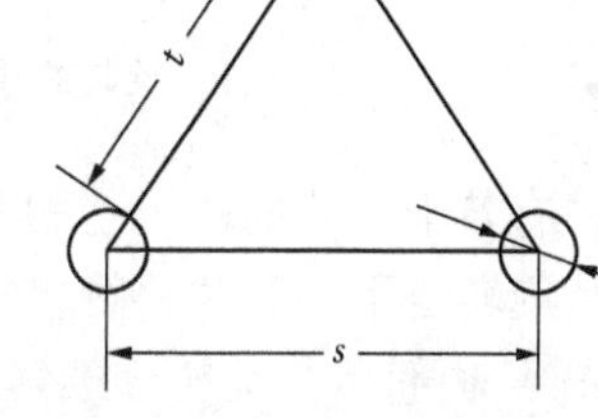

图 7-16　多孔板小孔排列的几何关系

根据图 7-16 的几何关系可导得

$$\varphi_m = \frac{\text{三角形内小孔面积}}{\text{三角形面积}} = \frac{3\times\dfrac{1}{6}\times\dfrac{\pi}{4}d_o^2}{\dfrac{1}{2}s\times\dfrac{\sqrt{3}}{2}s} = 0.907\left(\frac{d_o}{s}\right)^2 \tag{7-49}$$

$$s = 0.952\,\frac{d_o}{\sqrt{\varphi_m}} \tag{7-50}$$

小孔间有效距离为 t，则

$$t = s - d_o \tag{7-51}$$

因此

$$d_o = \frac{t\,\sqrt{\varphi_m}}{0.952 - \sqrt{\varphi_m}} \tag{7-52}$$

将式 (7-52) 代入式 (7-48)，有

$$N_h = \left[(0.952 - \sqrt{\varphi_m})\,\frac{D_T}{t}\right]^2 \tag{7-53}$$

7.3.3 辅助设备的计算与选型

7.3.3.1 物料供给器

供料器有各种不同类型，从机理上可分为重力作用式、机械力作用式、往复式及振动式、气压式及流化式。其中重力作用式可分为闸板、旋转式供料器、锁气料斗式供料器、圆盘加料器、立式螺旋供料器；机械力作用式包括带式供料器、板式供料器、链式供料器、螺旋加料器、斗式供料器；往复式及振动式又分为柱塞式供料器、往复板式供料器、振动供料器等；气压式及流态化式分为喷射器和空气槽两种。各式供料器的详细结构可参阅文献［4，6］，其中，以重力作用式中的旋转式供料器应用最为广泛。旋转式供料器大致可分为旋转叶轮式［如图7-17（a）所示］和旋转转子式［如图7-17（b）所示］两种，旋转叶轮式供料器又称星形加料器，其结构如图7-18所示。

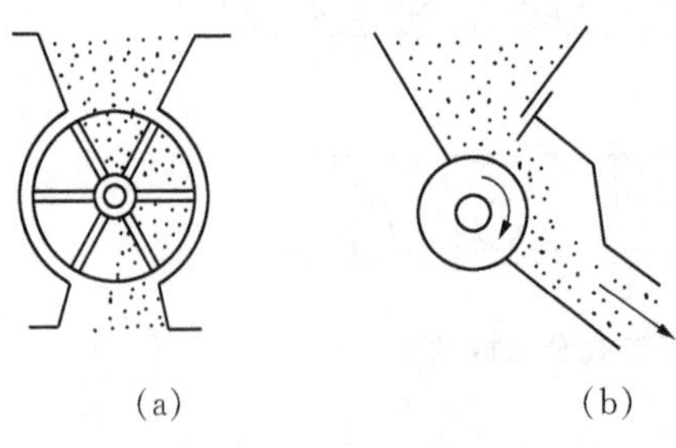

图7-17 旋转式供料器的型式

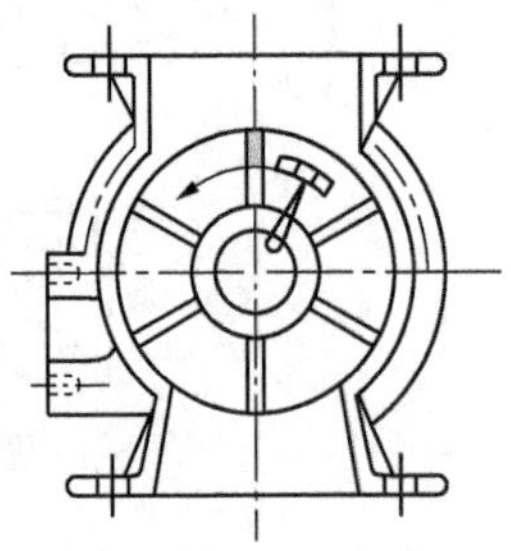

图7-18 星形加料器

带有若干叶片的转子在机壳内旋转，物料从上部料斗或容器下落到叶片之间，然后随叶片旋转至下端，便将物料排出。它一般具有以下特点：

① 结构简单，运转、维修方便；

② 尺寸小，在狭窄处或低矮处也都可以安装使用；

③ 基本上能定量地供料；

④ 即使上部料斗或容器中物料的数量有变化，供料量变化也不大；

⑤ 靠改变转速就能很容易地调节供料量；

⑥ 在一定的转速范围内，供料量与转速大致成正比；

⑦ 具有一定程度的气密性；

⑧ 颗粒几乎不产生破碎；

⑨ 除膏糊状物料外，几乎可以应用于所有粉体颗粒状物料在干燥过程中的进、出料；

⑩ 对温度高达300℃左右的高温物料也能适用。

在设计加料器时应注意以下几个方面。

① 星形加料器的供料量，一般在低转速时与转速大致成正比。但超过某一转速时，供料量反而下降，并出现不稳定。这是由于圆周速度过高时，叶片在物料进口处将物料飞溅开，使物料不能充分落入叶片之间；而在物料出口处，未等物料全部排尽又被叶片甩上的缘故。设计时，叶轮圆周速度取0.3～0.6 m/s为宜，转速一般不大于30 r/min。

② 星形加料器在排送高温物料时，为防止因结露现象导致物料结块，应在外壳保温或加热。

③ 星形加料器在排送粉状物料时，为防止物料黏附在叶轮上造成堵塞，叶轮直径不宜过小，同时在结构上应减少死角，使叶片之间的料槽轴向宽而径向浅。

旋转供料器的供料量 G（m^3/h）可按下式计算

$$G = 60qn\eta_v \tag{7-54}$$

式中，q 为转子旋转一周排出的容积，m^3/r；n 为转子的转速，r/min；η_v 为容积效率。

供料器的容积效率，即实际供料的物料容积与旋转叶片之间的几何容积之比，随物料的物理性质、旋转供料器上下的压力差以及转速等的不同有显著的变化，但在一定条件下，只是转速的函数。转速与容积效率 η_v 关系可通过实验求得，考虑留有一定的裕量，一般可取 $\eta_v = 0.75 \sim 0.85$。

7.3.3.2　气体预分布器

为使气体更均匀地进入分布板，一般在流化床干燥器内加设气体预分布器，将气体先分布一次，这样可避免气流直冲分布板而造成局部流速过高，可使分布板在较低阻力下达到均匀布气的作用，对于大型设备（床径大于 1.5 m）更是如此。各种型式的气体预分布器分别如图 7-19～图 7-22 所示。

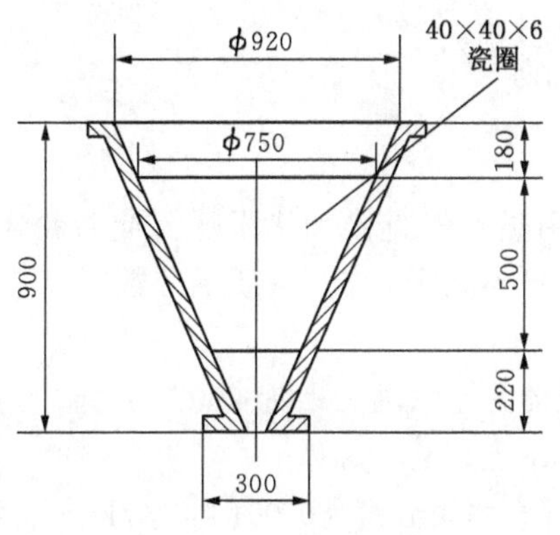

图 7-19　气体预分布器

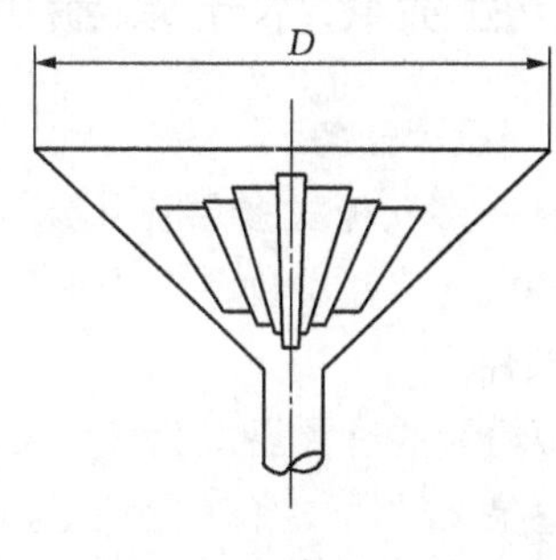

图 7-20　同心圆锥壳型预分布器

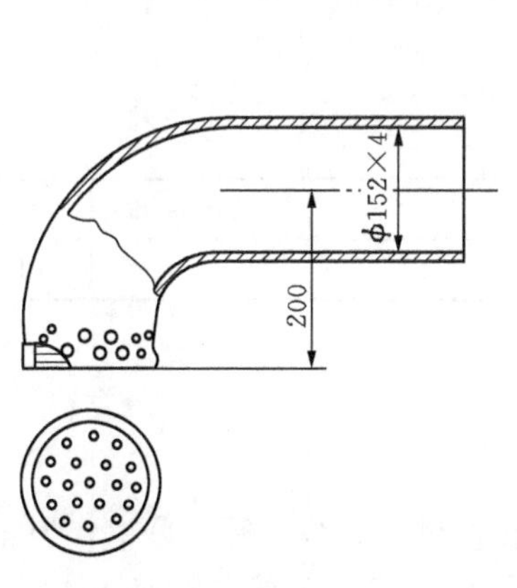

图 7-21　弯头式预分布器

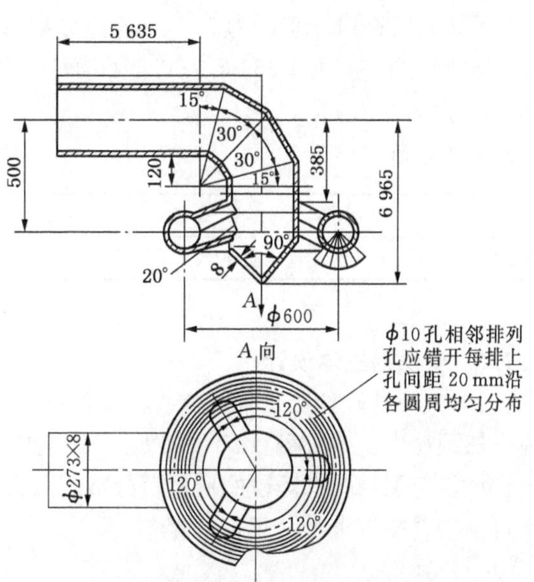

图 7-22　预分布器

7.3.3.3 空气预热器

由式(7-9)计算空气预热器每小时需提供的热量。考虑设备的热损失，以计算值增加15%作为空气预热器的最大供热量，并可反算最大供气量。详细内容可查阅文献[4，6，7]。

7.3.3.4 旋风分离器

由于对旋风分离器内气流运动的规律还没有充分的认识，关于它的设计，目前还是根据生产数据进行选用。首先根据使用时的允许压降确定进口气速，若没有提供允许的压降数据，一般取进口气速15～25 m/s；再根据处理气量决定进口面积A、入口宽度b及入口高度h。最后，根据选定的旋风分离器的各部分几何比例关系确定各部分尺寸，详见第6章。

7.3.3.5 排风机

整个系统在负压下运行。对整个系统的压力损失作估算，然后由排风温度和排风量选择排风机，并考虑25%的排风余量。

7.4 多层流化床干燥器的设计示例

7.4.1 设计任务

拟设计一多孔板式多层流化床干燥器，采用热空气直接加热干燥沉淀微粉炭，要求日处理量60 t（吨）湿物料，干燥后物料的含水量不高于0.5%（质量分数）。

设计条件：

(1) 微粉炭的着火温度为220 ℃，故进干燥器的空气温度取为200 ℃；

(2) 室温20 ℃，空气的湿度为0.02 kg水/kg干气；

(3) 同一条件下测得物料的平衡含水量和临界含水量分别为0.001 kg水/kg干料和0.02 kg水/kg干料；

(4) 湿物料的进口含水量为12%（质量分数）；

(5) 湿物料的密度为1 360 kg/m^3，干物料的密度为1 600 kg/m^3，干物料的比热容为1.26×10^3 J/(kg·℃)；

(6) 粒度分布。

粒径 d_{pi}/mm	>0.8	0.8～0.5	0.5～0.3	0.3～0.15	0.15～0.08	<0.08
质量分数 x_i/%	0	12.6	32.2	36	8.5	10.7

7.4.2 干燥器主体设计

7.4.2.1 物料的粒度分布与多孔板参数的选择

在全部颗粒中，令直径在d_{pi}～d_{pi+1}范围内的颗粒质量百分数（筛余分率）为x_i；直径小于该粒径范围的所有颗粒的质量百分数（分布函数）为F_i。显然各粒径下的x_i与F_i的关系可由物料衡算求得（见表7-3）。

表 7-3　颗粒分布函数

粒径 d_{pi}/mm	筛余分率 x_i	分布函数 F_i
0.8	0	1.000
0.5	0.126	0.874
0.3	0.322	0.522
0.15	0.36	0.192
0.08	0.085	0.107
小于 0.08	0.107	0

若以 d_{pi} 为横坐标，F_i 为纵坐标作 F_i-d_{pi} 图，可获得当颗粒累积质量为 50%($F_i = 0.5$) 时，其对应的颗粒直径 d_{50} 为 0.29 mm。取升温区的多孔板孔径 d_o 为

$$d_o = 15d_{50} = 15 \times 0.29 = 4.35(\text{mm})$$

圆整取 $d_o = 5$ mm。

在预热区和干燥区，湿物料易于黏附成团，故均取 $d_o = 10$ mm。各区的开孔率均取 $\varphi_m = 0.39$。

7.4.2.2　颗粒带出顶部风速的确定

以室温 20 ℃为基准计算颗粒的带出速度。查得 20 ℃下，空气的密度 $\rho = 1.205\ \text{kg/m}^3$，黏度 $\mu = 1.81 \times 10^{-5}$ Pa · s。由于物料累积质量分数为 50%时的粒径为 0.29 mm，故根据式 (7-7) 有

$$K = d_p\left[\frac{g\rho(\rho_p - \rho)}{\mu^2}\right]^{1/3} = 0.29 \times 10^{-3}\left[\frac{9.81 \times 1.205 \times (1\,360 - 1.205)}{(1.81 \times 10^{-5})^2}\right]^{1/3}$$

$$= 10.614$$

对照表 7-2，沉降在阿仑区，查得 $b = 18.5$，$n = 0.6$，代入式 (7-6) 得：

$$u_t = \left[\frac{4gd_p^{1+n}(\rho_p - \rho)}{3b\mu^n\rho^{1-n}}\right]^{\frac{1}{2-n}}$$

$$= \left[\frac{4 \times 9.81 \times (0.29 \times 10^{-3})^{1+0.6}(1\,360 - 1.205)}{3 \times 18.5 \times (1.81 \times 10^{-5})^{0.6}(1.205)^{1-0.6}}\right]^{\frac{1}{2-0.6}} = 1.249(\text{m/s})$$

故 20 ℃下，粒径为 0.29 mm 的颗粒其带出速度为 1.249 m/s，若取$\frac{u_t}{2}$作为风速，则为 0.625 m/s。重复上述计算，可知对应 $u_t = 0.65$ m/s 的粒径 d_p 为0.16 mm，从 $F_i \sim d_{pi}$ 图中可以查得 $d_p \leqslant 0.16$ mm 的颗粒的累积质量分数为 21%。这表明若气速（颗粒带出速度）采用 0.625 m/s，则在塔顶进料时将有 21%的 $d_p \leqslant 0.16$ mm 的颗粒直接被气体带走。被带走的颗粒进入与塔顶串联的气流干燥管进行干燥。选择气流干燥管出口废气温度为 70 ℃，则离开多层床预热区的热风温度 t_2 可由式（7-40）求得。

$$t_2 = \varphi_{带出}(t_1 - t_{wa}) + t_{wa} = 0.21 \times (200 - 70) + 70 = 97.3(℃)$$

因 t_2 与试算 u_t 时的温度（20 ℃）不相等，则应验证带出速度 u_t。

查得 97.3 ℃下，空气的密度 $\rho' = 0.953\ \text{kg/m}^3$，黏度 $\mu' = 2.18 \times 10^5$ Pa · s，计算 K'，有

$$K' = d_{\mathrm{p}}\left[\frac{g\rho'(\rho_{\mathrm{p}}-\rho')}{(\mu')^2}\right]^{\frac{1}{3}} = 0.16\times10^{-3}\times\left[\frac{9.81\times0.953\times(1\,360-0.953)}{(2.18\times10^{-5})^2}\right]^{\frac{1}{3}}$$

$$= 4.78$$

故沉降仍在阿仑区。由式（7-6）计算 u_{t}'，有

$$u_{\mathrm{t}}' = \left[\frac{4gd_{\mathrm{p}}^{1+0.6}(\rho_{\mathrm{p}}-\rho')}{3\times18.5(\mu')^{0.5}(\rho')^{0.4}}\right]^{\frac{1}{1.4}}$$

$$= \left[\frac{4\times9.81\times(0.16\times10^{-3})^{1.6}(1\,360-0.953)}{3\times18.5\times(2.18\times10^{-5})^{0.6}(0.953)^{0.4}}\right]^{\frac{1}{1.4}} = 0.625(\mathrm{m/s})$$

这说明带出速度 u_{t} 不需要进行修正，因为温度对气体密度与黏度的影响近似于相互抵消，又有 1/3 次方的关系，更使 $u_{\mathrm{t}}' = u_{\mathrm{t}}$。

塔顶的空气速度 u_{Air} 即颗粒带出速度为 0.625 m/s，相应多孔板小孔中的孔速 $u_{\mathrm{o}} = u_{\mathrm{Air}}/\varphi_{\mathrm{m}} = 0.625/0.39 = 1.603(\mathrm{m/s})$。

在被气流带走了 21% 的 $d_{\mathrm{p}} \leqslant 0.16$ mm 的小颗粒物料之后，剩下的这部分 $d_{\mathrm{p}} > 0.16$ mm 的颗粒可以一直流到塔底出口，其调和平均直径 d_{m} 计算如下。

以颗粒试样 100 g 为计算基准，由于有 21% 的颗粒被带走，故剩下颗粒的质量为 79 g，重新计算其粒度分布，并令 $\bar{d}_{\mathrm{p}i} = \dfrac{d_{\mathrm{p}i}+d_{\mathrm{p}i+1}}{2}$，计算结果列于表 7-4。

表 7-4　程度分布的重新计算

粒径 $d_{\mathrm{p}i}$/mm	筛余量/g	筛余量质量分数 x_i	平均粒径 $\bar{d}_{\mathrm{p}i}$/mm
0.8	0	0	
0.5	12.6	0.159	0.65
0.3	32.2	0.408	0.4
0.16	34.2	0.433	0.23

故

$$d_{\mathrm{m}} = \frac{1}{\sum\frac{x_i}{\bar{d}_{\mathrm{p}i}}} = \frac{1}{\frac{0.159}{0.65}+\frac{0.408}{0.4}+\frac{0.433}{0.23}} = 0.32(\mathrm{mm})$$

重新计算 $d_{\mathrm{m}} = 0.32$ mm 颗粒的带出速度 $u_{\mathrm{tm}} = 1.381$ m/s。故塔顶实际孔速 u_{o} 与向下流动颗粒的带出速度 u_{tm} 之比为

$$\frac{u_{\mathrm{o}}}{u_{\mathrm{tm}}} = \frac{1.603}{1.381} = 1.16$$

根据式（7-39），这一比值可以保证使颗粒流化良好。

7.4.2.3　物料出口温度与塔径的计算

根据设计条件，进干燥器的空气温度 $t_1 = 200$ ℃，$H_1 = 0.02$ kg 水 /kg 干气，与这一状态相应的湿球温度可从有关 I-H（焓-湿）图[3]查得，$t_{\mathrm{w1}} = 48$ ℃，相应 t_{w1} 下水的汽化热 $\gamma_{\mathrm{w1}} = 2\,387\times10^3$ J/kg。

物料进、出口及临界自由含水量为：

$$X_1 = X_{\mathrm{t1}} - X_{\mathrm{e}} = \frac{12}{88} - 0.001 = 0.135(\text{kg 水 /kg 干料})$$

$$X_2 = X_{t2} - X_e = \frac{0.5}{95.5} - 0.001 = 0.004(\text{kg 水/kg 干料})$$

$$X_c = 0.02 - 0.001 = 0.019(\text{kg 水 /kg 干料})$$

代入式 (7-13) 即可求得 θ_2，其中 $c_{pm} \approx c_{ps} = 1.26 \times 10^3\ \text{J/(kg} \cdot ℃)$

$$\theta_2 = t_1 - (t_1 - t_{w1}) \frac{r_{w1} X_2 - c_{pm}(t_1 - t_{w1}) \left(\frac{X_2}{X_c}\right)^{\frac{X_c r_{w1}}{c_{pm}(t_1 - t_{w1})}}}{r_{w1} X_c - c_{pm}(t_1 - t_{w1})}$$

$$= 200 - (200 - 48) \times \frac{2\,387 \times 10^3 \times 0.004 - 1.26 \times 10^3 (200 - 48) \left(\frac{0.004}{0.019}\right)^{\frac{0.019 \times 2\,387 \times 10^3}{1.26 \times 10^3 (200-48)}}}{2\,387 \times 10^3 \times 0.019 - 1.26 \times 10^3 (200 - 48)}$$

$$= 72.22(℃)$$

进入流化床的干物料量 G_c 为

$$G_c = G_c^0 (1 - \varphi_{带出}) = \frac{60 \times 10^3 (1 - 0.12)}{24 \times 3\,600} \times (1 - 0.21) = 0.483(\text{kg 干料 /s})$$

干燥过程中去除的水分量 W 由式 (7-8) 计算：

$$W = G_c (X_1 - X_2) = 0.483 \times (0.135 - 0.004) = 0.063(\text{kg 水 /s})$$

干燥过程所需的空气量 V 由式 (7-11) 计算：

$$V = \frac{W(\gamma_0 + c_{pv} t_2 - c_{pL} \theta_1) + G_c (c_{ps} + c_{pL} X_2)(\theta_2 - \theta_1)}{(c_{pg} + c_{pv} H_1)(t_1 - t_2)}$$

$$= \frac{0.063(2\,500 \times 10^3 + 1.88 \times 10^3 \times 97.3 - 4.19 \times 10^3 \times 20)}{(1.01 \times 10^3 + 1.88 \times 10^3 \times 0.02)(200 - 97.3)} +$$

$$\frac{0.483(1.26 \times 10^3 + 4.19 \times 10^3 \times 0.004)(72.22 - 20)}{(1.01 \times 10^3 + 1.88 \times 10^3 \times 0.02)(200 - 97.3)}$$

$$= 1.821(\text{kg 干气 /s})$$

考虑到装置的散热损失，增加 10% 的空气量作补偿，

$$V = 1.821 \times (1 + 0.1) = 2.003(\text{kg 干气 /s})$$

由式 (7-8) 可求得出口空气湿含量 H_2：

$$H_2 = H_1 + \frac{W}{V} = 0.02 + \frac{0.063}{2.003} = 0.051(\text{kg 水 /kg 干气})$$

塔顶出口气体的体积流量 V_{air} 为

$$V_{air} = V v_H = V(2.83 \times 10^{-3} + 4.56 \times 10^{-3} H_2)(t_2 + 273.15)$$

$$= 2.003 \times (2.83 \times 10^{-3} + 4.56 \times 10^{-3} \times 0.051) \times (97.3 + 273.15) = 2.272(\text{m}^3/\text{s})$$

式中 v_H 为每千克干气所具有的湿空气体积。

代入式 (7-4)，得塔径

$$D'_T = \sqrt{\frac{V_{air}}{(\pi/4)u_{Air}}} = \sqrt{\frac{2.272}{0.785 \times 0.625}} = 2.15(m)$$

圆整取 $D_T = 2.2$ m。

7.4.2.4 各区温度分布与压降的校核

设在分级区出口空气的湿球温度 $t'_w = 38$ ℃,则由式 (7-42) 得

$$t_3 = t_2 - \frac{G'_c(c_{ps} + c_{pL}X_1)(t'_w - \theta_1)}{V(c_{pg} + c_{pv}H_2)}$$

$$= 97.3 - \frac{0.611 \times 0.21 \times (1.26 \times 10^3 + 4.19 \times 10^3 \times 0.135)(38 - 20)}{2.003(1.01 \times 10^3 + 1.88 \times 10^3 \times 0.051)}$$

$$= 95.4(℃)$$

由 I-H 图查得该状态下的湿球温度 $t'_w = 38.04$ ℃,假设正确。

预热、干燥、升温区的温度分布计算如下。

对预热区,由式 (7-43)

$$V(c_{pg} + c_{pv}H_2)(t_k - t_2) = G_c(c_{ps} + c_{pL}X_1)(t_w - \theta_1)$$

有

$$2.003 \times (1.01 \times 10^3 + 1.88 \times 10^3 \times 0.051)(t_k - 97.3)$$

$$= 0.483 \times (1.26 \times 10^3 + 4.19 \times 10^3 \times 0.135)(t_w - 20)$$

$$t_k = 0.398t_w + 89.341$$

设 $t_w = 46.8$ ℃,由上式求得 $t_k = 108$ ℃。由 I-H 图查得在 $H_2 = 0.051$ 下,$t_k = 108$ ℃,此值与计算结果吻合,假设正确。

对升温区,由式 (7-45a) 有

$$H_j = \frac{G_c(X_c - X_2)}{V} + H_1 = \frac{0.483 \times (0.019 - 0.004)}{2.003} + 0.02 = 0.024(\text{kg 水 /kg 干气})$$

在 I-H 图上用作图法确定温度分布。在 I-H 图上,由 H_2,t_k 确定 k 点,由 k 点沿等 I (焓) 线与 $H_j = 0.024$ kg 水 /kg 干气相交于 j 点,可知 $t_j = 178$ ℃。

各区压降校核如下。

(1) 预热区间

平均温度 $$t_{av} = \frac{(t_2 + t_k)}{2} = \frac{(97.3 + 108.0)}{2} = 102.7(℃)$$

$$H_k = H_2 = 0.051 \text{ kg 水 /kg 干气}$$

比容 $$v_H = (2.83 \times 10^{-3} + 4.56 \times 10^{-3} H_2)(t_{av} + 273.15)$$

$$= (2.83 \times 10^{-3} + 4.56 \times 10^{-3} \times 0.051) \times (102.7 + 273.15)$$

$$= 1.151(\text{m}^3/\text{kg 干气})$$

湿空气体积流量 $V_{air} = Vv_H = 2.003 \times 1.151 = 2.306(\text{m}^3/\text{s})$

空塔气速　$u = V_{air} \Big/ \dfrac{\pi}{4} D_T^2 = \dfrac{2.306}{0.785 \times 2.15^2} = 0.64(m/s)$

小孔气速　$u_o = u/\varphi_m = 0.64/0.39 = 1.641(m/s)$

干物料质量流速　$G_{cg} = G_c \Big/ \dfrac{\pi}{4} D_T^2 = \dfrac{0.483}{0.785 \times 2.15^2} = 0.133[\text{kg 干料}/(m^2 \cdot s)]$

由于　$u_o/u_{tm} = 1.601/1.381 = 1.19 < 2$

$$\frac{d_p}{d_o \varphi_m} = \frac{0.32 \times 10^{-3}}{0.01 \times 0.39} = 0.08 < 0.18$$

因而采用式 (7-17)，有

$$\eta = 470\left(\frac{d_p}{d_o}\right)^{0.6}\left(\frac{G_{cg}}{\varphi_m \rho_s \sqrt{g d_o}}\right)^{0.6}$$

$$= 470\left(\frac{0.32}{10}\right)^{0.6}\left(\frac{0.133}{0.39 \times 1\,600 \times \sqrt{9.81 \times 0.01}}\right)^{0.6} = 0.750$$

代入式 (7-16)，

$$\phi = \frac{30 - \eta}{60} \cdot \pi = \frac{30 - 0.750}{60} \times 3.14 = 1.531$$

再代入式 (7-15)，得

$$\Delta p = \rho_s d_p \sqrt{64 \times \cos^2 \phi + \frac{841(u_o - u_{tm})^2}{u_{tm}^2 \tan^2 \phi}}$$

$$= 1\,600 \times 0.32 \times 10^{-3} \times \sqrt{64 \times 1.602 \times 10^{-3} + \frac{841 \times (1.641 - 1.381)^2}{1.381^2 \times 623.4}}$$

$$= 0.199(mH_2O)$$

考虑到物料是湿的，故实际压降

$$\Delta p_{预热} = 0.199 \times 2mH_2O = 0.398\ mH_2O$$

(2) 干燥区间

平均温度　$t_{av} = \dfrac{t_k + t_j}{2} = \dfrac{108 + 178}{2} = 143(℃)$

平均湿含量　$H_{av} = \dfrac{H_2 + H_j}{2} = \dfrac{0.051 + 0.024}{2} = 0.038(\text{kg 水}/\text{kg 干气})$

比容

$$v_H = (2.83 \times 10^{-3} + 4.56 \times 10^{-3} \times H_{av})(t_{av} + 273.15)$$
$$= (2.83 \times 10^{-3} + 4.56 \times 10^{-3} \times 0.038) \times (143 + 273.15)$$
$$= 1.250(m^3/\text{kg 干气})$$

湿空气体积流量　$V_{air} = V v_H = 2.003 \times 1.250 = 2.503(m^3/s)$

空塔气速　$u = \dfrac{V_{air}}{\frac{\pi}{4} D_T^2} = \dfrac{2.503}{0.785 \times 2.15^2} = 0.690(m/s)$

小孔气速 $u_o = u/\varphi_m = 0.690/0.39 = 1.77(m/s)$

由于 $u_o/u_{tm} = 1.77/1.381 < 2$

$$\frac{d_p}{d_o\varphi_m} = \frac{0.32}{10 \times 0.39} = 0.08 < 0.18$$

即与预热区相同，$\eta = 0.750$，$\phi = 1.531$，代入式 (7-15)，得

$$\Delta p = \rho_s d_p \sqrt{64 \times \cos^2\phi + \frac{841(u_o - u_{tm})^2}{u_{tm}^2 \tan^2\phi}}$$

$$= 1\,600 \times 0.32 \times 10^{-3} \times \sqrt{64 \times 1.602 \times 10^{-3} + \frac{841 \times (1.77 - 1.381)^2}{1.381^2 \times 623.4}}$$

$$= 0.234(mH_2O)$$

同样，实际压降 $\Delta p_{干燥} = 0.234 \times 2\ mH_2O = 0.468\ mH_2O$

(3) 升温区间

平均温度 $t_{av} = \frac{t_1 + t_j}{2} = \frac{(178 + 200)}{2} = 189(℃)$

平均湿含量 $H_{av} = \frac{H_1 + H_j}{2} = \frac{0.02 + 0.024}{2} = 0.022$(kg 水 /kg 干气)

比容 $v_H = (2.83 \times 10^{-3} + 4.56 \times 10^{-3} H_{av})(t_{av} + 273.15)$

$$= (2.83 \times 10^{-3} + 4.56 \times 10^{-3} \times 0.022) \times (189 + 273.15)$$

$$= 1.354(m^3/kg\ 干气)$$

湿空气体积流量 $V_{air} = Vv_H = 2.003 \times 1.354 = 2.713(m^3/s)$

空塔气速 $u = V_{air} \Big/ \frac{\pi}{4}D_T^2 = \frac{2.713}{0.785 \times 2.15^2} = 0.748(m/s)$

小孔气速 $u_o = u/\varphi_m = 0.748/0.39 = 1.917(m/s)$

由于 $u_o/u_{tm} = 1.917/1.381 = 1.338 < 2$

孔径 $d_o = 5\ mm$，$\varphi_m = 0.39$

$$\frac{d_p}{d_o\varphi_m} = \frac{0.32}{5 \times 0.39} = 0.16 < 0.18$$

因此由式 (7-17) 和式 (7-16)，得

$$\eta = 1.40, \ \phi = 1.497$$

再代入式 (7-15)，得

$$\Delta p_{升温} = \rho_s d_p \sqrt{64 \times \cos^2\phi + \frac{841(u_o - u_{tm})^2}{u_{tm}^2 \tan^2\phi}}$$

$$= 1\,600 \times 0.32 \times 10^{-3} \times \sqrt{64 \times 5.68 \times 10^{-3} + \frac{841(1.917 - 1.381)^2}{1.381^2 \times 181.9}}$$

$$= 0.524(\mathrm{mH_2O})$$

7.4.2.5　多孔板层数与塔高的计算

多孔板面积　　$A = \frac{\pi}{4} D_T^2 = 0.785 \times 2.15^2 = 3.629(\mathrm{m}^2)$

(1) 预热区间

由式 (7-21) 计算热容量系数，即

$$\alpha a h_0 = 557.87\left(\frac{\Delta p}{\rho_s d_p}\right)^{0.75}\left(\frac{u_o}{u_{tm}}\right)^{1.5}$$

$$= 557.87 \times \left(\frac{0.398}{1\,600 \times 0.32 \times 10^{-3}}\right)^{0.75} \times (1.19)^{2.5}$$

$$= 598.40[\mathrm{W/(m^2 \cdot ℃)}]$$

$$c_{pH} = c_{pg} + c_{pv} \cdot H_2 = 1.01 \times 10^3 + 1.88 \times 10^3 \times 0.051$$

$$= 1.105\,9 \times 10^3[\mathrm{J/(kg \cdot ℃)}]$$

$$c_{pm} = c_{ps} + c_{pL} X_1 = 1.26 \times 10^3 + 4.19 \times 10^3 \times 0.135 = 1.826 \times 10^3[\mathrm{J/(kg \cdot ℃)}]$$

代入式 (7-37)，得

$$n_{ph} = \frac{\ln \frac{t_n - \theta_n}{t_0 - \theta_0}}{\frac{\alpha a h_0 A}{V c_{pH}}\left(1 - \frac{V c_{pH}}{G_c c_{pm}}\right)}$$

$$= \frac{\ln \frac{108 - 46.8}{97.3 - 20}}{\frac{598.4 \times 3.629}{2.003 \times 1.105\,9 \times 10^3}\left(1 - \frac{2.003 \times 1.105\,9 \times 10^3}{0.483 \times 1.826 \times 10^3}\right)} = 0.16(\text{层})$$

取 $n_{ph} = 1$。

(2) 干燥区间

同样，由式 (7-21)，有

$$\alpha a h_0 = 557.87\left(\frac{\Delta p}{\rho_s d_p}\right)^{0.75}\left(\frac{u_o}{u_{tm}}\right)^{1.5}$$

$$= 557.87 \times \left(\frac{0.468}{1\,600 \times 0.32 \times 10^{-3}}\right)^{0.75} \times 1.28^{1.5}$$

$$= 756.44[\mathrm{W/(m^2 \cdot ℃)}]$$

$$c_{pH} = c_{pg} + c_{pv} H_{av} = 1.01 \times 10^3 + 1.88 \times 10^3 \times 0.038$$

$$= 1.08 \times 10^3[\mathrm{J/(kg \cdot ℃)}]$$

代入式 (7-28)，得

$$n_d = \frac{Vc_{pH}}{\alpha a h_0 A}\ln\frac{t_n - t_w}{t_0 - t_w} = \frac{2.003 \times 1.081 \times 10^3}{756.44 \times 3.629}\ln\frac{178 - 46.8}{108 - 46.8} = 0.60(\text{层})$$

取 $n_d = 1$。

(3) 升温区间

同样，由式 (7-21) 有

$$\alpha a h_0 = 557.87\left(\frac{\Delta p}{\rho_s d_p}\right)^{0.75}\left(\frac{u_o}{u_{tm}}\right)^{1.5}$$

$$= 557.87 \times \left(\frac{0.524}{1\,600 \times 0.32 \times 10^3}\right)^{0.75} \times 1.388^{1.5} = 928.25[\text{W}/(\text{m}^2 \cdot ℃)]$$

$$c_{pH} = c_{pg} + c_{pv} \cdot H_{av} = 1.01 \times 10^3 + 1.88 \times 10^3 \times 0.022$$

$$= 1.051 \times 10^3[\text{J}/(\text{kg} \cdot ℃)]$$

$$c_{pm} = c_{ps} + c_{pL}X_2 = 1.26 \times 10^3 + 4.19 \times 10^3 \times 0.004$$

$$= 1.277 \times 10^3[\text{J}/(\text{kg} \cdot ℃)]$$

$$n_{rt} = \frac{\ln\dfrac{t_n - \theta_n}{t_0 - \theta_0}}{\dfrac{\alpha a h_0 A}{Vc_{pH}}\left(1 - \dfrac{Vc_{pH}}{G_c c_{pm}}\right)}$$

$$= \frac{\ln\dfrac{200 - 72.22}{179 - 46.8}}{\dfrac{928.25 \times 3.629}{2.003 \times 1.051 \times 10^3}\left(1 - \dfrac{2.003 \times 1.051 \times 10^3}{0.483 \times 1.277 \times 10^3}\right)} = 0.007(\text{层})$$

取 $n_{rt} = 1$。

总流化床层数

$$N = 1 + (n_{ph} + 2) + (n_d + 2) + n_{rt} = 1 + 3 + 3 + 1 = 8(\text{层})$$

层间距 $H_T = 0.25\ \text{m}$

则塔高 $H_T = NH_t = 8 \times 0.25 = 2\ \text{m}$。

7.4.3 多孔板结构

采用如图 7-15 (c) 型式的多孔板。小孔采用正三角形排列，如图 7-16 所示。

对预热区多孔板，由式 (7-50) 可得孔间距 s 为

$$s = 0.952d_o/\sqrt{\varphi_m} = 0.952 \times 0.01/\sqrt{0.39} = 0.015(\text{m})$$

有效孔间距 t 为

$$t = s - d_o = 0.015 - 0.01 = 0.005(\text{m}) = 5(\text{mm})$$

代入式 (7-53) 可得预热区多孔板孔数 N_h 为

$$N_h = \left[(0.952 - \sqrt{\varphi_m})\frac{D_T}{t}\right]^2 = \left[(0.952 - \sqrt{0.39}) \times \frac{2.15}{0.005}\right]^2 = 19\,832(\text{个})$$

干燥区多孔板结构与预热区完全相同。同样，对升温区，有

$$s = 0.952 d_o / \sqrt{\varphi_m} = 0.952 \times 0.005 / \sqrt{0.39} = 0.008(\text{m})$$

$$t = s - d_o = 0.008 - 0.005 = 0.003(\text{m})$$

$$N_h = \left[(0.952 - \sqrt{\varphi_m}) \frac{D_T}{t}\right]^2 = \left[(0.952 - \sqrt{0.39}) \times \frac{2.15}{0.003}\right]^2 = 55\,088(\text{个})$$

多孔板厚度均取 0.015 m。

7.4.4　辅助设备

7.4.4.1　物料供给器

选择如图 7-18 所示的旋转式供料器。转子直径 $D = 0.125$ m，厚 $B = 0.1$ m，容积效率 η_v 取 0.75，湿料的质量流量为 G_0，则

$$\text{供料量}\ G = \frac{G_0}{\rho_{\text{物料}}} = \frac{60 \times 10^3}{24 \times 1\,360} = 1.84(\text{m}^3/\text{h})$$

$$q = \frac{\pi}{4} D^2 B = 0.785 \times 0.125^2 \times 0.1 = 1.23 \times 10^{-3}(\text{m}^3/\text{r})$$

则由式（7-54）可计算供料器转子转速 $n_{\text{供}}$：

$$n_{\text{供}} = \frac{G}{60 q \eta_v} = \frac{1.84}{60 \times 1.23 \times 10^{-3} \times 0.75} = 33(\text{r/min})$$

卸料器也选用旋转式，尺寸与供料器相同。

$$\text{卸料量}\quad G = \frac{G_c(1 + X_2)}{\rho_{\text{干料}}} = \frac{0.483(1 + 0.004) \times 3\,600}{1\,600} = 1.09(\text{m}^3/\text{h})$$

则卸料器转子转速 $n_{\text{卸}}$ 为

$$n_{\text{卸}} = \frac{G}{60 q \eta_v} = \frac{1.09}{60 \times 1.23 \times 10^{-3} \times 0.75} = 20(\text{r/min})$$

7.4.4.2　空气预热器

由式（7-9）可求得预热器所须提供热量 Q 为

$$\begin{aligned} Q &= V(c_{pg} + c_{pv} H_1)(t_1 - t_0) \\ &= 2.003 \times (1.01 \times 10^3 + 1.88 \times 10^3 \times 0.02) \times (200 - 20) \\ &= 3.78 \times 10^5(\text{W}) \end{aligned}$$

考虑设备的操作弹性，以计算值加 15%作为空气预热器的最大供热量

$$\begin{aligned} V_{\max} &= \frac{Q_{\max}}{(c_{pg} + c_{pv} H_1)(t_1 - t_0)} \\ &= \frac{3.78 \times 10^5 \times 1.15}{(1.01 \times 10^3 + 1.88 \times 10^3 \times 0.02) \times (200 - 20)} = 2.3(\text{kg 干气 /s}) \end{aligned}$$

7.4.4.3 旋风分离器

选择 CLP/B 型旋风分离器。

旋风分离器进口气量 $V_{旋}$ 为

$$V_{旋} = V(2.83\times10^{-3}+4.56\times10^{-3}H_2)(t_2+273.15)$$

$$=2.003\times(2.83\times10^{-3}+4.56\times10^{-3}\times0.051)\times(95.4+273.15)$$

$$=2.26(\mathrm{m^3/s})$$

采用 4 台 CLP/B 型旋风分离器，取分离器进口气速 $u=20\ \mathrm{m/s}$，则旋风分离器入口面积 A 为

$$A=\frac{V_{旋}}{4u}=\frac{2.26}{4\times20}=0.028(\mathrm{m^2})$$

入口矩形通道尺寸

$$宽度\ b=\sqrt{\frac{A}{2}}=\sqrt{\frac{0.028}{2}}=0.119(\mathrm{m})$$

长度 $$h=\sqrt{2A}=\sqrt{2\times0.028}=0.238(\mathrm{m})$$

旋风分离器筒体直径 $$D=3.33b=3.33\times0.119=0.40(\mathrm{m})$$

长度 $$L=4D=4\times0.4=1.6(\mathrm{m})$$

分离器其他尺寸可由有关文献介绍确定。

7.4.4.4 排风机

排风温度为 70 ℃，排风量为 2.26 m³/s，当考虑 25%的排风余量时为 2.83 m³/s。

整个系统在负压下运行，估计整个系统压力损失约为 4 400 Pa。

本章参考文献

[1] 化学工程手册编委会. 化学工程手册. 北京：化学工业出版社，1989.

[2] 童景山. 流态化干燥工艺与设备. 北京：科学出版社，1996.

[3] 化工设备设计全书编委会. 干燥设备. 北京：化学工业出版社，2002.

[4] 化工设备设计全书编委会. 干燥设备设计. 上海：上海科学技术出版社，1986.

[5] 王松汉. 石油化工设计手册. 北京：化学工业出版社，2002.

[6] 潘永康. 现代干燥技术. 2 版. 北京：化学工业出版社，2007.

[7] 王喜忠，于才渊，周才君. 喷雾干燥. 2 版. 北京：化学工业出版社，2003.

[8] 陈敏恒，丛德滋，方图南，等. 化工原理（下册）. 4 版. 北京：化学工业出版社，2015.

第 8 章　循环型蒸发器的设计

8.1　概述

蒸发是用加热的方法，在沸腾状态下使溶液中具有挥发性的溶剂（工业中用得较多的是水）部分汽化的单元操作。蒸发过程是重要的化工单元操作之一，在化工、食品及其他有关的工业中有着广泛的用途。

蒸发过程的目的往往是浓缩溶液、回收溶剂或制取纯净的溶剂。除此以外，随着膜蒸发技术的发展，目前已有将膜式蒸发器作为气、液相反应器的成功例子。

工业生产中，大多数蒸发器是以饱和水蒸气作为加热剂的，因此这类蒸发器实质上是一侧蒸汽冷凝给热，另一侧液体饱和沸腾的间壁式换热器。因为蒸发过程是一个将高温位的热源换取低温位蒸汽的过程，所以蒸发过程的节能也是必须考虑的重要问题。

蒸发操作可以在加压、常压和真空条件下进行。当需要保持产品生产过程中整个系统具有一定的压力时，蒸发要在加压状态下进行。而对于热敏性物料或常压下溶液沸点过高的物料，为保证产品质量或保证操作的经济性，则需要采用真空操作以降低溶液的沸点。但由于溶液的沸点降低后其黏度增大，而且为形成真空需增加设备投资和动力消耗费用。因此，若无特殊要求，一般采用常压蒸发是比较适宜的。

8.2　蒸发设备的要求与选型

8.2.1　对蒸发设备的要求

蒸发设备的种类很多，但无论何种类型的蒸发设备，在构造上必须有利于过程的进行。因此设计蒸发设备时应该考虑以下几个因素：

① 尽可能提高冷凝和沸腾给热系数，减缓加热面上污垢的生成速率，保证设备具有较大的传热系数；

② 能适应溶液的某些特性，如黏性、起泡性、热敏性、腐蚀性等；

③ 能完善气、液的分离；

④ 能排除溶液在蒸发过程中所析出的晶体。

从机械加工的工艺性、设备的投资和操作费用等角度考虑，蒸发设备的设计还应满足以下几项要求：

① 设备的材料消耗少，制造、安装方便合理；

② 设备的检修和清洗方便，使用寿命长；

③ 有足够的机械强度。

在实际设计过程中，要完全满足以上各点是困难的，必须权衡轻重，分清主次，加以综合考虑。

8.2.2 蒸发设备的选型

目前我国使用的蒸发设备有许多种[1-2]，总体可分为循环型和非循环型两大类，其中部分已定型化。而蒸发设备的选型是蒸发设备设计的首要问题。选型时应考虑的主要因素有：

① 料液的性质；

② 工程技术要求，如处理量、蒸发量、安装现场的面积和高度、连续或间歇生产等；

③ 利用的热源和冷却水的情况。

表 8-1 为按一般选型原则编制的表格，供选型时参考。

表 8-1 各种型式蒸发器的操作特性

蒸发器型式		适用黏度范围/(Pa·s)	蒸发容量	造价	料液停留时间	浓缩比	盐析与结垢趋势	适于处理热敏性物料	适于处理易发泡物料
自然循环型	夹套釜式	≤0.05	小	低	长	较高	大	不适	较差
	中央循环管	≤0.05	中	低	长	较高	大	不适	较差
	带搅拌中央循环管式	≤0.05	中	较低	长	较高	稍大	不适	尚适
	长管自然循环型	≤0.05	中～大	较低	长	较高	稍大	不适	尚适
强制循环型	管式	0.10～1.00	中～大	较高	长	较高	较小	不适	尚适
	板式	0.10～1.00	中～大	较高	长	较高	较小	不适	尚适
膜式	升膜	≤0.5	小～大	较低	短	一般	大	适	好
	降膜	0.01～0.10	小～很大	较低	短或长	一般或较高	稍大	适	好
	刮膜	1.0～10.0	小～中	高	短	高	微小	适	适
浸没燃烧		≤0.5	小～中	低	长	较高	微小	不适	尚适
闪蒸型		≤0.01	中～大	高	较短或长	不高	微小	适	尚适

8.3 蒸发设备的工艺设计

8.3.1 蒸发设备的工艺设计程序

蒸发设备的工艺设计一般要按以下步骤进行。

① 根据工艺条件，物系性质等确定蒸发设备的流程、效数、蒸发器的类型、蒸发操作压强和加热（生）蒸汽压强（温度）；

② 由物料衡算和热量衡算确定加热蒸汽消耗量及各效蒸发器的（二次蒸汽）蒸发量；

③ 求出各效蒸发器的传热量、传热系数、有效传热温差和传热面积，有时为了加工的方便，设计时常常规定各效蒸发器的传热面积相等；

④ 确定加热室的结构和工艺尺寸；

⑤ 确定蒸发室的结构和工艺尺寸，包括接管、连接方式、法兰、人孔和视镜的标准；

⑥ 确定二次蒸汽冷凝器的结构并计算冷凝器的工艺尺寸；

⑦ 真空系统计算及真空泵的选型；

⑧ 绘制蒸发器的工艺条件图和工艺流程图。

8.3.2　蒸发装置的热量衡算和物料衡算

8.3.2.1　蒸发量的计算

对蒸发过程而言，其二次蒸汽的总蒸发量为各效蒸发器二次蒸汽蒸发量之和：

$$W = W_1 + W_2 + \cdots + W_i + \cdots + W_{n-1} + W_n \tag{8-1}$$

同时，总蒸发量和原料量、浓度的关系应满足总物料衡算：

$$W = F\left(1 - \frac{x_0}{x_n}\right) \tag{8-2}$$

式中，W 为二次蒸汽总蒸发量，kg/h；W_i 为第 i 效蒸发器蒸发的二次蒸汽量，kg/h；F 为原料处理量，kg/h；x_0，x_n 分别为进第一效和出末效蒸发器料液的溶质浓度(质量分数)。

对于多效蒸发，各效的浓度、温度、压力是在操作中自动形成的一种分布，设计前是未知的，故需通过试差迭代求得。可近似地初步假定各效的蒸发水量相等，即

$$W_1 = W_2 = \cdots = W_n$$

对并流操作的多效蒸发，因料液有自蒸发现象、可初步假设各效蒸发量之比为：

$$W_1 : W_2 : W_3 : W_4 = 1 : 1.1 : 1.2 : 1.3$$

假定了各效二次蒸汽的蒸发量，即可求出各效料液的浓度，即：

$$x_i = \frac{Fx_0}{F - W_1 - W_2 - \cdots - W_i} \tag{8-3}$$

必须注意，上述假设是否正确，应通过热量衡算加以校核。

8.3.2.2　各效溶液沸点温度的估算

1) 各效压强的假定

各效溶液的沸点与溶液的浓度和各效压强有关，欲求溶液沸点，需先假定各效压强。一般设计时，加热（生）蒸汽压强 p_0 和末效真空度 p_n 是确定的，各效压强可按等压强降的原则假定，即

$$\Delta p = p_0 - p_1 = p_1 - p_2 = \cdots = p_{n-1} - p_n = \frac{1}{n}(p_0 - p_n)$$

由假定的压强，可初步确定各效二次蒸汽的温度 T_i。

2) 溶液沸点的估算

对纯液体而言，沸腾时，二次蒸汽和液体的温度是相等的。而对溶解有不挥发溶质的溶液，液体的沸腾温度将大于二次蒸汽温度。产生此现象的主要原因有：

① 溶质分子阻碍了溶剂的汽化，使溶剂蒸气压下降，溶液沸点上升，此升高部分用 Δ' 表示；

② 由于液柱静压强的作用使溶液沸点上升，此升高部分用 Δ'' 表示。

Δ' 的计算方法有几种[2]，较常用的是杜林（Duhring）法则。其依据是任何液体（无论是纯溶剂还是溶液）在两种不同压强下的两沸点之差（$t_A - t'_A$）与另一标准液体在同两种压强下的两沸点之差（$t_B - t'_B$）的比值为常数。即

$$\frac{t_A - t'_A}{t_B - t'_B} = K$$

一般以水作为标准液体，其原因是水的沸点和压强关系是最易获得的。依据杜林法则可作出溶液在不同浓度、压强下的沸点图（Duhring 线图，如图 8-1 和图 8-2 所示），由此图可根据液面（二次蒸汽）压强下纯水的沸点 T_i 查得对应压强下一定浓度溶液的沸点 t'_{bi}。Δ'的值由式（8-4）求得：

$$\Delta' = t'_{bi} - T_i \tag{8-4}$$

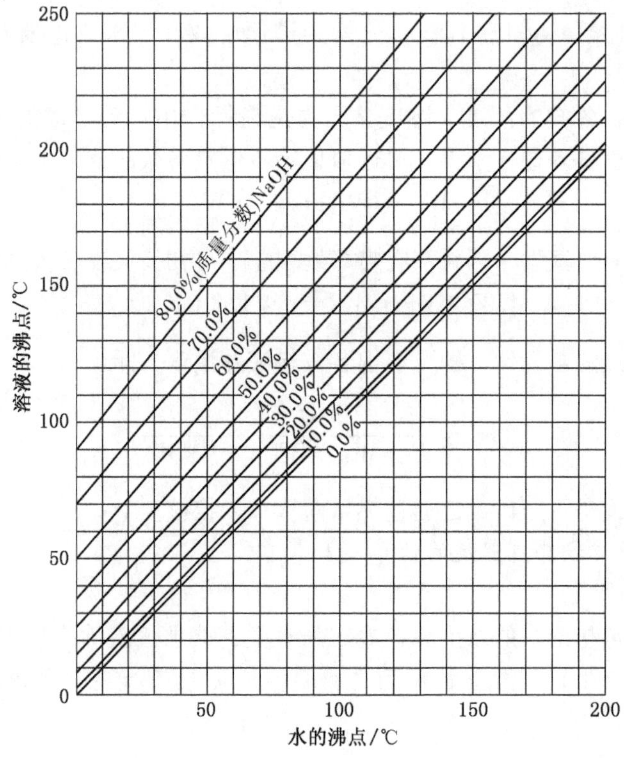

图 8-1　NaOH 水溶液的直线法则线图

在液柱静压强的作用下，蒸发器内溶液底层的沸点将大于液面的沸点。在蒸发器设计时，常取溶液中层压强$\bar{p}_i$下的沸点作为平均值。

$$\bar{p}_i = p_i + \frac{1}{5}h\rho g \tag{8-5}$$

式中，$\bar{p}_i$ 为第 i 效蒸发器液面压强，Pa；h 为蒸发器内液层高度，m；ρ 为溶液密度，kg/m^3。

查得$\bar{p}_i$下纯溶剂的沸点 T'_i，可由式（8-6）求得 Δ''：

$$\Delta'' = T'_i - T_i \tag{8-6}$$

溶液的沸点可按下式估算，

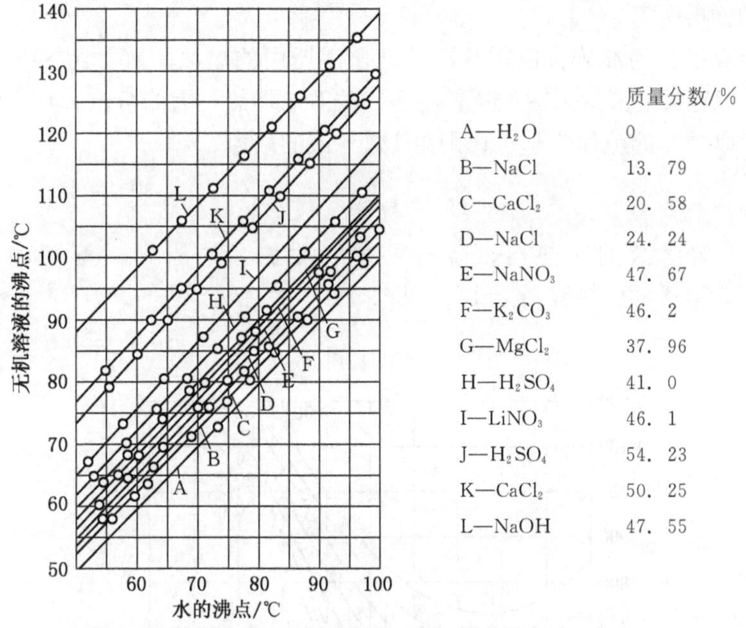

图 8-2 某些无机盐溶液的沸点

$$t_{bi} = T_i + \Delta_i' + \Delta_i'' \tag{8-7}$$

因为估算溶液沸点时，各效的二次蒸汽压强、溶液浓度均是假定的，所以估算的沸点值是否合理，需进行各效蒸发量的有效温度差分配的校核。

8.3.2.3 加热蒸汽消耗量的计算和各效蒸发量的校核

加热蒸汽消耗量可由热量衡算和物料衡算联立求解而得，以多效并流蒸发器为例，对每一效蒸发器建立热量衡算式，即

第一效：$W_1 = \dfrac{Dr + F(i_0 - i_1)}{I_1 - i_1}$

考虑设备的热损失，在方程的右边乘以热利用系数 η，则

$$W_1 = \left[\frac{Dr + F(i_0 - i_1)}{I_1 - i_1}\right]\eta_1 \tag{8-8}$$

同理，对每一效蒸发器进行热量衡算，可得

$$W_i = \left[\frac{(F - W_1 - \cdots - W_{i-1})(i_{i-1} - i_i) + W_{i-1} \cdot r_{i-1}}{I_i - i_i}\right]\eta_i \tag{8-9}$$

式中，D 为加热（生）蒸汽消耗量，kg/h；r，r_i 分别为加热蒸汽和第 i 效二次蒸汽的汽化潜热，kJ/kg；I_i 为第 i 效二次蒸汽的焓，kJ/kg；i_i 为第 i 效溶液的焓，kJ/kg。

η_i 为第 i 效的热利用系数，对溶解热可忽略的料液，$\eta_i = 0.98$；对浓缩热影响较大的物系，$\eta_i = 0.9 \sim 0.92$[3]。

联立物料衡算［式（8-1）、式（8-2）］和热量衡算［式（8-8）、式（8-9）］方程组，可解得加热蒸汽用量及各效二次蒸汽蒸发量 W_i。若各效二次蒸发量的计算值与前面所假设值的误差在允许范围之内，则可认为计算是有效的；否则应修正各效蒸发量 W_i 后重新

进行热量衡算和物料衡算。

以上热量衡算虽较为准确，但需从有关理化手册中的焓浓图（如图 8-3 所示）上查得料液的焓 i_i。但有关溶液焓浓图的资料不多，故对浓缩热不大的溶液，其焓值可由比热容近似计算，若以 0 ℃的液体为基准，则第 i 效料液的焓为

$$i_i = c_{pi} t_{bi} \tag{8-10}$$

式中的 c_{pi} 为第 i 效溶液的比热容，其值可按线性加和的原则由溶剂的比热容 c_{pw} [kJ/（kg·℃）]和溶质的比热容 c_{ps} 计算，即

$$c_{pi} = c_{pwi}(1 - x_i) + c_{psi} x_i \tag{8-11}$$

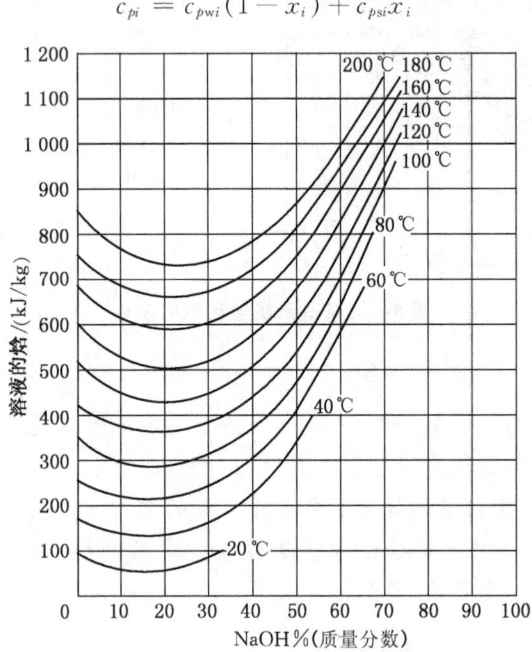

图 8-3　氢氧化钠水溶液的焓浓图

8.3.2.4　各效传热量的计算

1) 蒸发器的传热总系数

蒸发器的传热总系数 K 与传热过程中传热总系数的计算方法相同，可由式（8－12）计算

$$\frac{1}{K} = \frac{1}{\alpha_o} + R_o + \frac{\delta}{\lambda}\frac{d_o}{d_m} + R_i + \frac{1}{\alpha_i}\frac{d_o}{d_i} \tag{8-12}$$

式中，K 为传热总系数，W/（m^2·℃）；α_o，α_i 分别为管外和管内的给热系数，W/（m^2·℃）；R_o，R_i 分别为管外和管内的垢层热阻，（m^2·℃）/W；d_o，d_i，d_m 分别为管子外径、内径和管壁平均直径，m。

蒸发器内给热系数 α 的计算有各种介绍[3]，但由于溶液沸腾给热系数与溶液的性质、蒸发器的型式和结构、溶液在蒸发器内的循环速度、加热面等许多因素有关，计算结果往往和实际偏差很大，工业设计时常选取传热总系数的经验值。表 8-2 列出了一些蒸发器的传热总系数的经验数据范围，可供设计参考。K 值的变化较大，选用时，对于稀薄

的水溶液、传热温差较高的蒸发器可取较大值；黏度高、浓度高及传热温差较低的可取较小值。设计时，若能从生产装置上进行实测来获得 K 值则最为可靠。

表 8-2　蒸发器传热总系数的经验值

蒸发器型式	传热系数 K/ [W/ (m² · K)]
垂直短管型：	
中央循环管式、悬筐式	800～2 500
水平管式	800～2 000
垂直长管型：	
自然循环	1 000～3 000
强制循环	2 000～10 000
旋转刮板式：	
液体黏度/ (mPa · s)　1	2 000
100	1 500
10 000	600

2) 各效蒸发器的总有效传热温差

对各效蒸发器而言，由于前效二次蒸汽流至后效过程中的阻力损失，使后效加热蒸汽（来源于前效二次蒸汽）的温度为：

$$T_{i加} = T_{i-1} - \Delta''' \tag{8-13}$$

而蒸发器的有效传热温差为：

$$\begin{aligned}\Delta t_i &= T_{i加} - t_{bi} = T_{i-1} - T_i - (\Delta'_i + \Delta''_i + \Delta'''_i) \\ &= T_{i-1} - T_i - \Delta_i\end{aligned} \tag{8-14}$$

式中，T_i 为第 i 效的二次蒸汽温度,℃；Δ''' 为流动阻力引起的温差损失，常取 1 ℃；Δ_i 为第 i 效的总温差损失（$\Delta_i = \Delta'_i + \Delta''_i + \Delta'''_i$）,℃；$T_{i加}$ 为第 i 效的加热蒸汽温度,℃。

各效蒸发器的总有效传热温差可按式（8－15）计算：

$$\begin{aligned}\sum \Delta t_i &= \Delta t_1 + \Delta t_2 + \cdots + \Delta t_i + \cdots + \Delta t_n \\ &= T_0 - T_n - \sum \Delta t_i\end{aligned} \tag{8-15}$$

式中，T_0，T_n 分别为加热蒸汽和末效二次蒸汽温度。

3) 有效传热温差的分配

上述计算过程中各效溶液及二次蒸汽温度均为假定值，因此必须对有效传热温差在各效的分配加以校核。校核过程可按下列步骤进行。

(1) 按传热速率式

$$W_{i-1} r_{i-1} = Q_i = K_i A_i \Delta t_i$$

式中，Q_i 为第 i 效蒸发器的传热量，kJ/s；A_i 为第 i 效蒸发器的传热面积，m^2。

为制造的方便，工业设计时，常使各效的传热面积 A_i 相等。各效传热温度差应按如下规律分配：

$$\Delta t_1 : \Delta t_2 : \cdots : \Delta t_i = \frac{Dr_0}{K_1} : \frac{W_1 r_1}{K_2} : \cdots : \frac{W_{i-1} r_{i-1}}{K_i}$$

即
$$\Delta t_i = \sum \Delta t_i \times \frac{\dfrac{W_{i-1}r_{i-1}}{K_i}}{\sum \dfrac{W_{i-1}r_{i-1}}{K_i}} \tag{8-16}$$

(2) 由式 (8-17) 计算各效传热面积，并检验各效传热面积是否相等。

$$A_i = \frac{W_{i-1}r_{i-1}}{K_i \Delta t_i} \tag{8-17}$$

若各效传热面积有明显差别，则说明有效温差分配不当。此时可按以下方法对 Δt 重新分配，使 A_i 趋于相等。

由式 (8-17) 可知

$$A_i \Delta t_i = \frac{W_{i-1}r_{i-1}}{K_i}$$

因 $(W_{i-1}\gamma_{i-1})$、K_i 值变化不大，则调整后

$$A_i \Delta t_i = A'_i \Delta t'_i \tag{8-18}$$

令各效 A'_i 相同，由式 (8-18) 可得

$$\Delta t'_i = A_i \Delta t_i \times \frac{\sum \Delta t'_i}{\sum (A_i \Delta t_i)} \tag{8-19}$$

而各效二次蒸汽温度 T_i 及溶液温度 t_{bi} 可按下面的公式求得：

$$\left.\begin{aligned} t'_{bi} &= T_{i-1} - \Delta t'_i \\ T'_i &= t_{bi} - \Delta_i \end{aligned}\right\} \tag{8-20}$$

将 t'_{bi}，T'_i 与前面所设的 t_{bi}，T_i 相比较，若相差悬殊，有必要的话，则需重新进行物料衡算、热量衡算和有效温度差分配的计算。

8.3.3 蒸发装置的结构计算

循环型蒸发器的种类也较多[2-3]，计算方法也有所不同。本章仅介绍外加热室蒸发器的计算方法。

8.3.3.1 蒸发器加热室尺寸的确定

加热室的计算与列管换热器的计算相同[2-3]，具体可按下述步骤进行。

(1) 由式 (8-17) 求得各效加热室的传热面积，必要时，可取 $A_{i实} = (1.1 \sim 1.2)A_{i计}$。

(2) 选取加热管的管长和管径。一般加热管长有 2 m、3 m、4. 5 m、6 m 等几种。加热管管径有 ϕ 38 × 2.5 mm、ϕ 45 × 3.5 mm、ϕ 57 × 3.5 mm 等几种。加热管根数 n_i 可由下式求得

$$n_i = \frac{A_i}{\pi d_o L} \tag{8-21}$$

(3) 确定管子的排列方式。列管排列方式有正三角形 (六角形)、正方形、同心圆三种 (如图 8-4 所示)，常用正三角形和同心圆两种排列方式。管子在管板上的排列间距 t (指管子与管子的中心距)，随连接方法不同而不同。通常胀管法的 $t = (1.3 \sim 1.5)d_o$，

焊接法的 $t = 1.25d_o$。相邻两管的外壁间距一般应使 $t \geqslant (6 + d_o)$(mm)。

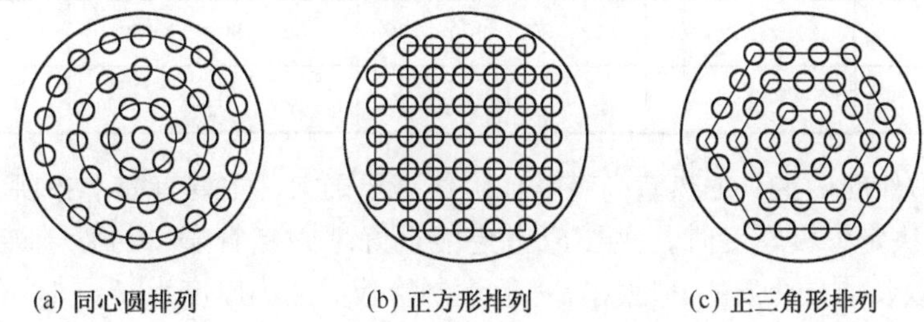

(a) 同心圆排列　(b) 正方形排列　(c) 正三角形排列

图 8-4　管子在管板上的排列方式

(4) 确定加热室壳径。加热室壳体直径可按式 (8-22) 计算。

$$D = t(b-1) + 2e \tag{8-22}$$

式中，D 为壳体内径，mm；t 为管间距，mm；b 为最外层的六角形（或同心圆）直径上的管数；e 为最外层管中心到壳体内壁距离，一般取 $e = (1 \sim 1.5)d_o$。

b 值的确定有以下两种方法。

①作图法：已知管数 n 和管间距 t 后，从中心开始排至 n 根，再统计 b 值（如图 8-4 所示）。

②计算法：由表 8-3 查得层数 a，然后由式(8-23)求得 b。对于正三角形排列：

$$b = 2a - 1 \tag{8-23}$$

壳径的计算值应圆整到标准尺寸（见表 8-4）。

当冷热流体温差大于 50 ℃时，应考虑采用膨胀节或有热补偿的（如浮头式）换热器。

表 8-3　管板上排管数目

层数 a	1	2	3	4	5	6	7	8	9	10
六角形内排管数 n'	7	19	37	61	91	127	169	217	271	331
包括弓形面积排管数 n	7	19	37	61	91	127	187	241	301	367
层数 a	11	12	13	14	15	16	17	18	19	20
六角形内排管数 n'	397	469	547	631	721	817	919	1 027	1 141	1 261
包括弓形面积排管数 n	439	517	613	721	803	931	1 045	1 165	1 303	1 459
层数 a	21	22	23	24	25	26	27	28	29	30
六角形内排管数 n'	1 387	1 519	1 657	1 801	1 951	2 107	2 269	2 437	2 611	2 791
包括弓形面积排管数 n	1 615	1 765	1 921	2 083	2 263	2 455	2 653	2 857	3 055	3 259
层数 a	31	32	33	34	35	36	37	38	39	40
六角形内排管数 n'	2 917	3 169	3 367	3 571	3 781	3 997	4 219	4 447	4 687	4 921
包括弓形面积排管数 n	3 469	3 647	3 949	4 195	4 441	4 693	4 943	5 215	5 503	5 791

表 8-4　壳径的标准尺寸

壳体外径/mm	325	400　500　600　700	800　900　1 000	1 100　1 200
最小壁厚/mm	8	10	12	14

(5) 其他附件的确定。加热室尚有其他附件需要确定，主要有如下各项。

① 管板　决定管板厚度时，主要应考虑能很好地固定管子，与管子连接后不变形，有足够的强度以及能抗介质的腐蚀性。一般钢制管板的最小厚度为 $d = 10$ mm，对胀管而言，常取：

$$d \geqslant \frac{d_o}{\delta} + 5 \tag{8-24}$$

式中，d 为管板厚度，mm；d_o 为管子外径，mm；δ 为管壁厚度，mm。

管板与壳体的连接型式可参考图 8-5 和图 8-6。

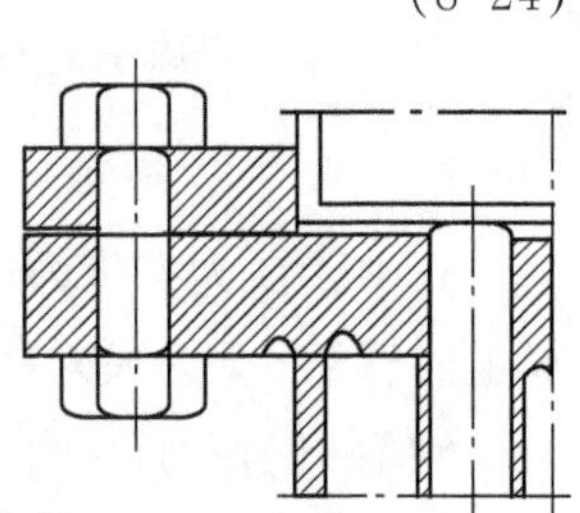

图 8-5　管板与壳体的连接结构

② 封头　封头型式有方形和圆形两种，方形用在小直径的壳体（一般 D 小于 400 mm），壳体直径较大时用圆形。

③ 防冲挡板　为防止蒸汽进入加热室壳程时直接冲击管束，可在蒸汽进口处装置防冲挡板，其型式如图 8-14～图8-16 所示。

④ 放气孔、排液孔　在加热室壳体上常装有放气口（焊上一个管接头）和排液口，以排除不凝性气体和冷凝液。冷凝液排出口应尽可能靠近加热室底部，以免加热室底部积水而降低传热面利用率。图 8-7 表示冷凝液出口常用的配置方法，图 8-17、图 8-18 都是冷凝液排出口结构。

⑤ 材料选用　列管换热器的材料，主要根据操作温度、压强和物料的腐蚀性来选用。表 8-5 为列管换热器各部件常用材料的参考表。

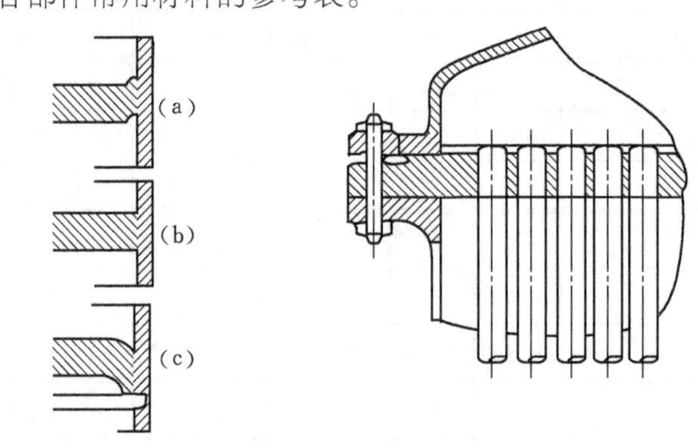

管板焊接于壳体内部的结构　　管板与壳体的可拆卸连接

图 8-6　管板与壳体的连接

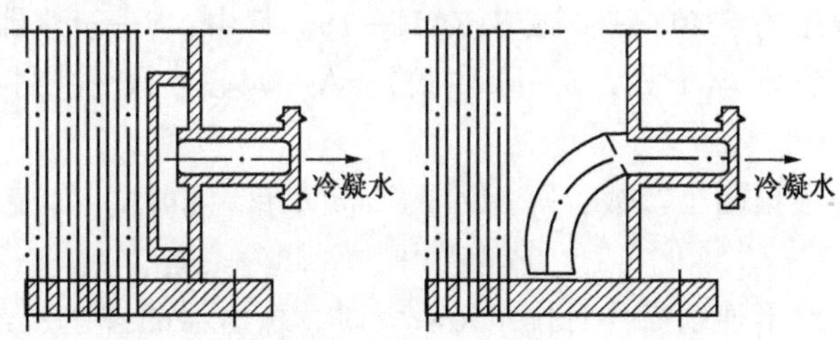

图 8-7　冷凝水出口的配置

表 8-5　列管换热器的常用材料

部件或零件名称	材料牌号	
	碳素钢	不锈钢
壳体、封头	Q235-A、16MnR	16Mn+0Cr18Ni9Ti 1Cr18Ni9Ti
法兰、法兰盖	16Mn、Q235-A（法兰盖）	
管板	Q235-A	1Cr18Ni9Ti
膨胀节	Q235-A、16MnR	1Cr18Ni9Ti
折流板或支承板	Q235-A	1Cr18Ni9Ti
换热管	10	1Cr18Ni9Ti
螺栓、双头螺栓	16Mn、40Mn、40MnB	
螺母	Q235-A、40Mn	
垫片	石棉橡胶板	
支座	Q235-A	

⑥ 疏水器　蒸汽冷凝液的排出口都应装有疏水器。疏水器的型式很多，国内常用的有偏心热动力式、钟型浮子式和脉冲式三种。其中热动力式（如图8-8 所示）以结构简单、操作性能好的优点而得到较为广泛的应用。

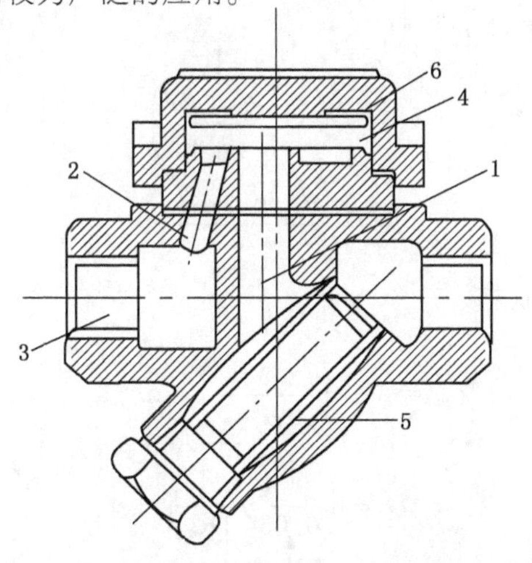

图 8-8　偏心热动力式结构示意

1—冷凝水入口；2—冷凝水出口；3—排出管；4—变压室；5—滤网；6—阀片

疏水器的型号表示为 S19H—16 或 S19AH—16。其中，S—疏水器，1—内螺纹连接，9—热动力式，（5—钟形浮子式，8—脉冲式），A—偏心，H—密封面材料（合金钢），16—公称压力（10^5 Pa）。

选择疏水器主要根据两个参数：需排除的冷凝水量（kg/h）和疏水器前、后蒸汽压差（MPa）。

冷凝水排水量：对于连续操作且排水量较大时，疏水器的排水量是 2～3 倍的设备冷凝量；当冷凝水量较小或为间歇操作时，疏水器的排水量是 3～4 倍的设备冷凝量；当冷凝量大于现有规格时，可用多个并联使用。

疏水器压差：型号上公称压力是疏水器的使用条件（还应注意使用温度不大于 250 ℃），选用时应使疏水器的压差小于公称压力。

疏水器的规格可参阅文献 [5]。

8.3.3.2 *蒸发器蒸发室尺寸的确定*

外加热式蒸发器蒸发室的尺寸主要有蒸发室直径、高度和循环管直径。

(1) 蒸发室直径

蒸发室直径 D 可按“蒸发体积强度法”或“近似比例法”估算。

① 蒸发体积强度法是指每秒钟从每立方米蒸发室中排出的二次蒸汽体积（m^3）。允许的蒸发体积强度 $\overline{V}=1.1\sim1.5\ m^3/(s\cdot m^3)$。根据式（8-25），由产生的二次蒸汽体积流量 V_w（m^3/s）、蒸发体积强度和蒸发室高度，可求得蒸发室直径 D。

$$V_w = 0.785D^2H\overline{V} \tag{8-25}$$

式中，H 为蒸发室高度，m；D 为蒸发室直径，m。

H 难以较为准确地计算，目前是根据经验确定，通常取 $H/D=1\sim2$。设计时，应注意蒸发器操作时，蒸发室内需维持一定的液位，该液位越高，则蒸发室的有效高度越低。为防止溶液被二次蒸汽带走，有效高度必须足够。

② 近似比例法是以气体通过气、液分离器的基础速度 $\bar{u}$ 为依据计算蒸发室直径的。蒸发室实际上是气、液分离器，设计分离器时，可根据气体实际速度与基础速度之比（称为速度比）R_d 来计算直径 D，即

$$\bar{u} = 0.068\left(\frac{\rho_L-\rho_V}{\rho_V}\right)^{\frac{1}{2}} \tag{8-26}$$

$$R_d = \frac{V_w/0.785D^2}{\bar{u}} \tag{8-27}$$

将式（8-26）与（8-27）联立，并令

$$V_{ch} = V_w\Big/\left(\frac{\rho_L-\rho_V}{\rho_V}\right)^{\frac{1}{2}}\ (m^3/s) \tag{8-28}$$

则

$$D = \left(\frac{\overline{V}_{ch}}{0.0541R_d}\right)^{\frac{1}{2}} \tag{8-29}$$

R_d 值根据经验可取 0.44，若蒸发器内装有丝网除沫器（见蒸发辅助设备），则 R_d 可取 1.15。

以上各式中，$\bar{u}$为基础速度，m/s；ρ_V，ρ_L 分别为蒸汽和溶液的密度，kg/m^3。

(2) 循环管直径

蒸发器内液体的循环可分为自然循环和强制循环。

对自然循环蒸发器，上循环管直径可取 $d_1=(20\%\sim30\%)\times$蒸发室直径。下循环管直径 d_2 可按下式求取。

$$\frac{\text{下循环管截面积}}{\text{加热管截面积总和}}=0.8\sim1.1$$

即

$$0.785d_2^2=(0.8\sim1.1)\times(0.785d_i^2 n) \tag{8-30}$$

以上各种直径的取值，必须圆整至规范尺寸。

8.4　蒸发辅助设备

8.4.1　混合冷凝器

对多效蒸发，需采用真空设备维持系统的真空度。为减少设备投资，降低动力消耗，应先将可凝性气体（二次蒸汽）冷凝。对需回收的溶剂，应选用间壁式换热器。对于水溶液，可直接通冷却水与二次蒸汽混合将其冷凝，这样的设备称为混合式冷凝器。常用的混合式冷凝器有淋水板式、填料式和喷射式。本节介绍最常用的淋水板式混合冷凝器。根据不凝性气体和冷却水的排出方式不同，淋水板式混合冷凝器可分为并流低位冷凝器（如图 8-9 所示）和逆流高位冷凝器[2-3]（如图 8-10 所示）。对逆流高位冷凝器，由于不需要用泵排送冷凝液而在蒸发操作中得到了广泛的应用。

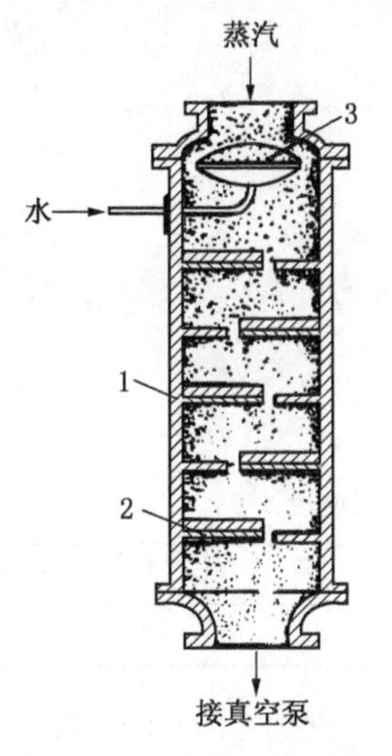

图 8-9　并流低位冷凝器

1—外壳；2—淋水板；3—喷头

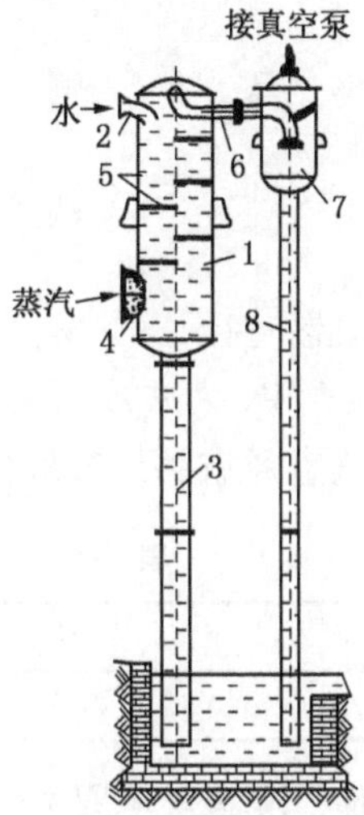

图 8-10　逆流高位冷凝器（大气腿）

1—外壳；2—进水口；3，8—气压管；4—蒸汽进口；5—淋水板；6—不凝性气体；7—分离罐

混合冷凝器的设计计算可按下面的步骤进行[2-3]。

8.4.1.1　气压管长度的计算

当冷凝器冷凝液出口处为常压时，为保证冷凝液的排出，根据静力学原理，气压管内最小液位高度 H_0 应为：

$$H_0 = \frac{p}{\rho g} \tag{8-31}$$

式中，H_0 为气压管内最小液位高度，m；p 为冷凝器内真空度，Pa；ρ 为冷凝液密度，kg/m^3。

气压管内应有一定的位头以克服冷凝液的流动阻力。

$$h_0 = \left(1.5 + \lambda \frac{l}{d}\right)\frac{u^2}{2g} \tag{8-32}$$

式中，h_0为阻力位头，m；λ 为直管内的摩擦系数；d，l 分别为气压管直径和高度，m；u 为冷凝液在气压管内的流速，m/s。

一般气压管直径略大于或等于冷凝水进口管径。气压管长度应为 H_0 与 h_0 之和。为防止冷凝器内压强波动而产生冷凝液倒灌，将气压管长度增加 0.5 m，所以

$$l = H_0 + h_0 + 0.5 \tag{8-33}$$

当 l 不需精确值时，可取 $l = 10 \sim 11$ m。

8.4.1.2　冷凝器直径

冷凝器直径 d_H与被冷凝的蒸汽量 W_n、气体在冷凝器内的表观速度 u_g 以及水与蒸汽的接触情况有关，可按下式计算：

$$0.785d_H^2 = \frac{W_n}{3\,600u_g\rho_w}$$

考虑 1.5 的安全系数，得

$$d_H = 0.023\left(\frac{W_n}{\rho_w u_g}\right)^{1/2} \tag{8-34}$$

式中，d_H为冷凝器直径，m；ρ_w为末效二次蒸汽的密度，kg/m^3；u_g为气体在冷凝器内的表观流速，m/s；W_n 为末效二次蒸汽量，kg/h。

u_g 的大小与水滴直径有关，其取值可参考表 8-6。

表 8-6　气体在冷凝器中的表观速度

水滴直径 d_w/mm	1	2	3	4	5
允许气速 u_g/(m/s)	27.5	39	47	56	61.5

在使用清洁水时，液滴直径取 2～5 mm，当冷凝器直径大于 1 m，或用不清洁水时，液滴直径应大于 5 mm。

d_H的取值，应圆整至规范尺寸。

8.4.1.3　淋水板尺寸

淋水板尺寸包括宽度、筛孔孔径和筛孔排列等。

淋水板的宽度 a（如图 8-11 所示）须能保证冷却水在板上泛流而又不至于过分减少

蒸汽通过面积，一般可取冷凝器半径加 50 mm，即

$$a = 50 + \frac{1\,000d_H}{2}(\text{mm}) \tag{8-35}$$

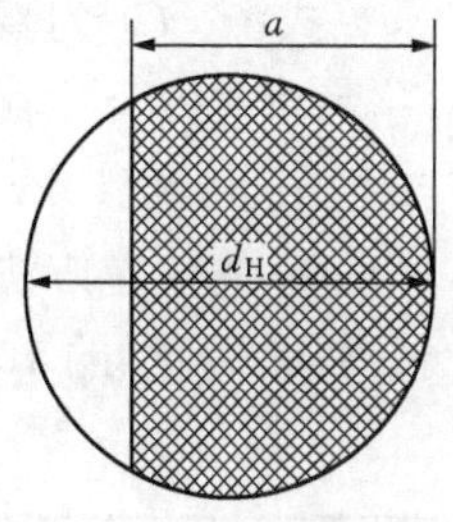

图 8-11　淋水板的宽度

淋水板上筛孔直径 d_o 与水滴直径相同，小孔按正三角形排列，淋水堰高 h 的取值由 d_H 决定：当 d_H 小于500 mm 时，$h = 40$ mm；当 d_H 大于 500 mm 时，$h = 50 \sim 70$ mm。

冷凝器冷却水量可按下式计算：

$$W_L = \frac{W_n(I - i_2)}{c_p(t_{L2} - t_{L1})} \tag{8-36}$$

式中，W_L为冷却水消耗量，kg/h；I 为末效二次蒸汽的焓，kJ/kg；i_2 为出冷凝器温度下冷凝水的焓，kJ/kg；t_{L1}，t_{L2}分别为冷却水进、出冷凝器的温度,℃；c_p为水的比热容，kJ/（kg·℃）。

淋水板上的孔数可按下列公式求得。

取孔间距为（2～3）d_o。

每个小孔的淋水量 V_o（单位：m^3/h）：

$$V_o = 3\,600 \times 0.785 d_o^2 \eta\varphi\sqrt{2gh} \tag{8-37}$$

式中淋水孔的阻力系数 $\eta = 0.95 \sim 0.98$，水流收缩系数 $\varphi = 0.8 \sim 0.82$。

筛孔数

$$n = \frac{1}{2}\frac{W_L}{\rho_{H_2O}V_o} \times 1.05 \tag{8-38}$$

8.4.1.4　*冷凝器高度*

(1) 淋水板数

冷凝器直径 $d_H < 500$ mm 时，取 4～6 块；$d_H \geqslant 500$ mm 时，取 7～9 块。

(2) 淋水板间距 L

采用上稀下密的不等距安装。当淋水板数为 4～6 块时，$L_{i+1} = (0.5 \sim 0.7)L_i$；淋水板数为 7～9 块时，$L_{i+1} = (0.6 \sim 0.7)L_i$；$L_0 = d_H + (0.15 \sim 0.3)$m，最底层的板间距 $L_n \geqslant 0.15$ m。

(3) 冷凝器总高

取上、下空间高度各为 0.6 m，则冷凝器总高：

$$Z = \sum L_i + 1.2\ \text{m} \tag{8-39}$$

8.4.2　真空系统的计算

蒸发操作中，最常用的是 SZ 型水环式真空泵和喷射式真空泵。真空泵的选型主要决定于抽气速率和极限真空。困难的是真空泵排气量的确定，目前还依据经验估算。真空泵排除的气体量 G 由式（8-40）中的几部分组成：

$$G = G_1 + G_2 + G_3 + G_4 + G_5 \tag{8-40}$$

其中主要组成为 G_1 和 G_4。

式中，G_1 为真空系统渗漏的空气量，kg/h；G_2 为料液释放的不凝性气体量，kg/h；G_3 为直接混合冷凝器中冷却水释放的不凝性气体量，kg/h；G_4 为蒸发过程中流体的饱和蒸汽压当量值，kg/h；G_5 为不凝性气体夹带的蒸汽量，kg/h。

G_1 的估算方法有多种[2]，但不能指望有一种方法能得出准确的数值。最为简单的是按冷凝蒸汽量的 10%估算或由表 8-7 选取。

表 8-7　空气渗漏量

吸入压力/kPa	空气渗漏量/(kg/h)
25～50	13.6～18
15～25	11.3～13.6
10～15	9.1～11.3
3～10	4.5～9.1

G_2 一般很小，可以忽略不计。

G_3 一般可按 2.5×10^{-2}kg/m^3 水计算。

G_4（单位：kg/h）可按下式计算：

$$G_4=(G_1+G_2+G_3)\frac{\rho''_t(273+t)}{2.703\rho''_0(101-p-p_t)} \tag{8-41}$$

式中，t 为真空泵吸入的气体温度,℃；ρ''_t 为 t ℃时饱和蒸汽的密度，kg/m^3；ρ''_0 为不凝性气体在 0 ℃、常压下的密度，kg/m^3；p 为真空泵的吸入真空度，kPa；p_t 为 t ℃时饱和蒸汽压，kPa。t 一般是取冷却水进口温度 t_{L1} 再加 5 ℃，即 $t=t_{L1}+5$ ℃。

G_5 一般很小从而可忽略。只有当所选用的冷凝器型式易夹带时，取 $G_5=(0.2\%\sim1\%)W_n$。

真空泵的排气量应换算成在吸入状态下的体积 V（单位：m^3/h)：

$$V=\left[\frac{(273+t)p_0}{273\times p}\right]\sum_{i=1}^{5}G_i/\rho_i \tag{8-42}$$

式中，p 为真空泵的吸入压力，Pa；p_0 为常压，取 $p_0=10^5$ Pa；G_i 为各种气体量，kg/h；t 为吸入状态温度，取冷凝器出口温度,℃；ρ_i 为各种气体在标准状态下的密度，kg/m^3。

所选真空泵的吸入体积 V_B 应大于 V。

8.4.3　汽液分离器（捕沫器）

二次蒸汽从沸腾液体中逸出时，带有大量不同大小的液滴，在蒸发室内部分液滴借重力而沉降，但仍无法避免相当量的液沫被二次蒸汽带走。若不分离液滴，将会造成产品损失，污染冷凝液甚至堵塞管道。因此，气、液分离装置是蒸发设备的重要组成部分。捕沫器可分为蒸发室内（如图 8-12 所示）和蒸发室外（如图8-13 所示)两种。其中丝网捕沫器可分离液滴的效率可达 98%，分离液滴直径也较小，常为蒸发器所选用。通过丝网的允许表观气速为 1～4 m/s。丝网厚度一般用100～150 mm，安装两层。捕沫装置一般安装在距顶部 0.35D～0.5D 之间。

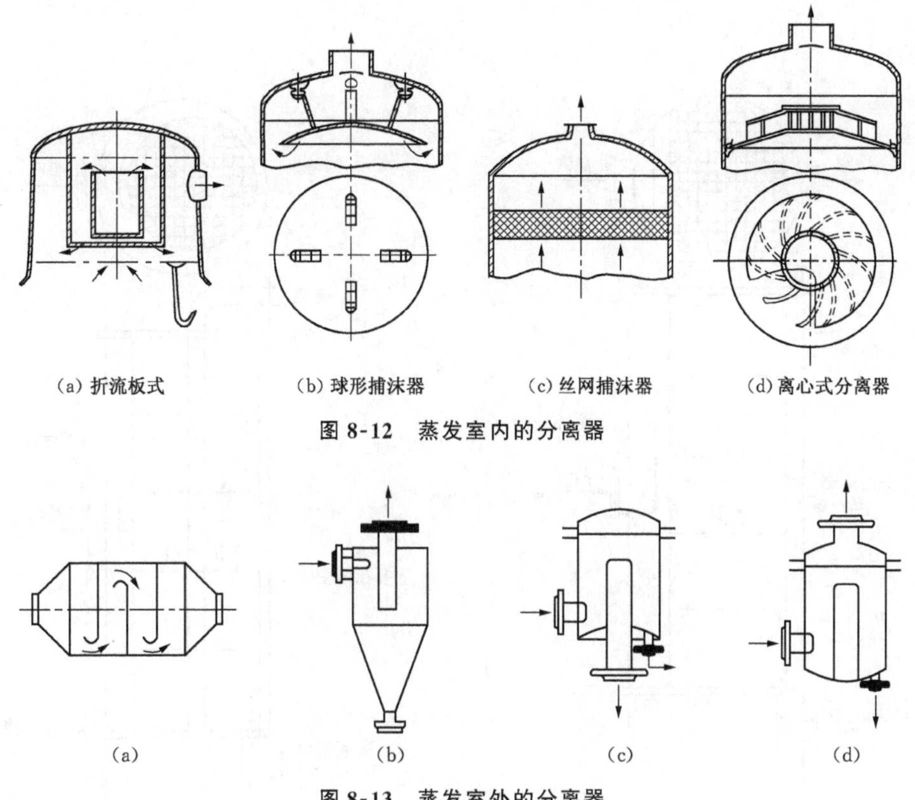

(a) 折流板式　(b) 球形捕沫器　(c) 丝网捕沫器　(d) 离心式分离器

图 8-12　蒸发室内的分离器

(a)　(b)　(c)　(d)

图 8-13　蒸发室外的分离器

图 8-13（b）（c）（d）也是使用很广的旋风分离器。

8.4.4　蒸汽进口与凝液出口

在壳程冷凝的管壳式加热室中，蒸汽进口既要保证蒸汽均匀地分布到加热管外壁，又要防止高速气流直接冲击管壁。图 8-14 和图 8-15 的结构在进口处设防冲挡板，并设置有一定的分布空间，就是考虑了上述要求。图 8-16 的结构则是在进口处设膨胀节，不但可使蒸汽环向均匀分布，还可用作壳体与管子的温度补偿。但对于蒸发器的实际操作条件，壳壁与管壁的温差一般不会很大，后一种补偿作用不一定是必不可少的。蒸汽进口管常设在距上管板为管长的$\frac{1}{3}\sim\frac{1}{2}$的位置，这样可以使凝液膜呈湍流流动，以增强传热。

如果凝液积存在壳程管间不及时排出，会减少蒸汽的冷凝放热面积，并且增加下管板与管子胀管区的腐蚀速度。所以凝液排出接管要尽量接近下管板。如图 8-14、图 8-15 所示是在下管板上开孔排液，这样当然可以完全排放壳程的积液，但却要在管板下接的管箱内引出接管，对于可拆连接的管箱是不方便的。图8-17 中左边是悬筐蒸发器的凝液引出办法，右边是用半管引出凝液的办法，将截去一小半的管子焊在管板法兰的两个螺栓孔之间。如图 8-18 所示是虹吸式结构，虽然引出管设在下管板之上（可以便于管板与法兰的螺栓连接），但加热蒸汽的压力，可使下部冷凝液通过设在内部的虹吸管几乎完全压出加热室的壳体。

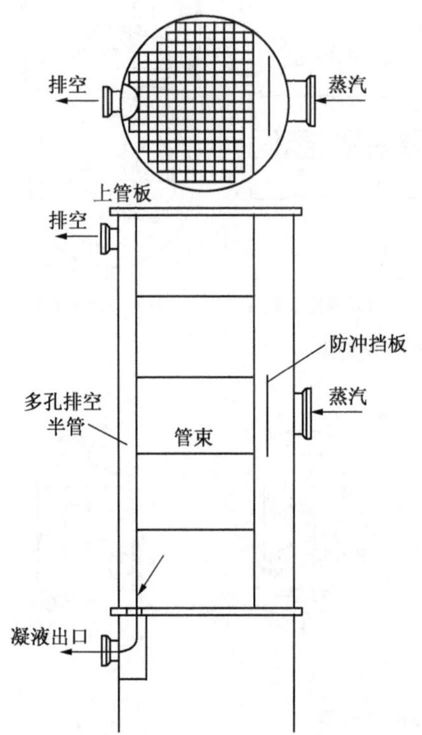

图 8-14　壳程冷凝的布置与排空

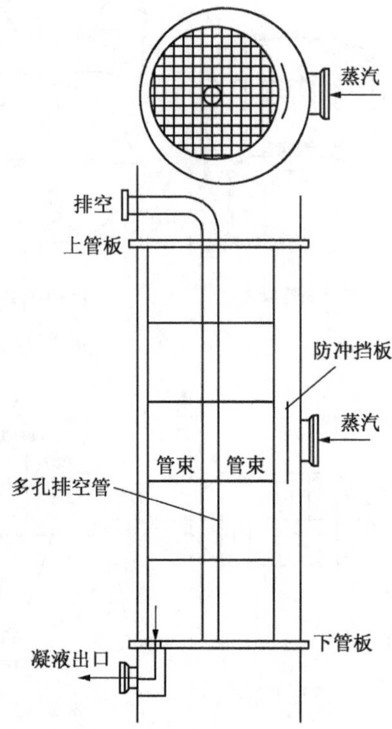

图 8-15　大直径壳体的布管与排空

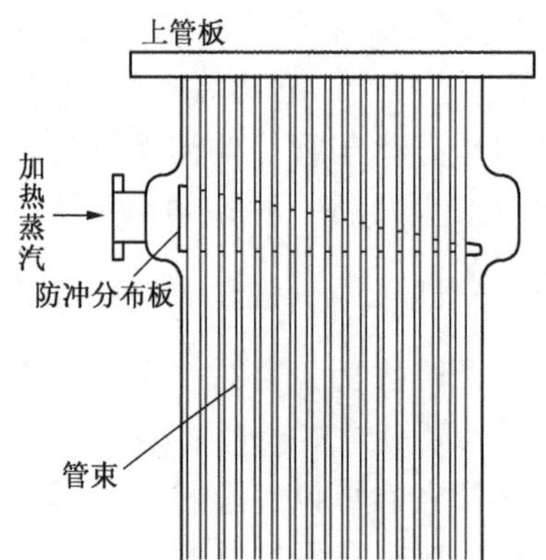

图 8-16　带膨胀节的蒸汽进口与分布结构

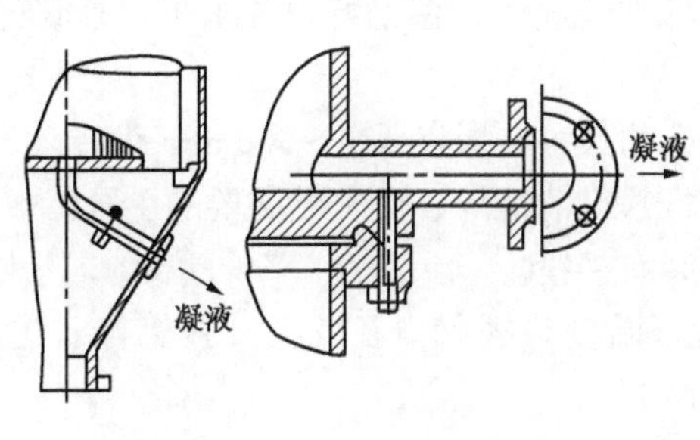

图 8-17　引出凝液的结构

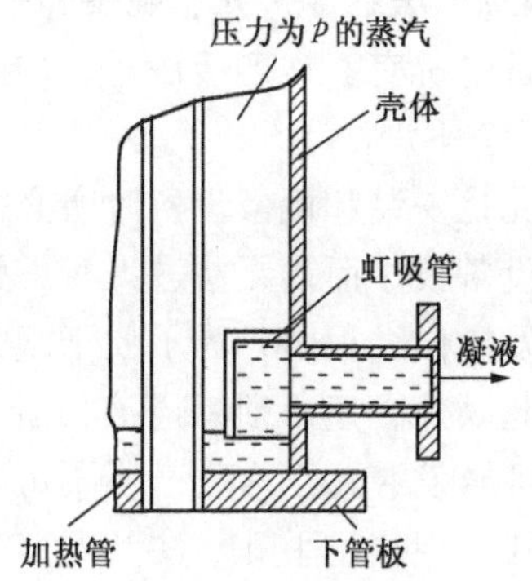

图 8-18　引出凝液的虹吸结构

8.4.5　蒸发器的顶盖及底盖

蒸发器的顶盖常用的有半球形、拱形、椭圆形。为了不致产生弯曲应力集中，对凸形顶盖各部分几何尺寸有一定要求（如图 8-19 所示）。以拱形顶盖为例，常用 $R=D$，$r=0.15D$，$H>0.2D$，$h>50$ mm。

蒸发器常用的底盖为锥形底。对于要从底部排出黏稠或带有固体物料的情况，更应选择此形状（如图 8-20 所示）。锥形底盖最常用的是 $\alpha=30°\sim45°$。锥形底盖一般都有折边，折边半径 $r=0.15D$。只有当 $\alpha<25°$、操作压力不大时，采用无折边的锥形底盖。

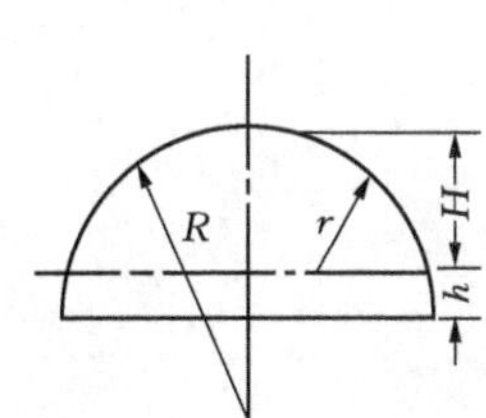

图 8-19　蒸发器拱形顶盖

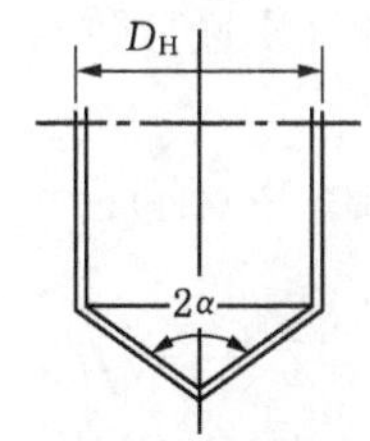

（a）底盖与筒体直接连接

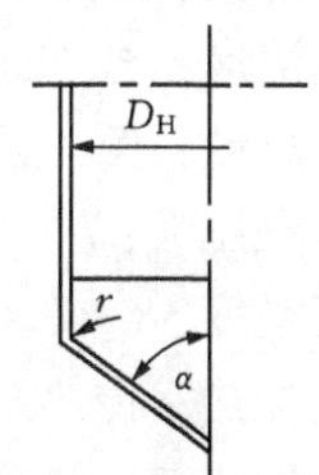

（b）底盖与筒体折边连接

图 8-20　蒸发器锥形底盖

8.4.6　蒸发器接管尺寸的确定

对加热室加热蒸汽管，可按 20～40 m/s 的流速确定管径。

对蒸发器二次蒸汽流速可取更大些，真空条件下可达到 60 m/s。

对原料液和浓缩液，当液体黏度不大时，可取 1～2 m/s；当黏度较大时，可取 0.5～1.0 m/s。

对混合冷凝器，不凝性气体出口管径的选取可按以下原则进行：

$$d_H<500\text{ mm 时},d=50\sim75\text{ mm};$$

$$d_H\geqslant500\text{ mm 时},d=50\sim150\text{ mm}。$$

冷却水进口以 1.5 m/s 左右的流速来决定管径。大气腿的直径则按 1 m/s 的流速来决定较为适宜。

必须指出，所有上述管径的确定，最终都必须按有关标准圆整。

8.4.7 法兰、人孔、视镜和手孔

设备中所有管路连接法兰，均应按有关标准[5]选取，在无特殊要求下，建议选用HG 21520—97 平焊法兰。

人孔是安装和检修设备时所必需的。人孔的尺寸一般以 450～500 mm 为宜。

当设备较小而人无法进入时，为设备的检修、清洗等，应安装必要的手孔。

蒸发操作过程中，为了便于观察，往往装有视镜。

除此以外，还必须考虑液位计、取样管、温度计插入口及压力计接管等。这些部件都是保证蒸发装置正常生产所不可缺少的。

人孔、视镜、手孔、法兰乃至安装设备的支架是许多化工设备都需要的部件，目前都已有统一的标准。这方面的标准规格可查阅和参考有关化工设备零部件标准。

8.5 蒸发器设计示例

8.5.1 设计任务

某制碱厂需设计一套双效外加热式自然循环型（并流）蒸发器。设计条件如下。

产品：NaOH 水溶液，浓度 30%（质量分数）;

生产要求：年产纯 NaOH 0.5×10^4 t;

年工作时间：6 700 h;

原料液浓度：含 NaOH 10%（质量分数）;

原料液温度：第一效沸点；

加热蒸汽压强：$7\times9.81\times10^4$ Pa(绝)；

末效真空度：8.27×10^4 Pa;

第一效加热室传热系数：$K=1\,400$ W/(m^2 · ℃)；

第二效加热室传热系数：$K=1\,000$ W/(m^2 · ℃)；

8.5.2 蒸发器计算

8.5.2.1 各效浓度的估算

由设计条件知，原料液的处理量为：

$$F=\frac{0.5\times10^7}{6\,700\times0.1}=7\,463(\text{kg/h})$$

根据式 (8-2)，总蒸发水量：

$$W=F\left(1-\frac{x_0}{x_n}\right)=7\,463\times\left(1-\frac{0.1}{0.3}\right)=4\,975(\text{kg/h})$$

设每效蒸发水量 $W_1:W_2=1:1.1$，而 $W=W_1+W_2$，

所以 $W_1=\dfrac{W}{2.1}=\dfrac{4\,975}{2.1}=2\,369(\text{kg/h})$

$$W_2=W-W_1=4\,975-2\,369=2\,606(\text{kg/h})$$

按式 (8-3)，可初步求得各效浓缩浓度：

$$x_1 = \frac{Fx_0}{F - W_1} = \frac{7\,463 \times 0.1}{7\,463 - 2\,369} = 0.147$$

$$x_2 = \frac{Fx_0}{F - W} = \frac{7\,463 \times 0.1}{7\,463 - 4\,975} = 0.3$$

8.5.2.2　各效温度分布的计算

根据设计条件可知，蒸发操作总压降：

$$\sum \Delta p = p_0 - p_n = 7 \times 9.81 \times 10^4 - 1.013 \times 10^5 + 8.27 \times 10^4 = 6.68 \times 10^5 (\text{Pa})$$

设各效的压降 Δp_i 相等，则

$$\Delta p_1 = \Delta p_2 = \sum \Delta p / n = \frac{6.68 \times 10^5}{2} = 3.34 \times 10^5 (\text{Pa})$$

$$p_1 = p_0 - \Delta p_1 = 7 \times 9.81 \times 10^4 - 3.34 \times 10^5 = 3.53 \times 10^5 (\text{Pa})$$

$$p_2 = p_n = 1.013 \times 10^5 - 8.27 \times 10^4 = 1.86 \times 10^4 (\text{Pa})$$

根据估算条件，在第一效蒸发器溶液浓度 $x_1 = 0.147$，压强 $p_1 = 3.53 \times 10^5$ Pa 的条件下，查杜林线图（图 8-1）和纯水的饱和蒸气压表，得 $T_1 = 147$ ℃，$t'_{b1} = 138.7$ ℃，NaOH 水溶液的密度 $\rho_1 = 1\,100\ \text{kg/m}^3$，由式（8-5）求得溶液的沸点升高

$$\Delta' = T_1 - t'_{b1} = 147 - 138.7 = 8.3(℃)$$

取加热管长 $L = 3$ m，由式（8-5）求得第一效平均压强

$$\bar{p}_1 = p_1 + \frac{1}{5} h\rho g = 3.53 \times 10^5 + \frac{1}{5} \times 3 \times 1\,100 \times 9.81 = 3.59 \times 10^5 (\text{Pa})$$

查得 $\bar{p}_1 = 3.59 \times 10^5$ Pa 时，纯水的沸点 $T'_1 = 139.7$ ℃，由式（8-6）求得：

$$\Delta''_1 = T'_1 - T_1 = 139.7 - 138.7 = 1.0(℃)$$

根据式（8-7）求得第一效溶液沸点：

$$t_{b1} = T_1 + \Delta'_1 + \Delta''_1 = 138.7 + 8.3 + 1.0 = 148.0(℃)$$

同理可得：$T_2 = 54.3$ ℃，$t'_{b2} = 72$ ℃，$\Delta'_2 = 17.7$ ℃，$\Delta''_2 = 17.5$ ℃，$\rho_2 = 1\,270\ \text{kg/m}^3$，$t_{b2} = 89.5$ ℃。

8.5.2.3　各效蒸发水量的校核

根据各效的温度、浓度分布估算值，查得各效的有关物性数据，得表 8-8。

取各效的热利用系数 $\eta = 0.98$，由式（8-8）、式（8-9）和物料衡算式，即：

$$W'_1 = \left[\frac{Dr_0 + F(i_0 - i_1)}{I_1 - i_1}\right]\eta_1 = \left[\frac{2\,069D + 7\,463 \times (590 - 580)}{2\,735 - 580}\right] \times 0.98$$

表 8-8　第一次各效参数估值表

效数	溶液质量分数 x_i	沸点 t_{bi}/℃	溶液焓 i_i/ (kJ/kg)	二次蒸汽温度 T_i/℃	蒸汽焓 I_i/ (kJ/kg)	汽化热 r_i/ (kJ/kg)
0	0.1		590	164.2	2 767	2 069
1	0.147	148.6	580	138.7	2 735	2 150
2	0.3	89.5	340	54.3	2 596	2 366

$$W'_2 = \left[\frac{W'_1 r_1 + (F - W'_1)(i_1 - i_2)}{I_2 - i_2}\right]\eta_2$$

$$= \left[\frac{W'_1 \times 2\,150 + (7\,463 - W_1)(580 - 340)}{2\,596 - 340}\right] \times 0.98$$

$$W'_1 + W'_2 = 4\,975\ \text{kg/h}$$

联立求解，可得：$D = 2\,404\ \text{kg/h}, W'_1 = 2\,297\ \text{kg/h}, W'_2 = 2\,678\ \text{kg/h}$。

与各效初估蒸发水量比较，误差≤3%，可不必对各效蒸发水量及浓度加以修正。

8.5.2.4　各效温度分布的校核

各效传热量为：

$$Q_1 = Dr_0 = 2\,404 \times 2\,069 = 1.38 \times 10^6 (\text{W})$$

$$Q_2 = W_1 r_1 = 2\,297 \times 2\,150 = 1.37 \times 10^6\ (\text{W})$$

各效传热温差损失（取 $\Delta'''_i = 1$ ℃）为：

$$\Delta_1 = \Delta'_1 + \Delta''_1 = 8.3 + 1.0 = 9.3(℃)$$

$$\Delta_2 = \Delta'_2 + \Delta''_2 + \Delta'''_2 = 17.7 + 17.5 + 1 = 36.2(℃)$$

由式（8-14）可求得各效传热温差为：

$$\Delta t_1 = T_0 - T_1 - \Delta_1 = 164.2 - 138.7 - 9.3 = 16.2(℃)$$

$$\Delta t_2 = T_1 - T_2 - \Delta_2 = 138.7 - 54.3 - 36.2 = 48.2(℃)$$

各效传热面积为：

$$A_1 = \frac{Q_1}{K_1 \Delta t_1} = \frac{1.38 \times 10^6}{1\,400 \times 16.2} = 60.8(\text{m}^2)$$

$$A_2 = \frac{Q_2}{K_2 \Delta t_2} = \frac{1.37 \times 10^6}{1\,000 \times 48.2} = 28.4(\text{m}^2)$$

为使设备加工及制造方便，选 $A_1 = A_2$，现计算 $A_1 \neq A_2$，所以原设温度分布有误，应重新调整。根据式（8-19），有

$$\Delta t'_i = A_1 \Delta t_1 \times \frac{\sum \Delta t_i}{\sum (A_i \Delta t_i)}$$

可重新求得：

$$\Delta t_1' = 60.8 \times 16.2 \times (16.2 + 48.2)/(60.8 \times 16.2 + 28.4 \times 48.2) = 26.7(℃)$$

同理可求得 $\Delta t_2' = 37.1$ ℃。同时，由式（8-20）可重新求得各效的温度分布及物性数据(见表 8-9)。

表 8-9　第二次各效参数估值

效数	溶液质量分数 x_i	沸点 t_{bi}/℃	溶液焓 i_i/ (kJ/kg)	二次蒸汽温度 T_i/℃	蒸汽焓 I_i/ (kJ/kg)	汽化热 γ_i/ (kJ/kg)
0	0.1		540	164.2	2 767	2 069
1	0.147	137.5	520	127.7	2 712	2 182
2	0.3	91.5	340	55.3	2 596	2 366

重新进行热量衡算求得：$D = 2\,470$ kg/h，$W_1 = 2\,353$ kg/h，$W_2 = 2\,622$ kg/h。

各效传热面积为

$$A_1' = \frac{Dr_0}{K_1 \Delta t_1'} = \frac{2\,470 \times 2\,069}{1\,400 \times 26.7 \times 3.6} = 37.9(\mathrm{m}^2)$$

$$A_2' = \frac{W_1 r_1}{K_2 \Delta t_2'} = \frac{2\,353 \times 2\,182}{3.6 \times 1\,000 \times 37.1} = 38.4(\mathrm{m}^2)$$

$A_1' \approx A_2'$，为安全计，取 $A = 1.1$，$A_2' = 1.1 \times 38.4 = 42(\mathrm{m}^2)$

8.5.2.5　加热室结构尺寸计算

取加热管直径为 $\phi 38 \times 2.5$ mm，由式（8-21）求得加热管根数为

$$n = \frac{A}{\pi d_o L} = \frac{42}{3.14 \times 0.038 \times 3} = 118(根)$$

管子以六角形排列，用焊接法，管间距为：

$$t = 1.25 d_o = 1.25 \times 38 = 48(\mathrm{mm})$$

查表 8-4 可知管子排列层数 $a = 6$ 层。六角形对角线上的管数按式（8-23）求得

$$b = 2a - 1 = 2 \times 6 - 1 = 11(根)$$

取 $e = 1.5 d_o = 1.5 \times 38 = 57$ mm

加热室壳径

$$D' = t(b-1) + 2e = 48 \times (11 - 1) + 2 \times 57 = 594(\mathrm{mm})$$

圆整取 $D = 600$ mm。

8.5.2.6　蒸发室结构尺寸的计算

蒸发室直径的确定用蒸发体积强度法。取蒸发体积强度 $\overline{V} = 1.1\,\mathrm{m}^3/(\mathrm{s} \cdot \mathrm{m}^3)$。为使设备制造方便，取各效蒸发室结构相同，同时因 W_2 较大，压强较低，故以第二效为计算标准。查得第二效二次蒸汽密度 $\rho_2 = 0.104\ \mathrm{kg/m^3}$，则

$$V_{W2} = \frac{W_2}{3\,600 \times \rho_2} = \frac{2\,622}{3\,600 \times 0.104} = 7.00(\mathrm{m}^3/\mathrm{s})$$

取蒸发室高径比 $H/D = 2.0$，按式（8-25），

$$V_{W2} = 0.785D^2 \times 2D\overline{V}$$

$$7.00 = 2 \times 0.785 \times 1.1D^3$$

解得：$D = 1.59$ mm，圆整取 $D = 1.6$ m，$H = 3.2$ m。

上循环管直径取 $d_1 = 0.2D = 0.2 \times 1.6\ \text{m} = 0.32\ \text{m}$。

加热管截面积之和 $\sum F$ 为

$$\sum F = 0.785d_i^2 n = 0.785 \times 0.033^2 \times 118 = 0.1(\text{m}^2)$$

由式（8-30）求得下循环管直径：

$$d_2 = \sqrt{\frac{\sum F}{0.785}} = \sqrt{\frac{0.1}{0.785}} = 0.357(\text{m})$$

本章参考文献

[1] 陈敏恒，丛德滋，方图南，等．化工原理（上册）．4 版．北京：化学工业出版社，2015.

[2] 化学工程手册编委会．化学工程手册．北京：化学工业出版社，1989.

[3] 上海化工学院（现更名为华东理工大学）．基础化学工程．上海：上海科学技术出版社，1978.

[4] 钱颂文．换热器设计手册．北京：化学工业出版社，2002.

[5] 上海医药设计院．化学工艺设计手册．北京：化学工业出版社，1996.

[6] 王松汉．石油化工设计手册．北京：化学工业出版社，2002.

第 9 章　计算机软件在课程设计中的辅助应用

9.1　概述

化工原理课程设计中，经常遇到迭代计算。传统方法是先将未知量假设成一初始值，由公式计算结果，再验证计算值与假设值是否相等，两者应近似相等；若两者不等，则需重新假设、重复计算，直到计算值与假设值相当接近为止。这种迭代计算方法步骤烦琐，需多次重复计算，耗费大量时间和精力。对化工原理设计中的这种迭代计算，可运用 Excel 的单变量求解功能和丰富的函数功能，将复杂的迭代计算过程变成方便的菜单和工具栏操作，快速获解，省时省力。如换热器设计中的压降计算、精馏塔设计时的气-液两相平衡组成、泡点温度和漏液点孔速的计算等都可用 Excel 的单变量求解功能来避免迭代计算。此外，随着化工过程模拟软件 Aspen Plus 的普及，越来越多的设计者采用该软件的模拟结果及设计功能直接对设备进行设计。下面主要介绍如何使用 Excel 和 Aspen Plus 进行辅助设计。

9.2　Excel 在课程设计中的辅助应用

9.2.1　Excel 简介

Excel 是微软公司办公软件 Office 的重要组成部分，具有功能强大的数据处理和绘图分析功能，能提供丰富的函数，操作简单，方便易学，广泛应用于管理、统计、财经、金融等众多领域。下面介绍其单变量求解功能在设计中的应用。

9.2.2　Excel 在换热器核算时的应用

换热器的型号选定后，核算换热器是否合适时需要计算流体通过换热器的压降。流体压降的计算过程中，摩擦系数 λ 可以由式 (9-1) 迭代计算。

$$\frac{1}{\sqrt{\lambda}}=1.74-2\lg\left(\frac{2\varepsilon}{d}+\frac{18.7}{Re\sqrt{\lambda}}\right) \tag{9-1}$$

已知：$\varepsilon=0.15$ mm，$d=21$ mm，$Re=46\,000$。求摩擦系数 λ。

新建一个 Excel 文件，将假设值 $\lambda=0.025$，原始数据 $d=21$ mm，$\varepsilon=0.15$ mm，$Re=46\,000$，及计算公式 $\frac{\varepsilon}{d}=\frac{0.15}{21}=0.007\,1$，$\frac{1}{\sqrt{\lambda}}=1.74-2\lg\left(\frac{2\varepsilon}{d}+\frac{18.7}{Re\sqrt{\lambda}}\right)$，分别输入单元格 A2，B2，C2，E2，D2 及 F2。单元格 G2 为 $f(\lambda)=\lambda_{计}-\lambda_{设}$，即 λ 的计算值与假设值之差。当 $\lambda=0.025$ 时，计算出 $\frac{1}{\sqrt{\lambda}}=5.286$，$f(\lambda)=\lambda_{计}-\lambda_{设}=0.010\,78$，如图 9-1 所示。再选中目标单元格 $f(\lambda)$ 即 G2，点击菜单“数据”，“模拟分析/单变量求解”，弹出对话

框，目标单元格选 G2，目标值输入 0，可变单元格选 λ 的单元格即 A2，单击确定。计算结果 $\frac{1}{\sqrt{\lambda}}=5.308$，$f(\lambda)=0.000\ 01$，$\lambda=0.035$，如图 9-2 所示。

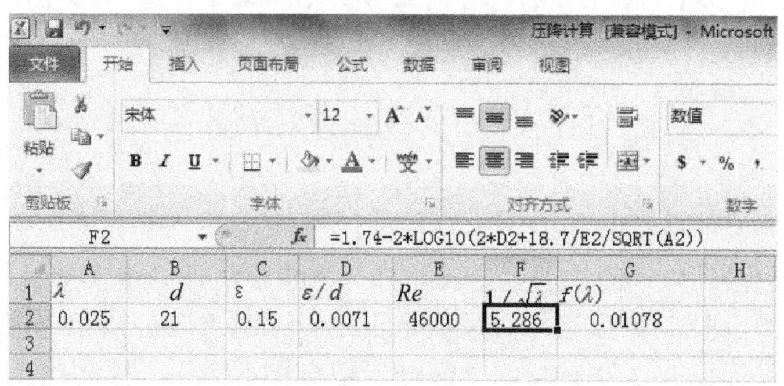

图 9-1　数据及计算公式输入

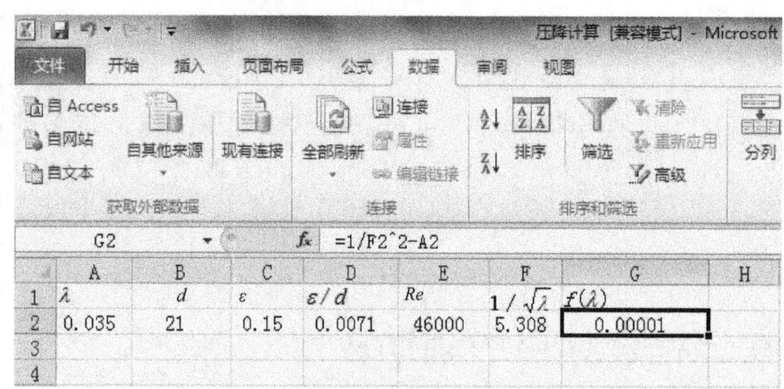

图 9-2　摩擦系数迭代计算的结果

9.2.3　Excel 在精馏塔设计中的应用

在常压下将含甲醇 38%（质量分数），水 62%（质量分数）的甲醇-水混合液体精馏，要求馏出液中含甲醇 97%（质量分数），废水中含甲醇 0.5%（质量分数）。操作时，$R=2R_{\min}$，泡点加料，泡点回流，塔顶为全凝器，求所需理论板数及各板组成和温度。

已知甲醇的饱和蒸气压可按 $\ln p^0_{甲}=16.5723-3626.55/(T-34.29)$ 计算，水的饱和蒸气压可按 $\ln p^0_{水}=16.2884-3816.44/(T-46.13)$ 计算，式中 p^0 的单位为 kPa；温度 T 的单位为 K。甲醇的活度系数可按 $\ln\gamma_{甲}=[A_{12}+2(A_{21}-A_{12})x_1]x_2^2$ 计算，水的活度系数可按 $\ln\gamma_{水}=[A_{21}+2(A_{12}-A_{21})x_2]x_1^2$ 计算，式中 $A_{12}=0.794$，$A_{21}=0.534$。

9.2.3.1　计算最小回流比 $R_{\min}$

$$x_F=\frac{\frac{0.38}{32}}{\frac{0.38}{32}+\frac{0.62}{18}}=0.256$$

$$x_D=\frac{\frac{0.97}{32}}{\frac{0.97}{32}+\frac{0.03}{18}}=0.948$$

$$x_W=\frac{\frac{0.005}{32}}{\frac{0.005}{32}+\frac{0.995}{18}}=0.0028$$

由于 $q=1$ 则 $x_e=x_F=0.256$

$$y_e=\frac{p_{甲}}{p}=\frac{p_{甲}^0\ \gamma_{甲}x_e}{p}$$

$$y_{水}=\frac{p_{水}}{p}=\frac{p_{水}^0\ \gamma_{水}\ x_{水}}{p}$$

$$f(t)=y_e+y_{水}=\frac{p_{甲}^0\ \gamma_{甲}\ x_e}{p}+\frac{p_{水}^0\ \gamma_{水}\ x_{水}}{p}$$

$$R_{min}=\frac{x_D-y_e}{y_e-x_e},\ R=2R_{min}$$

由于没有相平衡方程，只能由甲醇和水的饱和蒸气压及活度系数计算相平衡数据，这里需要试差迭代计算。传统方法是先假设泡点温度，计算两种物质纯组分的饱和蒸气压，由已知的液相浓度计算两组分活度系数，再计算两组分的气相浓度，两者之和应近似等于 1；若不等于 1，需重新假设泡点温度进行计算，直至两者之和近似等于 1 为止。运用 Excel 的单变量求解功能可快速获得与液相浓度相平衡的气相浓度。

新建一个 Excel 文件，将温度假设一初始值 t，$x_e=x_F=0.256$，$x_D=0.948$，$x_W=0.0028$，$p=101.3$ Pa，$A_{12}=0.794$，$A_{21}=0.534$，及计算式 $R_{min}=\frac{x_D-y_e}{y_e-x_e}$，$p_{甲}^0=\exp[16.5723-3626.55/(T-34.29)]$，$p_{水}^0=\exp[16.2884-3816.44/(T-46.13)]$，$\gamma_{甲}=\exp\{[A_{12}+2(A_{21}-A_{12})x_1]x_2^2\}$，$\gamma_{水}=\exp\{[A_{21}+2(A_{12}-A_{21})x_2]x_1^2\}$分别输入单元格。单元格 J6 为 $f(t)=y_{甲}+y_{水}$，即甲醇和水在气相中的摩尔分数之和。选中目标单元格 J6，点击菜单“数据”，“模拟分析/单变量求解”，弹出对话框，目标单元格选 J6，目标值输入 1，可变单元格选 t 的单元格即 A6，单击确定。计算结果当 $x_e=0.256$ 时，$t=79.194$ ℃，$y_e=0.642$，$R_{min}=0.795$，$R=1.591$，如图 9-3 所示。

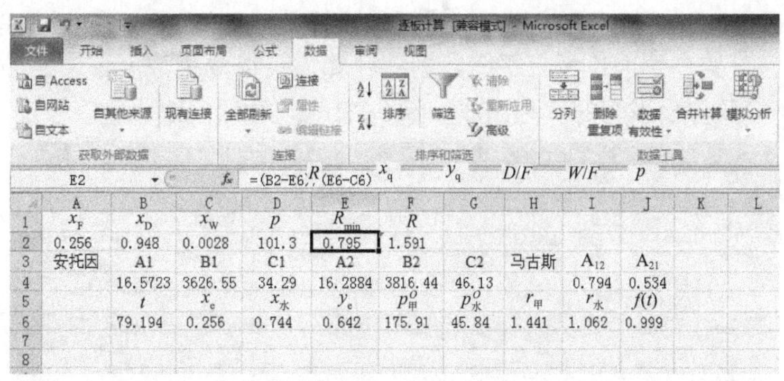

	A	B	C	D	E	F	G	H	I	J
1	x_F	x_D	x_W	p	R_{min}	R				
2	0.256	0.948	0.0028	101.3	0.795	1.591				
3	安托因	A1	B1	C1	A2	B2	C2	马古斯	A_{12}	A_{21}
4		16.5723	3626.55	34.29	16.2884	3816.44	46.13		0.794	0.534
5		t	x_e	$x_{水}$	y_e	$p_{甲}^0$	$p_{水}^0$	$r_{甲}$	$r_{水}$	$f(t)$
6		79.194	0.256	0.744	0.642	175.91	45.84	1.441	1.062	0.999

图 9-3　最小回流比的计算结果

9.2.3.2 计算理论板数及各板组成和温度

精馏段操作线： $y=\frac{R}{R+1}x+\frac{x_D}{R+1}$ 或 $x=\frac{R+1}{R}y-\frac{x_D}{R}$

提馏段操作线： $y_{n+1}=\frac{RD/F+q}{(R+1)\ D/F-\ (1-q)}x_n-\frac{W/F}{(R+1)\ D/F-\ (1-q)}x_W$

或 $x=\frac{(R+1)\ D/F+q-1}{RD/F+q}y+\frac{W/F}{RD/F+q}x_W$

式中， $\frac{D}{F}=\frac{x_F-x_W}{x_D-x_W}$， $\frac{W}{F}=1-\frac{D}{F}$

精馏段操作线和提馏段操作线的交点：

$$x_q=\frac{(R+1)\ x_F+\ (q-1)\ x_D}{R+q},\quad y_q=\frac{Rx_F+qx_D}{R+q}$$

每块塔板上达到平衡的气相组成：

$$y=\frac{p_{甲}}{p}=\frac{p_{甲}^0\ \gamma_{甲}x}{p}$$

$$y_{水}=\frac{p_{水}}{p}=\frac{p_{水}^0\ \gamma_{水}\ x_{水}}{p}$$

$$f\ (t)\ =y+y_{水}=\frac{p_{甲}^0\ \gamma_{甲}\ x}{p}+\frac{p_{水}^0\ \gamma_{水}\ x_{水}}{p}$$

打开 Excel，新建一个 Excel 文件，输入原始数据 $x_F=0.256$，$x_D=0.948$，$x_w=0.002\ 8$，$q=1$，$R=1.591$，$P=101.3$ kPa，以及计算公式 $x_q=\frac{(R+1)\ x_F+\ (q-1)\ x_D}{R+q}$，$y_q=\frac{Rx_F+qx_D}{R+q}$，$\frac{D}{F}=\frac{x_F-x_w}{x_D-x_w}$，$\frac{W}{F}=1-\frac{D}{F}$，精馏段操作线的斜率 $a_1=\frac{R+1}{R}$ 和截距 $b_1=-\frac{x_D}{R}$，提馏段操作线的斜率 $a_2=\frac{(R+1)\ D/F+q-1}{RD/F+q}$ 和截距 $b_2=\frac{W/F}{RD/F+q}x_W$。已知液相浓度求泡点温度和气相浓度比较方便，所以这里从塔釜向上逐板计算。先假设塔釜泡点温度 t 一初始值，输入塔釜中液相甲醇含量 $x=x_W$，$x_{水}=1-x$，输入气相组成 y，$p_{甲}^0$，$p_{水}^0$，$\gamma_{甲}$，$\gamma_{水}$ 及 $f\ (t)$ 的计算公式（与计算最小回流比时相同），再运用单变量求解功能，实现对塔釜（第一块理论板）平衡数据的计算，获得液相浓度 $x=0.002\ 8$ 下的泡点温度 $t=99.48$ ℃及与之平衡的气相组成 $y=0.021\ 2$，如图 9-4 所示。

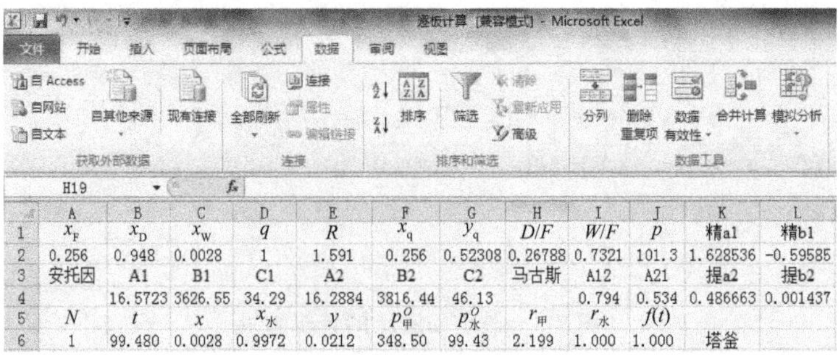

	A	B	C	D	E	F	G	H	I	J	K	L
1	x_F	x_D	x_W	q	R	x_q	y_q	D/F	W/F	p	精a1	精b1
2	0.256	0.948	0.0028	1	1.591	0.256	0.52308	0.26788	0.7321	101.3	1.628536	-0.59585
3	安托因	A1	B1	C1	A2	B2	C2	马古斯	A12	A21	提a2	提b2
4		16.5723	3626.55	34.29	16.2884	3816.44	46.13		0.794	0.534	0.486663	0.001437
5	N	t	x	$x_{水}$	y	$p_{甲}^O$	$p_{水}^O$	$r_{甲}$	$r_{水}$	$f(t)$		
6	1	99.480	0.0028	0.9972	0.0212	348.50	99.43	2.199	1.000	1.000	塔釜	

图 9-4　塔釜的平衡数据

第二块理论板的液相组成 x 计算：若上一块塔板的气相组成 $y \leqslant y_q$，用提馏段操作方程 $x=a_2y+b_2$；否则用精馏段操作方程 $x=a_1y+b_1$。选中 x 的下一单元格即 C7，选择“公式”菜单，点击“插入函数”，弹出“插入函数”对话框，选择常用函数中的 IF，如图 9-5 所示，单击确定。弹出函数参数对话框，在“Logical _ test”一栏中输入“E6<=G2”，在“Value _ if _ true”一栏中输入“K4 * E6 + L4”，在“Value _ if _ false”一栏中输入“K2 * E6 + L2”，单击“确定”。其余各单元格，分别将鼠标指针放在单元右下角，变成黑十字时，下拉鼠标，各列的单元格与上一行计算公式相同，此时各单元格均有计算值，但 $f(t)$ 单元格（即 J7）不等于 1，需要再次运用“单变量求解”工具，将泡点温度 B7 调整，使 $f(t)$ 单元格（即 J7）等于 1。依此方法继续第三块理论板、第四块理论板……的计算，直至 $y \geqslant x_D=0.948$，计算结束。如图 9-6 所示，需 10 块理论板，第 5 块理论板为加料板，同时获得每块塔板对应的气-液相浓度及温度。

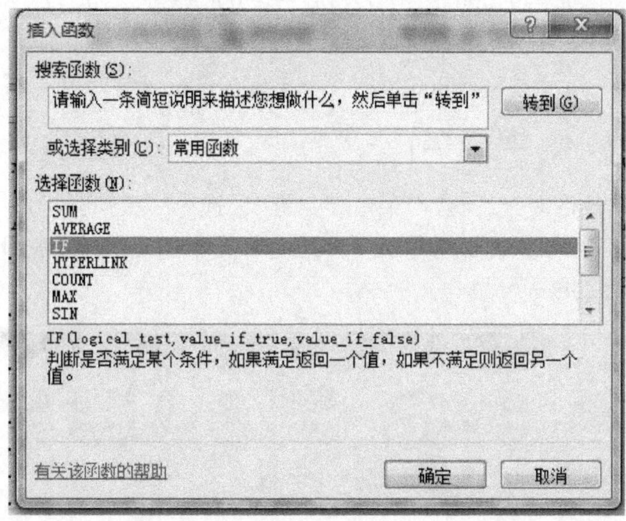

图 9-5　“插入函数”对话框

	A	B	C	D	E	F	G	H	I	J	K	L
1	x_F	x_D	x_W	q	R	x_q	y_q	D/F	W/F	p	精a1	精b1
2	0.256	0.948	0.0028	1	1.591	0.256	0.52308	0.26788	0.7321	101.3	1.628536	-0.59585
3	安托因	A1	B1	C1	A2	B2	C2	马古斯	A12	A21	提a2	提b2
4		16.5723	3626.55	34.29	16.2884	3816.44	46.13		0.794	0.534	0.486663	0.001437
5	N	t	x	$x_水$	y	$p^o_甲$	$p^o_水$	$r_甲$	$r_水$	$r(t)$		
6	1	99.480	0.0028	0.9972	0.0212	348.50	99.43	2.199	1.000	1.000	塔釜	
7	2	97.925	0.0117	0.9883	0.0830	331.68	94.02	2.159	1.000	1.000	提馏段	
8	3	93.534	0.0418	0.9582	0.2415	287.69	80.05	2.032	1.002	1.000	提馏段	
9	4	86.185	0.1189	0.8811	0.4660	224.81	60.54	1.765	1.014	1.000	提馏段	
10	5	80.301	0.2282	0.7718	0.6165	183.01	47.94	1.495	1.050	1.000	加料板	
11	6	74.861	0.4081	0.5919	0.7423	150.28	38.33	1.226	1.151	1.000	精馏段	
12	7	70.758	0.6131	0.3869	0.8378	128.93	32.20	1.074	1.318	1.000	精馏段	
13	8	68.095	0.7686	0.2314	0.9026	116.48	28.68	1.021	1.472	0.999	精馏段	
14	9	66.435	0.8741	0.1259	0.9476	109.23	26.66	1.005	1.581	1.000	精馏段	
15	10	65.304	0.9473	0.0527	0.9782	104.51	25.35	1.001	1.655	1.000	塔顶	
16												

图 9-6　逐板计算结果

9.2.3.3　计算漏液点孔速

用精馏塔分离甲醇-水混合物，提馏段两相流量和物性数据为：气相流量 $V_s=4.703\ m^3/s$，液相流量 $L_S=0.006\ 8\ m^3/s$，气相密度 $\rho_V=0.754\ 6\ kg/m^3$，液相密度 $\rho_L=929.75\ kg/m^3$。设计的筛板精馏塔塔径 $D=1.6\ m$，塔横截面积 $A_T=2.01\ m^2$，降液管面积 $A_f=0.177\ m^2$，筛孔总面积 $A_o=0.139\ m^2$，堰高 $h_w=50\ mm=0.05\ m$，堰长 $L_w=1.12\ m$，已求得干板孔流系数 $C_o=0.72$。

新建一个 Excel 文件，将已知数据输入：$A_T=2.01$，$A_f=0.177$，$A_o=0.139$，$\rho_V=0.754\ 6$，$\rho_L=929.75$，$h_w=0.05$，$L_w=1.12$，$L_S=0.006\ 8$，$C_o=0.72$ 及假设漏液点孔速 $u_{ow}=10\ m/s$。输入计算公式有：

动能因子 $F=\dfrac{u_{ow}A_o}{A_T-2A_f}\rho_V^{0.5}$；

板上当量清液高度 $h_c=0.006\ 1+0.725\ h_w-0.006F+1.23\ L_s/L_w$；

干板压降由图 4-19 拟合得到，

$h_d=0.005\ 2\ e^{18.8h_c}$ m 水柱 $=0.005\ 2\ e^{18.8h_c}\times 1\ 000/\rho_L$ m 液柱；

目标函数 $f\ (u_{ow})\ =\left(\dfrac{2gh_d\rho_L C_o^2}{\rho_V}\right)^{0.5}-u_{ow}$

选中 $f\ (u_{ow})$ 单元格即 N2，点击菜单“数据”，选择“模拟分析/单变量求解”，弹出对话框，目标单元格选 N2，目标值输入 0，可变单元格选 u_{ow} 单元格即 A2。计算结果如图 9-7 所示，$u_{ow}=12.69\ m/s$。

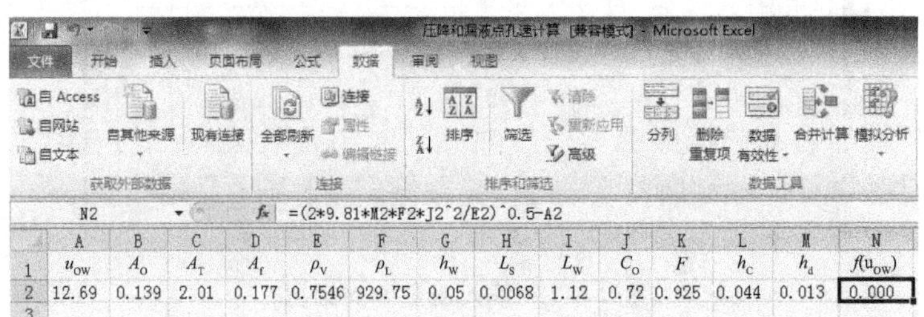

图 9-7　求解漏液点孔速

9.3　Aspen Plus 在课程设计中的辅助应用

9.3.1　Aspen Plus 软件介绍

Aspen Plus 是一款功能强大的集化工设计、动态模拟等计算于一体的大型通用流程模拟软件。经过历次的不断改进、扩充和提高，已成为全世界公认的标准大型化工流程模拟软件。它为用户提供了一套完整的单元操作模块，可用于各种操作过程的模拟及从单个操作单元到整个工艺流程的模拟。

Aspen Plus 的主要功能如下：

(1) 对工艺过程进行严格的质量和能量平衡计算；

(2) 可预测物流的流率、组成以及物性数据；

(3) 可预测操作条件、设备尺寸；

(4) 减少装置的设计时间并进行装置各种设计方案的比较。

Aspen Plus 的用户界面友好，能方便用户建立模拟流程，其界面主窗口如图 9-8 所示，主要图标功能见表 9-1。

表 9-1　Aspen Plus 中主要图标的功能介绍

图标	说明	功能
	下一步 Next	指导用户进行下一步的输入
	数据浏览 Data Browser	浏览、编辑表和页面
	开始运行 Start	输入完成，开始计算
	控制面板 Run Control Panel	显示运行过程，并进行控制
	重新初始化 Reinitialize	使用初始值重新计算，不使用上次计算结果
	结果显示 Check results	显示模拟计算结果

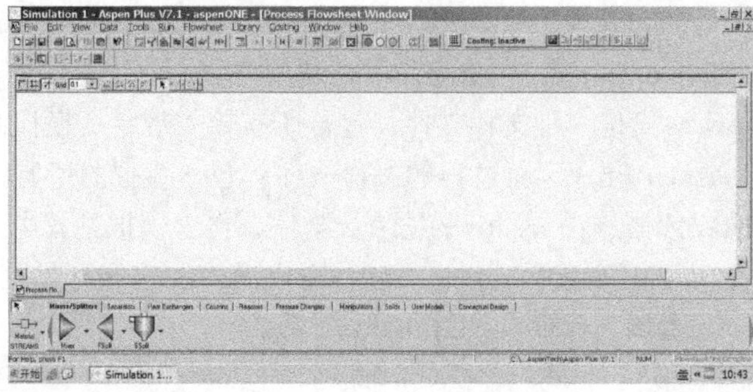

图 9-8　Aspen Plus 界面主窗

9.3.2　Aspen Plus 软件应用案例

下面以甲醇混合为例，介绍 Aspen Plus V 7.1 流程模拟的建立步骤。

将 1 200 m^3/h 的低浓度甲醇（甲醇的摩尔分数为 20%，水的摩尔分数为 80%，30 ℃，1 bar①）与 800 m^3/h 的高浓度甲醇（甲醇的摩尔分数为 95%，水的摩尔分数为 5%，20 ℃，1.5 bar）混合，求混合后的温度和体积流量。

1. 打开 Aspen Plus

点击开始→程序→所有程序→Aspen Tech－Process Modeling V7.1→Aspen Plus→Aspen Plus User Interface，系统提示用户选择建立空白模拟（Blank Simulation）、使用系统模板（Template）或是打开已有文件（Open an Existing Simulation），如图 9-9 所示。选择建立空白模拟（Blank Simulation），点击“OK”，出现如

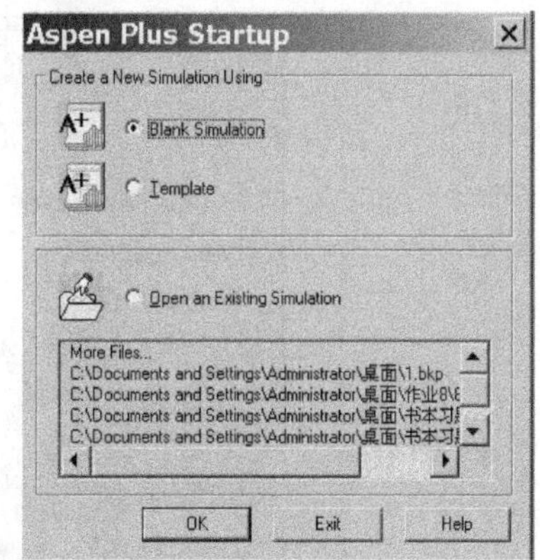

图 9-9　Aspen Plus 启动选项对话框

① 1 bar=100 000Pa。

图 9-8 所示界面。

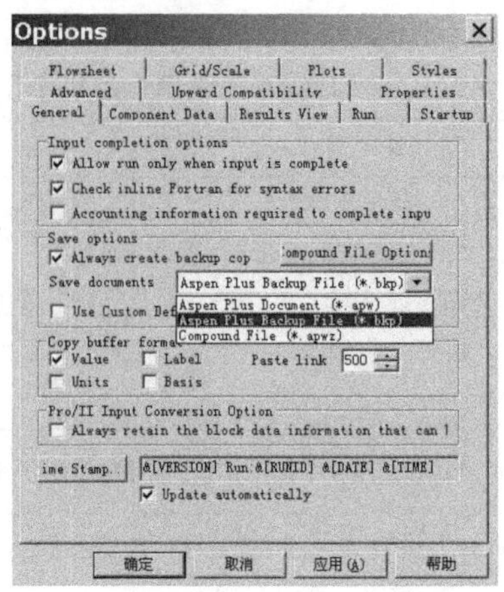

图 9-10 工具选项下的 General 页面

2. 保存文件

建立流程之前，为防止文件丢失，先将文件保存。点击菜单栏“Tools/Options”，在 General 页面下的“Save options”中设置文件的保存类型。系统有三种默认保存类型，如图 9-10 所示。*.apw 格式是一种文档文件，包含所有输入规定、模拟结果和中间收敛信息；*.bkp 格式是 Aspen Plus 运行过程的备份文件，包含模拟的所有输入规定和结果信息，但不包含中间的收敛信息；*.apwz 是综合文件，包含模拟过程中的所有信息。本例保存为*.bkp 文件，点击“确定”。点击“File/Save As”，选择存储位置，给文件命名，点击“确定”即可，如本例文件保存 Simulation1. bkp。

3. 设置全局信息

点击“Data”菜单下的“Setup”，进入全局设定页面，弹出“Data Browser”页面，如图 9-11 所示，“Global”页面的“Title”框中为模拟命名，本例输入“mixer”。而“Input data/ Output data”为输入、输出数据的单位制，可根据要求选择单位制，本例选择 SI 制单位。

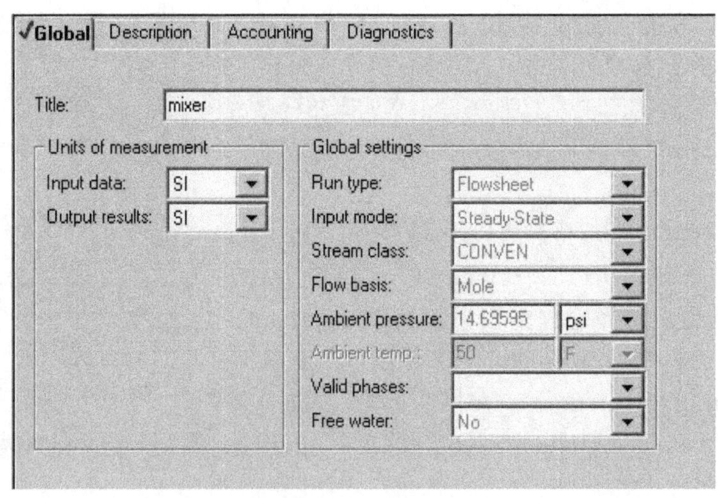

图 9-11 设置全局对话框

4. 输入组分

点击左侧“Setup”下的“Components”或直接点击工具栏中的，用户也可以直接点击工具栏中的N>，进入组分输入页面“Components/Specifications/Selection”，如图 9-12 所示。本例是甲醇和水，在“Component ID”一栏输入“CH3OH”，点击回车键；由于这是系统可识别的组分 ID，所以系统会自动将类型（Type）、组分名称（Component name）和分子式（Formula）栏输入。再在“Component ID”一栏输入“H2O”，点击回车键。如图 9-13 所示。如果输入内容不是系统可识别的组分 ID，这时需要用到查找（Find）功能，详细内容参考文献［4］中的第 2 章内容。

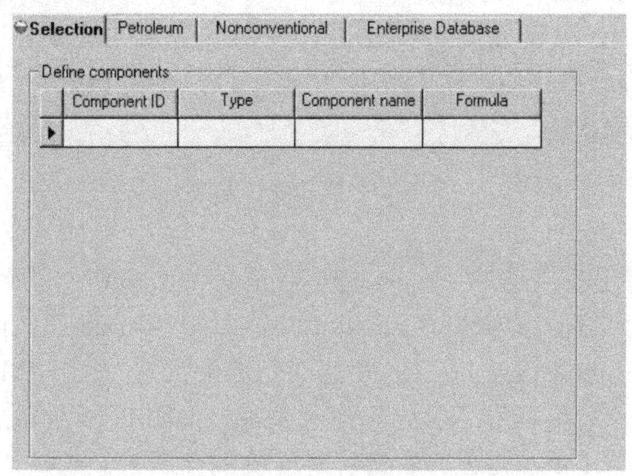

图 9-12　输入组分对话框

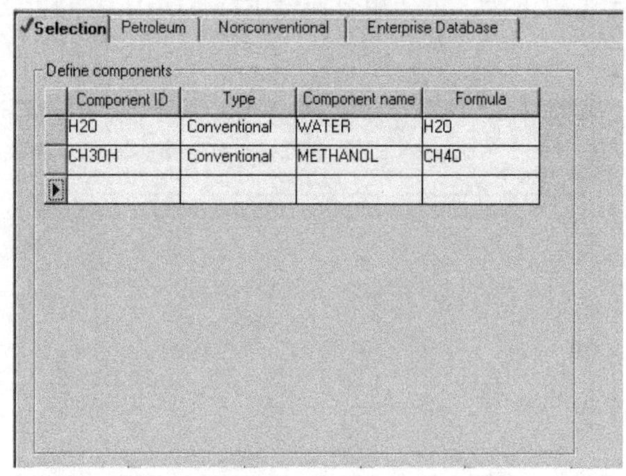

图 9-13　输入组分

5. 选择物性方法

直接点击工具栏中的N>，用户也可以点击左侧“Setup”下的“Properties”或直接点击工具栏中的N>，进入物性方法选择页面“Properties/Specifications/Global”。物性方法的选择是模拟的一个关键步骤，对于模拟结果的准确性至关重要。本例从下拉菜单中选择“NRTL”，如图 9-14 所示。再点击工具栏中的N>，点击“确定”。物性方法的选择原则详见参考文献［4］中的第3章内容。

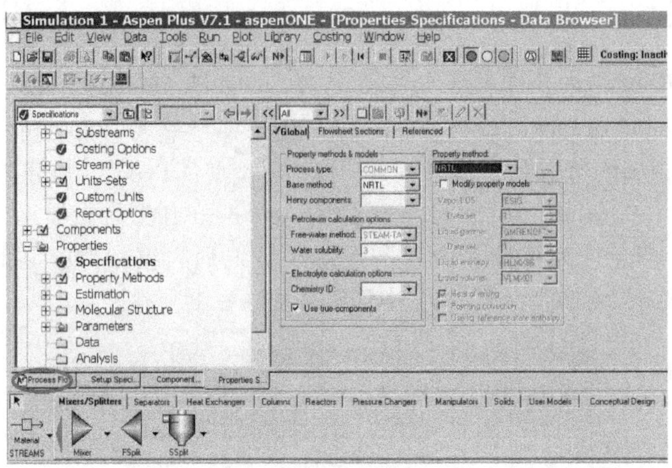

图 9-14　选择物性方法

6．放置模块

点击图9-14左侧窗口下部“Process Flowsheet Window”（圆圈指示位置），可由“Data Browser”页面回到流程窗口“Process Flowsheet Window”。再点击流程窗口下端的模块库中的“Mixer/Splitters”（图9-15圆圈指示位置），点击“Mixer”模块，然后移动鼠标至窗口空白处，待鼠标显示为十字形时单击，如图9-15所示。此时，混合器模块B1出现，现点击模块B1后点击鼠标右键可对模块进行命名，选择“Rename Block”，弹出对话框，填入模块名称，如图9-16所示，本例将B1模块命名为“MIXER”。如果模块库没有出现在界面的主窗口下面，可使用快捷键F10，或由菜单栏“View/Model Library”调出模块库。

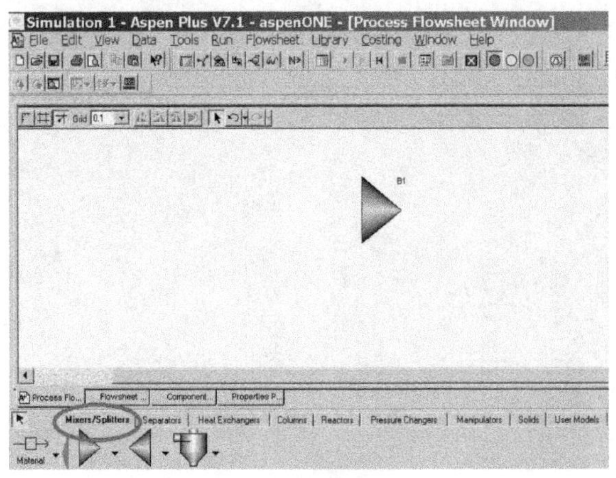

图 9-15　选择模块

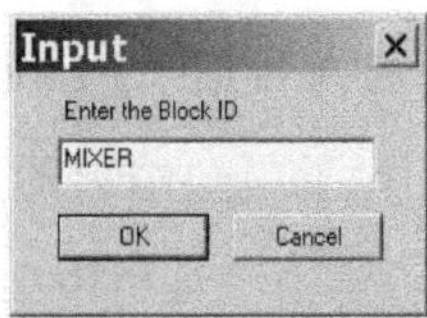

图 9-16　模块命名

7. 添加物流和连接模块

选择好模块后，仍在流程窗口“Process Flowsheet Window”。点击流程窗口下端的模块库左边的“Material STREAMS”（图 9-15 中的圆圈指示位置）的下拉菜单，选择物流 Material，模块上会出现亮显的端口，红色表示必选物流，用户必须添加，蓝色为可选物流，用户需要时可以自行添加。单击亮显的输入端口连接物流，单击流程窗口空白处放置物流。如果物流端口没在想要的位置，在端口处单击并按住鼠标左键，拖动鼠标重新设定端口位置。单击物流 1，点击鼠标右键选择“Rename Stream”可对物流进行命名，输入物流名称“FEED1”；单击物流 2，点击鼠标右键选择“Rename Stream”可对物流进行命名，输入物流名称“FEED2”；单击物流 3，点击鼠标右键选择“Rename Stream”可对物流进行命名，输入物流名称“OUT”。结果如图 9-17 所示。

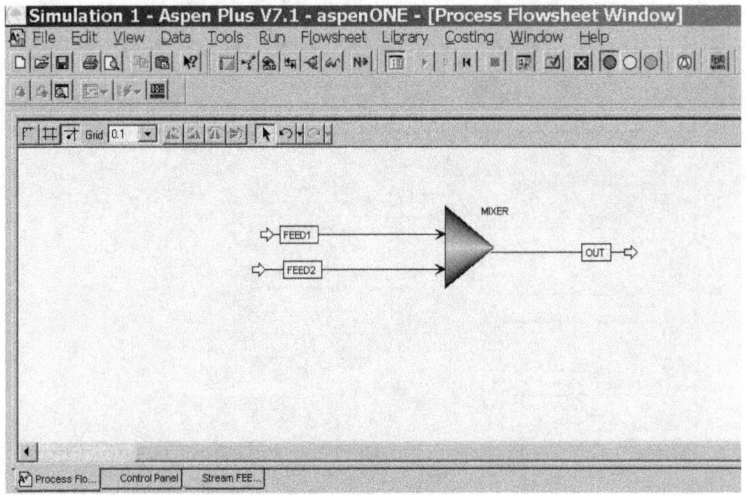

图 9-17　连接物流

8. 输入物流参数和模块参数

仍在流程窗口“Process Flowsheet Window”，点击菜单“Data/Streams”，弹出“Streams-Data Browser”页面，点击左侧的“FEED1”，弹出物流参数输入页面，如图 9-18 所示。也可在流程窗口“Process Flowsheet Window”，点击物流“FEED1”，单击鼠标右键，选择“Input”，弹出物流参数输入页面，如图 9-18 所示。

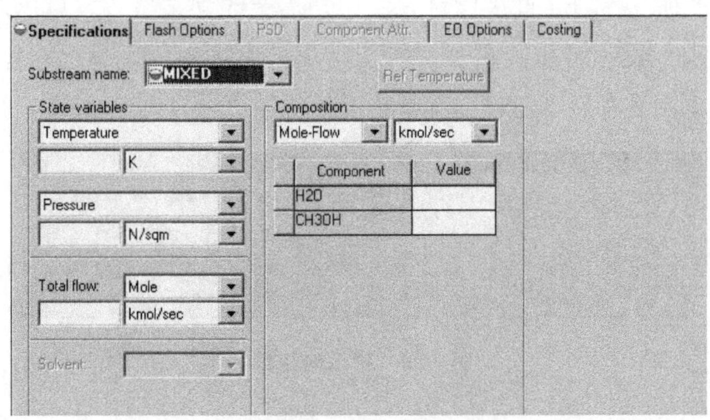

图 9-18　物流参数输入页面

将第一股物流 1 200 m^3/h 的低浓度甲醇（甲醇的摩尔分数为 20%，水的摩尔分数为 80%，30℃，1 bar）输入如图 9-18 所示页面。第一个参数栏下拉菜单选择温度（Temperature），输入“30”，单位栏下拉菜单选择“℃”；第二个参数栏下拉菜单选择压力（Pressure），输入“1”，单位栏下拉菜单选择“bar”；第三个参数栏下拉菜单选择体积流量（Volumn），输入“1 200”，单位栏下拉菜单选择“cum/hr”；组成栏下拉菜单选择摩尔分数（Mole-Frac），水（H2O）一栏输入“80”，甲醇（CH3OH）一栏输入“20”。结果如图 9-19 所示。点击物流“FEED2”，单击鼠标右键，选择“Input”，弹出物流参数输入页面，将第二股物流 800 m^3/h 的高浓度甲醇（甲醇的摩尔分数为 95%，水的摩尔分数为 5%，20 ℃，1.5 bar）输入。第一个参数选择温度（Temperature），输入“20”，单位选择“℃”；第二个参数选择压力（Pressure），输入“1.5”，单位选择“bar”；第三个参数选择体积流量（Volumn），输入“800”，单位选择“cum/hr”；组成选择摩尔分数（Mole-Frac），水（H2O）一栏输入“5”，甲醇（CH3OH）一栏输入“95”。由于混合模块无需输入任何参数，参数输入全部完成。

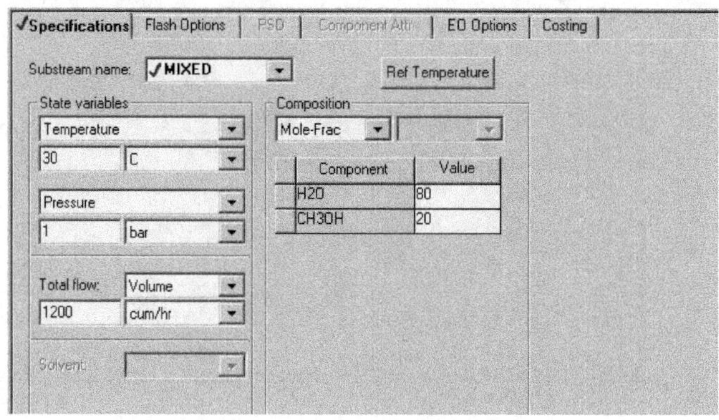

图 9-19　物流参数输入

9. 运行模拟

参数输入完成后，可点击工具栏中的 N>，出现如图 9-20 所示的对话框，点击“确定”，即可运行。用户也可在流程窗口“Process Flowsheet Window”，点击工具栏中的运行图标 ，或使用快捷键 F5 直接运行。若用户需要改动某参数，可以改动后先点击工具栏中的初始化图标 ，再运行模拟。运行中出现警告和错误均会在控制面板中显示，如图 9-21 所示，本例没有显示则表示没有错误或警告。

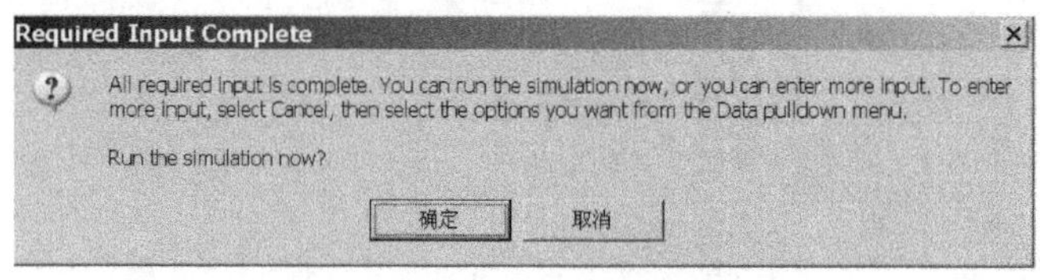

图 9-20　提示对话框

```
    COMPONENT MOLE FRACTIONS ARE NORMALIZED TO UNITY.

 Flowsheet Analysis :

 COMPUTATION ORDER FOR THE FLOWSHEET:
 MIXER

->Calculations begin ...

   Block: MIXER     Model: MIXER

->Simulation calculations completed ...

 *** No Errors or Warnings Generated ***
```

图 9-21　控制面板

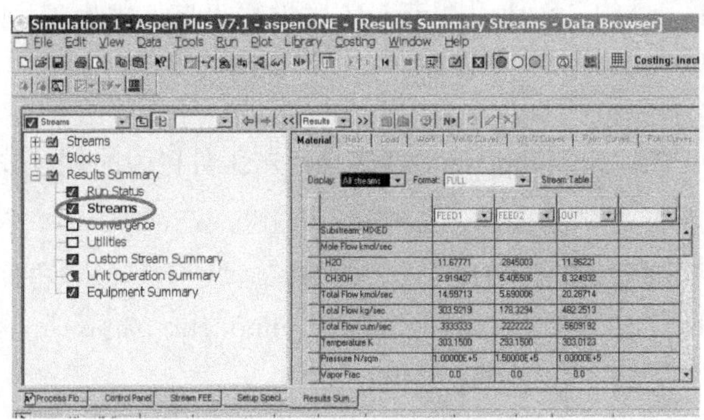

图 9-22　查看物流结果

10. 查看结果

点击查看结果图标，再由左侧数据浏览窗口选择对应项，即可查看结果。例如查看各物流的信息，则点击“Results Summary/Steams”（图 9-22 中的圆圈位置），在右侧弹出“Material”页面可以看到各物流的信息，如图 9-22 所示，混合器出口物流 OUT 中甲醇的摩尔流率为 8. 324 932 kmol/s，总的摩尔流率为 20. 287 14 kmol/s，质量流率为 482. 251 3 kg/s，体积流率为 0. 560 919 2 cum/s，温度为 303. 012 3 K，压力为 1.0×10^5 N/m^2。

9.3.3　换热器的模拟及辅助设计实例

选用一个合适的换热器，将温度为 80 ℃、压力为 4 bar 的某有机物冷却至 60 ℃，此有机物的流量为 10 000 kg/h，组成为（质量分数）：50% 苯，20% 苯乙烯，20% 乙苯 和 10% 水。现拟用温度为 18 ℃、压力为 10 bar、流量为 8 000 kg/h 的冷水进行冷却。

本例可运用 HeaterX 模块，先选用简捷换热器模拟（shortcut），进行设计型（Design）计算，计算冷流体的出口温度和换热器的换热面积；由换热面积选定换热器型号后，再选用 HeaterX 模块的严格换热器模拟（detailed），进行校核（Rating），可获得达到指定温度时，需要的换热面积，比较实际提供面积和需要换热面积，可知采用这台换热器能否完成冷凝任务。当有多个换热器串联时，由于后一个换热器的进口温度是前一个换热器的出口温度，必须计算出前一换热器的实际出口温度，所以不能采用校核（Rating），只能用严格换热器模型（detailed）进行模拟（Simulation），比较实际出口温度和要求的出口温度，可知采用这台换热器能否完成冷凝任务。当然，单个换热器也可以采用此法进行校核。

1．打开 Aspen Plus

点击开始→程序→所有程序→Aspen Tech－Process Modeling V7.1→Aspen Plus→Aspen Plus User Interface，选择建立空白模拟（Blank Simulation），点击“OK”。

2．保存文件

点击菜单栏“Tools/Options”，在“General”页面下的“Save options”中设置文件的保存类型。本例保存为 *.bkp 文件，点击“确定”。点击“File/Save As”，选择存储位置，给文件命名，点击“确定”即可，本例文件保存“Heater.bkp”。

3．设置全局信息

点击“Data”菜单下的“Setup”，进入全局设定页面，弹出“Data Browser”页面，本例“Input data/ Output data”选择输入、输出数据的单位制为“SI 制”。

4．输入组分

点击“Setup”下的“Components”或直接点击工具栏中的，或直接点击工具栏中的，进入组分输入页面“Components/Specifications/Selection”，在“Component ID”一栏分别输入系统可识别的组分“H2O”，“C6H6”，“C8H8”，点击回车键；而对于系统无法识别的“C8H10”（乙苯），可在“Component name”一栏输入“ETHYLBENZENE”，点击回车键，如图 9-23 所示。

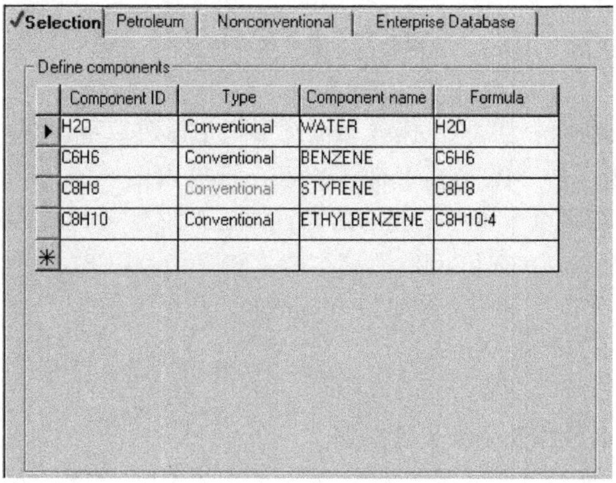

✓Selection | Petroleum | Nonconventional | Enterprise Database

Define components

Component ID	Type	Component name	Formula
H2O	Conventional	WATER	H2O
C6H6	Conventional	BENZENE	C6H6
C8H8	Conventional	STYRENE	C8H8
C8H10	Conventional	ETHYLBENZENE	C8H10-4

图 9-23　各组分输入

5．选择物性方法

直接点击工具栏中的，用户也可以点击“Setup”下的“Properties”，或直接点击工具栏中的，进入物性方法选择页面“Properties/Specifications/Global”，选择“RK-Soave”。

6．放置模块

点击左侧窗口下部“Process Flowsheet Window”，回到流程窗口“Process Flowsheet Window”。再点击流程窗口下端的模块库中的“Heat Exchangers”（图 9-24 圆圈指示位置），点击“HeatX”模块，然后移动鼠标至窗口空白处，待鼠标显示为十字形，单击，如图 9-24 所示。此时，换热器模块 B1 出现，现点击模块 B1 后点击鼠标右键，选择“Rename Block”,弹出窗口，将 B1 模块重新命名为“HEATER”。

7. 添加物流和连接模块

在流程窗口“Process Flowsheet Window”，添加四物流与换热器模块连接，分别为换热器的冷、热流体的进口和出口物流，并命名为“H2O-IN”，“FEED-IN”，“H2O-OUT”和“FEED-OUT”，结果如图 9-25 所示。

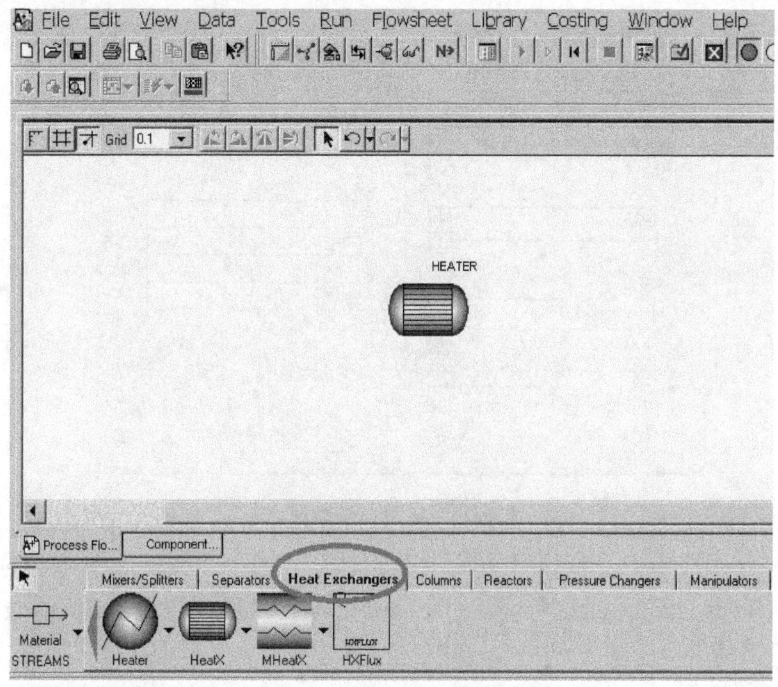

图 9-24 换热器模块

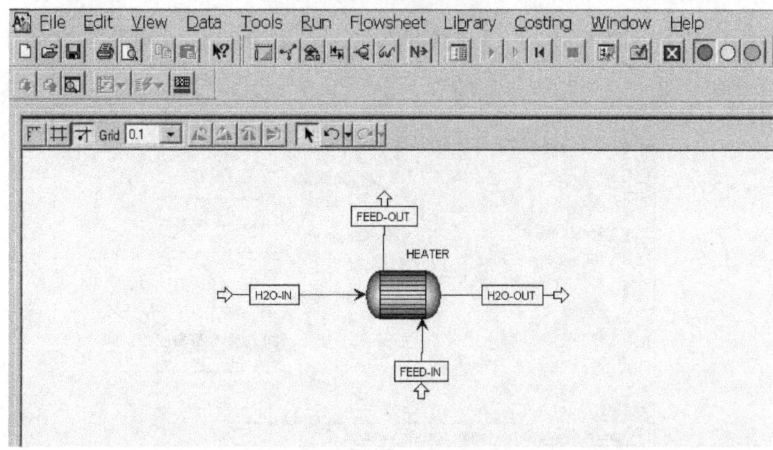

图 9-25 连接冷热流体

8. 输入物流参数和模块参数

在流程窗口“Process Flowsheet Window”，点击菜单“Data/Streams”，弹出“Streams-Data Browser”页面，点击左侧的“FEED-IN”，弹出物流参数输入页面。也可

在流程窗口“Process Flowsheet Window”，点击物流“FEED-IN”，单击鼠标右键，选择“Input”，弹出物流参数输入页面。

将第一股物流：温度为 80 ℃，压力为 4 bar，流量为 10 000 kg/h，质量分数分别为 50%苯、20%苯乙烯、20%乙苯 和 10%水的有机物输入“FEED-IN”物流参数页面，如图 9-26 所示。再将第二股物流：温度为 18 ℃、压力为 10 bar、流量为 8 000 kg/h 的冷水输入“H2O-IN”物流参数页面。

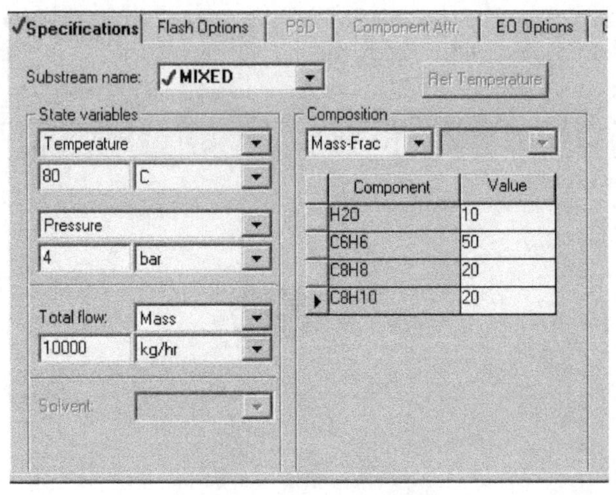

图 9-26 热流体参数输入

点击工具栏中的N>，进入模块参数页面，计算（Calculation）选择简洁计算（Shortcut），类型（Type）选择设计型计算（Design），再在换热器说明（Exchanger specification）选择热流体出口温度为 60 ℃，如图 9-27 所示。

9. 运行模拟

参数输入完成后，可点击工具栏中的N>，出现对话框，点击“确定”，即可运行。也可点击工具栏中的运行图标▶，或使用快捷键 F5 直接运行。本例没有显示则表示没有错误或警告。

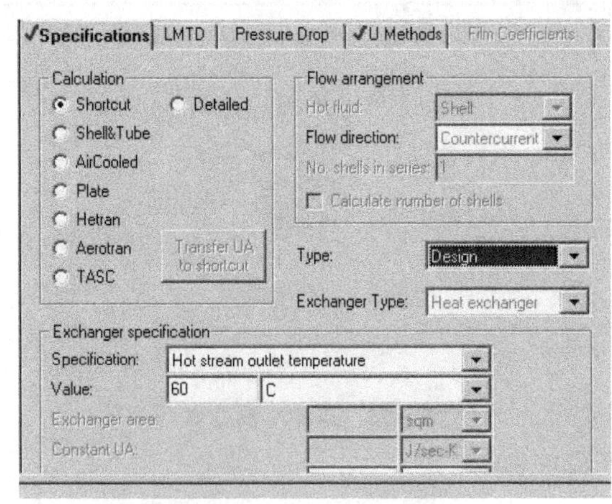

图 9-27 热流体参数输入

10. 查看初步设计结果

点击查看结果图标，再由左侧数据浏览窗口选择对应项，即可查看结果。例如查看换热器的信息，则点击左侧“Blocks/HEATER/Thermal Results”，在右侧弹出页面选择“Exchanger Details”（图 9-28 圆圈位置），可以看到详细数据。如图 9-28 所示，热负荷为 114 080.594 W，需换热器面积为 2.934 273 21 m^2，传热系数为 850 W/（m^2·K），对数平均温差为 45.739 593 5 K。

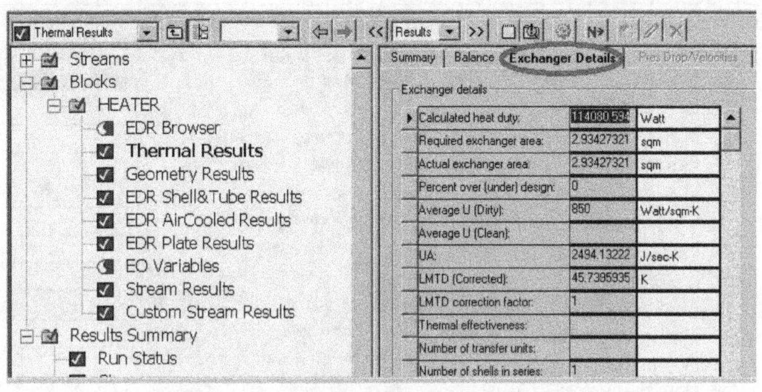

图 9-28　换热器初步设计计算结果

11. 换热器选型并校核

根据换热器面积为 2.934 273 21 m^2（为安全考虑放大 15%～25%），选择换热器型号为 BEM219$-\frac{0.4}{1}-3.7-\frac{2}{19}-1$Ⅱ。该型号换热器的公称直径为 219 mm，公称换热面积为 3.7 m^2，换热管为 ϕ19 mm，管心距为 25 mm，换热管长度为 2 m，单管程单壳程，管子总数 33 根。校核换热器时，回到流程窗口“Process Flowsheet Window”，点击模块“HEATER”，单击鼠标右键，选择“Input”，进入模块参数页面，计算（Calculation）选择详细计算（Detailed），类型（Type）选择校核（Rating），换热器描述（Exchanger specification）选择热流体出口温度为 60 ℃，换热器面积 3.7 m^2，热流体走管程，如图 9-29 所示。

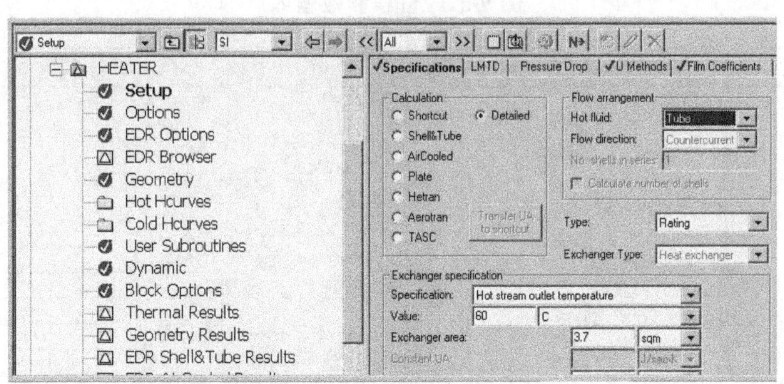

图 9-29　热流体参数输入

点击工具栏中的，弹出换热器模块的结构参数页面“HEATER/Geometry”。在右侧弹出壳程（Shell）页面，壳程类型选择单壳程（one pass shell），壳体内径（Inside shell diameter)输入“0.2 m”，如图 9-30 所示。再点击右侧管程（Tubes）页面，管总数（Total number) 输入 “33”, 长度 (Length) 输入 “2m”, 管心距 (Pitch) 输入“0.025 m”, 管内径 (Inner diameter)为 “0.014m”, 外径 (Outer diameter) 为“0.019 m”, 如图 9-31 所示。再点击右侧挡板 (Baffles) 页面, 挡板数 (No. of baffles, all passes) 输入 “20”, 挡板弓形缺口 (Baffle cut) 输入 “0.2”, 如图 9-32 所示。再点击右侧管嘴 (Nozzles) 页面, 进出口的管嘴直径 (nozzle diameter) 全部输入 “0.1 m”, 如图 9-33 所示。

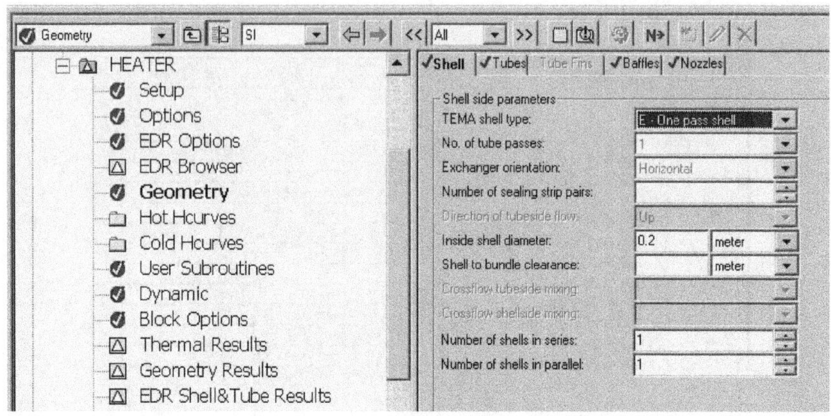

图 9-30 壳程参数输入

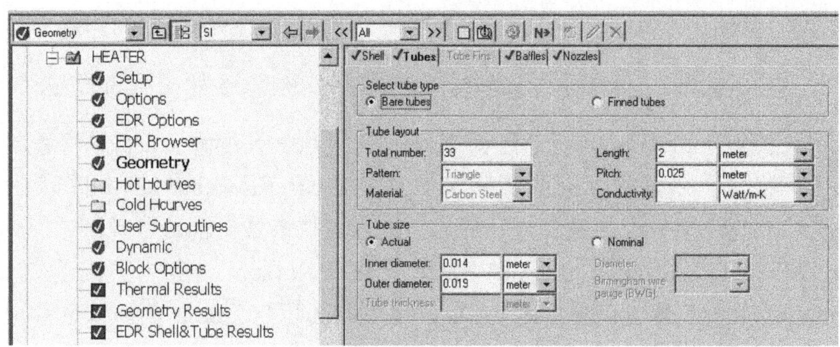

图 9-31 管程参数输入

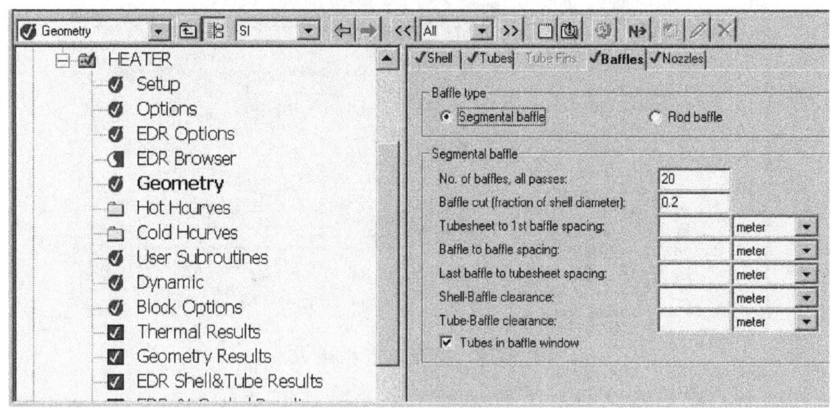

图 9-32 挡板参数输入

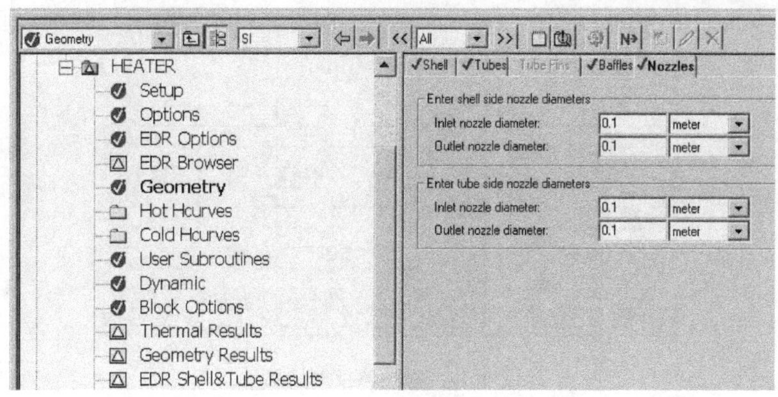

图 9-33　管嘴参数输入

参数输入完成后，可点击工具栏中的 N»，出现对话框，点击“确定”，即可运行。也可点击工具栏中的运行图标 ▸|，或使用快捷键 F5 直接运行。本例没有显示则表示没有错误或警告。

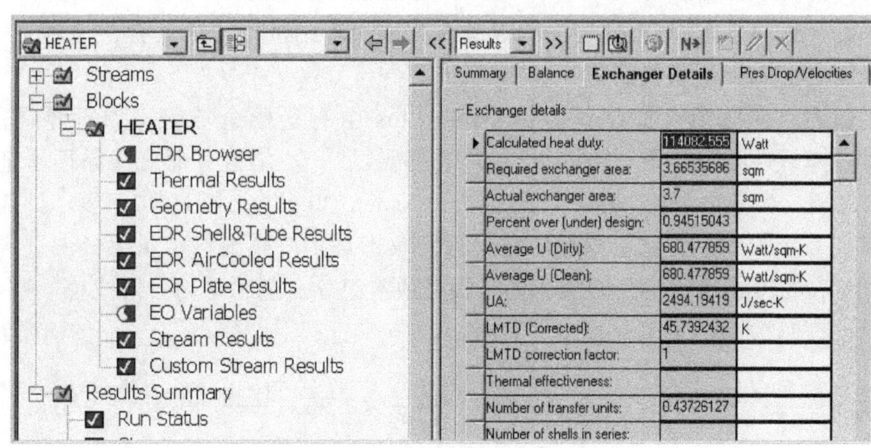

图 9-34　换热器校核结果

12. 查看换热器校核结果

点击查看结果图标，在弹出页面点击左侧“Blocks/HEATER”，在右侧弹出页面选择“Exchanger Details”，可以看到校核计算的详细数据。如图 9-34 所示，热负荷为 114 082.555 W，传热系数为 680.477 859 W/（m^2·K），对数平均温差为45.739 243 2 K，需换热器面积为 3.665 356 86 m^2，实际提供换热面积为 3.7 m^2，实际提供面积大于需要换热面积，说明该换热器能完成换热任务。

13. 换热器校核二

校核方法二：换热器的结构参数输入不变，进入模块“HEATE”参数页面，计算（Calculation）选择详细计算（Detailed），类型（Type）修改为模拟（Simulation），点击工具栏中的运行图标 ▸|，或使用快捷键 F5 直接运行。如图 9-35 所示，热流体 FEED-OUT 实际出口温度为 333.015 2 K，低于要求出口温度 60 ℃（即 333.15 K），说明该换热器能完成换热任务。

Material | Heat | Load | Work | Vol.% Curves | Wt.% Curves | Petro. Curves | Poly. Curves

Display: Hierarchy str　Format: FULL　Stream Table

	FEED-IN	FEED-OUT	H2O-IN	H2O-OUT	
Substream: MIXED					
Mole Flow kmol/sec					
H2O	.0154190	.0154190	.1233521	.1233521	
C6H6	.0177803	.0177803	0.0	0.0	
C8H8	5.33411E-3	5.33411E-3	0.0	0.0	
C8H10	5.23283E-3	5.23283E-3	0.0	0.0	
Total Flow kmol/sec	.0437663	.0437663	.1233521	.1233521	
Total Flow kg/sec	2.777778	2.777778	2.222222	2.222222	
Total Flow cum/sec	3.24760E-3	3.16686E-3	2.22415E-3	2.23106E-3	
Temperature K	353.1500	333.0152	291.1500	303.5370	

图 9-35　换热器模拟结果

9.3.4　板式塔的模拟及辅助设计实例

要求设计一个精馏塔分离苯和苯乙烯在 77°F 和 1 atm 条件下的物质的量相等的混合物，进料流量为 2 kmol/s。塔顶馏出物中苯的摩尔分数应为 99 %，且应包含进塔原料中 95 %（摩尔分数）的苯。

本例可根据分离要求用 DSTWU 模块先确定全回流下的最少理论塔板数（N_{min}）和最小回流比（R_{min}）。再用 Distl 模块指定塔板数和回流比进行详细模拟，最后用“RadFrac”模块严格模拟后对板式塔进行初步设计。

需注意的是，精馏模拟过程中，Aspen Plus 中有些概念与化工原理不同。比如，Aspen Plus 默认冷凝器为第一块塔板，再沸器为最后一块塔板，而化工原理不把冷凝器当作一块塔板，但把再沸器当作一块理论板；Aspen Plus 中，若 $R>0$，表示回流比；若 $R<0$，其值表示 R/R_{min}；化工原理中重组分回收率是指塔底出料中重组分占进料重组分的比值，Aspen Plus 中重组分回收率则是指塔顶重组分占进料重组分的比值。对于此例，轻组分回收率为 0.95，重组分回收率为：

$$\eta_B=\frac{D\ (1-x_D)}{F\ (1-x_F)}=\frac{x_F}{x_D}\eta_A\frac{(1-x_D)}{(1-x_F)}=\frac{0.5}{0.99}\times 0.95\times\frac{1-0.99}{1-0.5}=0.009\ 596$$

塔顶采出率为：

$$\frac{D}{F}=\frac{x_F}{x_D}\eta_A=\frac{0.5}{0.99}\times 0.95=0.48$$

1. 打开 Aspen Plus

点击开始→程序→所有程序→Aspen Tech-Process Modeling V7.1→Aspen Plus→Aspen Plus User Interface，选择建立空白模拟（Blank Simulation），点击“OK”。

2. 保存文件

点击菜单栏“Tools/Options”，在“General”页面下的“Save options”中设置文件的保存类型。本例保存为 *.bkp 文件，点击“确定”。点击“File/Save As”，选择存储位置，给文件命名，点击“确定”即可，本例文件保存“DSTWU. bkp”。

3. 设置全局信息

点击“Data”菜单下的“Setup”，进入全局设定页面，弹出“Data Browser”页面，本例“Input data/ Output data”选择输入、输出数据的单位制为 SI 制。

4. 输入组分

点击"Setup"下的"Components"或直接点击工具栏中的，或直接点击工具栏中的，进入组分输入页面"Components/Specifications/Selection"，在"Component ID"一栏分别输入"C6H6"，"C8H8"，点击回车键（输入组分的详细步骤参见前面例题）。

5. 选择物性方法

直接点击工具栏中的N>，也可以点击"Setup"下的"Properties"或直接点击工具栏中的，进入物性方法选择页面"Properties/Specifications/Global"，选择"RK-Soave"。

6. 放置模块

点击左侧窗口下部"Process Flowsheet Window"，回到流程窗口"Process Flowsheet Window"。再点击流程窗口下端的模块库中的"Columns"，选择"DSTWU"模块(图 9-36 中的圆圈位置)，将模块重新命名为"DSTWU"（放置模块的详细步骤参见前面例题)。

7. 添加物流和连接模块

在流程窗口"Process Flowsheet Window"添加三物流与精馏塔模块连接，分别为精馏塔进口物流 F 和出口物流 D、W，如图 9-36 所示（添加物流和连接模块的详细步骤参见前面例题)。

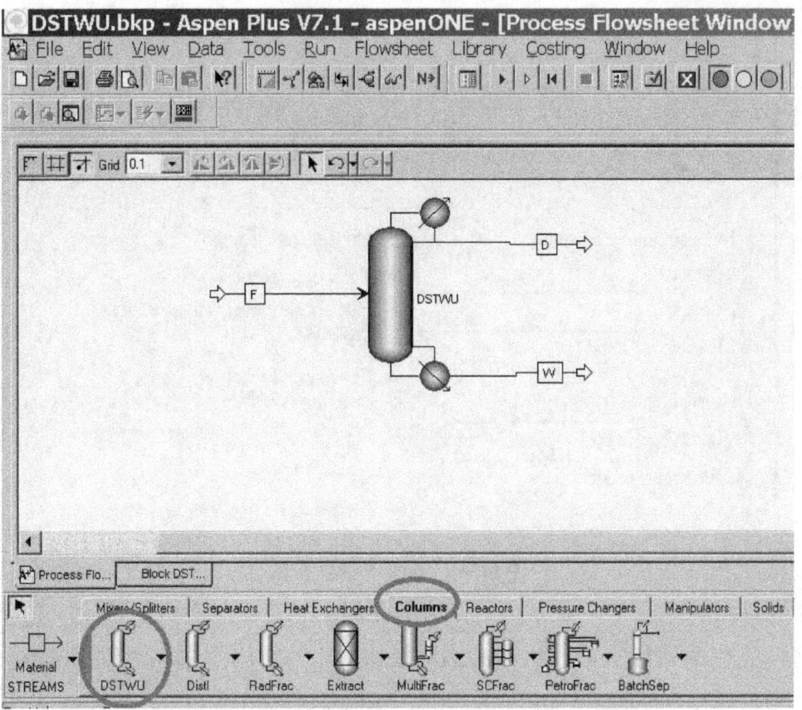

图 9-36　精馏塔模块及物流

8. 输入物流参数和模块参数

在流程窗口"Process Flowsheet Window"点击物流 D，单击鼠标右键，选择"Input"，弹出物流参数输入页面。

将进口物流参数输入：温度为77°F，压力为1 atm，流量为2 kmol/s，苯和苯乙烯的物质的量之比为1∶1，如图9-37所示。点击工具栏中的N>，进入模块参数页面，塔板数输入“20”，再沸器和冷凝器压力都输入1 atm（暂时不考虑压降），轻组分为苯C_6H_6，回收率为0.95，重组分为苯乙烯C_8H_8，回收率为0.009 596，如图9-38所示。

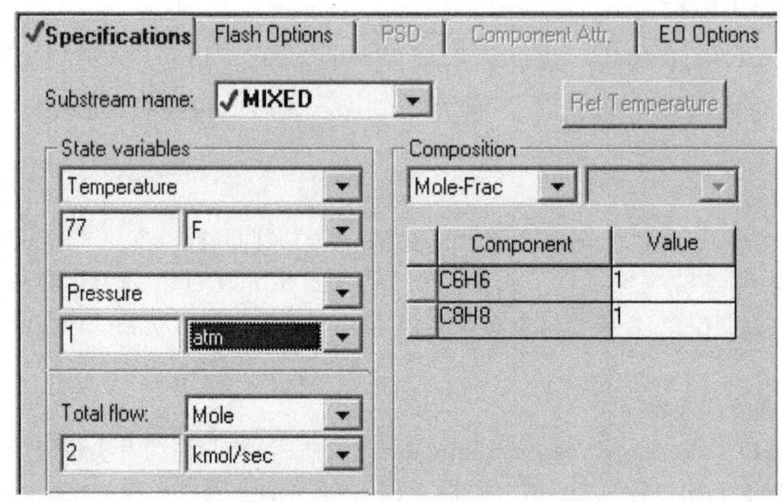

图9-37　精馏塔物流参数

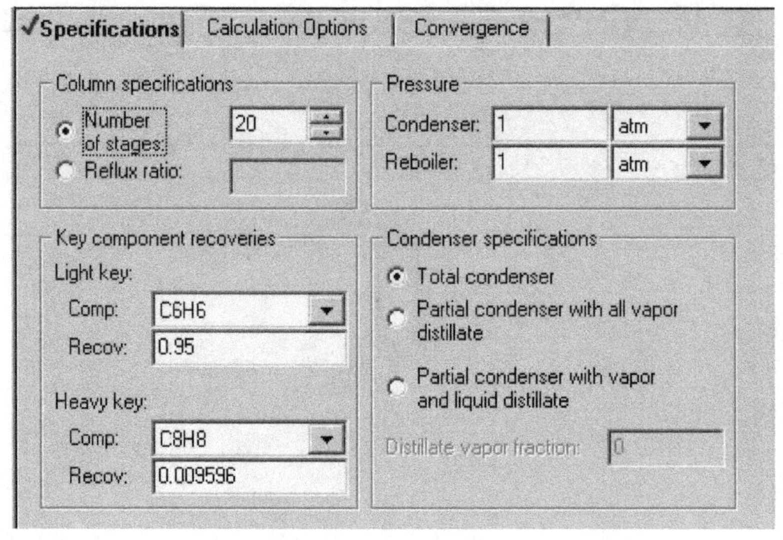

图9-38　精馏塔模块参数

9. 初步模拟运行

参数输入完成后，点击工具栏中的运行图标，或使用快捷键F5直接运行。运行无错误，点击查看结果图标，再点击左侧“Blocks/DATWU”，在右侧弹出详细数据。如图9-39所示，最小回流比（Minimum reflux ratio）为0.284 858 01，实际回流比（Actual reflux ratio）为0.320 308 92，最小理论板数（Minimum number of stage）为4.134 753 19，实际塔板数（Number of actual stages）为20，理论进料板（Feed stage）为第12块板等。

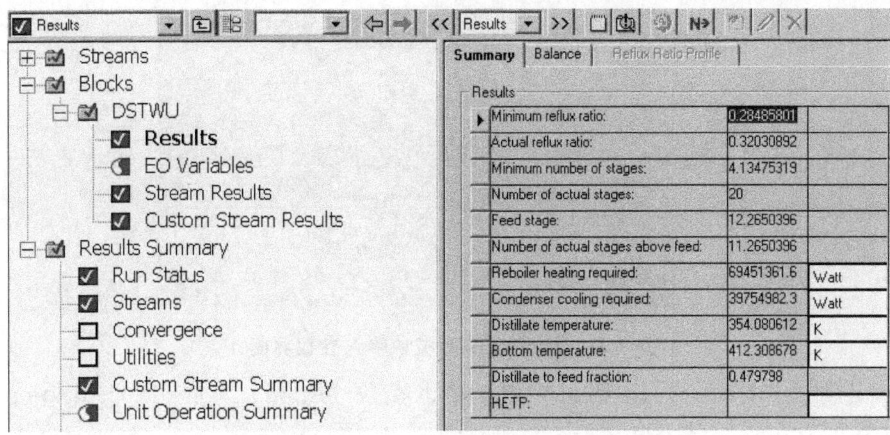

图 9-39　精馏塔初步模拟结果

10. 用 Distl 模块详细模拟

精馏塔详细模拟时，回到流程窗口“Process Flowsheet Window”，点击模块“DSTWU”，单击鼠标右键，选择“Delete Block”删除“DSTWU”模块。此时，流程图中无模块，只有 3 股互不联系的物流。然后点击流程窗口下端的模块库中的“Columns”，选择模块“Distl”（图 9-36 圆圈右边位置），将模块重新命名为“Distl”（放置模块的详细步骤参见前面例题）。最后点击物流“F”，单击鼠标右键，选择“Reconnect Destination”以改变 F 物流的目的地，此时 Distl 模块的进口物流显示为红色箭头，将 F 物流箭头与红色箭头重合，表示已经将 F 物流作为 Distl 模块的进口物流。点击物流“D”，单击鼠标右键，选择“Reconnect Source”以改变 D 物流的来源地，此时 Distl 模块的出口物流显示为红色箭头，将 D 物流入口与 Distl 模块顶部红色箭头重合，表示已经将 D 物流作为 Distl 模块的塔顶出口物流；同样改变 W 物流的来源地。结果如图 9-40 所示（也可从头新建流程）。

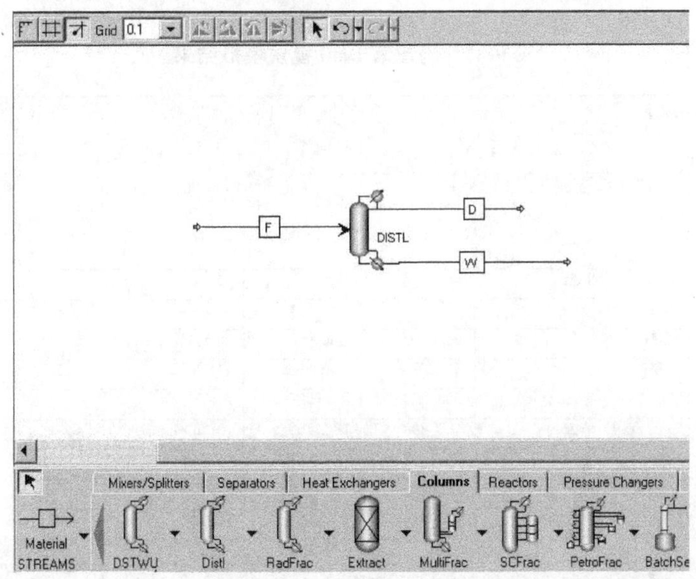

图 9-40　精馏塔 Distl 模块模拟

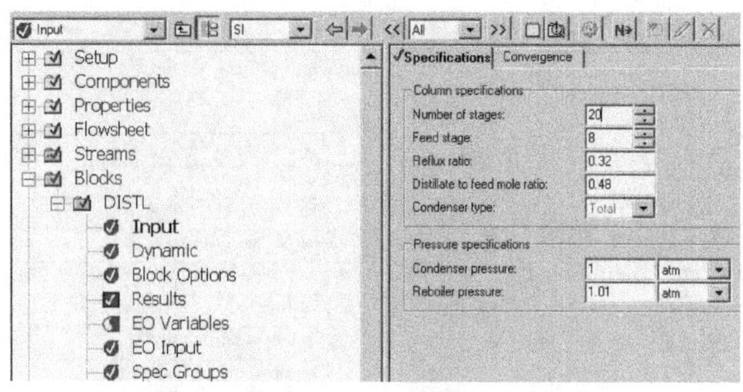

图 9-41　精馏塔 Distl 模块输入参数界面

点击工具栏中的N>，弹出 Distl 模块的输入参数（Input）页面“Specifications”。在塔板数一栏（Number of stages）输入“20”，进料板（Feed stage）输入“8”，回流比（Reflux ratio）输入“0.32”，塔顶产品采出率（Distillate to feed mole ratio）输入“0.48”，塔顶压力（Condenser pressure）输入“1atm”，塔釜压力（Reboiler pressure）输入“1.01atm”，如图 9-41 所示。

参数输入完成后，点击工具栏中的运行图标，或使用快捷键 F5 直接运行。运行无错误，点击查看结果图标，再点击左侧“Blocks/DISTL/Results”，在右侧弹出精馏塔的详细数据，如图 9-42 所示。点击左侧“Results Summary/Streams”可查看物流 D 和 W 的详细数据，如图 9-43 所示。

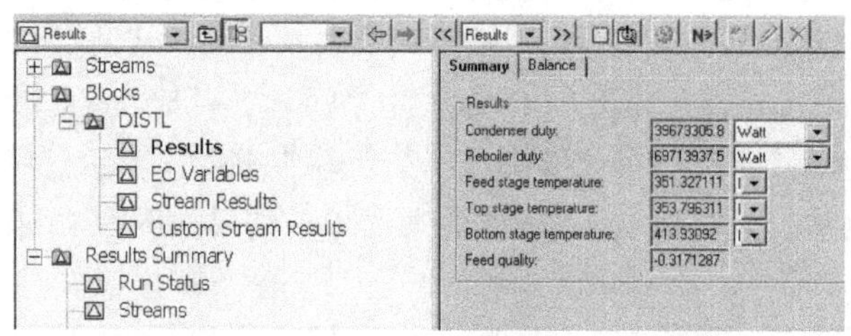

图 9-42　精馏塔 Distl 模块模拟结果

Material | Heat | Load | Work | Vol.% Curves | Wt. % Curves | Petro. Curves | Poly. Curves

Display: All streams　Format: FULL　Stream Table

	D	F	W	
Substream: MIXED				
Mole Flow kmol/sec				
C6H6	.9596553	1.000000	.0403447	
C8H8	3.44737E-4	1.000000	.9996553	
Total Flow kmol/sec	.9600000	2.000000	1.040000	
Total Flow kg/sec	74.99807	182.2652	107.2671	
Total Flow cum/sec	.0921492	.2065841	.1358953	
Temperature K	353.7963	298.1500	413.9309	
Pressure N/sqm	1.01325E+5	1.01325E+5	1.02338E+5	
Vapor Frac	0.0	0.0	0.0	

图 9-43　精馏塔 Distl 模拟物流数据

由图 9-42 可知冷凝器热负荷（Condenser duty）为 3.967×10^{7} W，再沸器热负荷（Reboiler duty）为 6.971×10^{7} W，进料板温度（Feed stage temperature）为 351 K，塔顶冷凝器温度（Top stage temperature）为 353K，塔釜再沸器温度（Bottom stage temperature）为413 K。由图 9-43 可知，苯（C_6H_6）的回收率 0.959 6/1=95.96%，塔顶产品苯（C_6H_6）的纯度达到 0.959 6/0.96=99.96%，满足分离要求。

11. 用 RadFrac 模块模拟并初步设计

精馏塔初步设计时，回到流程窗口“Process Flowsheet Window”，采用前面同样的方法，将模块 Distl 删除，换为 RadFrac 模块，进口物流仍然是 F，出口物流仍然是 D 和 W，此结果如图 9-44 所示（也可从头新建流程）。

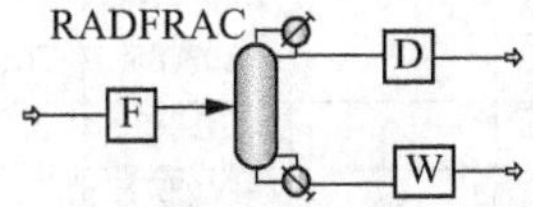

图 9-44　精馏塔 RadFrac 模拟

点击工具栏中的 N>，弹出 RadFrac 模块的输入参数页面“Setup/Configuration”。选择计算类型为平衡级模型（Equilibrium），在塔板数一栏（Number of stages）输入“20”，冷凝器（Condenser）下拉菜单选全凝器（Total），回流比（Reflux ratio）仍然输入“0.32”，塔顶产品采出率（Distillate to feed ratio）输入“0.48”，如图 9-45 所示。点击 N> 切换到输入参数页面“Setup/Streams”，进料物流（Feed streams）输入第 8 块板进料。点击 N> 切换到输入参数页面“Setup/Pressure”，塔顶冷凝器压力（Stage 1/Condenser pressure）输入“1atm”，全塔压降（Column pressure drop）输入“0.01atm”。参数输入完成后，点击工具栏中的运行图标 ▶，或点击 N> 直接运行。点击查看结果图标，点击左侧“Blocks/RADFRAC/Profiles”，在右侧弹出页面，显示精馏塔各块理论板的温度、压力、气相和液相的摩尔流量、加料板位置和进料量及冷凝器和再沸器的热负荷等详细数据，如图 9-46 所示。再点击左侧“Results Summary/Streams”可查看物流 D 和物流 W 的详细数据，如图 9-47 所示。由图 9-47 可知，苯的回收率为 0.951 5/1=95.15%，塔顶产品苯的纯度达到 0.951 5/0.96=99.11%，满足分离要求。

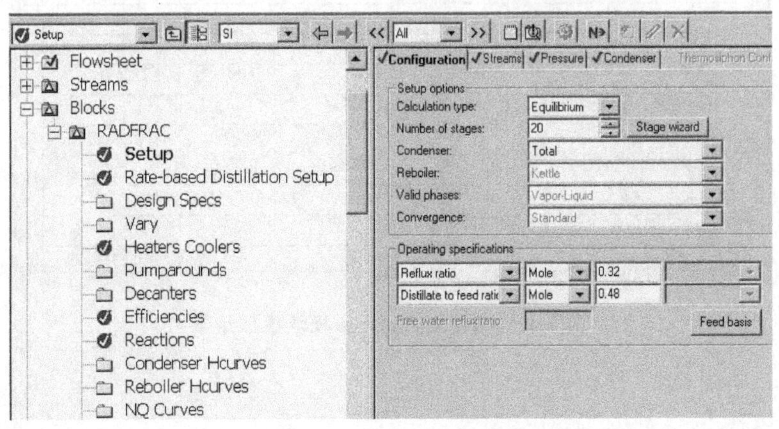

图 9-45　精馏塔“RadFrac”模块输入参数界面

Profiles

Stage	Temperature K	Pressure N/sqm	Heat duty Watt	Liquid flow kmol/sec	Vapor flow kmol/sec	Liquid feed kmol/sec	Vapor feed kmol/sec
1	354.047463	101325	-39577334	0.3072	0	0	0
2	355.773814	101378.329	0	0.29357755	1.2672	0	0
3	358.437708	101431.658	0	0.2775009	1.25357755	0	0
4	361.59965	101484.987	0	0.26346089	1.2375009	0	0
5	364.420752	101538.316	0	0.25398718	1.22346089	0	0
6	366.395788	101591.645	0	0.2485945	1.21398718	0	0
7	367.56737	101644.974	0	0.24578581	1.20859451	0	0
8	368.199806	101698.303	0	2.96392898	1.20578582	2	0
9	368.21771	101751.632	0	2.96410813	1.92392898	0	0
10	368.236017	101804.961	0	2.96427535	1.92410813	0	0
11	368.255784	101858.289	0	2.96440023	1.92427535	0	0
12	368.280996	101911.618	0	2.96437417	1.92440023	0	0
13	368.326769	101964.947	0	2.96379563	1.92437417	0	0
14	368.450431	102018.276	0	2.96116841	1.92379563	0	0
15	368.866194	102071.605	0	2.95123375	1.92116841	0	0
16	370.330681	102124.934	0	2.91906441	1.91123375	0	0
17	375.032664	102178.263	0	2.84646474	1.87906441	0	0
18	386.206224	102231.592	0	2.77601164	1.80646474	0	0
19	401.596577	102284.921	0	2.79686292	1.73601164	0	0
20	412.874278	102338.25	69394138.8	1.04	1.75686292	0	0

图 9-46 精馏塔理论板的数据

Material | Heat | Load | Work | Vol.% Curves | Wt. % Curves | Petro. Curves | Poly. Curves

Display: All streams Format: FULL Stream Table

	D	F	W	
Substream: MIXED				
Mole Flow kmol/sec				
C6H6	.9514747	1.000000	.0485253	
C8H8	8.52531E-3	1.000000	.9914747	
Total Flow kmol/sec	.9600000	2.000000	1.040000	
Total Flow kg/sec	75.21108	182.2652	107.0541	
Total Flow cum/sec	.0924145	.2065841	.1355051	
Temperature K	354.0475	298.1500	412.8743	
Pressure N/sqm	1.01325E+5	1.01325E+5	1.02338E+5	
Vapor Frac	0.0	0.0	0.0	

图 9-47 精馏塔 RadFrac 模块模拟结果

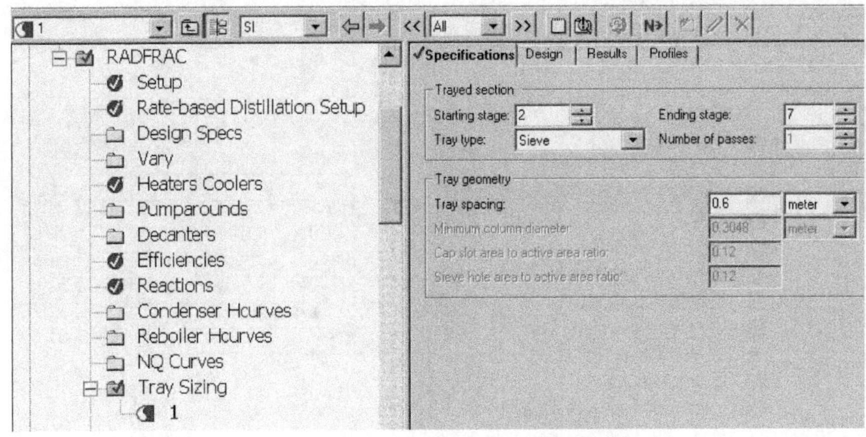

图 9-48 精馏塔设计输入参数页面

采用 RadFrac 模块模拟完成后，可对精馏塔进行初步设计，点击左侧“Data Browser”，“Blocks/RADFRAC/Tray Sizing”，命名新的设计为“1”。由图 9-46 可知，精馏段第 2～7 块塔板的气相流量相差不大，这里以第 2～7 块塔板的设计为例。在右侧输入开始塔板（Starting stage）为第 2 块板（注意 Aspen Plus 默认冷凝器为第 1 块塔板，再沸器为最后一块塔板，而冷凝器和再沸器不能进行塔板设计），结束塔板（Ending stage）为第 7 块板，塔板类型（Tray type）下拉菜单选筛板塔（Sieve），液流数（Number of passes）输入单液流“1”，塔板间距（Tray spacing）输入“0.6 m”，如图 9-48 所示。

点击工具栏中的运行图标，或点击 N> 直接运行。查看结果图标，点击左侧“Blocks/RADFRAC/Tray Sizing/1”，点击右侧弹出页面的“Results”，如图 9-49 所示。可知初步设计结果：塔直径（Column diameter）为 5.7 m，降液管面积占比（Downcomer area/Column area）为 0.1，降液管流速（Side downcomer velocity）为 0.01 m/s，堰长（Side weir length）为 4.14 m 等。再点击右侧“Profiles”，可查看每层塔板的塔径、横截面积、有效传质面积和降液管面积等详细数据，如图 9-50 所示。由图 9-50 可以看出，第 2～7 块塔板的塔径差别不大，可采用同一塔径，实际设计时可以此 Aspen Plus 初步设计结果为参考数据对塔的负荷及塔径进行调整。

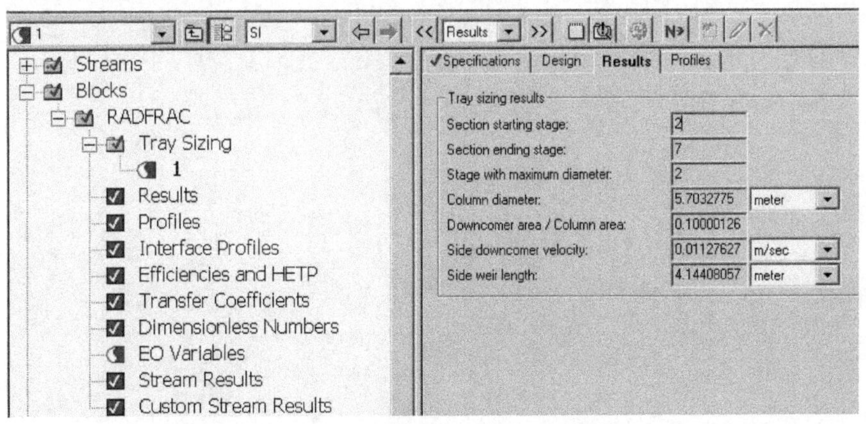

图 9-49 精馏塔初步设计结果

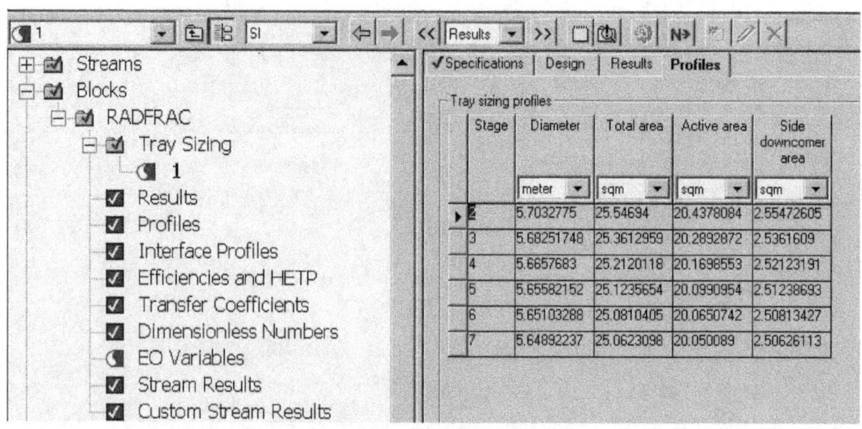

Stage	Diameter (meter)	Total area (sqm)	Active area (sqm)	Side downcomer area (sqm)
2	5.7032775	25.54694	20.4378084	2.55472605
3	5.68251748	25.3612959	20.2892872	2.5361609
4	5.6657683	25.2120118	20.1698553	2.52123191
5	5.65582152	25.1235654	20.0990954	2.51238693
6	5.65103288	25.0810405	20.0650742	2.50813427
7	5.64892237	25.0623098	20.050089	2.50626113

图 9-50　精馏塔初步设计各板数据

除此之外，还可利用 Aspen Plus 的模块分析工具（Model Analysis Tools）进行灵敏度分析和优化设计，在“Data Browser/Model Analysis Tools/Sensitivity”下进行灵敏度分析，在“Data Browser/Model Analysis Tools/Optimization”中进行优化设计，详细内容可参考文献［4］中的第 7 章内容。

本章参考文献

［1］ 刘玉兰，齐鸣斋．Excel 在精馏塔设计中的应用．化工高等教育．2009，26（4）：93－95．

［2］ 刘玉兰，齐鸣斋．Excel 在化工原理教学中的应用．化工高等教育．2009，26（6）：90－93．

［3］ 刘玉兰，齐鸣斋，叶启亮．运用 Excel 对精馏塔进行逐板计算．化学工程师．2009，23（12）：19－22．

［4］ 孙兰义．化工流程模拟实训——Aspen Plus 教程．北京：化学工业出版社，2013．

内 容 提 要

本书介绍了六类常用化工单元设备的设计方法以及相应辅助设备的设计和选型。内容包括：课程设计基础、列管式换热器的选型、填料吸收塔的设计、板式塔的设计、转盘萃取塔的设计、喷雾干燥塔的设计、流化床干燥器的设计、循环型蒸发器的设计和计算机软件在课程设计中的辅助应用等九章。本书可作为大专院校各有关专业“化工原理”课程设计的教学指导书，也可作为化工技术人员的参考书。